机械加工基础入门

第3版

蒋森春　编著

机 械 工 业 出 版 社

本书通过机械加工行业必要的机械制图、公差配合、金属材料与热处理理论知识，丰富的实践经验，深入浅出地介绍了机械加工的知识，全面介绍了车工、铣工、刨工、磨工、钳工等各工种的特点，以及机床夹具设计、模具等知识，并附有典型零件详细的加工步骤与方法。

本书可供机械加工专业的初学者及打工者入门学习之用。

图书在版编目（CIP）数据

机械加工基础入门/蒋森春编著．—3版．—北京：机械工业出版社，2024.1
ISBN 978-7-111-74165-7

Ⅰ.①机…　Ⅱ.①蒋…　Ⅲ.①机械加工－基本知识　Ⅳ.①TG5

中国国家版本馆CIP数据核字（2023）第205770号

机械工业出版社（北京市百万庄大街22号　邮政编码100037）
策划编辑：周国萍　　责任编辑：周国萍　李含杨
责任校对：张亚楠　刘雅娜　陈立辉　　封面设计：马精明
责任印制：任维东
河北鑫兆源印刷有限公司印刷
2024年1月第3版第1次印刷
169mm×239mm·19印张·370千字
标准书号：ISBN 978-7-111-74165-7
定价：59.00元

电话服务
客服电话：010－88361066
010－88379833
010－68326294

网络服务
机　工　官　网：www.cmpbook.com
机　工　官　博：weibo.com/cmp1952
金　　书　　网：www.golden－book.com
机工教育服务网：www.cmpedu.com

前　言

机械加工中有句行话："车工怕车杆，刨工怕刨板，钳工怕打眼"，它的含义是什么？车工的技术为什么说是"七分磨刀，三分操作"？三分操作的技术是哪些？磨刀的技术在哪里？机械加工中的掉刀、窜刀、啃刀、让刀是怎么一回事？切削中的粗车、细车、精车，为什么要划分？磨出车刀的各种角度的根本原因是什么？它们与材料有什么关系？如何正确使用砂轮？如何用砂轮磨刀？使用切削液的原理是什么？金属材料理论中的晶体理论是什么？机械制图的方法是什么？本书都进行了详细的介绍。

加工者的技术如何去评价？批量生产的工艺规程编制好的标准是什么？批量生产的设计图样与工艺图样为什么要晒制成蓝图，蓝图的作用是什么？怎样识别零件图？达到什么标准才算看懂零件图……这些在传统教材中都没有讲述而实际工作中应该知道的知识，本书都做了介绍。

本书第3版对第2、3章进行了全面的修订；新增了模具章节，五金模的精华在冷冲模中体现，塑料模的精华在吹塑模中体现，该章详细地介绍了冷冲模、吹塑模的模具结构，解释了各个零件在模具结构中的作用，概括了五金模、塑料模的加工难易程度各是什么，科学准确地解释了什么是模具、什么是夹具。

本书作者的愿望是为实习生架起连通理论与实践的桥梁；给初学者一个明确的知识范围；为打工者全面、快速地掌握机械加工知识与操作技能提供帮助。

愿实习者尽快将所学的知识与实践相结合。

愿初学者尽快掌握机械加工的知识体系。

愿打工者尽快掌握机械加工的车、铣、刨、磨、钳实际操作技能，成为一名全能型人才。

作　者

目　录

第1章　机械加工基本知识

对于新进入打工行列及实习的学生而言，他们刚刚步入机械加工工厂，就如同到了一个陌生的世界一样：一片不熟悉的钢铁机器，空中是行走的天车，墙上是各种颜色的管道，地上是一台一台的、各种各样的高速旋转的机床设备，这些高速旋转的机器，也就是通常讲的机械加工机床。机械加工就是通过机床设备，对加工对象实施高速切削，从而达到预定的几何形状。高速切削是人类文明进步的结果，是人类不断追求高生产率、高精度、高质量、低成本的必然结果。

机械加工这个行业，涉及的知识面非常广，它的专业基础课有几十门之多。在众多的专业基础知识中，最重要的与最需要懂的是金属材料和切削刀具。因为在机械加工时接触的是金属材料，使用的是切削刀具，所以这两方面的知识是最重要的。

第1节　切削刀具

一、切削刀具的基本知识

对于切削加工的刀具，首先要明白的是用硬的材料切削软的材料，用耐压材料切削脆性材料这一大的道理。如同生活中，用菜刀切肉，用榔头砸核桃一样。大家在工厂所见到的钢铁，有方的、圆的、扁的、长的、短的，给人们的感觉好像一样，都是钢铁，但实际上，它们是各种牌号的钢材，金属材料随着牌号的不同，有软硬之分，韧性好、脆性大之分。这与日常生活中见到的木头一样，虽然都是木头，但有柳木、杨木、桦木、槐木之分，其材质有软、有硬、有易变形和不易变形之分。金属切削刀具，是一种很硬的钢铁材料。

二、高速切削刀具与低速切削刀具

金属切削刀具有高速切削刀具和低速切削刀具两大类。一般来讲，低速切削刀具均是手工操作使用的刀具，高速切削刀具是机床设备上使用的刀具，如图1-1所示。

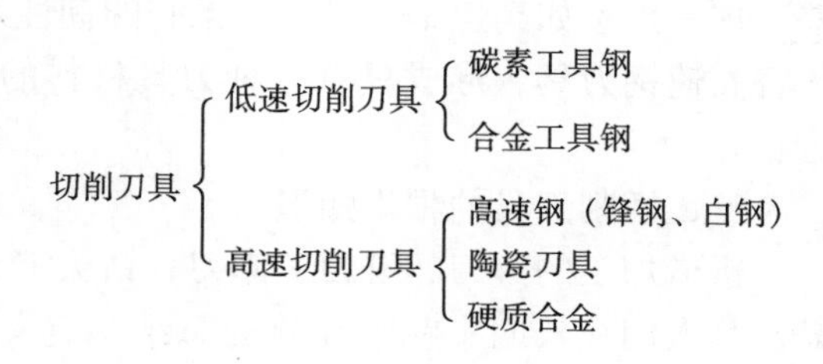

图1-1　切削刀具

低速切削刀具一般有：锉刀、錾子、手工锯条、剪刀、菜刀、木工刨刀、丝锥、板牙、拉刀等。

高速切削刀具一般有：麻花钻头、各种车刀、铣刀、镗刀、刨刀、拉刀、机用丝锥等。

三、切削刀具的热硬性

高速切削刀具与低速切削刀具在使用性能上有一个明显的差别，就是热硬性。低速切削刀具的热硬性很差，一般在200℃以下；高速切削刀具的热硬性很好，一般在600℃以上。什么是热硬性呢？就是在高温下，仍具备高硬度的性能。大家应该知道，摩擦产生热，在高速切削加工工件时会产生摩擦热，相对运动的速度越高，产生的摩擦热越高，高速切削刀具在剧烈摩擦产生的高温下仍具有很高的硬度，能够继续进行机械加工，所以大家看到的高速运转的机床，使用的刀具都是高速切削刀具，而低速切削刀具在高温下会丧失硬度，故只能在温度较低的环境下担负切削工作。

四、高速钢与硬质合金的使用区别

高速钢刀具与硬质合金刀具都是高速切削刀具，但在使用中也有比较大的区别，相对而言：

（1）高速钢　硬而韧，在600℃以下保持高的硬度。

（2）硬质合金　硬而脆，耐压、耐磨，在1000℃以下保持高的硬度。

在实际使用中，要注意：

1）高速钢刀具因韧性好，可以在很低的速度下进行切削加工，而硬质合金刀具必须在高速时进行切削，切削速度不能低，否则切削刃就会崩裂。

2）在切削加工时，高速钢刀具的切削液加注，可以连续，也可以断续；而硬质合金刀具的冷却，必须是连续的，从头到尾的加注，不得半途加注，否则刀具会因骤冷骤热而产生龟裂。

3）因为硬质合金刀具耐压、耐磨，在实际切削加工中，适于切削硬而脆的铸铁工件。

4）在磨刀时，高速钢刀具可以连续地在砂轮机上磨削；而硬质合金刀具在砂轮机上不能连续地磨削，否则会产生崩刃现象。

对于硬质合金刀具来说，它有很多的优点，但有一个致命的弱点，就是韧性差，这一点不如高速钢刀具，如果它的韧性好，价格也可以降下来的话，就可以代替高速钢刀具，形成只有一种刀具材料的现象，这将是机械工业的一个巨大进步。

五、切削刀具的根本知识

机械加工的车刀、铣刀、刨刀、钻头定义的各种切削角度，是人类智慧的结晶，是人们在长期实践中经验的总结。定义切削角度，是为了便于同行之间的交流。

切削工具在日常生活中处处可见。例如，日常生活中的菜刀、斧头、木工的刨刀都是切削工具，而这些切削工具都有其切削角度，如图1-2所示。

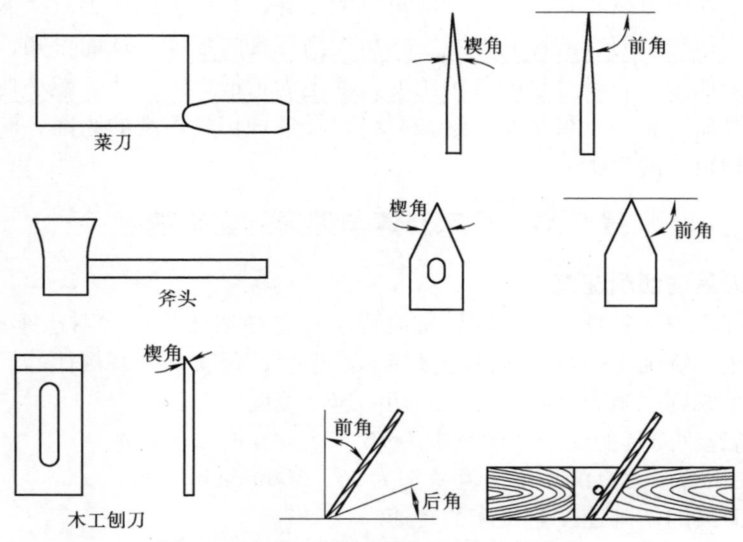

图 1-2　日常生活中切削工具的切削角度

从图 1-2 中可以看到，菜刀、斧头、刨刀的楔角是不一样的。因为它们加工的对象各不相同，菜刀的加工对象最软，所以前角最大；而斧头的加工对象最硬，所以楔角最大。刨刀次之，菜刀最小。从图 1-2 中还可以看到，刨刀工作时其前角是不变化的，而后角，在磨刨刃时，有可能变化，但变化的范围很小。

由于菜刀、斧头、刨刀切削加工对象的材质比较软，所以其前角可以很大，楔角可以很小。但机械加工就不同了，其加工对象的材质都是钢铁，材料很硬，为保证刀具的强度，其前角很小，楔角很大，如图 1-3 所示。

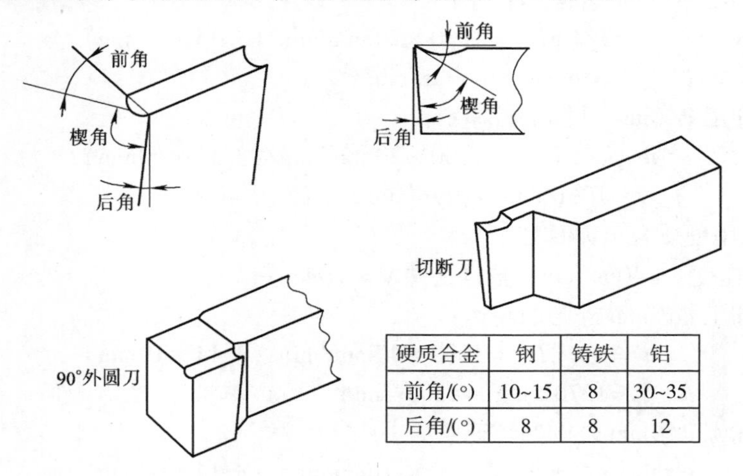

硬质合金	钢	铸铁	铝
前角/(°)	10~15	8	30~35
后角/(°)	8	8	12

图 1-3　车刀的切削角度

从图1-3中可以看到，刀具的前角是变化的，它会根据加工对象的材质不同而变化。前角控制刀具的锋利程度，楔角控制刀具的强度。从而可知，对于任何的机械切削加工，刀具磨出的各种角度，都是为了最大限度地去减小切削力和提高刀具的寿命，这一点很重要，这是磨出刀具各种切削角度的原因，同时也是磨出刀具各种角度的根本。

第2节 机床转速与刀具的切削速度

一、刀具的切削速度

机械加工中，各种飞速运转设备的转速有着必然的规律。对于车床、铣床、钻床、镗床、铣削中心等机床的各级转速的选择，都有一个有规律的、有原则的限制，这个原则就是刀具材料允许的切削速度范围。

1）高速钢刀具的切削速度范围为16～35m/min。

2）硬质合金刀具的切削速度范围为35～100m/min。

二、刀具的切削速度与机床的转速

刀具允许的切削速度范围是不变的，使用刀具加工工件时都是在刀具规定的切削速度范围内选取的；而机床的转速是变化的，它根据被加工零件的材料、直径的大小而变化。刀具的切削速度也就是转动的刀具或工件的线速度。如何将刀具的线速度转变为机床的转速呢？现举一个例子：

例 车工加工软态的45钢，分别采用高速钢刀具与硬质合金刀具加工$\phi10$mm与$\phi60$mm的工件，均为车削外圆，计算一下车床的转速。

解 1. 采用高速钢刀具加工

取线速度$v=20$m/min，根据公式$v=\pi Dn$，有

1）加工$\phi10$mm外圆的转速：

$$n=v/(\pi D)=1000\times20\text{mm/min}/(3.14\times10\text{mm})\approx636\text{r/min}\approx600\text{r/min}$$

2）加工$\phi60$mm外圆的转速：

$$n=v/(\pi D)=1000\times20\text{mm/min}/(3.14\times60\text{mm})\approx106\text{r/min}\approx100\text{r/min}$$

2. 采用硬质合金刀具加工

取线速度$v=40$m/min，根据公式$v=\pi Dn$，有

1）加工$\phi10$mm外圆的转速：

$$n=v/(\pi D)=1000\times40\text{mm/min}/(3.14\times10\text{mm})\approx1270\text{r/min}\approx1200\text{r/min}$$

2）加工$\phi60$mm外圆的转速：

$$n=v/(\pi D)=1000\times40\text{mm/min}/(3.14\times60\text{mm})\approx212\text{r/min}\approx200\text{r/min}$$

从以上例子可知，机床的转速选择规律如下：

1）根据刀具材料选取允许的切削速度。

2）根据加工零件材料及直径大小确定机床的转速。

以上结论，对于钻床、车床、铣床、镗床均适用，它们都是按此加工规律来选择机床转速的。

三、切削速度在我国的实际应用

就切削速度的实际应用来讲，在我国的机械加工行业中，普通机床往往都采用很低的切削速度，大都处于刀具材料允许的切削速度的下限。现在都清楚的一点是数控机床采用的切削速度都很高，如数控铣床、数控车床采用的切削速度一般都是几千转每分钟，其原因有以下三点：

1）从现象上看，铣削加工中心、数控车床加工时的冷却环境很好，有很大流量的切削液直接冷却加工部位，大流量的切削液带走大量的热。

2）国外刀具的切削几何角度磨削得很合理，而且刀具表面有喷涂。

3）机床主轴的设计为进口高速轴承，主轴转数很高。

一般情况下，我国的普通机床都是在较低的切削速度下进行切削加工的，其原因有以下三点：

1）转动采用国产滚动轴承，导致转数很低。

2）冷却环境差，产生的摩擦热量很多时候是靠自然冷却的。

3）刀具的切削几何角度不合理，表面无喷涂。

第3节　刀具切削基础知识

一、刀具切削过程的基本规律

刀具切削过程是刀具把工件表面的金属层，通过切削刃的切割和刀面的推挤，使之变为切屑的过程，其基本规律为四个变形区理论。这个理论很重要，它是金属切削理论的根本。这个理论比较抽象，一般来讲，一遍两遍不容易看得懂，没有一定的工作经验，也不容易看懂。多看一看，多想一想，若是懂得了四个变形区的理论，就基本上懂得了刀具是如何进行切削的，刀具的知识也基本上掌握了。

被切金属在刀具的切削刃、前刀面和后刀面的作用下，可分为四个变形区，划分情况如图 1-4 所示。

1. 基本变形区

基本变形区 1 是图 1-4 中 *OA* 和 *OE* 两条滑移线所包括的范围。*OA* 线称始滑移线，位于该线左侧的金属处于弹性变形状态，到达该线即开始产生塑性变形。*OA* 线上的切应力数值刚好等于被切金属的屈服强度。随着刀具相对工件的连续

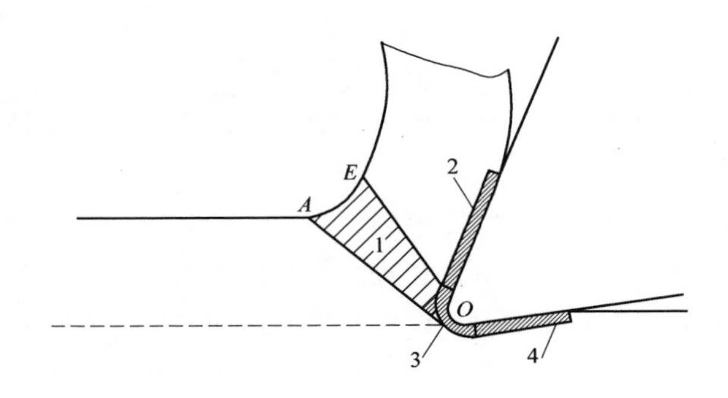

图 1-4 四个变形区的划分

1—基本变形区 2—前刀面摩擦变形区

3—刃前变形区 4—后刀面摩擦变形区

运动，原处于始滑移线上的金属不断向刀具靠拢，应力和变形也逐渐加大。当到达 *OE* 线时，应力和变形达到最大值，基本变形到此结束，越过 *OE* 线后切削层金属将变成切屑流走。*OE* 线称终滑移线。

2. 前刀面摩擦变形区

前刀面摩擦变形区 2 是在切削层金属变成切屑而沿前刀面流出时，在切应力的作用下，切屑底层在刀具前刀面方向上又一次产生塑性变形，使切屑底层金属沿前刀面方向伸长，这种变形称为前刀面摩擦变形。前刀面和切屑间存在着一定的压力，相互发生很大的摩擦，切屑中产生平行于前刀面的切应力，使切屑底层的流动速度较切屑其他部分缓慢得多，这种现象称为滞流现象。产生滞流现象的切屑底层称为滞流层。由于滞流层经过了两次塑性变形，故滞流层在整个切屑中变形最大。

3. 刃前变形区

刃前变形区 3 是在刃口圆弧处的一个变形范围。刃口在理论上是前刀面和后刀面的一条交线。但是无论刃磨质量多么好，严格说来刃口总是呈圆弧状（见图 1-5）。在切削过程中，由于刃口是圆弧状，所以各点处作用力的方向是变化的。当刃口圆弧上某点 F 处的正压力 P_F 与切削速度方向成 45°时，F 点就是刃前金属的分离点。如果从该点前被切金属内取一单元体，则在 P_F 作用下单元体受压缩，单元体内的最大切应力方向与切削速度方向一致，因而金属就沿着切削速度方向滑移分离，一小部分金属被压缩后留在已加工表面上，另一部分成为切屑流走。刃前变形区位于三个变形区的交汇点，其应力状态复杂，应力区虽很小，但应力数量很大，并一定会破坏和分离金属，这是刃前变形区的一个重要特征。刃前区金属滑移分离的过程，就是切削刃的切割作用。

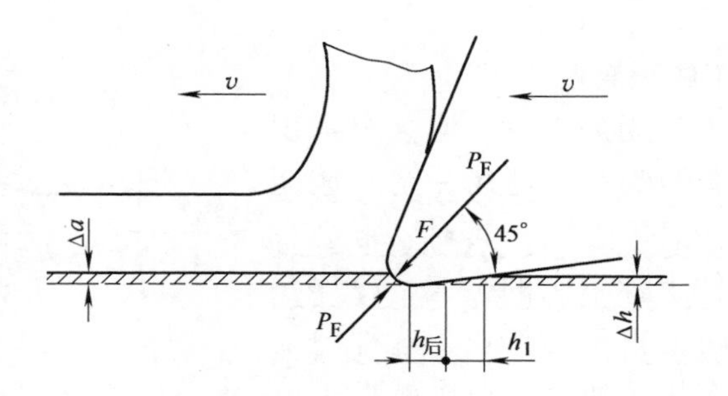

图 1-5　刃前区金属的分离点及后刀面的接触情况

4. 后刀面摩擦变形区

后刀面摩擦变形区 4 的形成如图 1-5 所示。主要是被切金属的分离点 F 不在刃口圆弧的最低点，所以会有厚度为 Δa 的一层薄金属留下来并受到刃口圆弧下部的挤压。此外，由于后刀面有摩擦棱面 $h_{后}$ 和加工表面的弹性恢复量 Δh，使已加工表面与后刀面有着长度为（$h_{后}+h_1$）的一段接触面，进而增加了已加工表面的挤压与摩擦。这些原因都将使已加工表面金属层在一定范围内产生塑性变形。后刀面的摩擦变形是造成已加工表面冷硬现象和产生残余应力的主要原因，因而直接影响着已加工表面的质量。

四个变形区内的内应力状态的变形情况是互相联系，又互相影响的。

二、机械加工的冷作硬化

在机械加工中，有这样一句话适用于本行业：凡是金属材料经过机械加工的零件表面，均会产生冷作硬化，只不过是冷作硬化程度大与小的区别。冷作硬化的机理是什么？就是刀具的刃口不是绝对锋利的，具有刀尖圆弧半径 r。由于 r 的存在，使切削层内薄薄的一层金属不能被切削刃切削为切屑，离开工件，而是被切削刃的刀尖圆弧半径 r 挤压变形后，留在加工表面上形成 Δh。经过挤压、摩擦复杂变形后的金属层，其表面硬度有所提高，称为加工硬化，如图 1-6 所示。

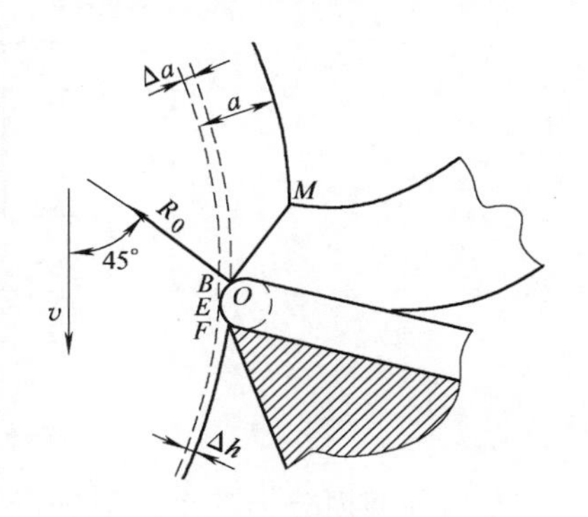

图 1-6　已加工表面的变形
Δa—不滑移的金属层　Δh—恢复高度
a—切削层　v—运动方向
BE—磨损棱面　BF—接触挤压恢复面
OM—滑移线　R_0—切削力

机械加工都是刀具切割，刀具的刃口都不是绝对锋利的，都存在刀尖圆弧半径，所以都存在加工硬化现象。在实际生产中对于加工硬化，有时不需要考虑，有时就需要考虑。例如，在粗加工时，就不考虑加工硬化现象，而在精加工时就需要考虑加工硬化现象。

三、机械加工的积屑瘤

凡是机械加工使用的刀具，均会产生积屑瘤。什么是积屑瘤呢？就是在一定的速度下，切削铜、铝、钢等塑性金属时，常会有一些从切屑和工件上掉下来的金属，冷焊在前刀面上，形成硬度很高的楔块，这种硬块称为积屑瘤，如图 1-7 所示。在机械加工连续切削的过程中，积屑瘤有一个逐渐成长、消失的过程，这个过程在加工过程中是连续不断的。

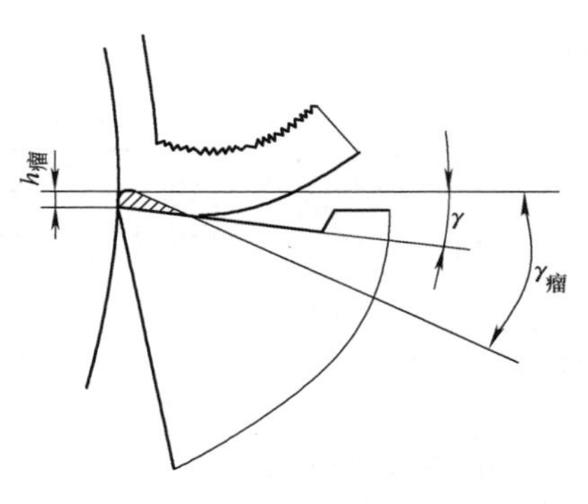

图 1-7　积屑瘤

积屑瘤的存在有其优点和缺点。优点是在粗加工时，积屑瘤存在比较好，它可以减少前刀面的磨损，提高刀具的寿命。缺点是在精加工时，积屑瘤存在一个成长、消失的过程，导致刀具的前角发生大与小的变化，造成已加工表面出现沟纹，表面粗糙度变差。所以，在粗加工时具有保护刀具前刀面，提高刀具寿命的优点。精加工时为了保证工件表面粗糙度，应避免积屑瘤。

四、刀具的磨损过程和磨损限度

刀具在使用的过程中都会产生磨损，刀具的磨损过程可以用磨损曲线来表示，如图 1-8 所示。

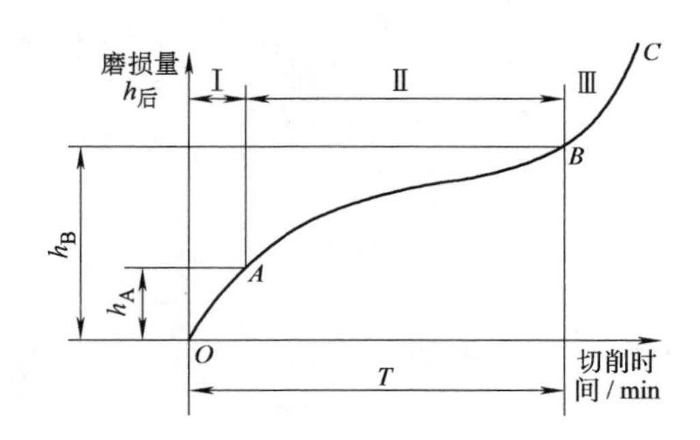

图 1-8　刀具的磨损过程

刀具的磨损分为三个阶段进行分析。

1）Ⅰ，初磨损阶段（OA 段），刀具一开始的短时间内磨损较快。

2）Ⅱ，正常磨损阶段（AB 段），刀具磨损缓慢。

3）Ⅲ，急剧磨损阶段（BC 段），刀具急剧磨损。

刀具磨损的三个阶段在实际运用中很重要，初磨损阶段告诉读者：新磨的刀具在初使用时，处于初磨损阶段，刀具磨损较快，导致加工的工件在同一进刀格数下，其实际加工工件的尺寸在变化。有经验的工人师傅一般在精加工时，对于刚磨好的车刀，都会用磨石磨光一下刀具的前角、后角、刃口，以加快或避免初磨损阶段。正常磨损阶段告诉读者：刀具进入正常使用阶段，时间较长，尺寸稳定。急剧磨损阶段告诉读者：刀具的磨损非常快，易破坏刀具，同时也破坏加工零件的表面，需立即磨刀。这也就是读者在实际加工中看到的：工人师傅一看到刀具磨损，立即去磨刀，绝不勉强使用的道理。

五、切削用量的选择

（一）选取方法

在工件材料、刀具材料、刀具几何参数及其他切削条件已确定的情况下，切削用量的选择尤为重要，根据切削用量三要素，即背吃刀量 a_p、进给量 f、切削速度 v_c，应该按 a_p—f—v_c 的顺序来选择切削用量，即应首先考虑选取尽可能大的背吃刀量 a_p，其次选用尽可能大的进给量 f，最后，在保证刀具经济寿命的情况下，选取尽可能大的切削速度 v_c。

（二）选择原则

1. 背吃刀量的选择原则

1）在留下精加工及半精加工的余量后，粗加工应尽可能将剩下的余量一次切除，以减少走刀次数。

2）如果余量过大，或机床动力不足而不能将粗加工余量一次切除，则也应将第一次走刀的背吃刀量尽可能取大些。

3）当冲击负荷较大（如断续切削时），或工艺系统刚性较差时，应适当减小背吃刀量。

2. 进给量的选择原则

1）粗加工。加工表面粗糙度要求不高，进给量的选择主要考虑刀杆、刀片、工件及机床的强度和刚度的条件能够允许的最大进给量。

2）精加工。加工表面粗糙度要求高，按表面粗糙度的要求选择进给量。

3. 切削速度的选择原则

1）刀具材料的耐热性好，切削速度可高些。

2）工件材料的强度、硬度高，或塑性太大和太小，切削速度应选低些。

3）当加工带外皮的工件时，应适当降低切削速度。

4）当断续切削时，应取较低的切削速度。

5）当工艺系统刚性较差时，切削速度应适当减小。

6）当要求得到较高的表面结构时，切削速度应避开积屑瘤的生成速度范围，对于硬质合金刀具，可取较高的切削速度，对于高速钢刀具，宜采用低速切削。

第4节 测量技术

测量是一个很复杂、技术性很强的工作，简单的测量比较简单，但精度高、特殊的测量就很复杂。例如，分子的直径、原子的直径、卫星的控制及位置的测量，高速度、高转速的测量，地球直径的测量，星球距离的测量，出土文物年代的测定，都是比较复杂、技术性很高的测量技术。

测量覆盖的面很广，如通信、电子、机械、遥控、化工、材料、航空、冶金、航天、天文、考古、地质、天气预报等，社会的方方面面几乎都包含。

机械加工工厂，一般的测量，就是三个方面：长度尺寸、角度尺寸和表面粗糙度。使用的工具有游标卡尺、钢直尺、内径千分尺、外径千分尺、百分表、游标万能角度尺、圆锥量规、塞规、光滑极限量规、表面粗糙度比较样块。在使用时，根据用途及精度的不同，选用不同的工具。

一、长度测量

（一）游标卡尺

游标卡尺是指示量具，如图1-9所示。在游标卡尺的尺身上，安装一个带游标的滑动尺，万用游标卡尺有内尺寸测量用的卡脚，外尺寸测量用的卡脚，还有一个深度测量尺。滑动尺可用螺钉固定在尺身上。

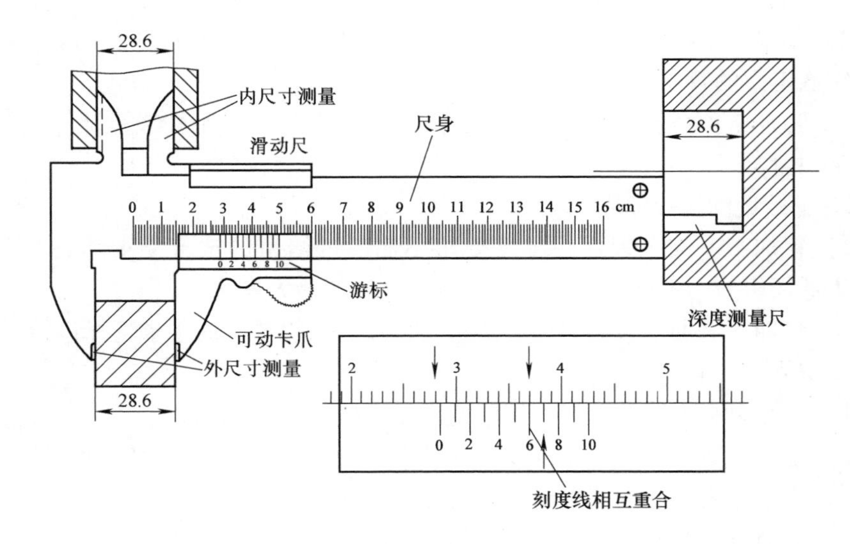

图1-9 游标卡尺

1. 游标卡尺的测量原理

游标卡尺的测量原理比较形象地讲，应该是“长度差”法。就是两个尺子，每一个尺子的两刻度线之间的长度相差为多少来计量尺寸，若一个最小间距，两把尺子的刻度相差 0.05mm，20 个间距就为 1mm，这是“长度差”法的原理。

游标卡尺，按分度值，一般分为 0.1（1/10）mm、0.05（1/20）mm 和 0.02（1/50）mm 三种。

1）在分度值为 0.05 的游标卡尺上，尺身每小格为 1mm，游标有 20 格，其总长为 19mm，即每格为 0.95mm。

$$\frac{19\text{mm}}{20}=0.95\text{mm}$$

也就是尺身与游标每格相差 0.05mm，10 格就相差 0.5mm。

2）在分度值为 0.02 的游标卡尺上，尺身每小格为 1mm，游标有 50 格，其总长为 49mm，即每格为 0.98mm。

$$\frac{49\text{mm}}{50}=0.98\text{mm}$$

也就是尺身与游标每格相差 0.02mm，10 格就相差 0.2mm。

2. 游标卡尺的读法（见图 1-10）

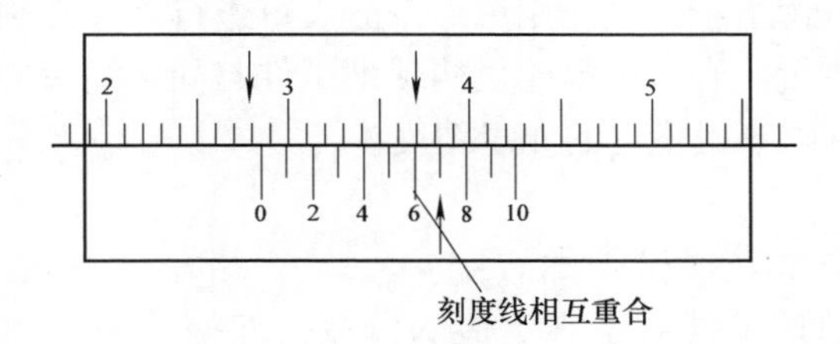

图 1-10　游标卡尺读数方法

1）读出尺身在游标上零刻度线左边的整毫米数，即 28mm。

2）读出游标上与尺身上的刻度线对齐的那一条刻度线的读数，然后记下小数读数，即 0.6mm。

3）把上面两个读数相加，即为读数尺寸 28.6mm。

3. 游标卡尺使用中常见的错误

1）测量过程中量具倾斜。

2）尺身与游标之间有明显的间隙。

3）测量表面有脏污。

4）卡爪抵靠工件的压力太大或太小。

5）长脚宽度在测量小孔时，尺寸不准确（宽度的直线段形成一个弦长）。

（二）千分尺和百分表

千分尺和百分表也是指示量具。

1. 千分尺

千分尺的结构如图 1-11 所示。

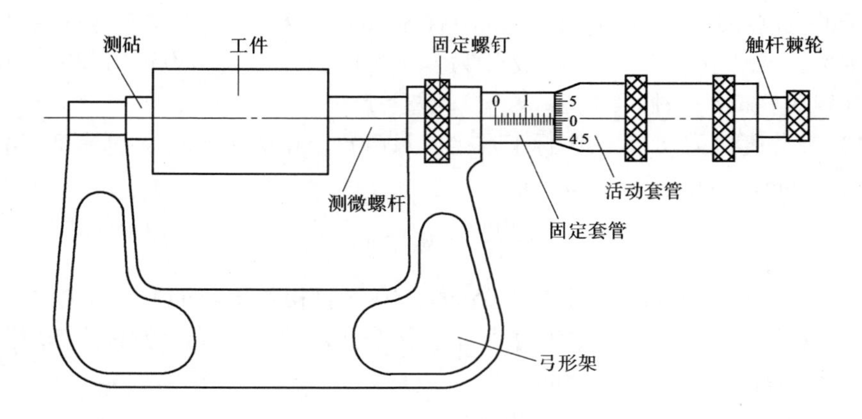

图 1-11　千分尺的结构

千分尺以一个螺杆作为运动零件进行长度测量。在活动套管圆周上分格，通常分为 50 格。螺杆的螺距为 0.5mm，所以每一格代表 0.5mm/50 = 0.01mm。在固定套管刻度上可读出半毫米。用弓形千分尺可进行外尺寸测量，用内径千分尺可进行孔的内径测量。有一套棘轮机构保证工件与固定测头的抵紧力始终限定在 10N 左右，因此可以获得稳定的测量精度。

2. 百分表

百分表的结构如图 1-12 所示。

百分表用于测量工件对于规定值的偏差，如检验表面的不平度、轴的不同心度。测得的偏差由测头经齿轮转换机构传到一个刻度为 1/100mm 的数字表盘上。大针转一周相当于测头行程 1mm。

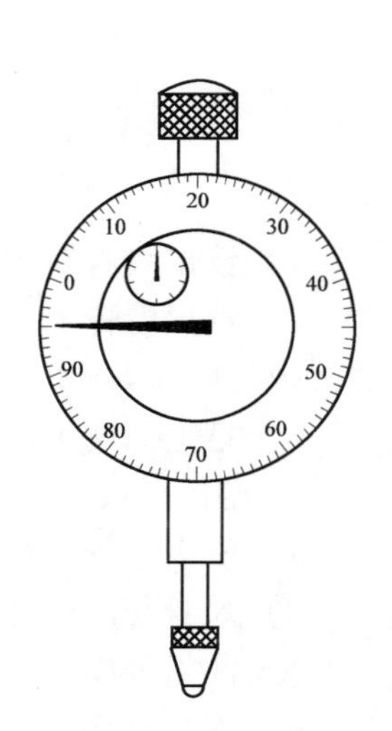

图 1-12　百分表的结构

（三）量规

量规是测量尺寸或形状的工具。量规用于测量成品零件的实际尺寸或实际形状是否符合规定要求。

1. 形状量规

形状量规用于检验工件的整体形状，如角形量规、斜角量规、半径样板、圆度量规。

2. 尺寸量规

尺寸量规用于检验槽、孔、沟的长度。尺寸量规总是由许多量规组配成套，套内各量规的测量尺寸依次递增。

检验工具还有量块、钳规、板厚量规、塞规、喷嘴量规等。

3. 光滑极限量规

光滑极限量规用于确定被检验对象是否在允许的误差范围之内。

在工件制造过程中，总是力求对规定尺寸的偏差尽可能小。例如，一个孔公称直径为 20mm，若最后加工尺寸在上极限尺寸 20.021mm 与下极限尺寸 20.000mm 之间就算合格；因此，所有直径大于 20.021mm 的就是“废品”，所有直径在 20.021mm 与 20.000mm 之间的就是“良品”，直径小于 20.000mm 的必须进一步加工。孔与轴的允许尺寸偏差用光滑极限量规检验。这种量规有两个固定尺寸：

1）通过端：涂有蓝色，良品应能通过。

2）不通过端：涂有红色，良品不能通过，凡通过者均为废品。

检验人员使用量规的不通过端涂为白色，为量规尺寸公差的极限尺寸。

测量的公称尺寸和尺寸偏差都刻在量规上，或刻有量规号。

内尺寸量规，如光滑极限量规不通过端的直径大于通过端直径。塞规通过端应能进入孔内，而不通过端最多只能卡住。

外尺寸量规，如光滑极限量规通过端尺寸较大。

（四）测量长度的方法

测量长度的方法有三种。

1. 直接测量

直接测量指实际值可以在量具（如游标卡尺、千分尺）上读出。

2. 比较测量

比较测量利用量块将量具调整到公称尺寸。量具显示被测尺寸与标准尺寸之差求得测量结果。

3. 用量规测量（界限测量）

界限测量就是利用一个尺寸（量规）来确定实际值是否在界限之内。测量结果是“合格品”“不合格品”以及“需进一步加工”。

二、角度测量

1. 量角器

量角器是指示量具，图 1-13 所示为游标万能角度尺。

简单的量角器可以量出角的度数。万能量角器有整周刻度，并装有游标。游标分为 12 格，因此读数可达 1/12°或 5′。活动尺是可调的，能测量 0°与 180°之间的角度。

2. 固定角尺

固定角尺是非指示量具。

工件上的角度用固定角尺，如平角尺、方角尺、六棱尺，或利用漏光法检验。活动角尺是将角度传递到量具上用的辅助工具。

三、表面粗糙度测量

一般工厂都是采用比较法检查，即采用标准的表面粗糙度比较样块，检查已

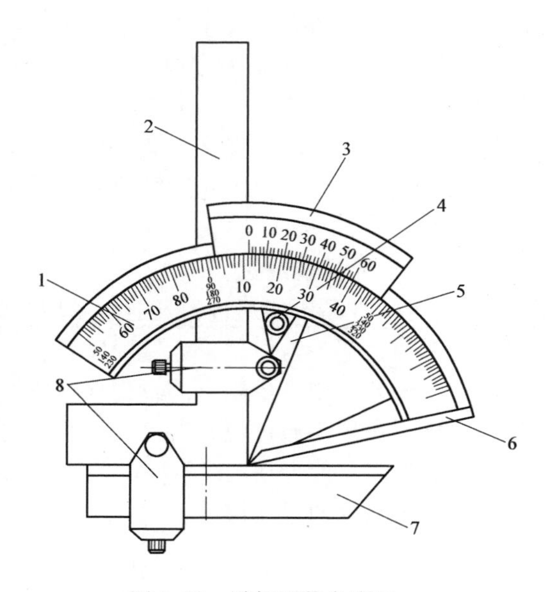

图 1-13　游标万能角度尺

1—尺身　2—角尺　3—游标　4—制动器

5—扇形板　6—基尺　7—直尺　8—夹块

加工的零件，比对两者的表面粗糙度是否一致。

四、测量误差

引起测量误差的原因有检验对象（如工件）的不完善性，量度器械（如刻度盘）、测量仪器本身（如千分尺），以及测量程序和测量动作中的问题。除以上各项外，影响测量结果的因素还有周围环境（如温度、粉尘、湿度、气压）和从事测量工作的人员的个人特点（如对工作的重视程度、熟练程度、视力、判断能力、思想集中程度）等。

（一）系统测量误差

系统测量误差是指在相同测量条件下总是以相等大小出现的测量误差，因此是可以把握的一种误差，如在车削或磨削加工的自动测量中所产生的温度误差，它总是一个恒定值。这种误差可以通过计算从测量结果中消除掉。

（二）随机测量误差

随机测量误差的大小不一。因为引起这种误差的原因不明，它会始终作为误差存在于测量结果之内，重复测量（如一批测量 20 次）可求得误差的平均值，并作为经常存在的误差在测量结果中加以考虑。

（三）引起测量误差原因

1. 温度影响

由于热胀冷缩，物体在不同温度下的长度不同。因此，测量的标准温度规定

为 +20℃。对钢制工件来说，大多数情况下量具与工件的温度相等就够了。要防止工件和量具受太阳照射、发热体加热、手接触加热等，保持温度均匀。

2. 由视差引起读数误差

当量具的刻线与工件不在一个平面内时，从侧面观察就会引起判读误差。当指针与刻度盘之间有一定距离时会产生这种误差。

3. 位置误差

当量具的测量表面斜对着工件表面，或工件歪放在量具内时，将产生相当大的误差。

4. 由于用力不当产生的误差

量具的测量表面以一个测量力抵住工件。如果用力过大，量具可能变弯，接触部位可能压扁。在精密测量仪中测量力多半靠一弹簧可靠地保持为一个始终不变的值。

5. 量具误差

运动部件之间的间隙和摩擦、测头行程误差、刻度的分度误差等会产生量具的误差。误差大小可以通过一系列试验测得，如量具误差为 ±0.002mm。

测量技术原理提出："测量工作的安排始终要做到：被测段应在一直线上与作为量尺的刻度接续。"根据这个原理，被测工件与量具应相互对直。

如图 1-14 所示，由于滑动游标可能有的倾斜，卡尺会产生一个测量误差，测量对象越靠近卡口的外侧，测量误差就越大。卡尺不符合测量技术原理的要求。千分尺符合测量技术原理。

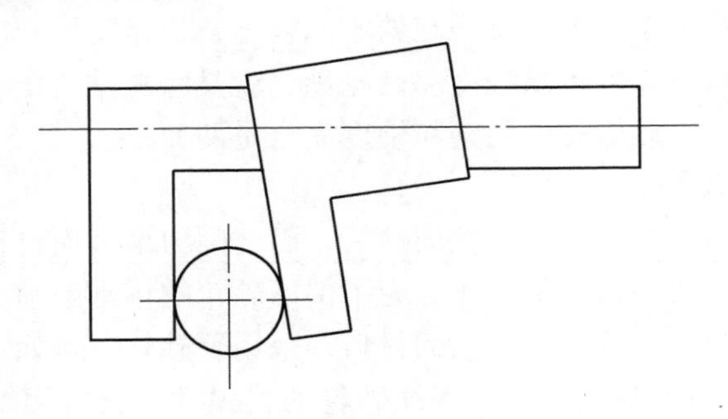

图 1-14　卡尺不符合测量技术原理

五、量具的定期检定

对于测量工具，为保证其准确性，必须定期检定。大一些的工厂，有专门的机构进行检定，小一些的单位应该到计量局检定。因为测量工具在长期的使用中会发生摔、碰及局部磨损、温度变化，从而影响其尺寸精度，导致测量的尺寸不准确，使测量精度发生变化。

第5节　砂轮机使用的基本知识

一、砂轮机

砂轮机是机械加工中最简单的高速转动设备，越简单的高速转动设备，就越危险。因使用砂轮机而出现的工伤事故，在机械加工工厂出现的最为频繁。操作使用砂轮机时一要小心，二要按安全操作规程的要求去使用。

使用砂轮机磨削工具时，工件的磨削部位要水平对准砂轮机的旋转中心。若磨削部位高于砂轮的水平中心，则会使工件在砂轮圆周面上跳动，很快将砂轮圆周面击打成不规则的圆，造成砂轮跳动，易出事故；若磨削部位低于砂轮的水平中心，由于手持的工件不断地要磨削，工件就有一个向上的力去磨削，而砂轮会不断地去击打工件，形成啃砂轮的现象，造成砂轮跳动，同时也易将工件卷入砂轮机内，造成砂轮破碎的严重后果。

工厂有各种型号、各种颜色的砂轮，其使用方法要正确。最简单的方法是根据砂轮的颜色去使用砂轮。工厂一般有三种颜色的砂轮：白色、黑色、绿色。

1）白色砂轮用于碳钢、合金钢、锋钢。

2）黑色砂轮用于铸铁、黄铜。

3）绿色砂轮用于硬质合金、宝石、光学玻璃。

二、砂轮

砂轮的性能有硬度与自锐性两个概念。

1. 砂轮的硬度

砂轮的硬度是指结合剂粘接磨粒的牢固程度，也是指磨粒在磨削力的作用下从砂轮表面上脱落下来的难易程度。砂轮硬，就是磨粒粘得牢；砂轮软，就是磨粒粘得不牢。所以，砂轮硬度与磨粒硬度完全是两回事。

2. 砂轮的自锐性

砂轮的自锐性是指砂轮的磨粒磨钝后，因磨削力增大而自行脱落，让新的锋利的磨粒露出来继续担负切削工作。为了保证砂轮的正常磨削，在机械工厂，磨削硬的材料，采用软砂轮；磨削软的材料，采用硬砂轮。例如：

1）磨削硬质合金材料。为了保证砂轮的自锐性，就采用结合剂软，而磨粒硬的砂轮，称为软砂轮。

2）磨削合金钢、碳钢。为了保证砂轮的自锐性，就采用结合剂硬，而磨粒软的砂轮，称为硬砂轮。

第6节　机械加工中的切削液

凡是机械加工，都要使用切削液。对于使用切削液的原因，我们举一个例子。

大家知道古时“钻木取火”这个道理，钻木取火是利用摩擦起热，两个木头在一起连续不断地旋转，随着摩擦的不断进行，温度不断升高，最后燃烧起火。大家注意：

1）木头摩擦至燃烧，这个过程是连续不断的。

2）摩擦必须有一段时间。

3）温度的升高是在一个介质中（空气中）进行。

假如在钻木取火的摩擦过程中，不是只在一个空气的介质中进行，而是在摩擦的过程中不断加注水，其结果大家都很清楚。在空气与水的混合介质中，摩擦根本达不到钻木取火的目的。相对钻木取火来讲，机械加工零件时，零件材料与刀具的摩擦要比钻木取火的摩擦剧烈得多，若不及时加注切削液，温度则会很快升高。

虽然车刀材料有着热硬性的特性，但是它也是在有限的温度范围内保持其硬度，更何况其硬度也是随着温度的升高而下降的。对于高速钢刀具，温度超过600℃，硬质合金超过900℃，其硬度会急剧下降。

在平时工作中，可以看到铁屑被烧成蓝色，铁烧后变颜色，至少也得500℃。所以懂得了钻木取火的道理，就应该知道在车削加工的过程中，需要及时加注切削液。

机械加工使用的切削液有两大作用：

1）冷却作用。

2）润滑作用。

常用的切削液由于侧重面不同，一般分为两大类：一类是以冷却为主的水溶液；另一类是以润滑为主的油液。

以冷却为主的水溶液一般是在工厂里见到的像牛奶一样的乳化液，用于粗加工，目的是加大冷却作用，提高刀具寿命。

以润滑为主的油液，如全损耗系统所用的油、煤油、油酸、菜籽油，目的是加大润滑作用，保证已加工表面的表面粗糙度，降低刀具磨损。

切削液有高速时使用的，也有低速时使用的，全损耗系统用油就是一种低速时使用的切削液。例如，在手工攻螺纹时就使用全损耗系统用油作为切削液。值得注意的是，使用全损耗系统用油时，若温度高于250℃，它的冷却润滑作用还不如水。

机床的切削加工很多场合是在高温高压下进行的。在高温高压下就要使用含有极压剂成分的切削液。那么什么是极压剂呢？极压剂就是在高温高压下仍能保持润滑作用的物质。一般极压剂有：硫、氯、二硫化钼、油酸、石墨等。在切削液中加入极压剂，就是高温下使用的切削液。

我国目前的加工现状是：对切削液作用的认识高度还不够，切削液的作用没有充分利用，在很多加工场合，切削液的作用与刀具的作用相同，同等重要，离开哪一个都不行。从冷却方面来讲，现状是：数控铣削中心、数控加工中心在加工零件时，切削液的流量较普通车床的流量大得多，大的流量带走大量的热，从而使刀具的冷却环境好得多，使刀具具有很高的转速。普通车床使用切削液的流量比较小，冷却环境比较差，只能在较低的转速下运转去进行切削加工。如果在普通车床上采取大流量的切削液冷却，会造成切削液飞溅，一般不使用。从润滑方面讲，很多加工者一般都不重视切削液的作用，只是一味地重视刀具的作用，比较注意刀具的切削角度，不注意切削时的冷却润滑，造成使用的刀具在很短的时间内就磨损，重复磨刀的次数增多，使刀具在短时间内便磨损报废。

第7节　工艺系统刚性

一、材料的弹性

凡是金属材料都具有弹性，只不过有大与小的区别。在现实加工中，如铣工的铣平面，在接刀面上会出现接不平现象，这里的原因除了工艺系统刚性以外，还有工件弹性变形因素；车工的车外圆，在二次车削进刀尺寸不变的情况下，出现仍能继续切削的情况，这就是材料弹性变形因素在起作用。切削理论中的第4变形区中的加工表面的弹性恢复量，就是材料的弹性恢复。当车削加工时，刀杆的选择就要考虑刀杆的刚性，不允许产生弹性变形。需要强调的是，一般情况下，粗加工不考虑弹性变形，精加工考虑弹性变形。

二、工艺系统的刚性

工艺系统刚性，一般是指机床—夹具—刀具—零件在加工过程中抵抗变形的能力。对初学者来说，一般来讲，应该认为机床的刚性是足够的。机床的刚性是由机床制造者考虑的，一般初学者不考虑。存在的问题是根据加工零件的大小及切削力的大小，去选择合适的机床型号。当加工大一些的工件时，用大一些的机床；当加工小一些的工件时，用小一些的机床。其原因主要是大的工件加工时切削力大，小的工件加工时切削力小，为保证正常切削，机床必须有足够的刚性支持。

通常讲机床的刚性，就是指机床受到一定的外力时，不产生任何变形的能力。浅显地讲就是，机床不该运动的，受力都不能动，不能有任何变形与弯曲。

第8节　弹性、刚性、硬度、强度概念的认识

很多初学者容易将弹性、刚性、硬度、强度这四个概念相混淆。现举个例子说明：有四件材质不同，规格为ϕ30mm×500mm的圆棒，分别是木棒、橡胶棒、钢棒、铝棒，如图1-15所示。

按如图1-15所示的方式用铁榔头以同样的力击打，出现四种情况：

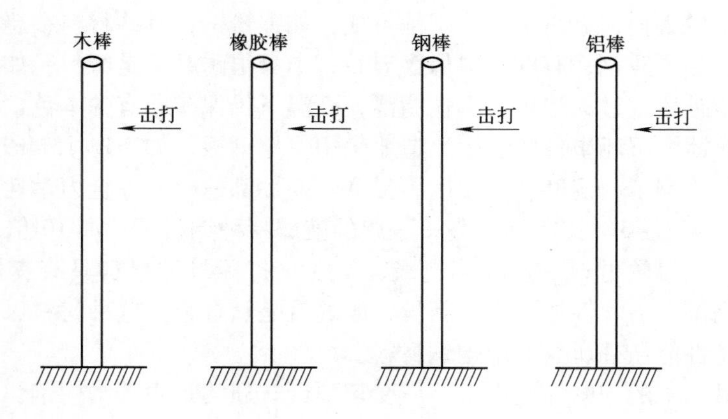

图 1-15　比较示意图

1）木棒。经榔头击打后断裂为两截。

2）橡胶棒。经榔头击打时有大的变形，击打后，又恢复原状。

3）钢棒。经榔头击打纹丝不动。

4）铝棒。经榔头击打局部出现凹坑。

对于这四个现象，解释为：木棒的强度差，橡胶棒的弹性好，钢棒的刚性好，铝棒的硬度差。

由此可知：

1）硬度是指金属抵抗其他硬的物体压入的能力。

2）强度是指物体抵抗断裂的能力。

3）弹性是指物体受外力时，产生变形，外力消失后恢复原状的能力。

4）刚性是指物体受外力时，不产生任何变形的能力。

第9节　机械加工中的钢铁材料

机械加工工厂是靠加工钢铁零件生产出产品的，工厂的工人天天与钢铁打交道，熟悉钢铁材料、认识钢铁材料是每一位进入机械加工行业的人都应必备的知识。

工厂的钢铁材料牌号繁多、品种众多，不认识的人从表面上看都一样，但实际上却是大有不同的，有的是导磁材料，如纯铁、硅钢片；有的是工具钢，如车刀、刨刀、铣刀；有的是结构钢，如 40Cr、30CrMnSi；有的是耐热钢，如 0Cr19Ni9、2Cr23Ni13；有的是不锈钢，如 12Cr13、20Cr13、07Cr19Ni11Ti；有的是弹簧钢，如 70、65Mn、60Si2Mn；有的是铸铁，铸铁还分为铸钢、灰铸铁、球墨铸铁。这些钢铁从性能上来看很有意思，有些钢材的性子刚烈，宁折不弯，如钳工使用的锉刀，又硬又脆，一摔就折，若是用手掰整形锉刀，一掰就断；有些钢铁材料是傲青松，百折不挠，千锤不变，如弹簧钢；有些材料在恶劣的环境中不变其色，如不锈钢；有的材料像磨刀石，本身很耐磨又是磨料，如灰铸铁；有些材料像是孙悟空过火焰山，不怕高温，高温下仍保持原有的本色，如高速钢刀具。为防止冰海沉船事件的发生，造船采用专用钢板，如3C、15MnTiC。属万金油的就是结构钢了，耐磨性、硬度、强度、韧性都适中，综合力学性能较好，八面玲珑，如45、40Cr、35等。高贵一族的就属特种钢材了，如10倍以上普通钢材价格的飞机涡轮材料，这种元老级、K字头打标号的材料具有良好的铸造性能，既耐高温，力学性能又好。新贵一族的就是钛合金，这种材料以高强度、低比重的优越性能傲视所有的结构钢材料。

从机械加工的切削性能上看，广受切削者欢迎的是中碳结构钢，它具有良好的切削性能。而合金钢稍硬一些，对刀具的磨损稍大一点。最软的钢材是低碳钢，较难将表面车削光整。属滚刀肉的是不锈钢，导热性差又粘刀，极易产生积屑瘤，对切削它的刀具像口香糖一样粘刀，加工者有时为了达到图样的要求，便于切削加工，不得不让它去电炉中走一圈，采用正火热处理来改善它的切削性能。

绝大多数钢材，其力学性能的实现都会集中在钢材的热处理上，对于各种牌号的金属材料，虽然在退火状态，其硬度都差不多，能够进行切削加工，但是一经合适的热处理，其强度、硬度、耐磨性、韧性会产生很大的变化。同一个牌号、同一合金成分的金属材料，经过不同的热处理方法，其切削性能会有很大的不同。例如，45中碳结构钢，经不同的热处理——淬火、退火、调质三种方法，其切削性能就会有很大的变化，在退火状态为易切削钢，在调质状态为不易切削钢，在淬火状态就变得又硬又脆，无法进行车、铣、刨、钳的切削加工。对于金属材料的热处理工种，比较形象一点的比喻是，他们是机械加工行业中的魔术师，可以将金属材料变软、变硬、变韧、变耐磨。

金属的热处理必须会对金属加热，只要在空气介质中加热，必定会产生氧化现象。为了防止产生热处理的氧化现象，就有了金属热处理的真空淬火，使加热炉在不存在空气的情况下加热淬火，防止零件氧化生锈。对有些零件的热处理，为了达到需要的冷却速度，其冷却淬火的方法有油液淬火、盐水淬火、碱液淬火等。有时为了达到所需要的硬度，还产生了双温淬火。

淬火后的钢材硬度很高，无法进行车、铣、刨的切削加工；淬火后的钢材，由于冷却时内部温度变化不均匀及氧化，产生了很大的变形与生锈，不符合设计图样的技术要求。对于这些硬度高、又变形、又生锈零件的加工，机械加工采用磨削加工、电火花线切割加工、电腐蚀加工手段，来达到设计图样的技术要求。

原来一直不清楚，钓鱼的鱼钩是怎么做出来的，这么硬的材料，如何弯形，鱼钩上的倒钩又是如何加工的，后来才知道是采用很软的低碳钢材料弯形与制倒钩，然后经渗碳、淬火的热处理加工，使鱼钩变得很硬。也就是软材料的制作，热处理的变性。在很多机械结构上，有些零件需要外表面是硬的，内部是软的；有的需要外表面耐磨、耐腐蚀，而内部则不需要。热处理工种采用渗碳、淬火或氮化处理，或高频感应淬火，来达到零件硬度分布的需要。

金属材料在物流管理与使用方面有一个诚信、管理、标识、鉴定、分辨的问题。金属材料从外观、表面上是看不出金属钢材的化学成分，或是什么牌号的钢材。金属材料在供货状态，一般也都是软态的，都可以进行金属切削加工且不易辨别其化学成分。由于这个原因，在采购钢材时，供货厂家都会给客户一个金属材料化学成分保证书。这是供货方给客户的一个材质的诚信承诺。厂矿企业的采购员在购置钢材时都要求有这个保证书，以作为对上对下的一个交代，对工作负责的一个表明。但是社会上有少数供货方，钻这个空子，将劣质钢材当作优质钢材出售，用过期的或其他批次的金属化学成分保证书去顶替劣质钢材的批次与化学成分保证书。在一些钢材市场的供货商也出现过类似的事情。例如，有些小钢厂用生产的地条钢顶替优质钢，杂质、成分不明的钢材顶替规定化学成分的钢材。

在大型仓库，对于钢材的管理都有一项工作，就是防止钢材的牌号混淆。防止混淆的办法就是采用不同颜色的油漆或几种颜色的油漆涂在钢材的适当表面处。国家统一规定了哪几种颜色组合在一起涂到钢材的适当表面处，就是哪种牌号的钢材。这是一个整套的、全国统一的规定。所以，在钢材市场、大型仓库、工厂里，见到钢材的表面涂有不同颜色的油漆的原因就在于此。

在工厂里经常出现这样一个问题，明明是碳素钢，却当作合金钢使用，这时钢材的油漆标识又已去除，而加工者、使用者又怀疑其钢材牌号，在大型工、矿企业就在化学分析实验室，采取化学分析的办法检查其化学成分，确定钢材的牌号。在不具备化学分析实验室的厂家与个体，一般采用火花鉴别法。火花鉴别法就是将需要鉴别的钢材在砂轮机上磨削，根据磨削时飞溅的火花的颜色、火花的分布、火花的大小请有经验的工人老师傅鉴别。或采用比对的办法去鉴别。比对的办法就是：拿一个已知牌号的钢材与不知牌号的钢材，同时去砂轮机上磨削，看火花是否一致的方法，确定其牌号。但这时化学成分相近的钢材也鉴别不出来，如 T8 与 T10 就鉴别不出来。这个方法的局限性比较大，还需要个人的经验，所以国家也未做出统一的规定。

钢铁材料的品种很多，其牌号是国家统一命名的。命名的方法是：钢铁牌号中的汉字或汉语拼音字母表示产品名称、用途、冶炼方法和浇注方法，化学元素的汉字或化学元素符号表示产品中的主要成分，阿拉伯数字表示产品的顺序或主要成分的元素含量。

对于机械加工行业，一般是以含碳量与化学成分的多少来表示牌号的。一般的金属钢材知识如下：

1）铁：当 w_C（碳的质量分数）≤0.0218%时，称为工业纯铁。

2）钢：当 w_C（碳的质量分数）=0.0218%～2.11%时，称为钢。如10、20、35、45、50、55、T8、T10、T12、Q195、Q215、Q235、Q255、10F、08F等。

3）合金钢：就是在碳钢的基础上，有意加入一些合金元素的钢，如20Cr、40Cr、65Mn、60Si2Mn、15MnTi、20CrNiMo等。

4）不锈钢：当合金元素 w_{Cr} > 1.3%时，称为不锈钢。如12Cr13、20Cr13等。

5）铸铁：w_C =2.11%～6.69%时，称为铸铁。如HT100、HT150、HT250、HT350等。

6）按钢的含碳量分为：

① 低碳钢：当 w_C（碳的质量分数）≤0.25%。如10、20、20Cr、Q195等。

② 中碳钢：当 w_C（碳的质量分数）=0.25%～0.6%。如35、45、50、40Cr等。

③ 高碳钢：当 w_C（碳的质量分数）≥0.6%。如T8、T10、T12、65Mn等。

常用钢铁产品的牌号表示方法见表1-1。

表1-1 常用钢铁产品的牌号表示方法

产品名称	牌号举例	牌号表示方法说明
1. 碳素结构钢（GB/T 700—2006）	Q195F、Q215AF、Q235BF	Q 235 B F F——脱氧方法：F—沸腾钢；Z—镇静钢（可省略）；TZ—特殊镇静钢（可省略） B——质量等级：A、B、C、D 235——屈服强度值（MPa） Q——钢材屈服强度“屈”字的汉语拼音首位字母
2. 优质碳素结构钢 普通含锰量 较高含锰量 锅炉用钢 （GB/T 699—2015）	08F、45、20A、40Mn、70Mn	50 Mn F A A——质量等级：无符号—优质；A—高级优质；E—特级优质 F——脱氧方法：F—沸腾钢；b—半镇静钢 Mn——w_{Mn}=0.7%～1.2% 50——以平均万分数表示的碳的质量分数

（续）

产品名称	牌号举例	牌号表示方法说明
3. 低合金高强度结构钢（GB/T 1591—2018）	Q345A Q390B Q420C Q460E	Q 390 A A——质量等级：A、B、C、D、E 390——屈服强度值（MPa） Q——钢材屈服强度“屈”字的汉语拼音首位字母
4. 碳素工具钢 普通含锰量 较高含锰量 （GB/T 1299—2014）	T7、T12A、T8Mn	T 8 Mn A A——质量等级：无符号—优质；A—高级优质 Mn——w_{Mn}=0.4%～0.6% 8——以名义千分数表示的碳的质量分数 T——代表碳素工具钢
5. 易切削结构钢 普通含锰量 较高含锰量 （GB/T 8731—2008）	Y12、Y30、Y40Mn、Y45Ca	Y 40 Mn Mn——易切削元素符号：1. S、SP易切削钢不标元素符号；2. Ca、Pb、Si等易切削钢标元素符号；3. Mn易切削钢一般不标元素符号，含量较高（1.20%～1.55%）时标出 40——以万分数表示的碳的质量分数 Y——代表易切削结构钢
6. 电磁纯铁热轧厚板（GB/T 6983—2022）	DT4A	DT 4 E E——电磁性能：A—高级；E—特级；C—超级 4——不同牌号的顺序号 DT——代表电磁纯铁热轧厚板

（续）

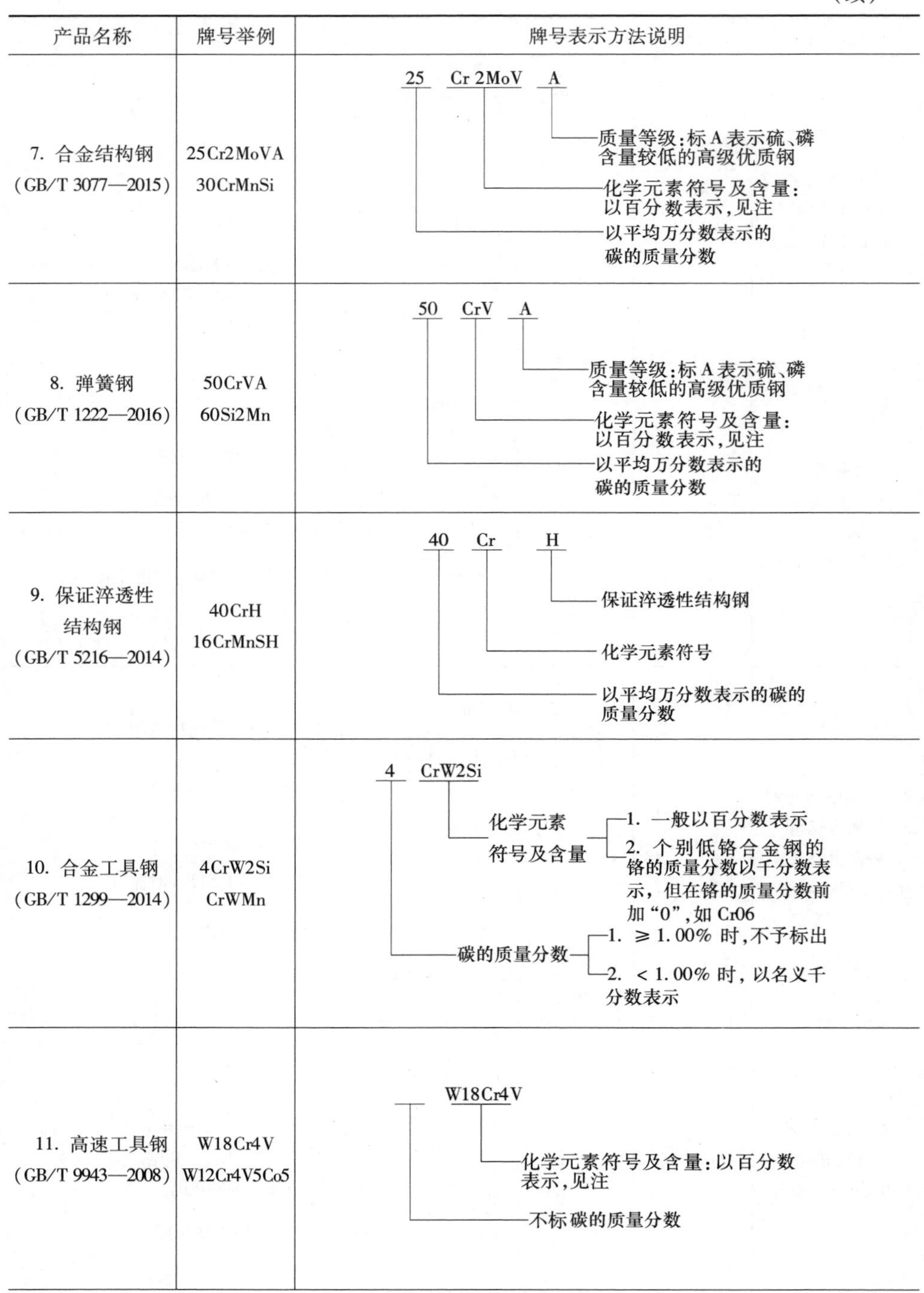

产品名称	牌号举例	牌号表示方法说明
7. 合金结构钢 （GB/T 3077—2015）	25Cr2MoVA 30CrMnSi	25　Cr 2MoV　A A—质量等级：标A表示硫、磷含量较低的高级优质钢 Cr 2MoV—化学元素符号及含量：以百分数表示，见注 25—以平均万分数表示的碳的质量分数
8. 弹簧钢 （GB/T 1222—2016）	50CrVA 60Si2Mn	50　CrV　A A—质量等级：标A表示硫、磷含量较低的高级优质钢 CrV—化学元素符号及含量：以百分数表示，见注 50—以平均万分数表示的碳的质量分数
9. 保证淬透性结构钢 （GB/T 5216—2014）	40CrH 16CrMnSH	40　Cr　H H—保证淬透性结构钢 Cr—化学元素符号 40—以平均万分数表示的碳的质量分数
10. 合金工具钢 （GB/T 1299—2014）	4CrW2Si CrWMn	4　CrW2Si CrW2Si—化学元素符号及含量：1. 一般以百分数表示；2. 个别低铬合金钢的铬的质量分数以千分数表示，但在铬的质量分数前加“0”，如Cr06 4—碳的质量分数：1. ≥1.00%时，不予标出；2. <1.00%时，以名义千分数表示
11. 高速工具钢 （GB/T 9943—2008）	W18Cr4V W12Cr4V5Co5	W18Cr4V W18Cr4V—化学元素符号及含量：以百分数表示，见注 （空）—不标碳的质量分数

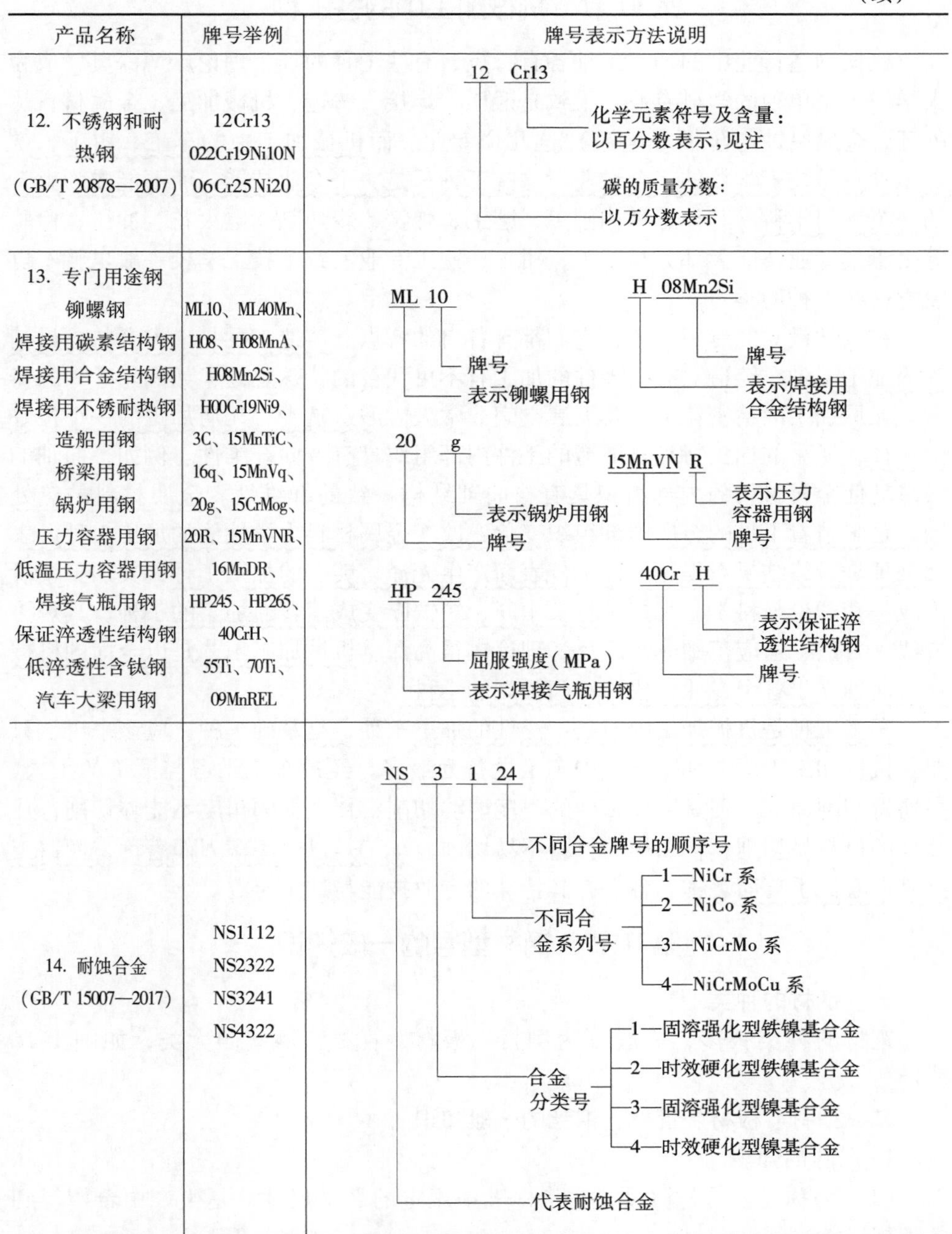

（续）

产品名称	牌号举例	牌号表示方法说明
12. 不锈钢和耐热钢 （GB/T 20878—2007）	12Cr13 022Cr19Ni10N 06Cr25Ni20	12 Cr13 Cr13—化学元素符号及含量：以百分数表示，见注 12—碳的质量分数：以万分数表示
13. 专门用途钢 铆螺钢 焊接用碳素结构钢 焊接用合金结构钢 焊接用不锈耐热钢 造船用钢 桥梁用钢 锅炉用钢 压力容器用钢 低温压力容器用钢 焊接气瓶用钢 保证淬透性结构钢 低淬透性含钛钢 汽车大梁用钢	ML10、ML40Mn、 H08、H08MnA、 H08Mn2Si、 H00Cr19Ni9、 3C、15MnTiC、 16q、15MnVq、 20g、15CrMog、 20R、15MnVNR、 16MnDR、 HP245、HP265、 40CrH、 55Ti、70Ti、 09MnREL	ML 10 10—牌号 ML—表示铆螺用钢 H 08Mn2Si 08Mn2Si—牌号 H—表示焊接用合金结构钢 20 g g—表示锅炉用钢 20—牌号 15MnVN R R—表示压力容器用钢 15MnVN—牌号 HP 245 245—屈服强度（MPa） HP—表示焊接气瓶用钢 40Cr H H—表示保证淬透性结构钢 40Cr—牌号
14. 耐蚀合金 （GB/T 15007—2017）	NS1112 NS2322 NS3241 NS4322	NS 3 1 24 24—不同合金牌号的顺序号 1—不同合金系列号：1—NiCr 系；2—NiCo 系；3—NiCrMo 系；4—NiCrMoCu 系 3—合金分类号：1—固溶强化型铁镍基合金；2—时效硬化型铁镍基合金；3—固溶强化型镍基合金；4—时效硬化型镍基合金 NS—代表耐蚀合金

注：1. 平均合金含量 $w_{均}$ <1.5%者，在牌号中只标出元素符号，不注其含量。

2. 平均合金含量 $w_{均}$ 为 1.5% ~2.49%，2.50% ~3.49%，…，22.5% ~23.49%，…时，相应地注为 2，3，…，23，…

第10节　机械加工中的各工种

机械制造行业中的加工工种各有特点，有些工种的加工理论广博深奥，成为大学中一个单独的学科专业，大致是锻压、焊接、铸造、机械加工、金属材料热处理、金属腐蚀与防护（电镀）这几个专业。而机械加工中的车工、钳工、铣工工种只是技工学校的一个专业，这些工种只是一个专业技能，而不能成为大学的一个专门学科。其他工种如刨工、磨工、弹簧、线切割、电火花、冲压、检验等由于其专业技能大部分与车工、钳工、铣工专业一致，技工学校一般也就不再设立这些工种的学习。

在大学设立的专门学科，它们都有各自的特点。铸造工种是最古老的、最精深的加工工种，铸造对有些零件的加工有不可代替的特殊之处，如涡轮叶片的铸造。无屑加工的精密铸造，其发展空间非常大。锻造是少、无屑加工的一个很好的途径，显著的加工特点是锻造的工件内部组织具有方向纤维性。例如，曲轴的锻造就使金属材料的内部组织具有与曲轴结构一致的纤维性。金属材料的热处理，是眼睛看不见的金属内部组织变化，改变金属材料力学性能的加工工种。表面处理是最终结果看得见的，工件表面产生光泽、镀层的加工工种，其加工手段形成一套理论与科学。焊接是将长木匠、短铁匠变成了普通加工的工种，其焊接方式、方法、适应范围非常广泛，理论也很高深。机械加工工艺是以全面的机械加工而独立于各个专业，成为一门独立的学科。

车工工种是机械加工中最具广泛性的加工工种，是基础工种。应该来讲，只要是机械加工工厂，加工设备以车工设备为最多。经过车工学习与锻炼的工人，最懂得切削原理，刀具以什么样的角度能够切削；什么样的角度不能够切削；什么样的材料易切削；什么样的材料不易切削。车工是以会磨车刀而著称，而钳工则是以心灵手巧而著称，各自有其特殊的专业技能与加工窍门。

第11节　钢材型号的一般知识

一、钢材的种类

钢材的种类很多，一般分为型材、板材、管材、钢丝四大类，如图1-16所示。

二、型材、板材、管材、钢丝的一般知识

1. 尺寸的知识

（1）公称尺寸　公称尺寸是指标准中规定的名义尺寸，是生产中希望得到的理想尺寸。

（2）实际尺寸　实际尺寸是指实际生产中得到的钢材的实测值。

（3）尺寸允许偏差　尺寸允许偏差是指实际允许尺寸与标准中规定的名义

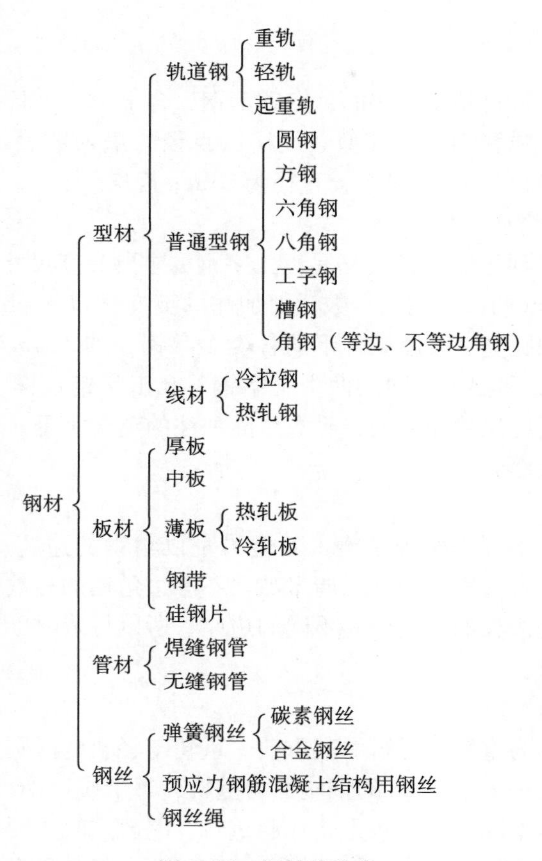

图1-16　钢材的种类

尺寸之差的最大值，它的大小决定了钢材的精度等级，允许偏差小的钢材为较高精度等级，允许偏差较大的为普通精度等级。

（4）通常长度、定尺、倍尺、短尺　通常长度、定尺、倍尺、短尺都是圆钢和方钢在交货时的长度规定。其中，通常长度是指一般情况下交货时长度的规定，如普通钢的直径或边长≤25mm，交货长度为4～10m，直径或边长≥26mm，交货长度为3～9m；短尺是指钢材长度比规定长度短，短尺的允许范围是不得小于2.5m；定尺是指订货时所要求的交货长度；而倍尺则是定尺的一种变态，即按订货时规定长度的整数倍交货。

定尺、倍尺、短尺都是订货厂家的要求，一般是订货厂家为本企业的生产实际而提出的尺寸要求，供货方按订货要求加工。

2. 方钢、六角钢、八角钢

方钢、六角钢、八角钢属于型钢类，其规格是以断面形状的主要轮廓尺寸来表示的，方钢以边长毫米数表示；六角钢、八角钢以内切圆直径表示。材料品种有多种。

3. 圆钢

圆钢是型钢中材料品种最多的，有碳素钢、合金钢、工具钢、不锈钢、耐热钢、滚动轴承钢、弹簧钢等，其型号规格以直径的毫米数表示。如45、ϕ25的圆钢，其含义是材料为45碳素钢，直径为25mm规格。

4. 工字钢、槽钢

工字钢型号（即号数）的规格是以工字钢的主要高度尺寸命名的，如16#工字钢表示高为16cm的工字钢，号数后面加注的英文字母a、b、c等则用来区别同一高度，不同的腿宽、腰厚条件下的各类工字钢，如32#a、32#b等表示高度都是32cm，而腿宽和腰厚不同的两类工字钢。和工字钢一样，槽钢型号的规格是以槽钢的主要高度尺寸命名的，号数后面加注的英文字母a、b、c等则用来区别不同的腿宽和腰厚。

5. 角钢

角钢有等边与不等边两种规格，其型号是以角钢的边宽尺寸厘米来表示号数，如等边角钢的号数表示边长的厘米数，不等边角钢的号数表示长边和短边的厘米数。由于同一边长的角钢会有不同的边厚，所以订货时，角钢不光要写明型号，还要注明规格。

6. 轨道钢

轨道钢主要分为重轨、轻轨、起重轨。重轨与轻轨的区别是单位长度钢轨的质量不同，每米质量大于24kg的钢轨称为重轨；每米质量小于24kg的钢轨称为轻轨。重轨按用途不同又分一般重轨和起重轨，一般重轨主要用于铁路道轨，起重轨主要用于起重机的道轨，从轨的横截面看，两者形状稍有不同，起重轨高度较矮，且宽度和腰厚较大，重轨反之。

重轨、轻轨的型号表示的是每米长度的公称质量，如50kg/m、24kg/m称为50kg钢轨和24kg钢轨；起重轨的型号表示则有所不同，它是用汉语拼音字母“Qu”加数字表示的，其中数字为轨头的宽度。

7. 板材

板材分为薄板、厚板，板厚大于4mm的板为厚板，板厚小于4mm的板为薄板。习惯上又把厚度在20mm以下的钢板称为中板，超过60mm厚的钢板称为特厚板。

生产板材的厂家在加工上，其宽度、长度、厚度都有国家标准规定，在验收规格尺寸时其测量部位也有国家标准规定。板材与带材质量上的称呼有波浪度、瓢曲度、镰刀弯，其含义是：波浪度是指板材、带材出现波浪形弯曲的程度；瓢曲度是指板材、带材的长度及宽度方向同时出现高低起伏的呈“瓢形”状的波浪程度；镰刀弯则是指板材、带材及扁钢的侧面弯曲。

8. 钢带（又称带钢）

钢带实际上是薄钢板，由于其长度方向与宽度方向的比值较薄钢板大得多，形似带状，故称带钢。钢带分为热轧钢与冷轧钢两大类。热轧钢带按其厚度允许不同，分为普通精度和较高精度两个等级，测量部位应选在距钢带两端不小于250mm处；冷轧钢带按其厚度和（或）宽度允许偏差分为普通精度钢带、宽度精度较高的钢带、厚度精度较高的钢带及宽度和厚度精度较高的钢带四个不同的等级。

钢带厚度的测量部位有规定，如宽度为20mm的切边钢带的厚度测量部位应距边缘5mm以上，不切边钢带应距边缘10mm以上；宽度小于20mm的钢带厚度测量部位必须距边缘3mm以上。

9. 硅钢片

硅钢片即硅钢薄板，按用途分为电动机用硅钢片和变压器用硅钢片两类。变压器用硅钢片按轧制工艺又分热轧及冷轧硅钢片两种。电动机用硅钢片含硅量较低，牌号字母D后的第一位数字通常为1或2；变压器用硅钢片含硅量较高，牌号字母D后的第一位数字通常为3或4。在相同的含硅量条件下，热轧及冷轧硅钢片的区别是：冷轧硅钢片内部晶粒可以有一定的取向，热轧硅钢片内部晶粒则没有一定的取向。

10. 管材

管材分为焊缝钢管与无缝钢管两大类，焊缝钢管价格便宜，但强度及能承受的压力低；无缝钢管反之。制造上，焊缝钢管的焊缝方向有直线形焊缝与螺旋形焊缝。螺旋形焊缝强度高，适合大管径钢管的焊接；直线形焊缝短，生产率高，适于小管径钢管的焊接。无缝钢管在制造上分为冷拔与热轧两种。管材品种型号的标记方法如下。

（1）热轧无缝钢管

标记：钢管10-73×3.5×3000倍尺-GB/T 8162—2018

含义：用10号钢制造的外径为73mm、壁厚为3.5mm的热轧钢管，长度为3000倍尺。

（2）冷轧无缝钢管

标记：钢管10-73高×3.5×5000-GB/T 8162—2018

含义：用10号钢制造的外径为73mm、壁厚为3.5mm的钢管、冷拔管，直径为较高级精度，壁厚为普通级精度，长度为5000mm。

（3）低压流体输送用焊接钢管

标记：Q235B F323.9×7.0×12000 ERW GB/T 3091—2015

含义：用Q235B沸腾钢制造的公称外径为323.9mm、公称壁厚为7.0mm、长度为12000mm的电阻焊钢管。

标记：Q235B 1016×9.0×12000 SAW GB/T 3091—2015

含义：用Q235B钢制造的公称外径为1016mm、公称壁厚为9.0mm、长度为12000mm的埋弧焊钢管。

标记：Q345B·Zn 88.9×4.0×12000 ERW GB/T 3091—2015

含义：用Q345B钢制造的公称外径为88.9mm、公称壁厚为4.0mm、长度为12000mm的镀锌电阻焊钢管。

（4）普通碳素钢电线套管

标记：电线套管 B2-25-YB/T 5305—2020

含义：用B2钢制成的公称尺寸为25mm的电线套管。

11. 钢丝

（1）弹簧钢丝 弹簧钢丝在材料牌号上分为碳素弹簧钢丝与合金弹簧钢丝两大类，各有特点，碳素弹簧钢丝相对价格要低廉一些，合金弹簧钢丝力学性能要好一些。钢丝的订货是以标准捆为单位的，所谓标准捆就是指用一根钢丝绕成的、具有一定质量（规定质量）的钢丝捆。一般规定其质量不允许有负偏差，但允许有不超过规定质量1%的正偏差。

弹簧钢丝的复验一般为外观检查、断面尺寸检查与质量检查三项内容。外观检查是依靠人的肉眼及放大镜直接观察弹簧钢丝的表面是否平整、光滑，有无不允许的裂纹、折叠、斑疤、气泡、拉痕、分层、凹陷、刮伤和生锈等缺陷；断面尺寸检查是使用量具对钢丝直径与椭圆度进行复验，检查实际尺寸是否符合标准；质量检查包括力学性能、化学成分、弯曲与扭转性能的测定和缠绕试验、脱碳试验等，试验结果是否符合要求。

（2）预应力钢筋混凝土结构用钢丝 预应力钢筋混凝土结构用钢丝有两种，一种是预应力钢筋混凝土结构用光面钢丝，另一种是预应力钢筋混凝土结构用刻痕钢丝。从性能上看，刻痕钢丝由于两面带有凹坑，因而它与混凝土的握裹力好，也就是钢丝与混凝土的整体性能好，整体结构的强度高；光面钢丝塑性变形的能力较刻痕钢丝好，且反复弯曲性能比刻痕钢丝高。

（3）钢丝绳 钢丝绳的结构比较复杂，按每股钢丝的接触方法划分，有点接触与线接触；按钢丝绳的绳芯划分，有麻芯、石棉芯、金属芯；按钢丝绳的捻法划分，有同向捻（或顺捻）、交互捻（或逆捻）、混合捻，而且各有特点。

钢丝绳是用钢丝捻成股，然后若干股再捻在一起而成的。当每股中钢丝的直径不同时，股内各层间的钢丝呈线状接触，称线接触；当每股中钢丝的直径相同时，股内各层间钢丝之间相互交叉呈点状接触，称点接触。由于线接触钢丝绳的断面填充率高，而点接触钢丝绳的断面填充率低一些，以致在直径相同、钢丝强度相同的情况下，线接触钢丝绳比点接触钢丝绳能承受较高的断面拉力。

钢丝绳的绳芯有麻芯、石棉芯、金属芯三种。麻芯有一定的弹性和韧性，并能起到吸油润滑钢丝绳的作用；石棉芯能耐高温；金属芯柔软性差，但强度高。在实际中，常用的是麻芯，高温工作常采用石棉芯，要求高强度的则采用金属芯。

在钢丝绳的捻向上，同向捻的特点是，钢丝绳比较柔软，使用时磨损慢，寿命较长，但它本身有一个旋转反拨的趋向，吊重物时，物体易旋转，不够安全，同时它也易松股和扭结，一般只用于升降机和牵引装置上；交互捻的钢丝绳，由于其丝和股的捻向相反，钢丝绳可以避免绳子的旋转反拨趋向，吊起重物时安全性大，不易扭结纠缠，不易松股，因此被广泛使用在起重机上；混合捻的情况介于两者之间，即具有较长的寿命、较好的耐磨性能、较好的强度，吊重物时又不易旋转，故用途极为广泛。

钢丝绳是以外接圆直径为钢丝绳的直径。钢丝绳的表示法一般有规格表示法和结构表示法两种。

1）规格表示法：

股数×每股钢丝根数+绳芯数-钢丝绳直径

例如，6×19+1（麻芯）-18.5，表示为6股19丝，绳径为18.5mm，麻芯一根的钢丝绳。

2）结构表示法：

股数、股形或钢丝绳类别（每股钢丝根数）、捻法、钢丝的直径、钢丝的公称抗拉强度等。

例如，钢丝绳6（19）交右15.5-185，表示为6股19丝、交互右捻、直径为15.5mm、公称抗拉强度为185×10^{7}Pa。

例如，钢丝绳6×（24）交右23-140镀锌，表示西鲁士式。表示为6股24丝、交互右捻、直径为23mm、公称抗拉强度为140×10^{7}Pa镀锌。

第2章　金属学基础知识

每一个进入机械产品生产企业的人，都会接触到很多金属材料，最常见的就是碳素钢、合金钢、铸铁。不熟悉金属材料的人一定会有疑问，明明是铁，为什么说是碳素钢、合金钢、铸铁？那什么是铁呢？

铁是晶体物质，我们初听到这句话时会感到一些迷惑，即晶体应该是晶莹透明的，铁与晶莹透明无关，它不应该是晶体。实际上，晶体物质并不都是晶莹透明的，一种物质是否为晶体是有严格的物理学定义的。定义规定：原子在空间内有序排列的即为晶体物质，如金、银、铝、铜、铁都是晶体物质；虽然玻璃是晶莹透明的，但它却不是晶体物质。

铁比金、银、铝、铜都硬，碳素钢又比铁硬，合金钢的硬度虽然低于碳素钢，但它的机械性能与物理性能却优于碳素钢，这些又都是什么原因所造成的呢？

从事机械行业，只要工作就离不开金属，所以必须要熟悉金属材料，要熟悉金属的结构、硬度、韧性等特征。

对于金属基础理论的学习要基本了解：

1）铁是晶体物质，且是同素异构晶体物质。

2）铁原子在空间的有序排列存在局部的点、线、面缺陷。

3）铁碳二元合金相平衡图是少量碳原子及碳化物对正常的铁晶格结构的影响图。

4）铁结构的基本晶胞是面心立方晶胞与体心立方晶胞。

5）1885—1930年，全世界知名科学家论证认定，碳对铁的硬度没有提高作用。

6）什么是铁素体组织，什么是奥氏体组织，什么是晶界，什么是渗碳体晶胞。

7）铁碳二元合金平衡图是试验得到的实际证据；面心与体心立方晶胞结构是仪器测量计算得到的结果。

第1节　金属的晶体结构

一、物质的晶体结构

无机固体物质按其原子排列的特征，可分为晶体和非晶体两种。非晶体物质的原子在三维空间为不规则的排列，如松香、玻璃、沥青等；晶体物质的原子在三维空间为有规则的排列，如铁、金、银、铝、铜。

1. 晶体物质有三个特点

1）外形不一定都是规则的。

2）有固定的熔点。

3）各向异性。就是在同一晶粒的不同方向上，具有不同的性能。

2. 晶体与非晶体物质的区别

1）非晶体物质熔化时存在一个软化温度范围，没有明显的熔点。

2）非晶体物质为各向同性。

二、晶体结构与模型

1. 晶格与晶胞

原子在空间的排列是有序堆叠的，但堆叠的外形是杂乱的，原子有序排列如图2-1a所示。

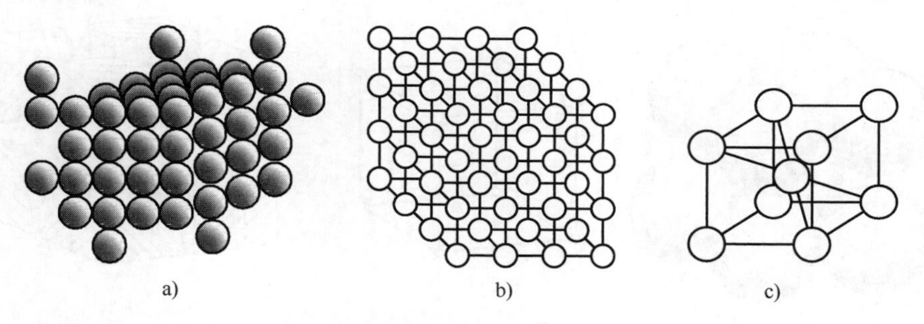

图2-1 晶体中原子排列示意图
a）原子堆叠模型 b）晶格 c）晶胞

晶体中原子在三维空间有规则地排列，但在实际观察时，很难看清楚堆叠的晶体内部原子之间排列关系的规律和特点，因此，为了清楚与简便，通常只从晶格中选取一个能够完全反映晶格特征的、最小的几何单元来分析晶体中原子排列的规律，这个最小的几何单元称为晶胞，如图2-1c所示。整个晶粒的晶格就是由许多大小、形状和位向相同的晶胞在空间重复堆积而成的。

在晶胞结构模型中，抽象地将每个原子都看作是一个点，将各个原子空间的位置用直线连接，就比较形象地表达了晶体的原子之间的位置排列，图2-1b所示就是晶体结构理论的晶胞结构模型。

2. 晶胞的六个参数

晶胞的大小和形状常以晶胞的棱边长度 a、b、c 及棱间夹角 α、β、γ 来表示，如图2-2所示。通过晶胞角上某一结点沿其三条棱边作三个坐标轴 x、y、z，称为晶轴。晶胞的棱边长度，称为晶格常数或点阵常数，晶胞的棱间夹角称为晶轴间夹角。习惯上，以原点 O 的前、右、上方为轴的正方向（反之为负方向）。

三、常用的晶格类型

1. 体心立方晶胞

体心立方晶体的晶胞如图2-3所示。其晶胞是一个立方体，晶格常数 $a=b=c$，晶轴间夹角 $\alpha=\beta=\gamma=90°$，所以通常只用一个晶格常数 a 表示即可。在体心立方晶胞的每个角上和晶胞中心都有一个原子。在顶角上的原子为相邻八个晶胞所共有，故每个晶胞只占1/8，只有立方体中心的那个原子才完全属于该晶胞所独有，所以实际上每个体心立方晶胞所包含的原子数为：$(8\times1/8+1)$ 个 $=2$ 个。

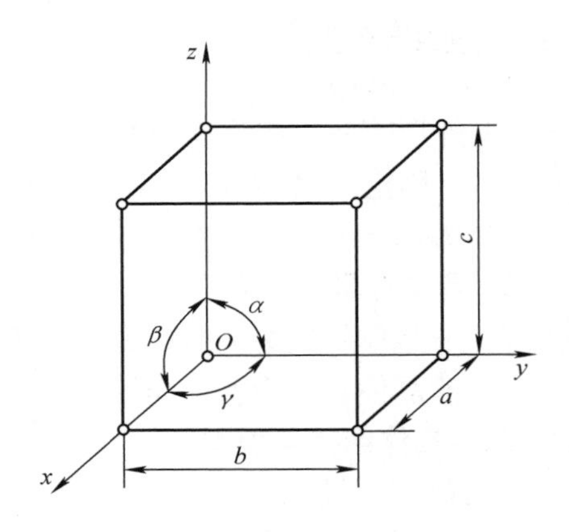

图2-2　晶胞的六个参数

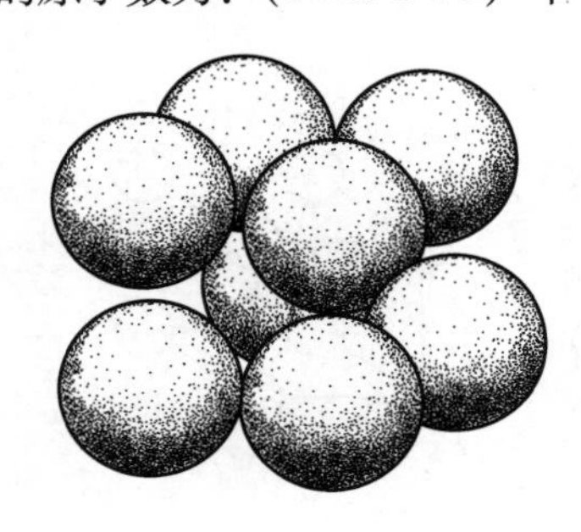
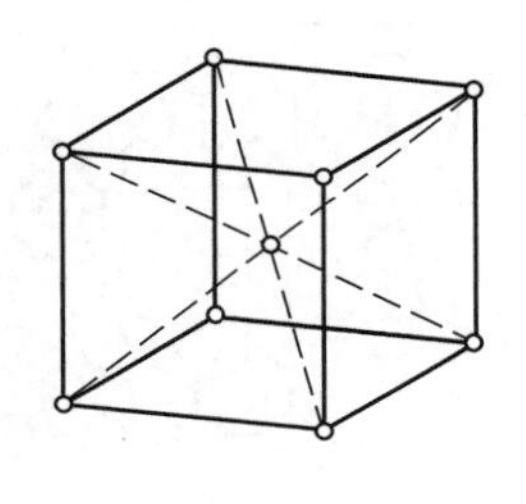

a)　b)　c)

图2-3　体心立方晶体的晶胞

a）刚性小球模型　b）质点模型　c）晶胞原子数

2. 面心立方晶胞

面心立方晶体的晶胞如图2-4所示。其晶胞也是一个立方体，晶格常数 $a=$

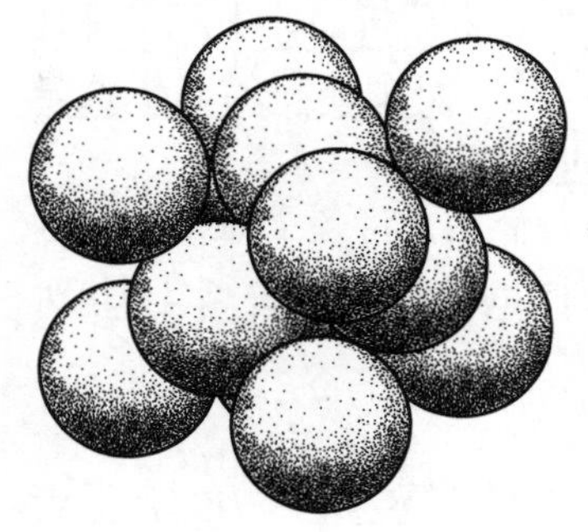
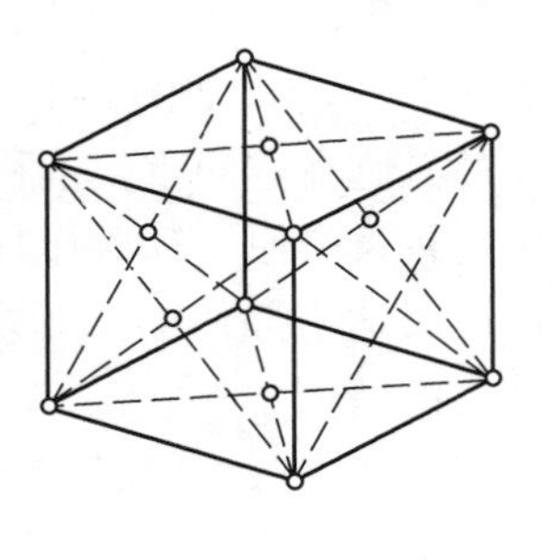
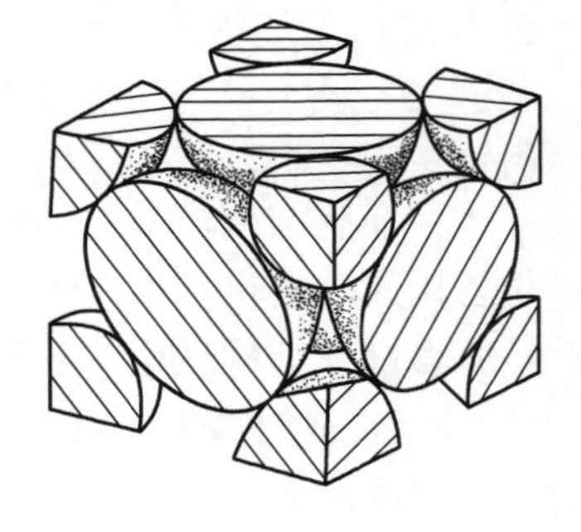

a)　b)　c)

图2-4　面心立方晶体的晶胞

a）刚性小球模型　b）质点模型　c）晶胞原子数

$b=c$，晶轴间夹角 $\alpha=\beta=\gamma=90°$，所以也只用一个晶格常数 a 表示即可。在面心立方晶胞的每个角上和晶胞的六个面的中心都有一个原子。面心立方晶胞所包含的原子数为：（$8\times1/8+6\times1/2$）个 =4 个。

四、晶胞的致密度

一个晶胞中所包含的全部原子的体积的总和与该晶胞的体积之比，称为致密度。公式表示如下：

$$K=\frac{nV_{原子}}{V_{晶胞}}$$

式中　K——致密度；

n——实际包含的原子数；

$V_{原子}$——原子体积；

$V_{晶胞}$——晶胞的体积。

经过计算，晶格的致密度分别是：体心立方晶格为 0.68；面心立方晶格为 0.74。

五、晶核的形成与成长

1. 纯金属结晶的条件

（1）理论结晶温度　纯金属结晶是指金属从液态转变为晶体状态的过程。纯金属都有一定的熔点，理想条件下，在熔点温度时液体和固体共存，这时液体或固体发生相变时所放出或吸收的热量与系统向环境放出或从环境吸收的热量相等，此状态温度保持不变动态平衡。金属的熔点又称理论结晶温度。

（2）过冷度　在理论结晶温度时，金属是不能完全结晶的，实际条件下，液态金属必须低于该金属的理论结晶温度才能结晶。通常把液体冷却到低于理论结晶温度的现象称为过冷。因此，使液态纯金属能顺利结晶的条件是它必须过冷。理论结晶温度与实际结晶温度的差值称为过冷度。

2. 热分析法

热分析法装置如图 2-5 所示。在环境温度保持不变的情况下，如果把液态金属放在坩埚内冷却，液态金属就会以一定的速度冷却。在冷却过程中，每隔一定时间测量一次温度，然后把测量结果绘制在“温度－时间”坐标中，便可得到如图 2-6 所示的冷却曲线。图中 T_0 为金属的熔点。

在结晶之前，温度连续下降，当液态金属冷却到 T_0 时，并不开始结晶，而是冷却到 T_0 以下的某个温度 T_1 时，液态金属才开始结晶。在结晶过程中，由于放出结晶潜热，补偿了冷却散失的热量，使结晶时的温度保持不变，因而在冷却曲线上出现了水平阶段，此所对应温度 T_1 为该金属的开始结晶温度。水平阶段延续的时间就是结晶开始到终了时间。结晶终了时，液态金属全部变成固态。随后，由于不再放出结晶潜热，固态金属的温度便按原来的冷却速度继续下降。

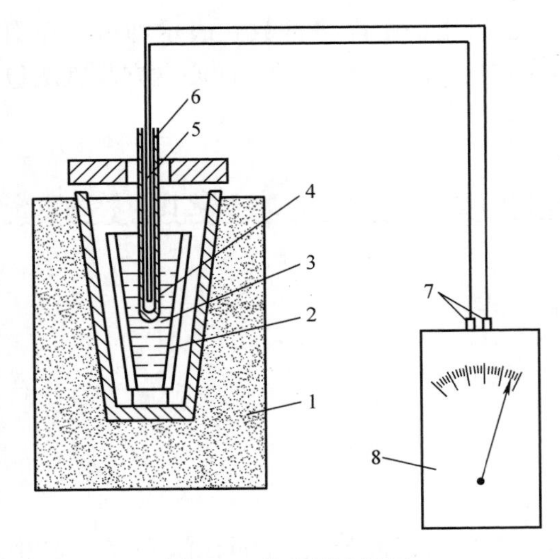

图2-5 热分析法装置

1—电炉 2—坩埚 3—熔融金属 4—热电偶热端 5—热电偶 6—保护管 7—热电偶冷端 8—检流计

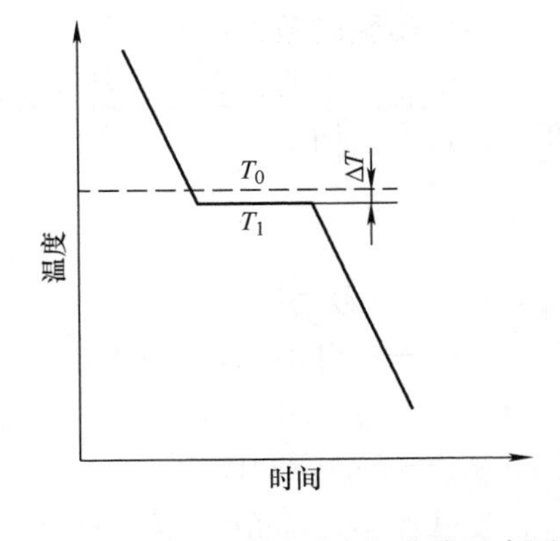

图2-6 纯金属结晶时冷却曲线示意图

一般情况下，冷却曲线上出现的水平线阶段，是液体正在结晶的阶段，这时的温度就是纯金属的实际结晶温度（T_1）。过冷度的大小用公式表示：

$$T = T_0 - T_1$$

式中 T_0——理论结晶温度；

T_1——金属实际结晶温度；

T——过冷度。

过冷度与金属的本性和液态金属的冷却速度有关。金属的纯度越高，结晶时的过冷度越大；同一金属冷却速度越大，则金属开始结晶温度越低，过冷度也越大。总之，金属结晶必须在一定的过冷度下进行，过冷是金属结晶的必要条件。

3. 晶核的形成与长大

（1）晶核的形成 液态金属结晶是通过形核和长大这两个密切联系的基本过程来实现的。金属结晶可用图2-7来描述，将液态金属冷却到某一温度，在一定的过冷度下，经过一段时间的孕育阶段，晶核以一定的速率生成，并随之以一定的速度长大。同时剩余液态金属中还不断产生新晶核并不断长大，当液体结晶率达到50%左右时，各个晶粒开始相互接触，液体中可供结晶的空间随即减小，经过一段时间之后液体全部凝固，结晶结束，最后得到了多晶体的金属结构。

（2）晶核的长大 晶核长大的实质是原子由液体向固体表面的转移过程。当纯金属结晶时，晶核长大的方式主要有两种：一种是平面长大方式，另一种是枝晶长大方式。晶体长大方式，取决于冷却条件，同时也受晶体结构、杂质含量

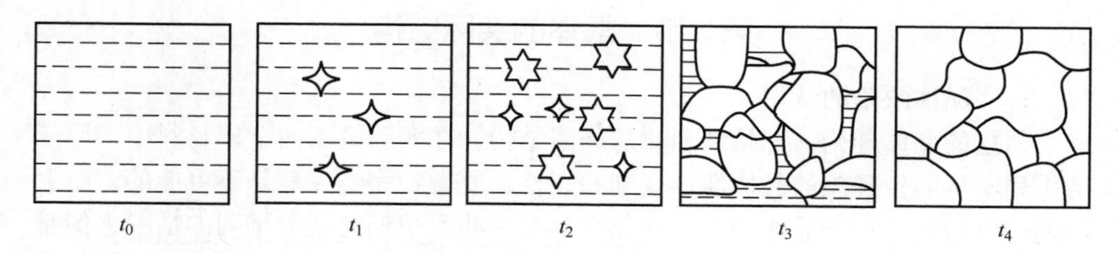

图 2-7　金属结晶过程示意图

的影响。

当过冷度较小时，晶核主要以平面长大方式进行，晶核各表面的长大速度遵守表面能最小的法则，即晶核长成的规则形状应使总的表面能趋于最小。晶核沿不同方向的长大速度是不同的，以沿原子最密排面垂直方向的长大速度最慢，表面能增加缓慢。所以，平面长大的结果，使晶核获得表面为原子最密排面的规则形状。

当过冷度较大时，晶核主要以枝晶的方式长大，如图 2-8 所示。晶核长大初期，其外形为规则的形状，但随着晶核的成长，晶体棱角形成，在继续长大的过程中，棱角处的散热条件优于其他部位，于是棱角处优先生长，沿一定部位生长出空间骨架，这种骨架好似树干，称为一次晶轴，在一次晶轴增长的同时，在其侧面又会生长出分枝，称为二次晶轴，随后又生长出三次晶轴等。如此不断生长和分枝下去，直到液体全部凝固，最后形成树枝状晶体。

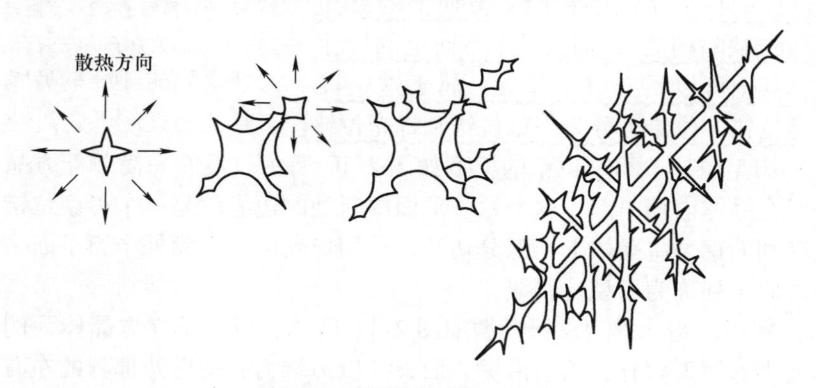

图 2-8　晶核枝晶成长示意图

六、晶轴与枝晶

晶轴与枝晶主要出现在铸铁中，钢中若出现局部碳含量超大时，富碳的局部也会在一定的温度下出现晶轴与枝晶。

第2节 晶体的实际结构

一、晶体缺陷的认识

前述的晶体理论，都是理想化的晶体结构，在实际应用的金属材料中，原子的排列不可能像理想的晶体那样规则和完整，要做到完美无瑕是不可能的，总会出现一些瑕疵。对于晶体来说，局部会存在一些原子偏离规则排列的情况，但是这些偏离规则排列的情况相对比例也是很小的，总的来讲，晶体在结构上是“大错误没有，小错误不断”；金属学中将这种原子组合的不规则性，统称为结构缺陷，或晶格缺陷。根据缺陷相对于晶体结构在三维空间存在的形式，可将它分为点缺陷、线缺陷和面缺陷。

实际的金属材料，就是一个晶体结构内局部有各种缺陷及各种杂质存在的晶体，不存在晶格完整、原子排列规则与没有杂质的晶体。

二、晶体缺陷的类型

1. 点缺陷

点缺陷的特征是三个方向的尺寸都很小，不超过几个原子间距，晶体中的点缺陷主要指空位、间隙原子和置换原子，如图2-9所示。这里所说的间隙原子是指应占据正常阵点的原子跑到了点阵间隙中。

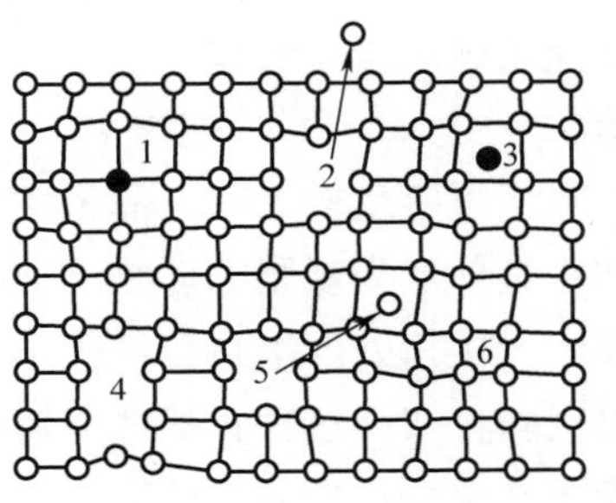

图2-9 晶体中的各种点缺陷
1—大的置换原子 2—肖脱基空位
3—异类间隙原子 4—复合空位
5—弗兰克空位 6—小的置换原子

2. 线缺陷

线缺陷的特征是缺陷在两个方向上的尺寸很小（与点缺陷相似），而第三个方向上的尺寸却很大，甚至可以贯穿整个晶体，属于这一类的主要是位错。位错可分为刃型位错和螺型位错。

（1）刃型位错　刃型位错的模型如图2-10所示，设有一简单立方晶体，某一原子面在晶体内部中断，这个原子平面中断处的边缘就是一个刃型位错，犹如用一把锋利的钢刀将晶体上半部分切开，沿切口硬插入一额外半原子面一样，将刃口处的原子列称为刃型位错线。

（2）螺型位错　螺型位错模型如图2-11所示。以简单立方晶体为例，设将晶体的前半部用刀劈开，然后沿劈开面，并以刃端为界使劈开部分的左右两半沿上下方向发生一个原子间距的相对切变，这样，虽在晶体切变部分的上下表面各出现一个台阶 AB 和 DC，但在晶体内部大部分原子仍相吻合，就像未切变时一样，只是沿 BC 附近，出现了一个约几个原子宽的切变和未切变之间的过渡区。在这个过渡区域内，原子正常位置都发生了错动，它表示切变面左右两边相邻的两层晶面中原子的相对位置。可以看出，沿 BC 线左边有三列原子是左右错开

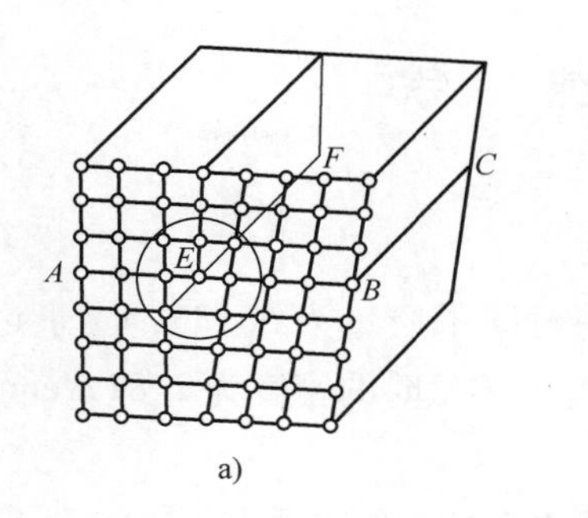

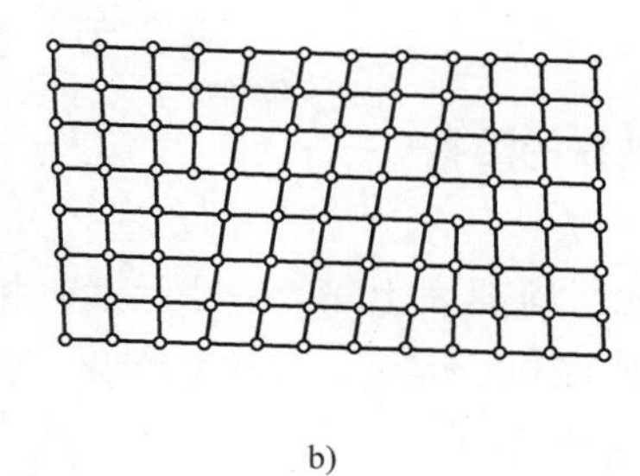

图 2-10　刃型位错模型

a）立体示意图　b）垂直于位错线的原子平面

的，在这个错开区，若环绕其中心线，由 B 按顺时针方向沿各原子逐一走去，最后将达到 C，这就犹如沿一个右螺旋螺纹旋转前进一样，所以这样的一个宽仅几个原子间距，长穿透晶体上下表面的线性缺陷，称为右螺型位错。

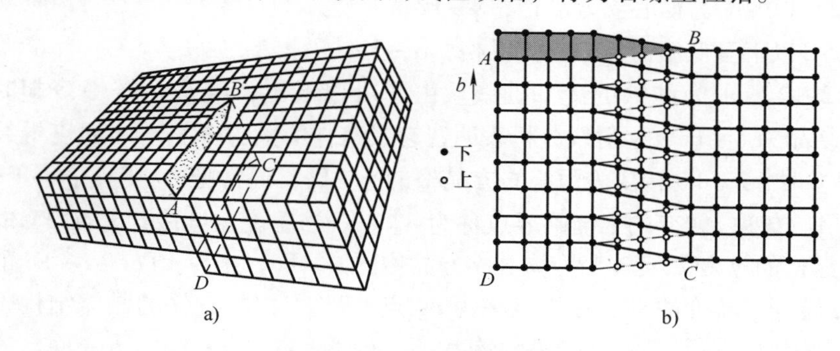

图 2-11　螺型位错模型

a）立体图　b）沿 $ABCD$ 面上下两面上原子的相对位置

若在图 2-11 中，使晶体左右两半沿劈开面上下切变的方向相反，或者劈开面在晶体的后半部，其结果完全相似，只是交界区中原子按左螺旋排列，这种位错称左螺型位错。

3. 面缺陷

面缺陷的特征是缺陷在一个方向上的尺寸很小（同点缺陷），而其余两个方向上的尺寸则很大，晶体的外表面及各种内界面，如一般晶界、孪晶界、亚晶界、相界及层错等属于这一类。

总结：

铁原子有序的空间排列是大部分铁原子的排列情况，点、线、面的晶格缺陷是极个别的，否则铁就不是晶体物质了。

第3节 纯 铁

一、纯铁的结构

1. 铁

铁是元素周期表上第 26 号元素，相对原子质量为 55.85，属于过渡元素。在常压下于 1538℃熔化，2738℃汽化。铁在 20℃时的密度为 7.87g/cm³。

2. 纯铁的结构

铁是同素异构晶体物质，所谓同素异构就是一种物质在不同温度下有不同的原子排列结构。铁的晶体结构在不同的温度区间具有不同的晶体结构，各温度区间的晶体结构如下：

1538℃以上为液态；

1394～1538℃为体心立方晶格，δ－Fe；

912～1394℃为面心立方晶格，γ－Fe；

912℃以下至低温为体心立方晶格，α－Fe。

图 2-12 所示为纯铁的冷却曲线。由图可以看出，纯铁在缓慢冷却时，在 1538℃结晶为 δ－Fe，X 射线分析表明，它具有体心立方晶格。当温度继续冷却至 1394℃时，δ－Fe 转变为面心立方晶格的 γ－Fe，通常把 δ－Fe →γ－Fe 的转变称为 A_4 转变，转变的平衡临界点称为 A_4 点。当温度继续冷却至 912℃时，面心立方晶格的 γ－Fe 又转变为体心立方晶格的 α－Fe，把 γ－Fe→α－Fe 的转变称为 A_3 转变，转变的平衡临界点称为 A_3 点。912℃以下，铁的晶体结构不再发生变化。因此，铁具有三种同素异构状态，即 δ－Fe、γ－Fe 、α－Fe。应当指出，α－Fe 在 770℃还将发生磁性转变，即由高温的无磁性状态转变为低温的铁磁性状态。通常把这种磁性转变称为 A_2 转变，把磁性转变温度称为铁的居里点。在发生磁性转变时，铁的晶格类型不变，所以磁性转变不属于相变。

二、纯铁的同素异构转变与结晶潜热现象

我们已经知道铁是同素异构物质，铁从液态到室温在固态下有两次同素异构转变，在较缓慢的冷却条件下，可以清楚地记录到两次实际发生同素异构转变时出现结晶潜热的详细记录，原理性的曲线如图 2-13 所示。下面我们以 912℃的同素异构转变为例进行详细分析。

912℃以上为面心立方晶格，降温时理论上在 912℃时发生同素异构转变，但是实际发生转变的温度是低于 912℃的一个温度平台，转变要有一个过冷度；同时我们看到，在刚开始发生转变时有一个瞬间低于结晶温度平台 T_1 的温度，冷却曲线记录局部曲线呈“V”形。

我们注意，固态下同素异构转变的温度曲线平台也称“结晶潜热平台”，因

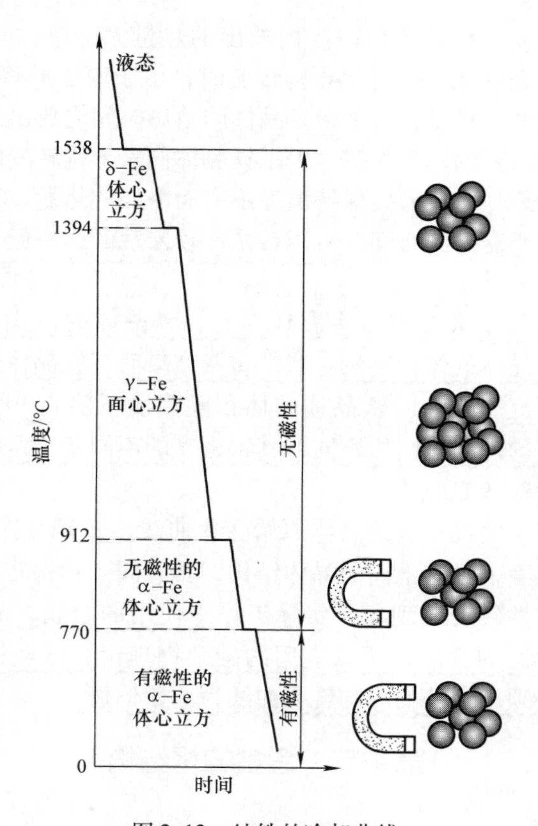

图 2-12　纯铁的冷却曲线

为是发生了晶体的晶格转变，出现重新结晶的实际现象，都是晶体的问题，所以称为“结晶潜热平台”。

在图 2-13 中，T_0 为 912℃，是理论转变温度；T_1 是低于 T_0 的一个结晶温度平台；K 点是瞬间最低转变温度，K 点的意义很重要，它表示在此降温速度下，铁晶体的结构已到达晶体不稳定态的极限，到达晶格结构转变的结点。

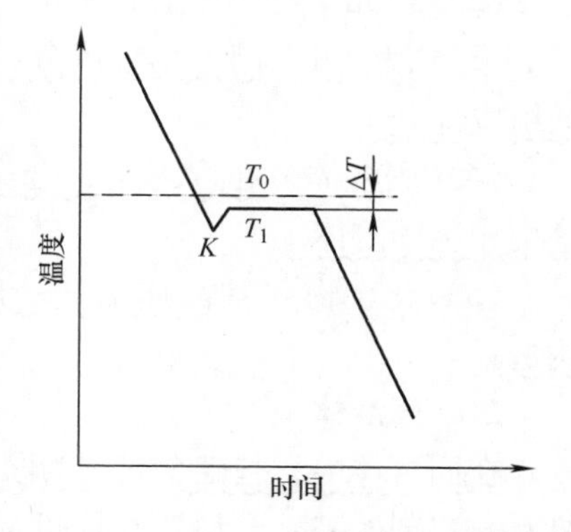

图 2-13　纯铁 912℃同素异构转变冷却曲线

铁晶体从高温降温到 K 点，是面心立方晶格吸冷与放热的本体降温，此时放热的速度低于降温速度；K 点到 T_1 平台是晶体的放热速度大于降温速度；T_1 平台是晶体的放热速度与降温速度相等。

K 点到 T_1 平台是晶体的单位时间内放出的热量大于单位时间内维持不变温度所需要的热量，表示铁晶体同素异构转变时，由于原子的移动放出大量的热，此热量大于冷却散失的热量；T_1 平台是晶体的单位时间内放出的热量与单位时间内维持不变温度所需要的热量相等，表示铁晶体同素异构转变时，原子的移动放出的热量等于降温冷却时所需要保持温度不变而需要的热量。T_1 平台的长度是铁晶体同素异构转变所需要的时间。T_1 平台是比较宏观的，一般情况下，结晶潜热现象的说明都以 T_1 平台为代表。

在外观上，铁晶体从 1394℃ 降温到 K 点，铁晶体的体积是逐渐收缩的；K 点晶体转变时，铁晶体的体积突然膨胀，转变结束后，铁晶体的体积又随温度的降低而逐渐收缩，直至室温。铁晶体的体积随温度下降在 912℃ 的反常膨胀变化，是不同温度下的铁晶体结构不同，其致密度的不同所决定的。

三、纯铁的冷却转变曲线

纯铁的冷却转变曲线是铁的晶体原始变化曲线，是研究铁金属的原始依据，它说明铁在不同温度下具有不同的晶体结构，具有同素异构转变、结晶潜热、体积膨胀与收缩、磁性转变的现象。实际工作中使用的金属，晶体内部有多种杂质，不能反映原生态的性能，所以应用的碳素钢理论、合金钢理论、热处理理论、铸铁理论都必须以纯铁的冷却转变曲线为原始依据。

第 4 节　合金的相结构

一、有关概念

（1）合金　两种或两种以上的金属元素（或金属元素与非金属元素）融合在一起的复合体。

（2）组元　组成合金的独立的、最基本的单元。

（3）相　具有同一化学成分、同一聚集状态并以界面互相分开的各个均匀的组成部分。

（4）固溶体　在固态下，合金中组元如果能互相溶解而形成均匀的固相，这类相称固溶体。

（5）化合物　其晶体构造一般与组元的构造不同，有其自己特殊的晶体构造。

二、固溶体

在固溶体中，基础金属称为溶剂，而合金元素称为溶质。所以固溶体一般都具有与溶剂的基础金属所相同的晶体结构。例如，一盆清水，加入蔗糖后是糖水，加入食盐后是盐水，为不同的固溶体，水是溶剂，蔗糖与食盐是溶质，此时的固溶体与清水有相同的结构。

1. 置换固溶体

溶质原子部分地占据了溶剂原子晶格结点的位置而形成的固溶体叫作置换固溶体。如图2-14所示。

溶质原子完全随意地分布在溶剂晶格的结点上，这样的固溶体称为无序固溶体。有规律地分布则称为有序固溶体。

当溶质原子半径比溶剂原子半径大或小时，会使溶剂晶格产生畸变。异类原子的溶入也会造成晶格的畸变。

2. 间隙固溶体

溶质原子侵入了溶剂晶格的间隙而形成的固溶体叫作间隙固溶体，如图2-15所示。

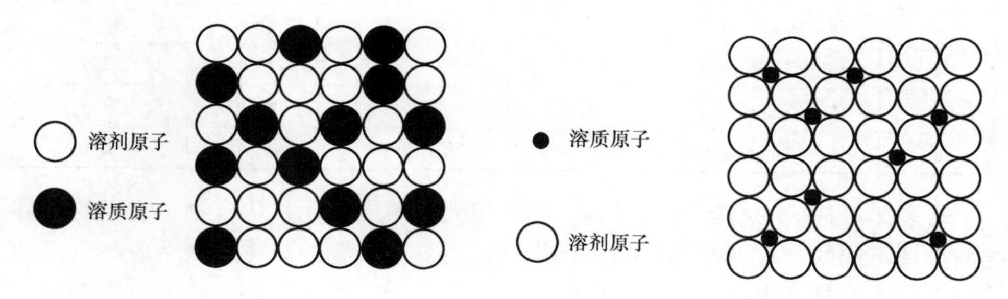

图2-14　置换固溶体　　图2-15　间隙固溶体

铁素体就是碳原子侵入 α－Fe 原子间隙而形成的间隙固溶体。

一般来讲，当形成间隙固溶体时，溶剂与溶质的原子直径比值应为

$$\frac{d_{溶质}}{d_{溶剂}} \leqslant 0.59$$

由于填入晶格间隙的溶质原子远比空隙大，因此间隙固溶体的晶格常数永远大于溶剂的晶格常数。图2-16所示为奥氏体（碳在 γ－Fe 中的间隙固溶体）的晶格常数与含碳量的关系。随着含碳量的增加，奥氏体的晶格常数也随之增加。

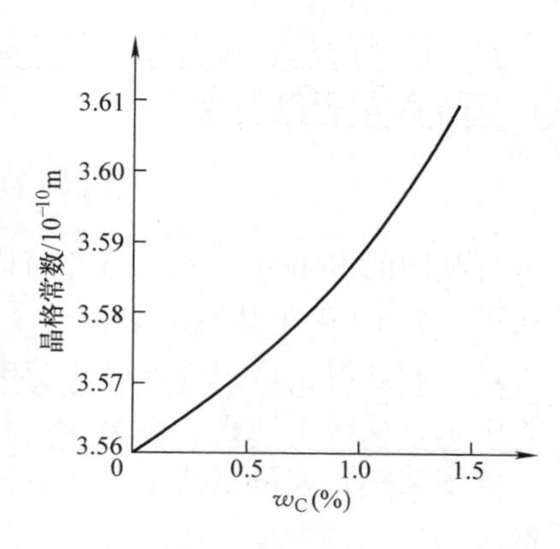

图2-16　奥氏体（碳在 γ－Fe 中的间隙固溶体）的晶格常数与含碳量的关系

间隙原子同样会导致合金晶格畸变，因此随着间隙原子数量的增加，固溶体的硬度、强度和电阻也随之升高。

三、化合物

当合金中有化合物出现时，它的数量与分布对合金的性能会有很大的影响，化合物

都排列在基础金属的晶界处，合金组织中的化合物一般都具有较高的硬度和较大的脆性。它可以使合金的硬度、强度和矫顽力提高，同时也可能导致合金的韧性下降。在合金中常见的化合物见表2-1。

表2-1　合金中常见的化合物

第一个组元	点阵类型	第二个组元	点阵类型	化合物	点阵类型
Mg	六方	Si	金刚石型	Mg_2Si	立方
Cu	面心立方	Al	面心立方	$CuAl_2$	正方
Mg	六方	Sn	正方	Mg_2Sn	立方
Mg	六方	Pb	面心立方	Mg_2Pb	立方
Fe	体心或面心立方	Si	金刚石型	FeSi	立方
Fe	体心或面心立方	Si	金刚石型	$FeSi_2$	正方
Fe	体心或面心立方	C	六方	Fe_3C	斜方
Fe	体心或面心立方	Zn	六方	$FeZn_2$	未知
Fe	体心或面心立方	P	菱面型	Fe_3P	未知

从表2-1任何一行都可以看到，第一组元、第二组元、化合物，它们的点阵类型都是不同的，也就是晶体结构都不同，可见化合物的晶体结构一般与组元的结构不同，都具有自己特殊的晶体结构。

根据合金中化合物相结构的性质和特点，可分为以下几类：

1）正常价化合物。

2）电子化合物。

3）间隙相。

4）其他类型化合物。

需要提醒的是，化合物在钢中是少量存在的，从洁净的角度来看，它是基础金属铁晶体结构中的杂质。

第5节　铁碳相图

自英国的Roberts－Austen（简称奥氏）于1897年绘制了冶金史上第一张铁碳相图，到1914年基本定型，至今已一百多年，一百多年以来，这个铁碳相图一直是人们学习、认识金属晶体结构的理论根据，铁碳相图是试验总结图，它从实践中来，反映了纯铁、碳素钢、铸铁从液态到固态其晶体结构的实际变化过程，据图索骥，就可以清楚地知道铁金属晶体在各种碳含量、各种温度下的晶体结构。

铁碳相图反映了少量碳作为组元加入铁晶体内部，影响铁晶体转变温度与结构变化的实际情况，同时也间接地说明了合金元素的重要作用。

一、纯铁、碳素钢、铸铁

广泛上讲，纯铁、碳素钢、铸铁都是铁，因为从结构上讲，都是以铁的体心、面心晶体为主要结构，如：

纯铁，碳的质量分数为≤0.028%；

碳素钢，碳的质量分数为0.028%～2.11%；

铸铁，碳的质量分数为2.11%～6.69%。

这三种材料在机械性能与加工制造上有很大的区别。在加工制造上，纯铁的冶炼比较困难，因为其纯净度很高，冶炼温度高，冶炼时精密提炼去除杂质比较困难；铸铁是冶炼温度低，但机械加工时需再铸造成毛坯铸件，碳素钢基本都是型材，在机械加工时拿来就用很方便；在机械性能上，纯铁很软，碳素钢很硬，铸铁适中。

二、铁碳相图

图2-17所示为铁碳相图。纵坐标为温度，横坐标为含碳量。此图是一个试验总结图，它是将各种含碳量的铁加热成液态，再以极其缓慢的冷却速度冷却到各个温度时，立即快冷，得到瞬间快冷温度时的铁晶体结构，根据不同温度、不同含碳量而记录成铁晶体的结构曲线图。

铁碳相图的名称解释是：铁碳是指铁与碳两个组元的合金；相是指具有同样成分、结构和性能的均匀体。这样我们就知道，在同一个温度时其温度与压强都处于平衡状态的条件下，铁碳合金在碳组元含量不同时，各种温度下的相结构。

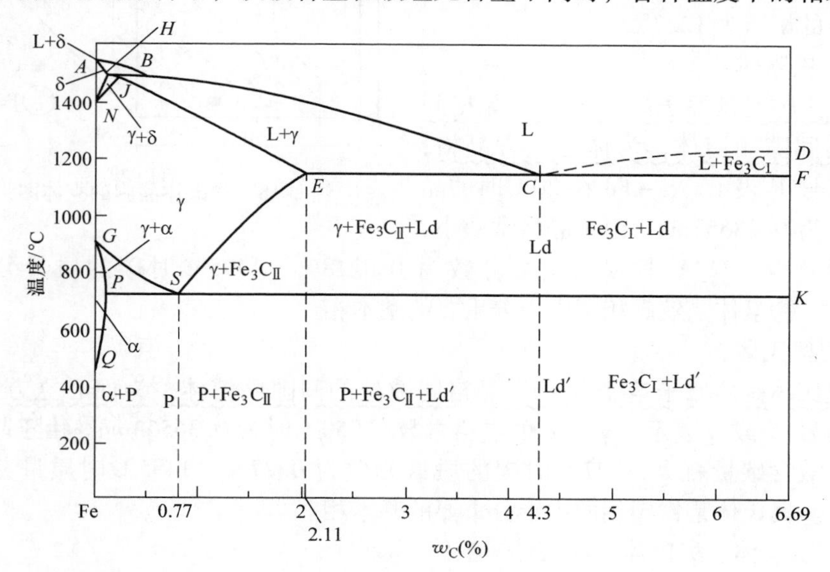

图2-17　铁碳相图

三、铁碳合金重要的相结构

1. 碳

碳的原子序数为6，相对原子质量为12.01，原子半径0.77nm，20℃时的密度为2.25g/cm³。铁碳合金中碳主要以石墨形态存在于铸铁结构中。石墨硬度很低，只有3～5HBW，而塑性几乎接近于零。铁碳合金中的石墨常用符号G或C表示。

2. 渗碳体

在铁碳合金中，铁与碳可以形成间隙化合物Fe_3C，其碳的质量分数为6.69%，称为渗碳体，可用符号C_m表示，是铁碳合金中重要的基本相。渗碳体属于正交晶系，晶体结构十分复杂，三个晶格常数分别为a=0.4524nm、b=0.5089nm、c=0.6743nm。图2-18所示为渗碳体晶胞的立体图，其中含有12个铁原子和4个碳原子，渗碳体在室温时具有很高的硬度，约为800HBW，但塑性很差，伸长率接近于零。渗碳体在低温下具有一定的铁磁性，但是在230℃以上，铁磁性就消失了，所以230℃是渗碳体的磁性转变温度，称为A_0转变。渗碳体的熔点为1227℃。

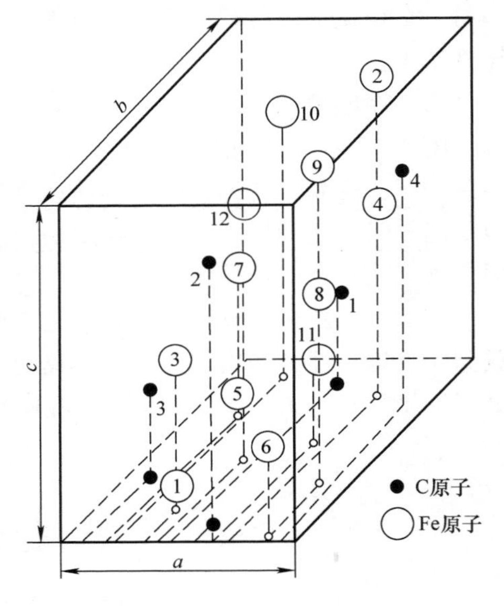

图2-18　渗碳体晶胞的立体图

3. 铁素体

铁素体是碳原子溶于α-Fe晶格间隙处的间隙固溶体，为体心立方晶格，常用符号F表示。α-Fe在20℃时的晶格常数为0.28663nm。由于晶格常数小，含碳量就少，727℃时碳的质量分数为0.0218%，1495℃时碳的质量分数为0.09%。铁素体是铁碳相图中十分重要的基本相。

4. 奥氏体

奥氏体是碳原子溶于γ-Fe晶格间隙处的间隙固溶体，为面心立方晶格，常用符号A或γ表示。γ-Fe的晶格常数在950℃时为0.36563nm。由于晶格常数大，故含碳量就大，727℃时碳的质量分数为0.77%，1495℃时质量分数为0.17%。奥氏体是铁碳相图中十分重要的基本相。

5. 铁素体、奥氏体、渗碳体、液体

铁素体、奥氏体、渗碳体、液体是铁碳相图中的四个基本相。渗碳体是化合物，是碳素钢结构中的一个基本相，但它不参加同素异构转变，在碳素钢结构中是一个很小的量。铁素体与奥氏体都是间隙固溶体，参加铁晶体的同素异构转变。铁的基本结构是体心、面心立方晶体，铁素体、奥氏体、渗碳体只是局部存在的一个铁碳合金相。

四、三条重要的平行线

在铁碳相图中 *HJB* 线、*ECF* 线与 *PSK* 线是三条互相平行的线，*HJB* 与 *PSK* 平行线是结构转变线，*ECF* 平行线是固化线。*ECF* 平行线不出现晶体结构转变，只是单纯地晶粒固化，如图 2-19 所示。这三条线有着非常重要的意义，它们反映了“原始的纯铁有同素异构转变现象，为同素异构体，而碳素钢与铸铁也是同素异构体，同样存在同素异构转变现象。”这三条平行线就是证明碳素钢与铸铁存在同素异构体现象。

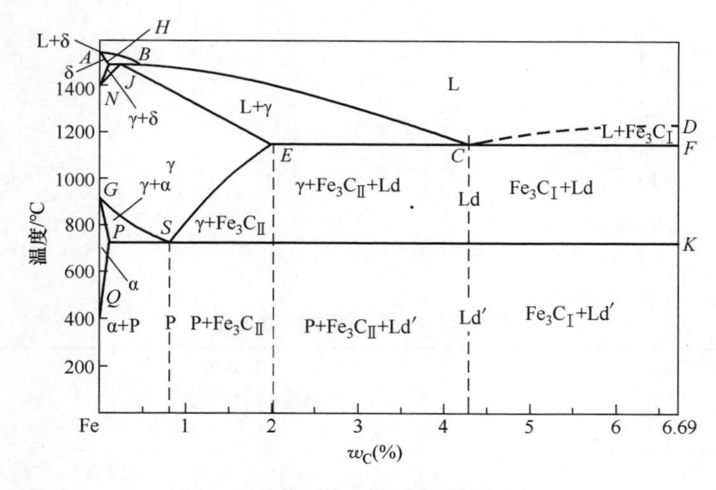

图 2-19　铁碳二元合金晶体结构图

（1）*HJB* 1495℃包晶转变　在 1495℃温度，任何状态下、任何结构、任何碳含量的晶体都要发生包晶反应，冷却时是产生碳的质量分数小于 0.17% 的奥氏体，加热时是产生碳的质量分数为 0.09% 的铁素体。冷却时 *HJ* 区间会有少量铁素体持续残存。

（2）*ECF* 共晶　1148℃共晶固化，这是一条固化线，任何碳含量的铁碳合金都要在此线固化，而且固化前后的晶体结构均是面心立方晶体结构，固化前后共晶。固化后产生的铁碳合金统称为铸铁。

（3）727℃共析转变　在 727℃，任何碳含量的奥氏体都要转变为碳的质量分数为 0.0218% 铁素体。共析转变的产物称为珠光体，它是铁素体与渗碳体的机械混合体，用符号 P 表示。共析转变的水平线 *PSK*，称为共析线或共析温度，常用符号 A_1 表示。

五、Fe－Fe_3C 相图中各点的意义

图2-20所示为Fe－Fe_3C相图，图中各特征点的温度、碳的浓度及意义见表2-2。各特征点的符号是国际通用的，不能随意更换。

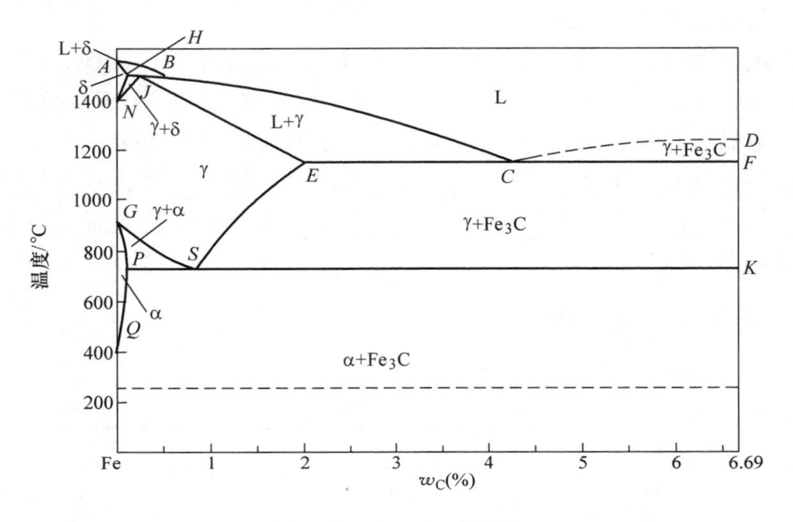

图2-20　Fe－Fe_3C相图

表2-2　铁碳相图中的特征点

符号	温度/℃	碳的质量分数（%）	说明	符号	温度/℃	碳的质量分数（%）	说明
A	1538	0	纯铁的熔点	*J*	1495	0.17	包晶点
B	1495	0.53	包晶转变时液相成分	*K*	727	6.69	渗碳体的成分
C	1148	4.30	共晶点	*M*	770	0	纯铁的磁性转变温度
D	1227	6.69	渗碳体的熔点	*N*	1394	0	A_4 转变温度
E	1148	2.11	碳在γ－Fe中的最大溶解度	*O*	770	≈0.5	w_C≈0.5%磁性转变温度
F	1148	6.69	渗碳体的成分	*P*	727	0.0218	碳在α－Fe中的最大溶解度
G	912	0	A_3 转变温度	*Q*	600	0.0057	600℃时碳在α－Fe中的溶解度
H	1495	0.09	碳在δ－Fe中的最大溶解度	*S*	727	0.77	共析点（A_1）

六、Fe－Fe_3C 相图中四条重要的特征线

1. *GS* 线

GS 线又称 A_3 线，是冷却时奥氏体转变为铁素体的开始线，或者说在加热时，铁素体转变为奥氏体的终了线。实际上，沿 *GS* 线随着含碳量的增加，奥氏

体向铁素体的同素异晶转变温度逐渐下降。

2. *ES* 线

ES 线又称 A_{cm} 线，是碳在奥氏体中的溶解度曲线。当温度低于此曲线时，从奥氏体中析出碳原子，碳原子在晶界化合为渗碳体，通常称为二次渗碳体，因此该曲线是冷却时二次渗碳体析出开始线；也是加热时，二次渗碳体的熔化线。

由相图可以看出，*E* 点表示奥氏体固态时的最大溶碳量，即奥氏体固态下的最高碳的质量分数在 1148℃时为 2.11%。此线重要的实际意义是，低碳钢加热晶体结构可以溶入更多的碳原子，如工艺方法中的渗碳工艺，渗碳原理就是 *ES* 线。

3. *PQ* 线

PQ 线是碳在铁素体中的溶解度曲线。铁素体中的碳的质量分数在 727℃时达到最大值为 0.0218%。随着温度的降低，铁素体的溶碳量逐渐降低，在 300℃以下，铁素体中的溶碳量小于 0.001%。因此，当铁素体从 727℃冷却下来时，从铁素体中析出的渗碳体，称为三次渗碳体，通常用 $Fe_3C_{Ⅲ}$ 表示。

4. *CD* 线

CD 线是碳在液态奥氏体中的溶解度曲线，是一次渗碳体产生线，表示液态晶体结构中也会有渗碳体产生。

七、$Fe-Fe_3C$ 相图中的固化线、半固化线

相图上标明的 *ABC* 线是半固化线，不同含碳量的铁液冷却到此温度线时，在铁液中开始出现固态的铁晶格晶粒；*AHJECF* 线是固化线，此线表明，不同含碳量的铁液、半固化的铁液，冷却到此线时会全部固化。

第3章　金属热处理

所谓的金属热处理，就是把钢加热到预定的温度，并在这个温度保持一定的时间，然后以预定的冷却速度冷却下来的工艺方法。

金属热处理还有一种很原始的叫法，称为变性处理。变性处理就是改变钢的力学性能。

金属热处理的目的就是把钢的硬度变到需要的值，由此而产生了相应理论根据与工艺方法。通过热处理的学习，需要明白四火：淬火、退火、正火、回火；需要明白奥氏体是如何长大的；晶粒度的意义是什么；等温转变图是如何建立的；高温转变、中温转变、低温转变的产物是什么；马氏体的晶格结构是什么；马氏体是如何获得的，它的硬度为什么那么高。

第1节　金属晶体的加热转变

从铁碳相图上已经知道，奥氏体与铁素体存在温区，该温区便是热处理工艺使用的温区，渗碳体是不参加结构转变的晶粒，它存在于奥氏体与铁素体的整个温区中。我们需要清楚知道铁素体与奥氏体在加热、冷却过程中是如何进行结构转变的。

一、奥氏体的形成

1. 奥氏体晶核形成的条件

在 $Fe-Fe_3C$ 相图中，碳的质量分数为0.77%的共析钢在加热和冷却过程中经过共析点 S 点时，发生铁素体与奥氏体之间的相互转变；亚共析钢与过共析钢在加热经过 PSK 线（A_1）时，发生铁素体向奥氏体的同素异晶转变；而亚共析钢升温经过 PSK 线，到达 GS 线（A_3）时，发生残留铁素体向奥氏体的转变；过共析钢过 PSK 线，到 ES 线（A_{cm}）时，发生残留渗碳体溶解。溶解为铁原子与碳原子，铁原子融入铁晶粒的铁原子排列，碳原子留存在晶界处。A_1、A_3、A_{cm} 为钢在平衡条件下的临界点。在实际热处理生产过程中，加热和冷却不可能极其缓慢，因此上述转变往往会产生不同程度的滞后现象。实际转变温度与平衡临界温度之差称为过热度（加热时）或过冷度（冷却时）。过热度或过冷度随加热速度或冷却速度的增大而增大。通常把加热时的临界温度加注“c”，如 Ac_1、Ac_3、Ac_{cm}，而把冷却时的临界温度加注“r”，如 Ar_1、Ar_3、Ar_{cm}，如图3-1所示。

共析钢的加热温度必须高于晶体的同素异晶转变温度 S 点，即727℃，要有一定的过热度，同时也要有一定的加热速度；亚共析钢的加热温度必须高于 GS

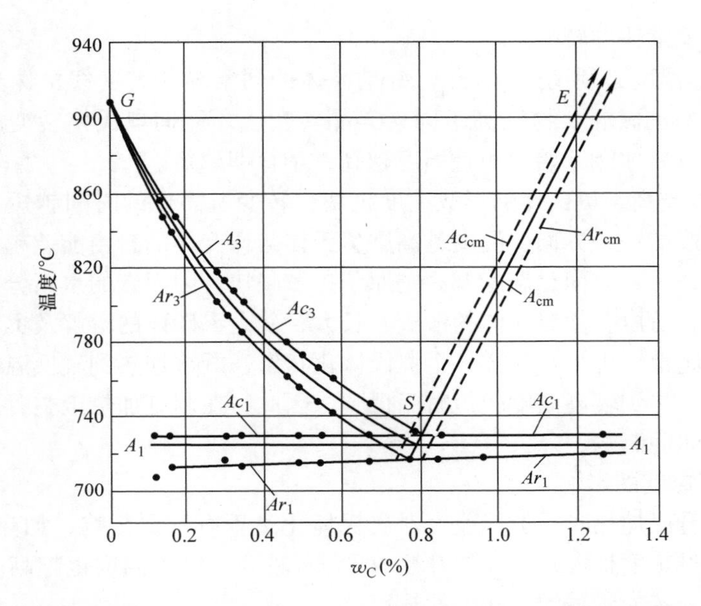

图 3-1　加热速度和冷却速度（0.125℃/min）对临界转变温度的影响

线（A_3），要有一定的过热度，同时也要有一定的加热速度；过共析钢的加热温度必须高于 *ES* 线（A_{cm}），要有一定的过热度，同时也要有一定的加热速度。

加热温度与加热速度是晶体转变的外部动力源，而晶体的自身特性是内因。

2. 奥氏体晶核的形成与长大

随着钢加热到 727℃的 Ac_1 以上的某一温度时，奥氏体晶核通常优先在铁素体和渗碳体的相界面上形成，奥氏体晶核形成之后，便不断地向铁素体和渗碳体中扩展，促使铁素体向奥氏体转变，从而促进奥氏体逐渐长大。

3. 残留渗碳体的溶解

铁素体向奥氏体的转变，是铁同素异晶转变的本质，是加热到一定温度后发生的晶体结构的转变；渗碳体不参加同素异晶转变，只是其中有部分碳原子的加热溶解，所以铁素体先于渗碳体消失。因此，在奥氏体形成后，仍有未溶解的渗碳体存留，随着保温时间的延长，未完全溶解的渗碳体将继续溶解到奥氏体相组织中。

二、影响奥氏体转变速度的因素

影响奥氏体转变的主要因素有加热温度、加热速度、化学成分和原始组织四个方面。

1. 加热温度的影响

加热温度越高则奥氏体形成的速度就越快。当加热温度高（即过热度大）时，奥氏体形核率及长大速率都迅速增大，原子扩散能力也在增强，促进了渗碳体的溶解和铁素体的转变。

1）加热温度必须高于 Ac_1 点，A_1 是晶体的同素异晶转变线，珠光体（铁素体与渗碳体的机械混合物）高于同素异晶转变线才能向奥氏体转变。转变需要一段孕育期以后才能开始，而且温度越高，孕育期越短。

2）温度越高，奥氏体的形成速度越快，转变所需要的时间越短。这是由两方面原因造成的：一方面，温度越高则奥氏体与珠光体的自由能差越大，转变的推动力越大；另一方面，温度越高则原子扩散越快，因而碳的重新分布与铁的晶格改变越快，所以，使奥氏体的形核、长大、残余渗碳体的溶解及奥氏体的均匀化都进行得越快。可见，同样一个奥氏体化状态，既可加热到较低温度较长时间得到，也可加热到较高温度较短时间得到。因此，在制订加热工艺时，应全面考虑温度和时间的影响。

2. 加热速度的影响

在连续升温加热时，加热速度对奥氏体化过程有重要影响，加热速度越快，则珠光体的过热度越大，转变的开始温度 Ac_1 越高，终了温度也越高。但转变的孕育期越短，转变所需的时间也就越短。

3. 化学成分的影响

一方面，钢中含碳量越高，奥氏体的形成速度越快。这是因为随着含碳量的增加，渗碳体的数量也相应地增加，铁素体和渗碳体相界面的面积增加，因此增加了奥氏体形核的部位，加大了奥氏体的形核率。同时，碳化物数量的增加，又使碳的扩散距离减小，以及随奥氏体中含碳量增加，碳和铁原子的扩散系数将增大，从而增大了奥氏体的长大速度。

另一方面，钢中加入合金元素，并不改变珠光体向奥氏体转变的基本过程。但是，合金元素对奥氏体化过程的进行速度有重要影响，一般都是使之减慢。

三、晶粒度及其影响因素

1. 晶粒度

（1）起始晶粒度　当钢加热，珠光体刚刚转变为奥氏体时，奥氏体晶粒的大小称为起始晶粒度，此时的晶粒一般均较细小，若温度提高或时间延长，晶粒会长大。

（2）实际晶粒度　奥氏体的起始晶粒形成后，如果继续在临界点以上升温或保温，晶粒就会自动长大。这是因为晶粒越细小则晶界面积越大，总的界面能也越大，所以，细晶粒状态的自由能高于粗晶粒状态的自由能。晶粒长大能使自由能降低，所以晶粒总会自发长大。显然，晶粒长大的推动力是界面能的降低趋势，而晶粒长大的阻力来自第二相的阻碍等作用。晶粒长大是依靠原子扩散与晶界推移，由大晶粒吞并小晶粒而进行的。温度越高，时间越长，晶粒就长得越大。在每一个具体加热条件下所得到的奥氏体晶粒大小，称为奥氏体的“实际晶粒度”，即实际晶粒度为在具体的加热条件下加热时所得到奥氏体的实际晶粒大小，它会直接影响钢在冷却以后的性能。

（3）本质晶粒度　生产中发现，有的钢材在加热时奥氏体晶粒很容易长大，而有的钢材就不容易长大，这说明不同的钢材，其晶粒长大倾向是不同的。本质晶粒度就是反映钢材加热时奥氏体晶粒长大倾向的一个指标。凡是奥氏体晶粒容易长大的钢就称为“本质粗晶粒钢”，反之，奥氏体晶粒不容易长大的钢则称为“本质细晶粒钢”。随着加热温度升高，本质粗晶粒钢的奥氏体晶粒一直长大，逐渐粗化。本质细晶粒钢则不然，在一定温度以下加热时，奥氏体晶粒长大很缓慢，一直保持细小晶粒；可是，一旦超过该温度，晶粒便会急剧长大，突然粗化。这个晶粒开始强烈长大的温度称为“晶粒粗化温度”。本质细晶粒钢只有在晶粒粗化温度以下加热时，晶粒才不容易长大，超过这一温度以后，便与本质粗晶粒钢没有什么区别了。

2. 晶粒度的标准

将钢在（930 ± 10)℃保温 3 ~ 8h 冷却后测定的奥氏体晶粒大小称为本质晶粒度。通常是在放大100倍的情况下，与标准晶粒度等级图（见图3-2）进行比较评级。晶粒度是1 ~ 4 级 的定为本质粗晶粒钢，5 ~ 8 级的定为本质细晶粒钢。

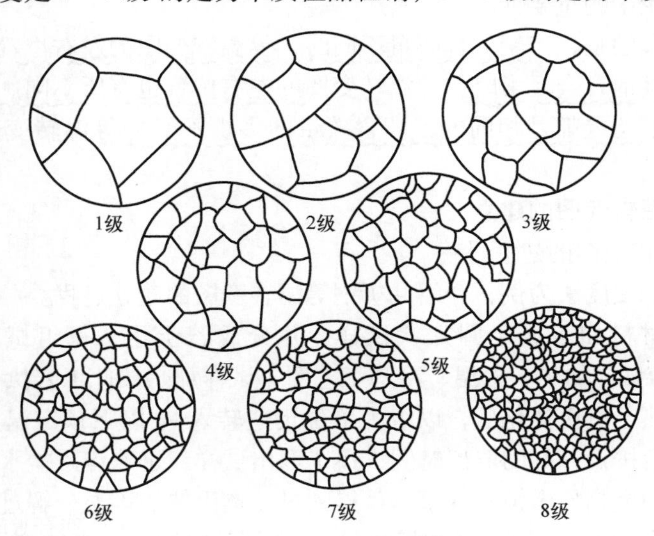

图3-2　标准晶粒度等级示意图

3. 影响本质晶粒度的合金元素

一般来说，能用铝脱氧的钢都是本质细晶粒钢，不用铝而用硅、锰脱氧的钢则为本质粗晶粒钢。含有钛、锆、钒、铌、钼、钨等合金元素的钢也是本质细晶粒钢。这是因为铝、钛、锆等元素在钢中会形成分布在晶界上的超细化合物颗粒，如 AlN、Al_2O_3、TiC、ZrC 等，它们的稳定性很高，不容易聚集，也不容易溶解，能阻碍晶粒长大。但是，当温度超过晶粒粗化温度后，由于这些化合物的聚集长大，或者溶解消失，失去阻碍晶界迁移的作用，奥氏体晶粒便突然长大。在本质粗晶粒钢中不存在这些化合物微粒，晶粒长大不受阻碍，从而随温度升高而逐渐粗化。

4. 本质晶粒度在热处理生产中的重要意义

有些热处理工艺，如渗碳、渗金属等工艺，必须在高温中进行长时间加热才能实现，这时若采用本质细晶粒钢，就能防止工件心部和表层过热，渗后就能直接进行淬火。若用本质粗晶粒钢就会严重过热。此外，在本质细晶粒钢焊接时，焊缝热影响区的过热程度也比本质粗晶粒钢轻微得多。

第2节 金属的冷却转变

稳定态下钢的相组织看 Fe－F_3C 相图，不稳定态下钢的相组织看等温转变图。进一步说，当钢冷却时，冷却速度在等温转变图鼻头以外的看等温转变图，在等温转变图鼻头以内的看 Fe－F_3C 相图。由此可见，Fe－F_3C 相图与等温转变图在金属理论中的重要性。

需要提醒的是，当钢的含碳量不同时，等温转变图的左右位置有所不同；当钢中又加入其他合金元素时，等温转变图的左右位置也有所不同。共同点是等温转变图的上下位置都是相同的，即含碳量的多少不影响等温转变图的上下温度位置。

一、等温转变图的建立

1. 等温转变图的建立过程

以金相－硬度法为例，介绍共析钢等温转变图的建立过程。

将试验材料加工成小圆片状试样，并分成若干组，每组试样 5～10 个，图3-3所示为试样加热、保温、冷却工艺图，试样加热按此工艺执行。

试样加热至奥氏体化后，以组为单位迅速转入 A_1 以下预定温度的熔盐浴中去保温，然后按设计好的取出时间，逐个取出试样，迅速淬入盐水中激冷，激冷后的样件放到金相显微镜下观察，就得到过冷奥氏体的等温分解过程。一般将奥氏体转变量为1%～3%所需的时间定为转变开始时间，而把转变量为98%所需的时间定为转变终了时间。由一组试样可以测出一个等温温度下转变开始和转变终了时间，多组试样在不同等温温度下进行试验，将各温度下的转变开始点和终了点都绘制在温度－时间坐标系中，并将不同温度下的转变开始点和转变终了点分别连接成曲线，就可以得到共析钢的过冷奥氏体等温转变曲线，如图 3-4所示。

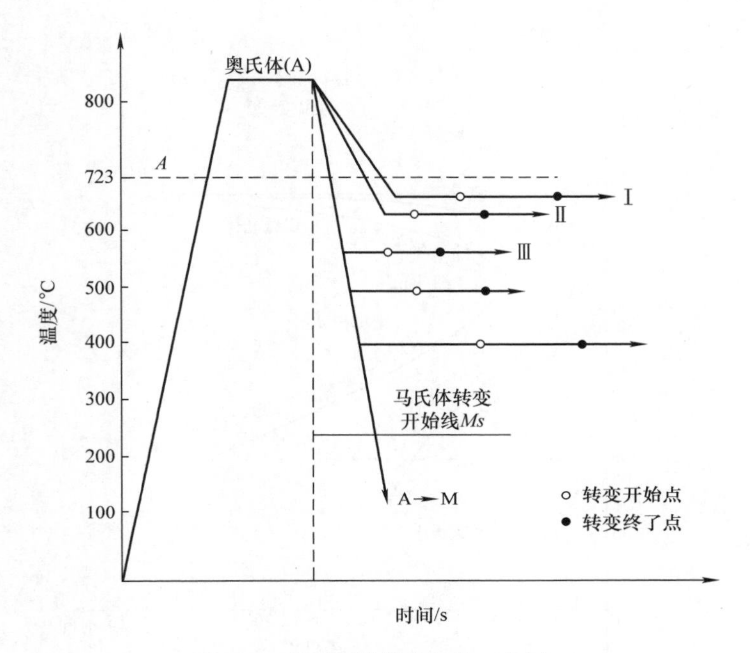

图 3-3　共析钢样件的加热工艺图

2. 等温转变图

过冷奥氏体等温转变曲线综合反映了过冷奥氏体在不同过冷度下的等温转变过程，转变开始和转变终了时间，转变产物的类型及转变量与时间、温度之间的关系等。因其形状通常像英文字母“C”，故俗称其为 C 曲线，也称为 TTT 图。

等温转变图中转变开始线与纵轴的距离为奥氏体孕育期，孕育期内的奥氏体称“过冷奥氏体”，533℃左右的孕育期最短，称为等温转变图的“鼻尖”。*Ms* 线为马氏体的初转变线，*Mf* 线为马氏体的终转变线。

等温转变图中转变结束线以右的转变后晶体均为体心立方结构，其硬度分别为，粗珠光体 5 ~ 20HRC，细珠光体 30 ~ 40HRC，上贝氏体 40 ~ 45HRC，下贝氏体 50 ~ 60HRC。

3. 典型亚共析钢与过共析钢的等温转变图

（1）亚共析钢 35Mn 的等温转变图　图 3-5 所示为亚共析钢 35Mn 的等温转变图，图中有一条铁素体析出线，它在 *A*3 线后，先于共析线 *PSK* 前析出铁素体，它的重要意义在于：印证 $Fe-Fe_3C$ 相图中的 *GS* 线，其部分铁素体的开始转变温度高于共析线 *PSK*。

在图 3-5 中看到，马氏体的初转变线温度比较高，大约为 340℃。等温转变图的鼻尖基本上没有了，等温转变图较共析钢的等温转变图左移很多，说明过冷奥氏体存在的温度区间的时间很短。不变的是 533℃鼻尖温度线的上下温度位置。

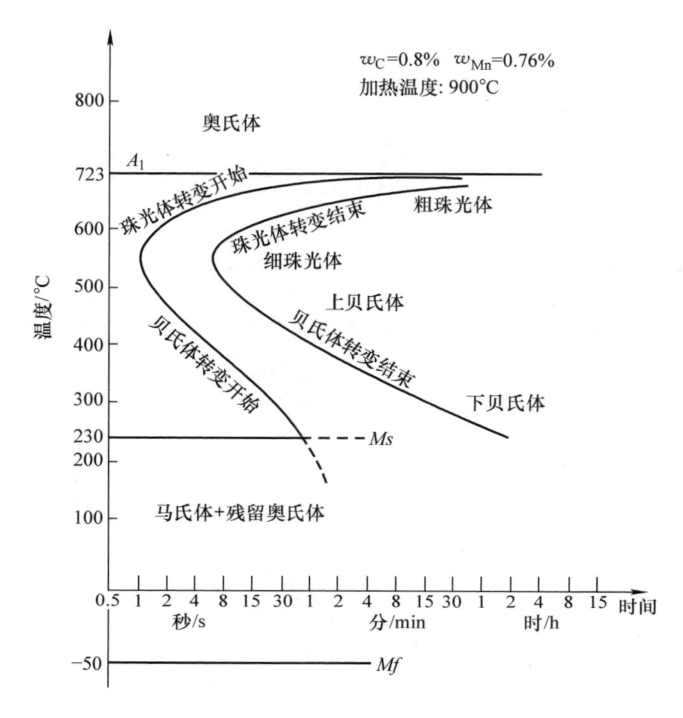

图 3-4　共析钢的过冷奥氏体等温转变曲线图

（2）过共析钢工具钢的等温转变图　图 3-6 所示为过共析钢工具钢的等温转变图，图中有一条渗碳体的析出线，它先于共析线 *PSK* 前析出渗碳体，它的重要意义在于：印证铁碳相图中的 *ES* 线，其部分渗碳体的开始生成温度高于共析线 *PSK*。在图 3-6 中看到，马氏体的初转变线温度比较低，大约为 150℃。等温转变图的鼻尖基本上没有了，等温转变图较共析钢的等温转变图左移很多，说明过冷奥氏体存在的温度区间时间很短。不变的是 533℃鼻尖温度线的上下温度位置。

二、奥氏体等温转变产物的组织及其性能

从等温转变图中可知，奥氏体实际上是在过冷度从几摄氏度到几百摄氏度（$A_1 \sim Ms$）的温度区内进行其晶体结构的转变，根据得到的组织产物可分为高温转变、中温转变和低温转变。

1. 高温转变

高温转变的范围大约在 A_1 以下至 500℃左右，在这个温度范围内得到的均是珠光体。例如，在 705℃转变的试样由于过冷度很小（$\Delta T = 18$℃），所得到的组织与铁碳相图的珠光体基本一致。但过冷到 665℃（$\Delta T = 58$℃）所得到的组织，就成了片层状珠光体，它的组织需要在更高倍率的显微镜下才能看清，这种细珠

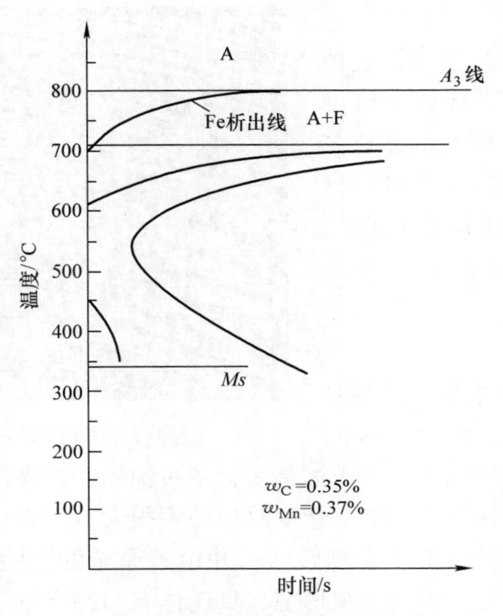

图 3-5　亚共析钢 35Mn 的等温转变图

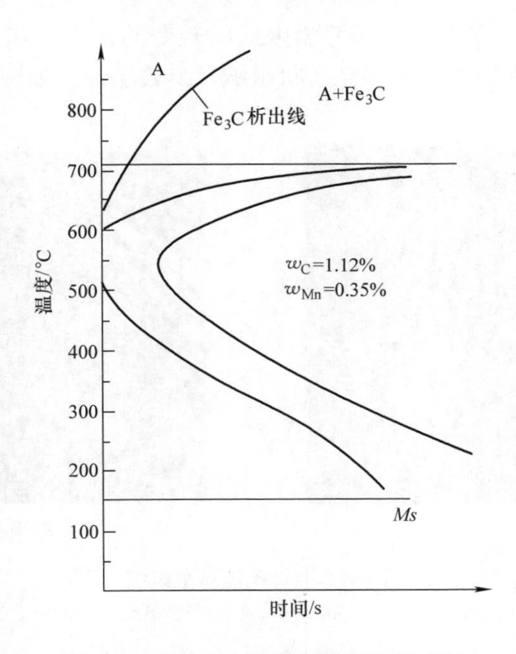

图 3-6　过共析钢工具钢的等温转变图

光体被称为索氏体（也可称为索氏体型珠光体），如图 3-7 所示。在 580℃以下得到的片层状珠光体，组织更细，在放大 1000 倍时也难以分辨其片层，呈黑色一团，只有在更高倍率（如电子显微镜）下才能分辨其片层状，这种最细的珠光体被称为托氏体（也可称为托氏体型珠光体），总之在图3-7所示的索氏体图片（600×）中，用500℃以上温度等温处理时，奥氏体的转变产物也都是珠光体型的。

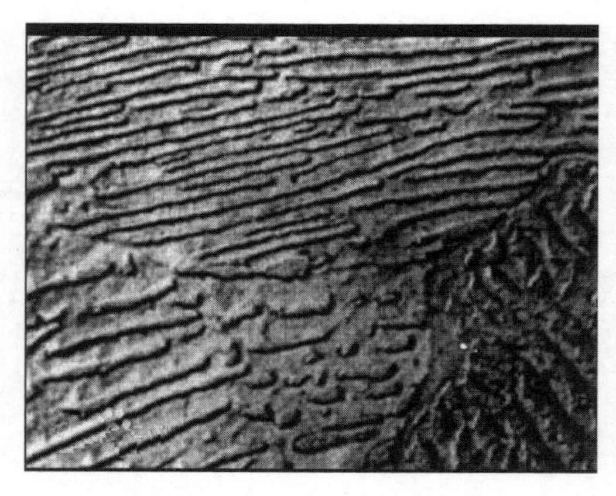

图3-7 索氏体图片（600×）

2. 中温转变

中温转变的温度范围在500℃以下直至*Ms*点以上，此温度区间得到的组织产物称为贝氏体。贝氏体是由含碳过饱和的铁素体与渗碳体组成的两相混合物。在贝氏体转变中，由于转变时过冷度很大，没有铁原子的扩散，而是靠切变进行奥氏体向铁素体的点阵转变，并由碳原子的短距离“扩散”进行碳化物的沉淀析出。按贝氏体的组织形态，贝氏体有两种常见的组织形态，即上贝氏体、下贝氏体。

（1）上贝氏体　在350～450℃温度区间转变的试样，其奥氏体分解后已不是片层状，而是呈密集平行的白亮条状组织、形若羽毛，如图3-8所示，这种组织叫上贝氏体。

a)

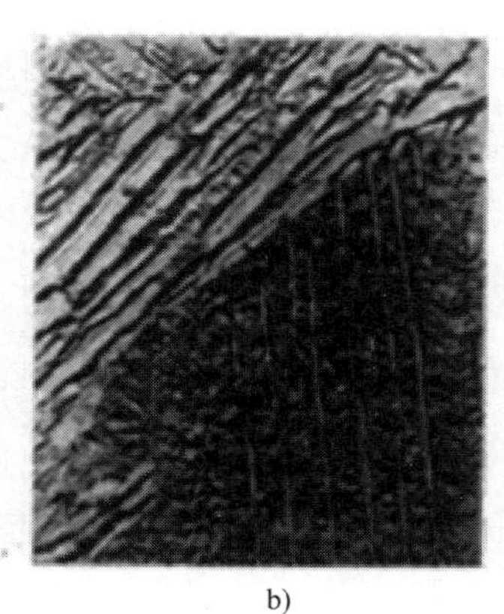

b)

图3-8 上贝氏体显微组织

a）光学显微组织（500×） b）电子显微组织（4000×）

（2）下贝氏体　下贝氏体形成于贝氏体转变区的较低温度范围，为350℃～*Ms*之间。典型的下贝氏体是由含碳过饱和的片状铁素体和其内部沉淀的碳化物组成的机械混合物。下贝氏体的空间形态呈双凸透镜状，与试样磨面相交呈片状或针状。在光学显微镜下，当转变量不多时，下贝氏体呈黑色针状或竹叶状，针与针之间呈一定角度，如图3-9a所示。下贝氏体可以在奥氏体晶界上形成，但更多的是在奥氏体晶粒内部形成。在电子显微镜下可以观察到下贝氏体中碳化物的形态，它们细小、弥散，呈粒状或短条状，沿着与铁素体长轴成55°～60°取向平行排列，如图3-9b所示。下贝氏体中铁素体的亚结构为位错，其位错密度比上贝氏体中铁素体的高。下贝氏体的铁素体内含有过饱和的碳，其固溶量比上贝氏体高，并随形成温度降低而增大。

图3-9　下贝氏体显微组织

a）光学显微组织（500×）　b）电子显微组织（12000×）

珠光体与贝氏体的机械性能是否优良的关键问题在于，碳化物的形状、大小、多少和分散程度。把碳化物的大小、分散程度用一个名称来表示，称为弥散度，弥散度越大说明碳化物越细小，分布得也越均匀，弥散度越小说明碳化物颗粒大而且分布不均匀。碳化物的多少和弥散度决定了珠光体和贝氏体的机械性能。过冷度越大碳化物就越细越弥散，由于弥散度的大小决定了珠光体和贝氏体的机械性能，所以碳化物的形状、大小和分布是我们进行热处理时最关切的问题之一。

下贝氏体是细小的碳化物弥散分布于铁素体针内，使针状铁素体有一定的过饱和度。因此弥散强化和固溶强化使下贝氏体具有较高的强度、硬度和良好的塑性和韧性，即具有较优良的综合力学性能。

3. 低温转变

过冷度再大，低于 *Ms* 线时会发生马氏体转变，是一种低温转变。它与上面讲的相变完全不同，它是在一定温度范围内（*Ms*～*Mf*）连续冷却形成的。马氏体的实质是铁素体里溶入过多的碳，引起的晶格畸变，即固溶强化，称为过饱和的固溶体，用符号“*M*”表示。马氏体硬度很高，共析钢马氏体的最高硬度约为65HRC。*Ms* 线是两种类型完全不同的相变分界线，*Ms* 线以上的相变称为扩散型相变，*Ms* 线以下的相变称为非扩散型相变，表现在由碳化物的弥散度转化为碳在 α－Fe 中过饱和的溶解。

钢中马氏体的组织形态分为板条马氏体和片状马氏体。

（1）板条马氏体　板条马氏体是低、中碳素钢合金中形成的一种典型马氏体组织。图 3-10 所示为低碳素钢中的板条马氏体组织，是由许多成群的、相互平行排列的板条所组成，故称为板条马氏体。板条马氏体的空间形态是扁条状的。每个板条为一个单晶体，它们之间一般以小角晶界相间，一个板条的尺寸约为 $0.5\mu m \times 5\mu m \times 20\mu m$。相邻的板条之间往往存在厚度为 10～20nm 的薄壳状残留奥氏体，残留奥氏体的含碳量较高，也很稳定，它们的存在会对钢的力学性能产生有益的影响。许多相互平行的板条组成一个板条束，一个奥氏体晶粒内可以有几个板条束（通常 3～5 个）。板条马氏体的亚结构是位错的，故又称位错马氏体，其位错密度是 $10^{11}/cm^2 \sim 10^{12}/cm^2$。

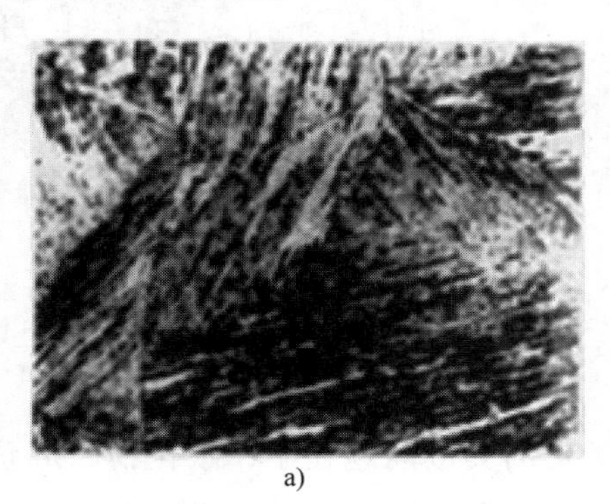

a)

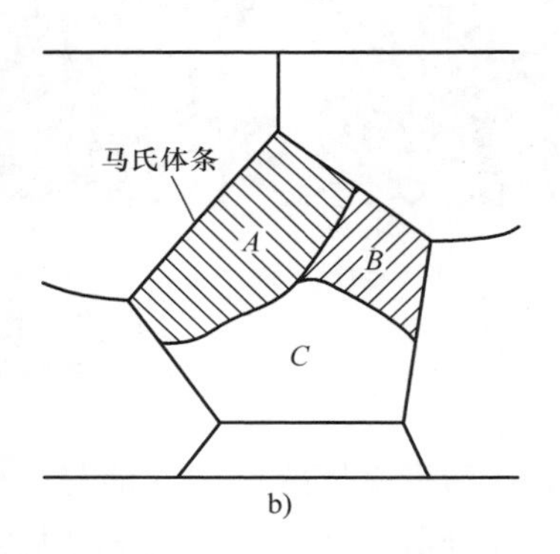

b)

图 3-10　低碳马氏体的组织形态

a）1000×　b）板条马氏体示意图

（2）片状马氏体　片状马氏体是在中碳钢、高碳钢中形成的一种典型马氏体组织。高碳钢中典型的片状马氏体组织如图 3-11 所示。

片状马氏体的空间形态呈双凸透镜状，由于被试样磨面截切，在光学显微镜下则呈针状或竹叶状，故又称为针状马氏体。如果试样磨面恰好与马氏体片平行相切，也可以看到马氏体的片状形态。马氏体片之间互不平行，呈一定角度分布。在原奥氏体晶粒中首先形成的马氏体片贯穿整个晶粒，但一般不穿过晶界，将奥氏体晶粒分割。马氏体片的周围往往存在着残留奥氏体。片状马氏体的最大尺寸取决于原始奥氏体晶粒的大小，奥氏体晶粒越粗大，则马氏体片越大。若光学显微镜无法分辨最大尺寸的马氏体片时，便称为隐晶马氏体。在生产中正常淬火得到的马氏体，一般都是隐晶马氏体。

片状马氏体内部的亚结构主要是孪晶。孪晶间距为 5～10nm，因此片状马氏

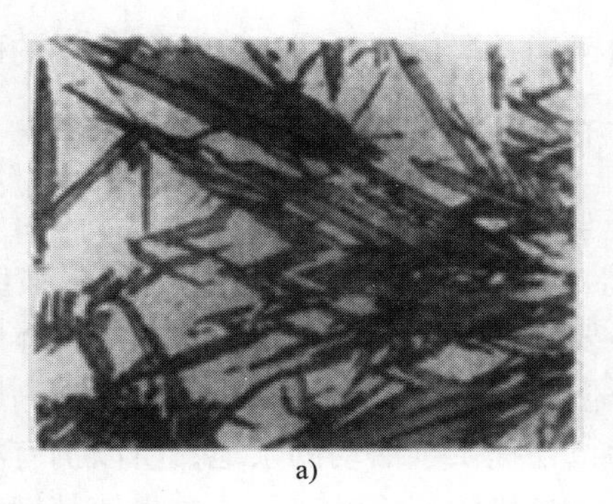
a)

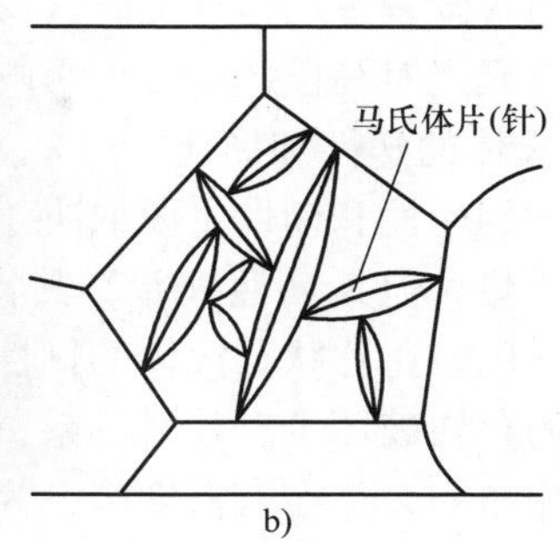

b)

图3-11　高碳马氏体的组织形态
a）照片1500×　b）片状马氏体示意图

体又称为孪晶马氏体。但孪晶仅存在于马氏体片的中部，在片的边缘则为复杂的位错网络。

第3节　马氏体的晶体结构、性能、特点

一、马氏体的晶体结构

根据X射线结构分析，当奥氏体转变为马氏体时，只有晶格改组而没有成分变化，在钢的奥氏体中固溶的碳全部被保留到马氏体晶格中，形成了碳在α－Fe中的过饱和固溶体。碳分布在α－Fe体心立方晶格的c轴上，引起c轴伸长，a轴、b轴缩短，使α－Fe体心立方晶格发生正方畸变。因此，马氏体具有体心正方结构。轴比c/a称为马氏体的正方度。随着含碳量的增加，晶格常数c增大，晶格常数a、b减小，马氏体的正方度则不断增大。合金元素对马氏体的正方度基本没有影响。由于马氏体的正方度取决于马氏体的含碳量，一般来说碳的质量分数低于0.25%的板条马氏体的正方度很小，$c/a\approx1$，为体心立方晶格。马氏体晶体结构如图3-12所示 。

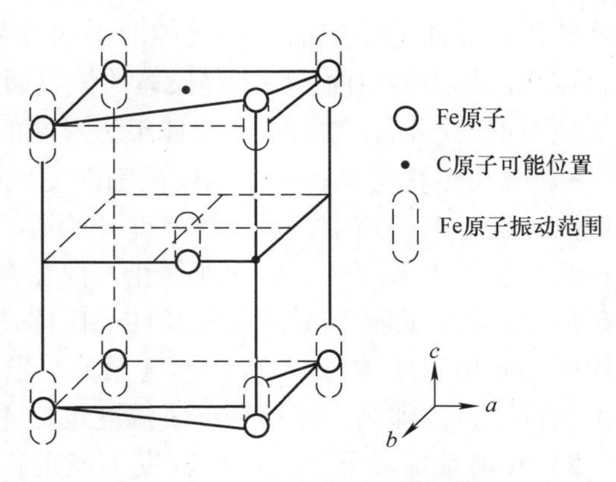

图3-12　马氏体晶体结构示意图

二、马氏体的性能

1. 马氏体的硬度和强度

钢中马氏体力学性能的显著特点是具有高的硬度和强度。马氏体的硬度主要取决于马氏体的含碳量。马氏体的硬度随含碳量的增加而升高，当碳的质量分数达到0.77%时，淬火钢硬度接近

最大值。当含碳量进一步增加时，由于残留奥氏体的增加，反而使钢的硬度有所下降。合金元素对马氏体的硬度影响不大，但可以提高其强度。

2. 马氏体的塑性和韧性

马氏体的塑性和韧性主要取决于马氏体的亚结构。片状马氏体具有高强度、高硬度的优势，但其韧性很差，其特点是硬而脆。在具有相同屈服强度的条件下，板条马氏体比片状马氏体的韧性要好得多。其原因在于片状马氏体中微细孪晶亚结构的存在破坏了有效滑移系，使脆性增大；而板条马氏体中的高密度位错是不均匀分布的，存在低密度区，为位错提供了活动的余地，所以仍有相当好的韧性。此外，片状马氏体的碳含量高，晶格的正方畸变大，这也使其韧性降低而脆性增大，同时，片状马氏体中存在许多显微裂纹，还存在着较大的淬火内应力，这些也都使其脆性增大。所以，片状马氏体的性能特点是硬度高而脆性大。而板条马氏体则不然，由于碳含量低，再加上自回火，所以晶格正方度很小或没有，淬火应力也小，而且不存在显微裂纹。这些都使板条状马氏体的韧性相当好，同时，强度、硬度也足够高。所以，板条状马氏体具有高的强韧性。

三、马氏体转变的主要特点

1）马氏体转变属于无扩散型转变，在转变进行时，只有点阵做有规则的重构，而新相与母相并无成分的变化。

2）马氏体形成时在试样表面将出现浮凸现象，这表明马氏体的形成是以切变方式实现的，即由产生宏观变形的切变和不产生宏观变形的切变来完成的。同时马氏体和母相奥氏体之间的界面保持切变共格关系，即在界面上的原子是属于新相和母相所共有的，而且整个相界面是互相牵制的。这种以切变维持的共格关系也称为第二类共格关系（区别于以正应力维持的第一类共格关系）。

3）马氏体转变的晶体学特点是新相与母相之间保持着一定的位向关系。在钢中已观察到的有 K－S 关系、西山关系与 C－T 关系。马氏体是在母相奥氏体点阵的某一晶面上形成的，马氏体的平面或界面常常和母相的某一晶面接近平行，这个面称为惯习面。钢中马氏体的惯习面近于 $\{111\}A$、$\{225\}A$ 和 $\{259\}A$。由于惯习面的不同，常造成马氏体组织形态的不同。

4）马氏体转变是在一定温度范围内完成的，马氏体的形成量是温度或时间的函数。在一般合金中，马氏体转变开始后，必须继续降低温度，才能使转变继续进行，如果中断冷却，转变便停止。但在有些合金中，马氏体转变也可以在等温条件下进行，即转变时间的延长使马氏体转变量增多。在通常冷却条件下，马氏体转变开始温度 Ms 点与冷却速度无关。当冷却到某一温度以下，马氏体转变不再进行了，此即马氏体转变终了温度也称 Mf 点。

5）在通常情况下，马氏体转变不能进行到底，也就是说当冷却到 Mf 点温度以后也不能获得 100% 的马氏体，而在组织中仍保留有一定数量的未转变的奥氏体，即残留奥氏体。淬火后钢中残留奥氏体量的多少，和 *Ms* ~ *Mf* 点温度范围与室温的相对位置有直接关系，并且和淬火时的冷却速度及冷却过程中是否停顿等因素有关。

6）奥氏体在冷却过程中如在某一温度以下缓冷或中断冷却，会使随后冷却时的马氏体转变量减少，这一现象称为热陈化稳定，也称奥氏体稳定化。能引起热陈化稳定的温度上限称为 *Mc* 点，高于此点，缓冷或中断冷却不会引起热陈化稳定。

7）在某些铁系合金中发现，奥氏体冷却转变为马氏体后，当重新加热时，已形成的马氏体可以逆转变为奥氏体。这种马氏体转变的可逆性，也称逆转变。通常用 *As* 表示逆转变开始点，*Af* 表示逆转变终了点。

第4节　影响等温转变图的因素

影响等温转变图位置和形状的因素如下：

一、含碳量的影响

亚共析钢与过共析钢的过冷奥氏体等温转变图如图3-13、图3-14所示。由图可知，亚共析钢的等温转变图比共析钢多一条先共析铁素体析出线；过共析钢的等温转变图比共析钢多一条二次渗碳体的析出线。

在一般热处理加热条件下，碳使亚共析钢的等温转变图右移，使过共析钢的等温转变图左移。

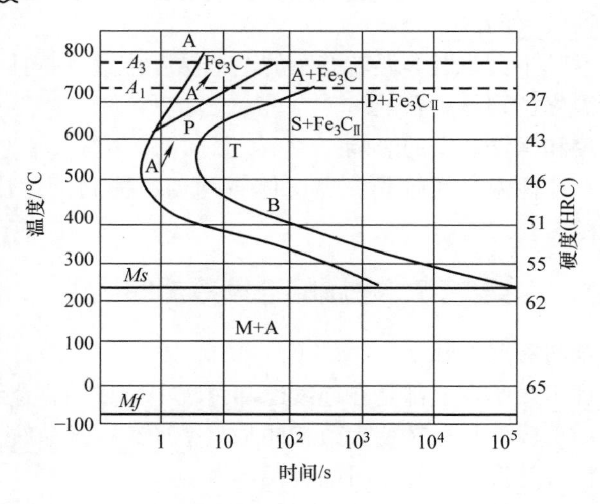

图3-13　亚共析钢的过冷奥氏体等温转变图

二、合金元素的影响

除Co以外，钢中所有合金元素的溶入均增加了过冷奥氏体的稳定性，使等

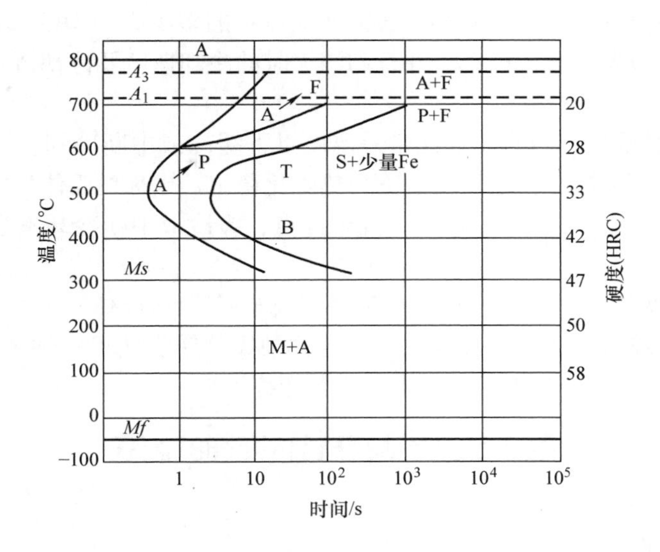

图 3-14 过共析钢的过冷奥氏体等温转变图

温转变图右移。不形成碳化物或弱碳化物形成元素，如 Si、Ni、Cu 和 Mn，只改变等温转变图的左右位置，不改变等温转变图的形状。碳化物形成元素，如 Mo、W、V、Ti 等，当它们溶入奥氏体以后，不仅使等温转变图的位置右移，而且使等温转变图呈两个"鼻尖"，即把珠光体转变和贝氏体转变分开，中间出现一个过冷奥氏体稳定性较大的区域。

所有合金元素都不会改变等温转变图的上下温度位置，并且与所有碳素钢等温转变图的上下温度位置是一致的。

三、加热温度和保温时间的影响

加热温度越高，保温时间越长，奥氏体越均匀，提高了过冷奥氏体的稳定性，使等温转变图右移。

第5节 金属的连续冷却曲线

一、连续冷却与等温冷却

实际的热处理工艺基本上都是在连续冷却过程中完成的，连续冷却与等温冷却转变时所发生的奥氏体几种转变大致相同，只是连续冷却曲线只有等温冷却曲线的上半部分，没有等温冷却转变时的贝氏体转变。

二、过冷奥氏体连续冷却等温转变图的建立

以共析钢为例，将试验材料加工成小圆片状试样，并分成若干组，每组试样 5~10 个，将试样奥氏体化以后，每组试样各以一个恒定速度连续冷却，每组在冷却过程中，每隔一段时间取出一个试样淬入水中冷却，然后进行金相测定，求

出每组试样转变的开始温度、开始时间和转变量。将各个冷速下的数据综合绘在“温度 - 时间对数”的坐标中，便得到共析钢的连续冷却等温转变图，如图 3-15 所示。由图可以看到，珠光体转变区由三条曲线构成，左边一条是转变开始线，右边一条是转变终了线，下面一条是转变中止线。马氏体转变区则由两条曲线构成，一条是温度上限 *Ms*，另一条是冷却速度下限 v'_k。从图可以看出：

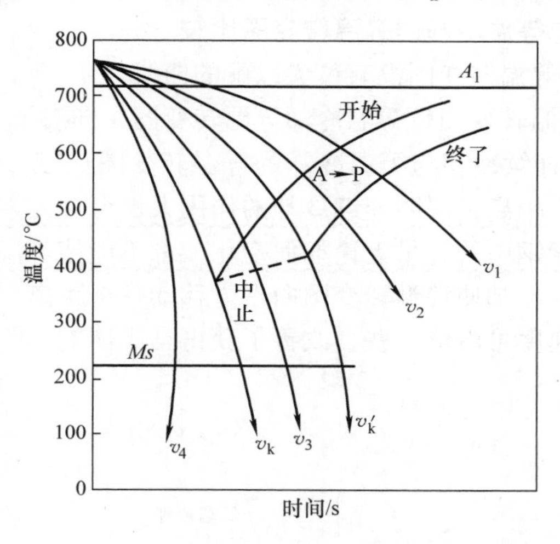

图 3-15 过冷奥氏体连续冷却等温转变图

1）当冷却速度 $v<v'_k$ 时（v 为图 3-15 中 v_1、v_2），冷却曲线与珠光体转变开始线相交发生 A→P 转变，与终了线相交时，转变便告结束，全部为珠光体。

2）当冷却速度 $v'_k<v<v_k$时（v 为图 3-15 中 v_3），冷却曲线只与珠光体转变开始线相交，而不再与转变终了线相交，但会与中止线相交，这时奥氏体只有一部分转变为珠光体，冷却曲线一旦与中止线相交，就有另一部分奥氏体不再发生转变，一直冷却到 *Ms* 线以下才发生马氏体转变。并且随着冷却速度 v 的增大，珠光体转变量越来越少，而马氏体越来越多。

3）当冷却速度 $v>v_k$时（v 为图 3-15 中 v_4），奥氏体全部过冷到马氏体区，只发生马氏体转变。

由上面分析可见，v_k是保证奥氏体全部过冷到马氏体区的最小冷却速度，称为“上临界冷却速度”，通常也叫作“淬火临界冷却速度”。v'_k则是保证奥氏体全部转变为珠光体的最大冷却速度，称为“下临界冷却速度”。

三、实际工件的相结构转变

建立过冷奥氏体连续冷却等温转变图时，其试样是小薄片，但在实际生产中，工件不可能是小薄片，常出现工件厚度很大的实际情况。当有一定厚度的工件冷却淬火时，会出现工件的表面层为马氏体，内部却为珠光体的现象，这种现象在热处理行业称为“淬透性”。当有一定厚度的工件淬火得不到全部的马氏体时，工件淬火后的相结构由表及里的一般分布是：马氏体→马氏体＋托氏体（或有贝氏体）→托氏体（或有少量贝氏体）→索氏体→珠光体。改善工件“淬透性”的最好方法是使用合金钢，有些合金元素加入钢中就是为了改善“淬透性”。

四、连续冷却与等温冷却的等温转变图比较

1）连续冷却的等温转变图没有鼻尖以下的曲线。

2）连续冷却等温转变图较等温冷却等温转变图，向右下方移动一个距离。

图3-16所示为连续冷却与等温冷却的等温转变图比较。连续冷却使等温转变图向下方移动一个距离，说明连续冷却的作用大于合金元素的作用，因为碳及其他合金元素在碳素钢中的含量无论如何变化，都不能使等温转变图下移，连续冷却可以做到。连续冷却使等温转变图向右方移动一个距离，说明连续冷却完全获得马氏体的冷却速度可以低一些，改善了获得马氏体的工艺环境。

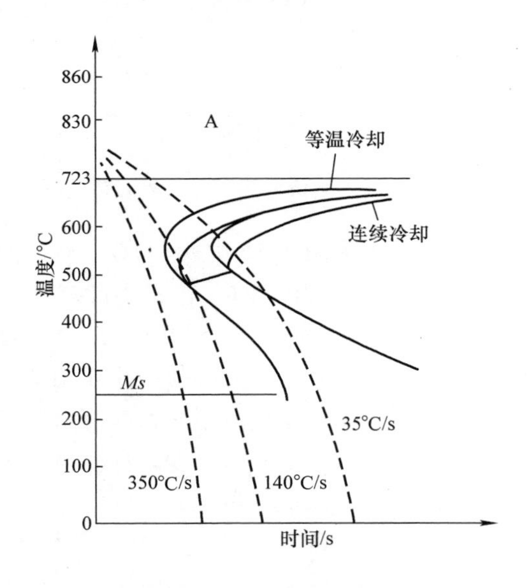

图3-16　连续冷却与等温冷却的等温转变图比较

第6节　热处理工艺

一、钢的普通热处理

1. 退火

退火是将组织偏离平衡状态的钢加热到工艺预定的某一温度，经保温后缓慢冷却下来（一般为随炉冷却），以获得接近 $Fe-Fe_3C$ 相图平衡状态组织的热处理工艺。根据钢的成分、退火的目的与要求的不同，退火又可分为完全退火、等温退火、球化退火、扩散退火、去应力退火和再结晶退火等。各种退火的加热温度范围和工艺曲线如图 3-17 所示。

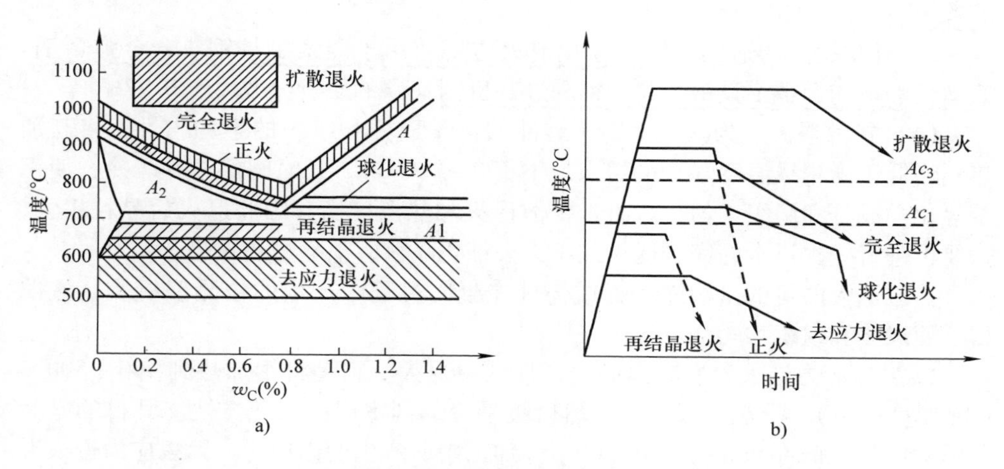

图 3-17　各种退火和正火工艺曲线示意图

a）加热温度范围　b）工艺曲线

（1）完全退火　将钢件或毛坯加热到 Ac_3 以上 20～30℃，保温一段时间，使钢中组织完全转变成奥氏体后，缓慢冷却（一般为随炉冷却）到 500～600℃出炉，在空气中冷却下来。所谓“完全”是指加热时获得完全的奥氏体组织。

1）完全退火的目的。改善热加工造成的粗大、不均匀的组织；中碳以上碳素钢和合金钢降低硬度从而改善其切削加工性能（一般情况下，工件硬度在 170～230HBW 之间时易于切削加工，高于或低于这个硬度范围时，都会使切削困难）；消除铸件、锻件及焊接件的内应力。

2）适用范围。完全退火主要适用于碳的质量分数为 0.25%～0.77% 的亚共析成分的碳素钢、合金钢及工程铸件、锻件和热轧型材。过共析钢不宜采用完全退火，因为过共析钢加热至 Ac_{cm} 以上缓慢冷却时，二次渗碳体会以网状沿奥氏体晶界析出，使钢的强度、塑性和冲击韧性显著下降。

（2）等温退火　将钢件或毛坯加热至 Ac_3（或 Ac_1）以上 20～30℃，保温一定时间后，较快地冷却至等温转变图“鼻尖”温度附近并保温（珠光体转变区），使奥氏体转变为珠光体后，再缓慢冷却下来，这种热处理方式为等温退火。

等温退火的目的与完全退火相同，但是等温退火时的转变容易控制，能获得均匀的预期组织，对大型制件及合金钢制件较适宜，可大大缩短退火周期。

（3）球化退火　球化退火是将钢件或毛坯加热到略高于 Ac_1 的温度，经长时间保温，使钢中二次渗碳体自发转变为颗粒状（或称球状）渗碳体，然后以缓慢的速度冷却到室温的工艺方法。

1）球化退火的目的：降低硬度，均匀组织，改善切削加工性能，为淬火做准备。

2）球化退火的适用范围：球化退火主要适用于碳素工具钢、合金弹簧钢、滚动轴承钢和合金工具钢等共析钢和过共析钢（碳的质量分数大于0.77%）。

（4）扩散退火　为减少钢锭、铸件的化学成分和组织的不均匀性，将其加热到略低于固相线温度（钢的熔点以下100～200℃），长时间保温并缓冷，使钢锭等化学成分和组织均匀化。由于扩散退火加热温度高，因此退火后晶粒粗大，需要再进行一次正常的完全退火或正火去细化晶粒，消除过热缺陷。

扩散退火的目的是消除铸锭或铸件在凝固过程中产生的枝晶偏析及区域偏析，使成分和组织均匀化。

（5）去应力退火　去应力退火又称低温退火。它是将钢加热到400～500℃（Ac_1温度以下），保温一段时间，然后缓慢冷却到室温的工艺方法。其目的是为了消除铸件、锻件和焊接件及冷变形等加工中所产生的内应力。因去应力退火温度低、不改变工件原来的组织，故应用广泛。

（6）再结晶退火　主要用于消除冷变形加工（如无油冷轧、冷拉、冷冲）产生的畸变组织，消除加工硬化而进行的低温退火。加热温度为再结晶温度（使变形晶粒再次结晶为无变形晶粒的温度）以上150～250℃。再结晶退火可使冷变形后被拉长的晶粒重新形核长大为均匀的等轴晶粒，从而消除加工硬化效果。

2. 正火

正火是将钢加热到Ac_3（亚共析钢）和Ac_{cm}（过共析钢）以上30～50℃，经过保温一段时间后，在空气中或在强制流动的空气中冷却到室温的工艺方法。正火的目的有以下三点。

（1）作为最终热处理　对强度要求不高的零件，正火可以作为最终热处理。正火可以细化晶粒，使组织均匀化，减少亚共析钢中铁素体的含量，使珠光体的含量增多并细化，从而提高钢的强度、硬度和韧性。

（2）作为预先热处理　截面较大的结构钢件，在淬火或调质处理（淬火加高温回火）前常进行正火，可以消除魏氏组织和带状组织，并获得细小而均匀的组织。对于含的质量分数大于0.77%的碳素钢和合金工具钢中存在的网状渗碳体，正火可减少二次渗碳体含量，并使其不形成连续网状，为球化退火做组织准备。

（3）改善切削加工性能　正火可改善低碳素钢（碳的质量分数低于0.25%）的切削加工性能。碳的质量分数低于0.25%的碳素钢，退火后硬度过低，切削加工时容易“粘刀”，表面质量很差，通过正火使硬度提高至140～190HBW，接近于最佳切削加工硬度，从而改善切削加工性能。

正火比退火冷却速度快，因而正火组织比退火组织细，强度和硬度也比退火组织高。当碳素钢中碳的质量分数小于0.6%时，正火后的组织为铁素体+索氏体；当碳的质量分数大于0.6%时，正火后组织为索氏体。由于正火的生产周期短，设备利用率高，生产率较高，因此成本较低，在生产中应用广泛。正火工艺示意图如图3-17所示。

3. 淬火

淬火是指将钢加热到临界温度以上，保温后以大于临界冷却速度v_k的冷却速度冷却，使奥氏体直接转变为马氏体的热处理工艺。因此，淬火的目的就是为了获得马氏体，并与适当的回火工艺相配合，以提高钢的力学性能。“淬火+回火”是钢的最重要的强化方法，俗称“调质”，也是应用最广泛的热处理工艺之一。作为各种机器零件、工具及模具的最终热处理，淬火是赋予零件最终性能的关键工序。

（1）淬火工艺

1）淬火温度。亚共析钢淬火加热到Ac_3以上30～50℃；共析、过共析钢淬火加热温度为Ac_1以上30～50℃。钢的淬火温度范围如图3-18所示。

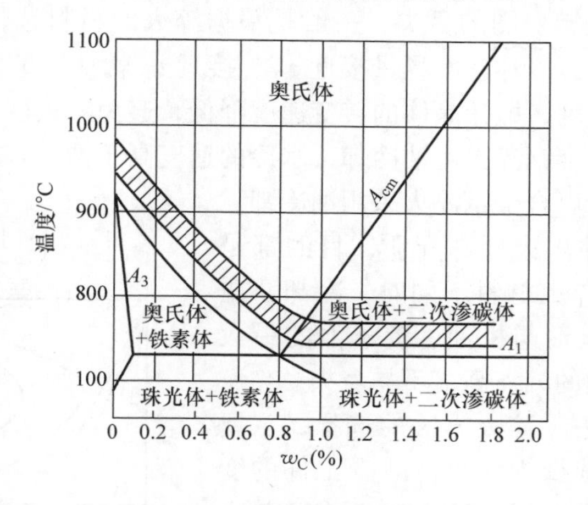

图3-18 钢的淬火温度范围

亚共析碳素钢在上述淬火温度加热保温，是为了获得晶粒细小均匀的奥氏体，淬火后就可获得细小的马氏体组织。若加热温度过高，则引起奥氏体晶粒粗大化，淬火后得到的马氏体组织也会粗大，从而使钢的性能严重脆化。若加热温度过低，在Ac_1～Ac_3间，则加热时的组织就会成为奥氏体+铁素体。淬火后，奥氏体可以转变为马氏体，而部分铁素体淬火转变为残留奥氏体，此时的淬火组织就为马氏体+残留奥氏体，且由于残留奥氏体过多，造成淬火硬度不足的现象。

过共析钢在淬火加热到 Ac_1 以上30~50℃保温就会完全奥氏体化，其组织为奥氏体和部分未溶的细粒状渗碳体颗粒。淬火后，奥氏体转变为马氏体，未溶渗碳体颗粒被保留下来。由于渗碳体硬度高，因此它不但不会降低淬火钢的硬度，而且还可以提高它的耐磨性；若加热温度过高，甚至在 Ac_{cm} 以上，则渗碳体溶入奥氏体中的数量增大，使奥氏体的含碳量增加，这不仅使未溶渗碳体颗粒减少，而且使淬火后残留奥氏体增多，从而降低钢的硬度与耐磨性。同时，加热温度过高，会引起奥氏体晶粒粗大，使淬火后的组织为粗大的片状马氏体，使显微裂纹增多，钢的脆性大为增加。粗大的片状马氏体，还会使淬火内应力增加，极易引起工件的淬火变形和开裂。因此加热温度过高是不适宜的。

过共析钢的正常淬火组织为隐晶（即细小片状）马氏体的基体上均匀分布着细小颗粒状渗碳体及少量残留奥氏体，这种组织具有较高的强度和耐磨性，同时又具有一定的韧性，符合高碳工具钢零件的使用要求。

2）淬火加热保温时间。加热后有一定要有保温时间，其主要目的是使晶体生长均匀化。影响均匀的因素比较多，它与加热的方法、工件尺寸大小、形态分布等有关。

3）淬火冷却方式。冷却是淬火的关键，冷却的要点是介质的冷却速度大于 $v_{临}$。即要避开等温转变图的鼻尖。一般是根据淬火的材料选择冷却介质，选择冷却介质的原则是：冷却速度尽量接近 $v_{临}$。接近 $v_{临}$ 就是尽量放慢冷却速度，最大化的放慢冷却速度，即让晶体的转变速度降低，避免淬火变形与开裂。碳素钢淬火用水冷却，合金钢淬火用油冷却，水冷的速度高于油，合金钢等温转变图鼻尖的位置靠右，所以合金钢淬火采用油冷却。

目前有很多种淬火冷却介质，目的都是为了接近 $v_{临}$，当淬火材料不同时，冷却介质也是不同的。淬火油与机油、锭子油的最大区别处是，淬火油的闪点高，不易着火。

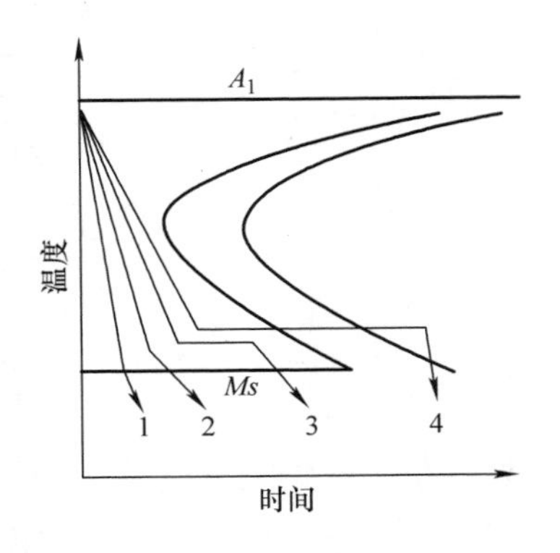

图3-19　不同淬火方法示意图
1—单介质淬火　2—双介质淬火
3—分级淬火　4—等温淬火

（2）淬火方法　淬火方法的选择，主要以获得马氏体和减少内应力、减少工件的变形和开裂为依据。常用的淬火方法有：单介质淬火、双介质淬火、分级淬火、等温淬火。图3-19所示为不同淬火方法示意图。

1）单介质淬火。工件在一种介质中冷却，如水淬、油淬。优点是操作简单，易于实现机械化，应用广泛。缺点是只有一种冷却速度。

2）双介质淬火。工件先在较强冷却能力介质中冷却到300℃左右，再在一种冷却能力较弱的介质中冷却，如先水淬后油淬，可有效减少马氏体转变的内应力，减小工件变形开裂的倾向，可用于形状复杂、截面不均匀的工件淬火。双液淬火的缺点是难以掌握双液转换的时刻，转换过早容易淬不硬，转换过迟又容易淬裂。为了克服这一缺点，发展了分级淬火法。

3）分级淬火。工件在低温盐浴或碱浴炉中淬火，盐浴或碱浴的温度在 *Ms* 点附近，工件在这一温度停留 2 ~ 5min，然后取出空冷，这种冷却方式称为分级淬火。分级冷却的目的是使工件内外温度较为均匀，同时进行马氏体转变，可以大大减小淬火应力，防止变形开裂。分级温度以前都定在略高于 *Ms* 点，工件内外温度均匀以后进入马氏体区。现在改进为在略低于 *Ms* 点的温度分级。实践表明，在 *Ms* 点以下分级的效果更好。例如，高碳素钢模具在 160℃ 的碱浴中分级淬火，既能淬硬，变形又小，所以应用很广泛。

4）等温淬火。工件在等温盐浴中淬火，盐浴温度在贝氏体区的下部（稍高于 *Ms* 点），工件等温停留较长时间，直到贝氏体转变结束，取出空冷。等温淬火用于中碳以上的钢，目的是为了获得下贝氏体，以提高强度、硬度、韧性和耐磨性。低碳素钢一般不采用等温淬火。

4. 回火

将淬火后的零件加热到低于 Ac_1 的某一温度并保温，然后冷却到室温的热处理工艺称为回火。回火是紧接淬火的一道热处理工艺，大多数淬火钢都要进行回火。回火的目的是为了稳定工件组织和尺寸，减小或消除淬火应力，提高钢的塑性和韧性，从而获得工件所需的力学性能，以满足不同工件的性能要求。

钢在淬火后，得到的马氏体和残留奥氏体组织是不稳定的，存在着自发地向稳定组织转变的倾向。回火加热可减小这种倾向。根据转变发生的过程和形成的组织，回火可分为四个阶段。

第一阶段（200℃以下）：马氏体分解。

第二阶段（200 ~ 300℃）：残留奥氏体分解。

第三阶段（250 ~ 400℃）：碳化物的转变。

第四阶段（400℃以上）：渗碳体的聚集长大与 α 相的再结晶。

在制订钢的回火工艺时，应根据钢的化学成分、工件的性能要求及工件淬火后的组织和硬度来正确选择回火温度、保温时间、回火后的冷却方式等，以保证工件回火后能获得所需要的性能。决定工件回火后的组织和性能最重要的因素是回火温度，生产中根据工件所要求的力学性能、所用的回火温度的高低，可将回火分为低温回火、中温回火和高温回火。

（1）低温回火　低温回火的温度范围一般为 150 ~ 250℃。低温回火后得到组织是隐晶马氏体 + 细粒状碳化物，称为回火马氏体。亚共析钢低温回火后的组织为回火马氏体；过共析钢低温回火后的组织为回火马氏体 + 碳化物 + 残留奥氏体。低温回火的目的是在保持高硬度（58～64HRC）、强度和耐磨性的情况下，适当提高淬火钢的韧性，同时显著降低钢的淬火应力和脆性。在生产中低温回火大量应用于工具、量具、滚动轴承、渗碳工件、表面淬火工件等。

（2）中温回火 中温回火的温度范围一般为350～500℃，回火组织是在铁素体基体上大量弥散分布着的细粒状渗碳体，即回火屈氏体组织。回火屈氏体组织中的铁素体还保留着马氏体的形态。中温回火后工件的内应力基本消除，具有较高的弹性极限和屈服极限、较高的强度和硬度（35～45HRC）、良好的塑性和韧性。中温回火主要用于各种弹簧零件及热锻模具。

（3）高温回火 高温回火的温度范围一般为500～650℃，通常将“淬火 + 高温回火”的工艺方法称为调质处理。高温回火的组织为回火索氏体和铁素体。回火索氏体中的铁素体为发生再结晶的多边形铁素体。高温回火后钢具有强度、塑性和韧性都较好的综合力学性能，硬度为25～35HRC，广泛应用于中碳结构钢和低合金结构钢制造的各种受力比较复杂的重要结构零件，如发动机曲轴、连杆、连杆螺栓、汽车半轴、机床齿轮及主轴等。也可作为某些精密工件（如量具、模具等）的预先热处理。

（4）回火脆性 钢在回火时会产生回火脆性现象，即在250～400℃和450～650℃两个温度区间回火后，钢的冲击韧性较回火前有明显的下降，这种脆化现象称为回火脆性。根据脆化现象产生的机理和温度区间，回火脆性可分为两类：

1）第一类回火脆性（低温回火脆性）。钢在250～350℃范围内回火时出现的脆性称为低温回火脆性。因为这种回火脆性产生后无法消除，所以也称为不可逆回火脆性。为了防止低温回火脆性，通常的办法是避免在脆化温度范围内回火。

2）第二类回火脆性（高温回火脆性）。有些合金钢尤其是含Cr、Ni、Mn等元素的合金钢，在450～650℃高温回火后缓冷时，会使冲击韧性下降的现象，这种脆性称为高温回火脆性，有时也称可逆回火脆性。这种脆性可采用回火后快冷消除。

二、钢的表面热处理

对钢的表面快速加热、冷却，将表层淬火成马氏体，心部组织不变的热处理工艺称为表面热处理。常用的表面热处理方法有：感应加热表面淬火、火焰淬火热处理。

1. 感应加热表面淬火

（1）基本原理 感应加热是利用电磁感应原理。将工件置于用铜管制成的感应圈中，向感应圈中通交流电时，在它的内部和周围将产生一个与电流频率相同的交变磁场，若把工件置于磁场中，则在工件（导体）内部产生感应电流，由于电阻的作用工件被加热。由于交流电的“趋肤效应”，靠近工件表面的电流密度最大，而工件心部的电流几乎为零。几秒内工件表面温度就可以达到800～1000℃，而心部仍接近室温。当表层温度升高至淬火温度时，立即喷液冷却使工件表面淬火。图3-20所示为感应加热表面淬火示意图。

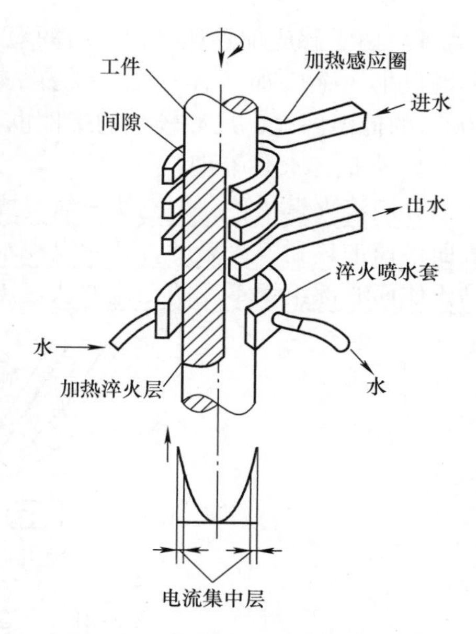

图3-20 感应加热表面淬火示意图

电流透入工件表层的深度主要与电流频率有关，频率越高，透入层深度越小。对于碳素钢，淬硬层深度与电流频率存在以下关系：

$$\delta = \frac{500}{\sqrt{f}}$$

式中 δ——淬硬层深度（mm）；

f——电流频率（Hz）。

可见，电流频率越大，淬硬层深度越薄。因此，通过改变交流电的频率，可以得到不同厚度的淬硬层。生产中一般根据工件尺寸大小及所需淬硬层的深度来选用感应加热的频率，见表3-1。

表3-1 电流频率与淬硬层深度的关系

电流频率/Hz	淬硬层深度/mm	应用
高频 2×10^5～3×10^5	0.5～2	中小型零件，如小模数齿轮、中小直径轴类零件
中频2500～8000	2～5	大模数齿轮、大直径轴类零件
工频50	10～15	轧辊、火车车轮等大件

（2）感应加热的特点

1）由于感应加热速度极快，过热度大，使钢的临界点升高，故感应加热淬火温度（工件表面温度）高于一般淬火温度。

2）由于感应加热速度快，奥氏体晶粒不易长大，淬火后会获得非常细小的隐晶马氏体组织，使工件表层硬度比普通淬火高2～3HRC，耐磨性也有较大提高。

3）表面淬火后，淬硬层中马氏体的体积比原始组织大，因此表层存在很大的残余压应力，能显著提高零件的抗弯曲、疲劳强度。小尺寸零件可提高2～3倍，大尺寸零件可提高20%～30%。

4）由于感应加热速度快、时间短，故淬火后无氧化、脱碳现象，且工件变形也很小。感应加热淬火后，为了减小淬火应力和降低脆性，需进行170～200℃的低温回火，尺寸较大的工件也可利用淬火后的工件余热进行自回火。

2. 火焰淬火热处理

火焰淬火是一种利用乙炔—氧气或煤气—氧气混合气体的燃烧火焰，将工件表面迅速加热到淬火温度，随后以浸水和喷水方式进行激冷，使工件表层转变为马氏体而心部组织不变的工艺方法。图3-21所示为火焰淬火热处理示意图。

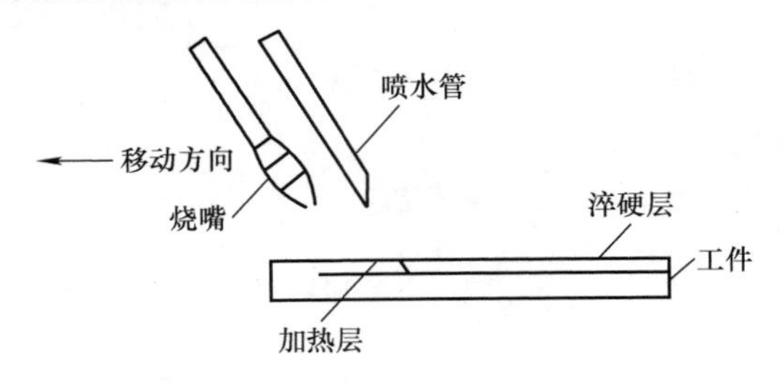

图3-21　火焰淬火热处理示意图

火焰淬火的优点是：设备简单、成本低、工件大小不受限制。缺点是淬火硬度和淬透性深度不易控制，常取决于操作工人的技术水平和熟练程度；生产率低，只适合单件和小批量生产。

第 4 章　金属材料的力学性能

通常在工厂看到的钢铁，如角钢、槽钢、钢板、钢棒，各种结构形式的钢铁零件，给人的感觉好像都一样，都是很硬的钢材。但实际上由于材料牌号的不同，其软、硬、韧是有很大差别的。各种牌号的钢材，在退火状态，其硬度都差不多，都能够进行切削加工，但一经热处理加工后，在硬度、韧性、耐磨性上，就会表现出很大的差别。在实际工作中，这种差别会通过材料的力学性能参数值表现出来。材料的力学性能参数，不是通过数学公式的方法计算出来的，而是通过专门的、统一的试验方法而得到的。简单地讲，就是用同一种机械施力的方法，看其结果的不同程度，判断其软硬。因此，判断钢材的力学性能应通过试验的方法。

第 1 节　力学性能系统图

机械工程材料的各种性能中，强度、塑性、韧性、硬度等力学性能最为重要，其技术参数都是采用试验的方法得到的。力学性能系统图如图 4-1 所示。

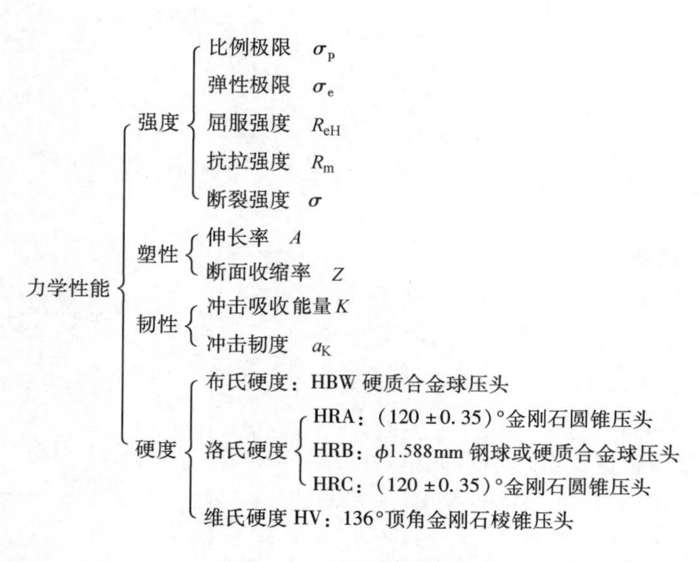

图 4-1　力学性能系统图

第2节　强　　度

1）金属抵抗外力作用下的变形和断裂的能力，称为强度。

2）测定强度的方法：拉伸试验法。拉伸试验机的试样做成如图4-2所示的圆棒状。拉伸试样的两端放在拉伸试验机的夹头内夹紧，然后缓慢而均匀地施加轴向拉力，随着拉力的增大，试样开始被拉长，直至断裂为止。

通过试验机的自动记录装置，将负荷—伸长以至断裂的全过程绘成曲线图，如图4-3所示，称为拉伸曲线图。图4-4所示为低碳钢的应力—应变曲线。

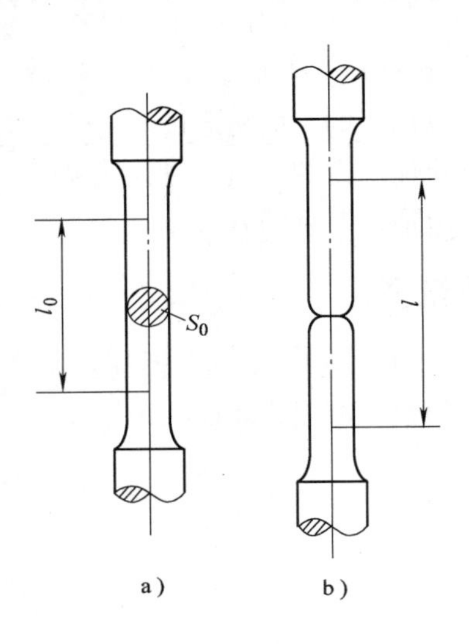

图4-2　拉伸试样
a）试验前　b）试验后

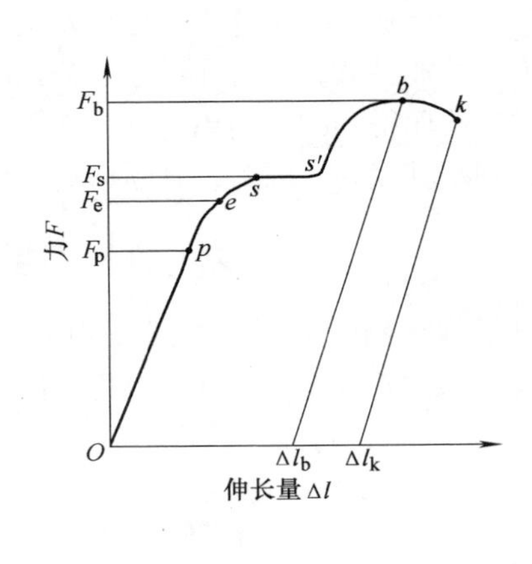

图4-3　低碳钢的拉伸曲线图

一、比例极限

图4-3拉伸曲线中的Op段为弹性变形阶段，在拉力F去除后，伸长量Δl完全消失，试棒完全恢复原状，而且拉力F与伸长量Δl为线性关系，即在p点以下时，F与Δl成比例增加，超过p点，不再成单一的线性关系。p点的应力，即是能保持拉力F与伸长量Δl成比例增长的最大应力，称为比例极限。

$$\sigma_p = \frac{F_p}{S_0}$$

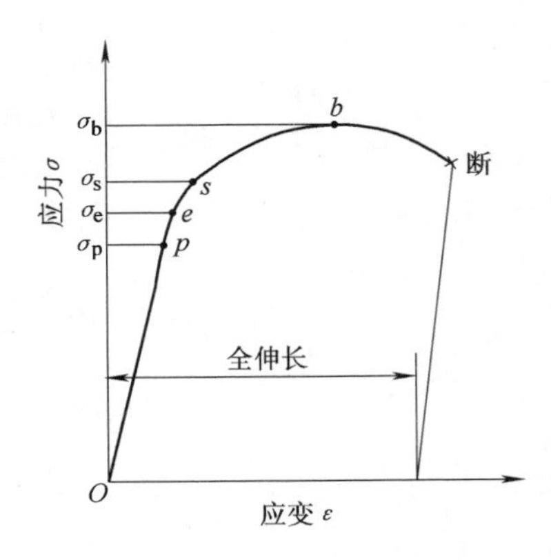

图4-4　低碳钢的应力—应变曲线

式中　σ_p——比例极限；

S_0——试样原始截面积；

F_p——p 点时的负荷。

二、弹性极限

图4-3拉伸曲线中的 pe 段为弹性变形阶段。虽然拉力 F 与伸长量 Δl 为非线性关系，但仍是弹性变形。超过 e 点则为“弹—塑”性变形了。故 e 点处的应力是保持单纯弹性变形的最大应力，称为弹性极限 σ_e。

$$\sigma_e = \frac{F_e}{S_0}$$

式中　σ_e——弹性极限；

S_0——试样原始截面积；

F_e——e 点时的负荷。

三、屈服强度

图4-3拉伸曲线中的 es 段为有微量塑性变形阶段。其特点是在弹性变形中，含有微量的塑性变形，故当负荷除去后，大部分的伸长量得以消失恢复，仅保留微量的残留塑性变形。ss' 段为屈服阶段，其特点是当拉力 F 不变，或略有升高（或降低）时，伸长量 Δl 继续显著增加，此种现象称为材料的“屈服”。

s 点的应力，即称为屈服强度。

$$R_{eH} = \frac{F_s}{S_0}$$

式中　R_{eH}——屈服强度；

S_0——试样原始截面积；

F_s——s 点的最小负荷。

一般的金属材料，大都没有明显的屈服强度，因此以残留伸长量为标距长度的0.2%时的应力作为屈服强度，称为条件屈服强度，用 $R_{p0.2}$ 表示。

$$R_{p0.2} = \frac{F_{0.2}}{S_0}$$

式中　$R_{p0.2}$——条件屈服强度；

S_0——试样原始截面积；

$F_{0.2}$——产生0.2%残留伸长量的负荷。

由于精确地测定弹性极限是十分困难的，因此常用屈服强度作为弹性变形和塑性变形的分界线。对于机械零件来说，一般不允许发生塑性变形，故屈服强度是评定金属材料质量的重要力学性能指标，是进行机械零件设计的主要依据。

四、抗拉强度

图4-3拉伸曲线中的 $s'b$ 段是大量塑性变形阶段。此阶段中试样发生很大的

伸长塑性变形，因而发生了加工硬化，塑性变形抗力增加。若增加伸长量 Δl，必须增大拉力 F，到 b 点时 F 达到最大值。b 点的应力是试样所能承受的最大应力，称为抗拉强度。

$$R_m = \frac{F_b}{S_0}$$

式中　R_m——抗拉强度；

S_0——试样原始截面积；

F_b——试样所能承受的最大负荷。

五、断裂强度

图4-3拉伸曲线中的 bk 段为试样产生缩颈及最后断裂阶段。b 点以后为非均匀变形，试样局部截面积迅速减小，从而产生"缩颈"现象。由此而使截面积 S_0 减小，其拉力 F 也减小，条件应力 σ'（$\sigma' = F/S$）也减小，但真实应力 σ_k（$\sigma_k = F/S$，S 为试样瞬时截面积）仍在继续增加，至 k 点试样断裂。k 点是试样断裂的真实应力，称为断裂强度 σ_k。

$$\sigma_k = \frac{F_k}{S_k}$$

式中　S_k——试样断裂时缩颈处的截面积；

F_k——试样断裂时的负荷。

六、弹性模量

如将拉伸试验结果，制成应力—应变曲线，如图4-4所示。在应力—应变曲线图上的比例极限范围内，将 σ 与 ε 的比值，称为弹性模量，用 E 表示。

$$E = \frac{\sigma}{\varepsilon}$$

式中　σ——比例极限范围内的应力；

ε——比例极限范围内的应变。

弹性模量是衡量材料"刚度"的指标。弹性模量越大，材料的刚度越大，则越不容易产生弹性变形（刚度是材料抵抗弹性变形的能力）。

第3节　塑　　性

所谓塑性，即在外力作用下，金属产生永久变形而不破坏的能力。如在拉伸、压缩、扭转、弯曲等外力作用下产生的伸长、缩短、扭曲、弯曲等，都可以表示金属材料的塑性。一般来说，金属材料的塑性是通过拉伸试验所求得的伸长率和断面收缩率来表示的，这是两个最常用的塑性指标。

一、伸长率

如图4-2所示，拉伸试样拉断后，标距长度的增量与原标距长度的百分比，称为伸长率，用A表示。

$$A = \frac{l - l_0}{l_0}$$

式中 l_0——加负荷前试样的标点间距离；

l——拉断后的标点间距离。

二、断面收缩率

如图4-2所示，拉伸试样拉断后，缩颈处截面积的最大缩减量与原始截面积的百分比，称为断面收缩率，用Z表示。

$$Z = \frac{S - S_0}{S_0}$$

式中 S_0——试样原始截面积；

S——试样拉断后最小截面积。

第4节 冲击韧度

冲击韧度就是在冲击负荷的作用下，金属材料抵抗变形和断裂的能力。一个试样冲断时所消耗的能量与试样缺口处原始截面积的比值，即为该材料的冲击韧度，用a_K表示。

$$a_K = \frac{K}{S}$$

式中 K——冲击吸收能量（试样冲断时所消耗的能量）；

S——试样缺口处原始截面积。

第5节 硬 度

金属抵抗硬的物体压入的能力，称为硬度。

一、布氏硬度

1. 布氏硬度的试验方法

如图4-5所示，布氏硬度的测量是应用压力F将直径为D的硬质合金球压入试样表面，保持一定时间后，再去除负荷，然后测量试样表面压痕的直径，作为硬度的计算指标，用符号HBW表示。压痕的直径d容易测量，所以

$$d = 1/2(d_1 + d_2)$$

式中 d_1、d_2——试样两垂直方向的压痕直径。

试验时压力F、硬质合金球直径D皆为定值，故在试验时只要测出d值，就可算出或由表查出HBW值。

在进行布氏硬度试验时，应根据材料的硬、软和工件的薄、厚，来选择合适的压力F和硬质合金球直径D。试验规范的选择见表4-1。

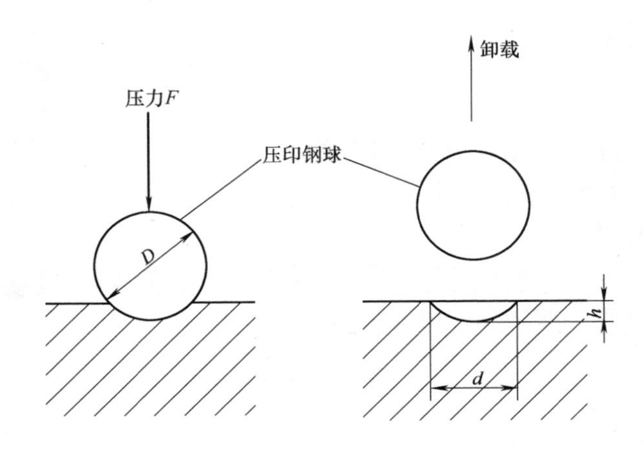

图 4-5　布氏硬度试验方法

表 4-1　不同材料的试验力—压头球直径平方的比率

材料	布氏硬度 HBW	试验力—压头球直径平方的比率 $0.102F/D^2$
铸铁	<140	10
	≥140	30
铜及铜合金	<35	5
	35~200	10
	>200	30
轻金属及合金	<35	2.5
	35~80	5 10 15
	>80	10 15

2. 布氏硬度的表示方法

布氏硬度由符号 HBW 表示，符号 HBW 前面为硬度值，符号后面按如下顺序表示试验条件的指标。

1）球直径：mm。

2）试验力数值：见表 4-2。

3）规定时间：不同试验力的保持时间。

例 4-1　350HBW5/750 表示用直径 5mm 的硬质合金球在 7.355kN 试验力下保持 10~15s 测定的布氏硬度值为 350。

例 4-2　600HBW1/30/20 表示用直径 1mm 的硬质合金球在 294.2N 试验力下

保持20s测定的布氏硬度值为600。

表4-2 不同条件下的试验力

硬度符号	球直径 D/mm	试验力—压头球直径平方的比率 $0.102\times F/D^2$	试验力 F/N
HBW10/3000	10	30	29420
HBW10/1500	10	15	14710
HBW10/1000	10	10	9807
HBW10/500	10	5	4903
HBW10/250	10	2.5	2452
HBW10/100	10	1	980.7
HBW5/750	5	30	7355
HBW5/250	5	10	2452
HBW5/125	5	5	1226
HBW5/62.5	5	2.5	612.9
HBW5/25	5	1	245.2
HBW2.5/187.5	2.5	30	1839
HBW2.5/62.5	2.5	10	612.9
HBW2.5/31.25	2.5	5	306.5
HBW2.5/15.625	2.5	2.5	153.2
HBW2.5/6.25	2.5	1	61.29
HBW1/30	1	30	294.2
HBW1/10	1	10	98.07
HBW1/5	1	5	49.03
HBW1/2.5	1	2.5	24.52
HBW1/1	1	1	9.807

3. 试验规定时间

使压头与试样表面接触，无冲击和振动地垂直于试样表面施加试验力，直至达到规定试验力值。从加力开始至施加完全部试验力的时间应为2~8s，试验力保持时间为10~15s。对于要求试验力保持时间较长的材料，试验力保持时间允许误差为±2s。

4. 布氏硬度适用范围

布氏硬度由于压痕面积较大，受试样不均匀度的影响较小，故能正确地反映试样的真实硬度。适合于灰铸铁、滑动轴承合金及晶粒粗大、偏析严重的材料的硬度测量。由于压痕面积较大，它也不适于小件、薄件或成品的测量。另外，由于硬质合金球的硬度和刚度不足，也不适于测量硬度大于450HBW的材料。

二、洛氏硬度

1. 洛氏硬度的试验方法

当前，洛氏硬度试验的应用最为广泛。这种方法也是利用压痕来测定材料的硬度。与布氏硬度的不同在于，它是以压痕深度的大小作为计量硬度值的依据，而布氏硬度则是以压痕面积的大小来计量材料的硬度。

在进行洛氏硬度试验时，常采用压头为120°金刚石圆锥或直径为1.588mm的钢球，如图4-6所示。

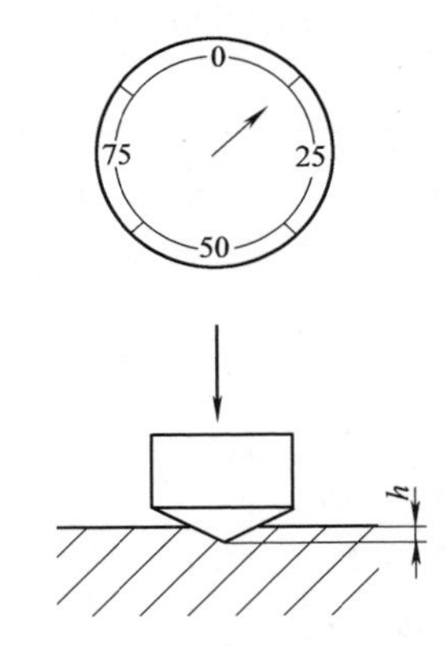

图4-6 洛氏硬度试验原理

硬度值可在刻度盘上直接读出。显然，材料越软，压痕越深，硬度值越小；反之，材料越硬，压痕越小，硬度值越大。常用的洛氏硬度值，有A、B、C三种，其试验范围见表4-3。

表4-3 洛氏硬度试验规范

硬度符号	压头类型	负荷/N			适用硬度范围	应用举例
		初	主	总		
HRA	120°金刚石圆锥	98.07	490.3	588.4	20～88HRA	硬质合金
HRB	ϕ1.588mm球	98.07	882.6	980.7	20～100HRB	退火钢
HRC	120°金刚石圆锥	98.07	1373	1471	20～70HRC	淬火钢

洛氏硬度试验的优点是压痕面积较小，可检验成品、小件和薄件；测量范围大，自很软的非铁金属到极硬的硬质合金；测量简便，可直接从表上读出。但不适于检验灰铸铁、滑动轴承合金及偏析严重的材料。

2. 洛氏硬度的表示方法

1）A、C和D标尺洛氏硬度用硬度值、符号HR和使用的标尺字母表示。

示例：59HRC表示用C标尺测得的洛氏硬度值为59。

2）B、E、F、G、H和K标尺洛氏硬度用硬度值、符号HR、使用的标尺和球压头代号（钢球为S、硬质合金球为W）表示。

示例：60HRBW表示用硬质合金球压头在B标尺上测得的洛氏硬度值为60。

3）N标尺表面洛氏硬度用硬度值、符号HR、试验力数值（总试验力）和使用的标尺表示。

示例：70HR30N表示用总试验力为294.2N的30N标尺上测得的表面洛氏硬度值为70。

4）T 标尺表面洛氏硬度用硬度值、符号 HR、试验力数值（总试验力）、使用的标尺和压头代号表示。

示例：40HR30TS 表示用钢球压头在总试验力为 294.2N 的 30T 标尺上测得的表面洛氏硬度值为 40。

三、维氏硬度

此种硬度的测定基本原理与布氏硬度试验方法相同，但所加负荷 F 较小，并用顶角为 136°金刚石棱锥体作为压头。在负荷 F 的作用下，压头在被测金属表面上压出一对角线长度为 D 的方形压痕，如图 4-7 所示。根据测得的 D 的平均值，由表查出维氏硬度。

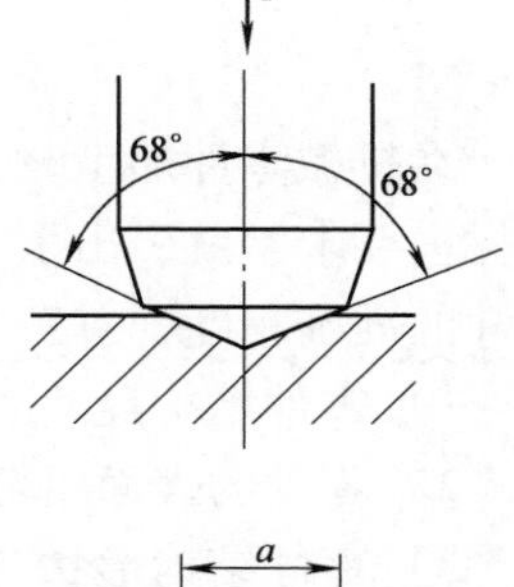

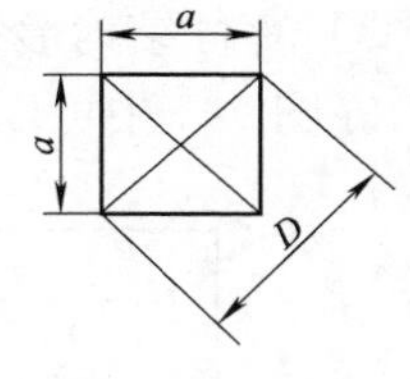

图 4-7　维氏硬度试验原理

维氏硬度值以 × × ×HV 表示。

维氏硬度试验时采用的负荷 F 为 50N、100N、200N、300N、500N 和 1000N 等 6 级，可测得的硬度值为 8 ~ 1000HV。可用于测定很薄材料表面层的硬度值。

至此，金属材料及金属材料的力学性能的基本内容，已经介绍完了，通过这些知识的介绍，要懂得以下几个道理：

1）金属材料的所有数据都是通过大量的试验得到的。

2）金属的结晶是通过怎样一个假想理论去说明的。

3）奥氏体等温转变图是怎样建立起来的。

4）热处理的过程，淬火、回火、退火、调质的方法。

5）金属材料的力学性能及硬度是怎样得到的。

对于初涉入机械行业的人来讲，懂得了这些知识也就算是入门了。

第 5 章　公差与配合初步知识

第 1 节　零件图的公差要求

在机械零件加工时，被加工零件的尺寸，需要达到什么样的准确程度？应该怎样去要求？就引出了公差与配合这一门学问。对于一个零件，要求其几何形体尺寸的准确程度，有三个方面：

1）零件结构尺寸的变动范围。

2）零件的表面粗糙程度。

3）零件结构形状与位置的准确程度。

在图 5-1 中可以看到三个方面的具体体现：

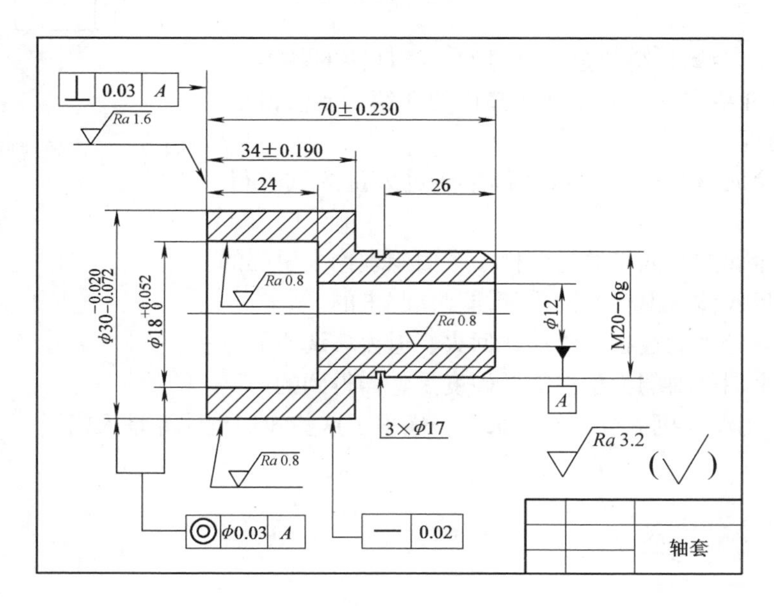

图 5-1　零件图

1）零件的形体尺寸及公差：34 ±0. 190、70 ±0. 230、$\phi30^{-0.020}_{-0.072}$、$\phi18^{+0.052}_{0}$。

2）零件的表面粗糙度要求：Ra 0.8、Ra 1.6、Ra 3.2。

3）零件的形状公差与位置公差要求：⊥ 0.03 A、◎ φ0.03 A、— 0.02。

由此可知，一个零件加工的准确程度有三个方面的尺寸要求。

第 2 节　尺寸的术语与尺寸公差

一、基本偏差与标准公差

尺寸的公差分为两部分，即基本偏差与标准公差。基本偏差确定公差带的位置，标准公差确定公差带的大小，如图 5-2 所示。例如，在地图上查找北京市，那是指北京市在地球上的位置。北京市方圆多少平方公里，那是指它的大小。这与基本偏差指的是位置，标准公差指的是大小，是一个道理。

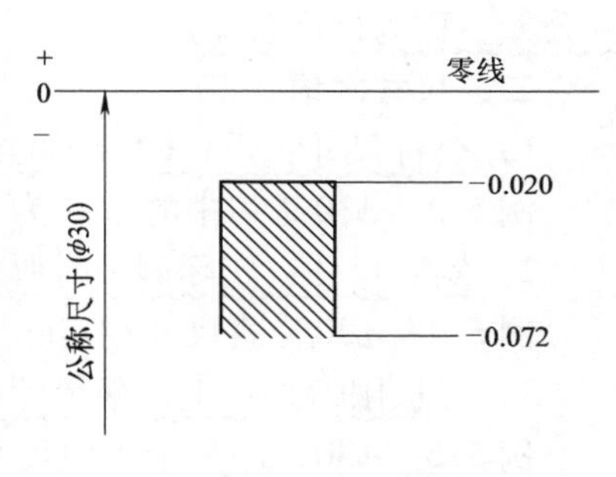

图 5-2　基本偏差与标准公差示例 1

例 5-1　$\phi30^{-0.020}_{-0.072}$（ϕ30f9）

f 指的是基本偏差为 f，由轴的基本偏差数值（GB/T 1800.1—2020）表中查得为 −0.020，−0.020 指的是基本偏差相对零线的位置尺寸。其开口向下，则是指公差的大小只能向下填充，并且为负值。

9 指的是标准公差等级为 IT9 级，从标准公差数值（GB/T 1800.1—2020）表中查得为 0.052。标准公差没有正负之分，只有大小之分，它的正负只有与基本偏差结合时才能确定。

从而得到：下极限偏差 = −(0.020 + 0.052) = −0.072。

由此，ϕ30 公差的上极限偏差与下极限偏差就都知道了，如图 5-2 所示。

例 5-2　$\phi18^{+0.052}_{0}$（ϕ18H9）

H 指的是基本偏差为 H，由孔的基本偏差数值（GB/T 1800.1—2020）表中查得为0.00，0.00 指的是基本偏差位置尺寸在零线，而且开口向上，表示标准公差的大小只能向上填充。

9 指的是标准公差为 IT9 级，从标准公差数值（GB/T 1800.1—2020）表中查得为 0.052，标准公差没有正负之分，只有大小之分，它的正负只有与基本偏差结合时才能确定。

从而得到，公差 = +（0 + 0.052） = +0.052。由此，ϕ18 尺寸的上极限偏差与下极限偏差都知道了，如图 5-3 所示。

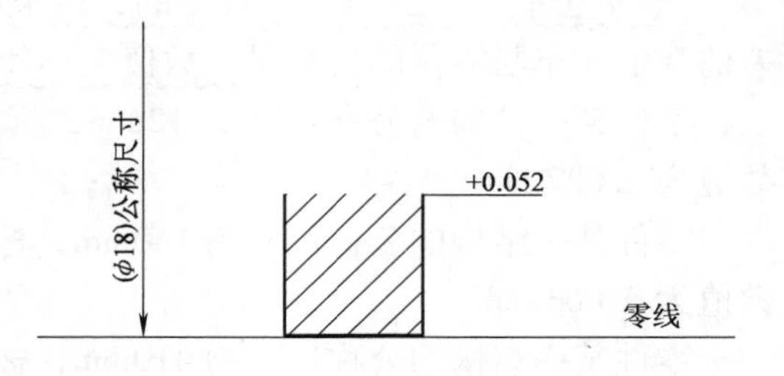

图 5-3　基本偏差与标准公差示例 2

从以上的分析，可以知道：

1）基本偏差：用来确定公差带相对零线位置的上极限偏差或下极限偏差尺寸，国家标准规定，一般以靠近零线的那个偏差作为基本偏差。

2）标准公差：国家标准“公差与配合”表列的，用来确定公差带大小的任一公差，称为标准公差。

二、尺寸术语

1）公称尺寸：设计时给定的尺寸。

例 5-3 $\phi30_{-0.072}^{-0.020}$中的$\phi30$为公称尺寸。

2）实际尺寸：实际测量时所获得的尺寸。

例 5-4 $\phi30_{-0.072}^{-0.020}$尺寸在实际加工中为$\phi29.97$，此时为实际尺寸。

3）上极限偏差：上极限尺寸减其公称尺寸的代数差。

例 5-5 $\phi30_{-0.072}^{-0.020}$的上极限尺寸为$\phi29.98$。

得：$29.98-30=-0.02$

则上极限偏差为-0.02。

4）下极限偏差：下极限尺寸减其公称尺寸的代数差。

例 5-6 $\phi30_{-0.072}^{-0.020}$的下极限尺寸为$\phi29.928$。

得：$29.928-30=-0.072$

则下极限偏差为-0.072。

5）实际偏差：实际尺寸减其公称尺寸的代数差。

例 5-7 $\phi30_{-0.072}^{-0.020}$的尺寸在实际加工中为$\phi29.97$，此时为实际尺寸。

得：$29.97-30=-0.03$

则实际偏差为-0.03。

6）尺寸公差：简称公差，也就是标准公差，它是指允许尺寸的变动量。

例 5-8 $\phi30_{-0.072}^{-0.020}$的下极限尺寸为$\phi29.928$。

$\phi30_{-0.072}^{-0.020}$的上极限尺寸为$\phi29.98$。

公差$=29.98-29.928=0.052$

第3节 标准公差与基本偏差

一、标准公差

“标准公差”是国家标准规定的，用来确定公差带大小的任一公差。标准公差的数值大小与零件的公称尺寸数值大小和公差等级有关。例如：

零件某一结构的公称尺寸为12mm，标准公差为IT8，查表得知其标准公差数值为0.027mm。

零件某一结构的公称尺寸为140mm，标准公差为IT8，查表得知其标准公差数值为0.063mm。

零件某一结构的公称尺寸为410mm，标准公差为IT5，查表得知其标准公差数值为0.027mm。

从以上例子可知，有时可能从公差数值上看到，其公差数值相同，但公差等级不同，问题就是其公称尺寸不同。一般来讲，查找“标准公差”的数值要有两个参数才能查得，一是公称尺寸分段，二是“标准公差”的公差等级。

公差等级是确定尺寸精确程度的等级，国家标准将公差等级分为20级，即IT01、IT02、IT1、IT2……IT18。IT表示公差，数字表示公差等级。从IT01至IT18尺寸精度依次降低，相应的公差值依次增大，表5-1所列为标准公差数值。

“标准公差”它只是一个数值，只有大小之分，没有正负之分，“正”或“负”的取值，由基本偏差所在的位置确定。

表5-1　公称尺寸≤500mm标准公差数值

公称尺寸/mm		公差等级																	
		IT1	IT2	IT3	IT4	IT5	IT6	IT7	IT8	IT9	IT10	IT11	IT12	IT13	IT14	IT15	IT16	IT17	IT18
大于	至	μm											mm						
—	3	0.8	1.2	2	3	4	6	10	14	25	40	60	0.10	0.14	0.25	0.40	0.60	1.0	1.4
3	6	1	1.5	2.5	4	5	8	12	18	30	48	75	0.12	0.18	0.30	0.48	0.75	1.2	1.8
6	10	1	1.5	2.5	4	6	9	15	22	36	58	90	0.15	0.22	0.36	0.58	0.90	1.5	2.2
10	18	1.2	2	3	5	8	11	18	27	43	70	110	0.18	0.27	0.43	0.70	1.10	1.8	2.7
18	30	1.5	2.5	4	6	9	13	21	33	52	84	130	0.21	0.33	0.52	0.84	1.60	2.1	3.3
30	50	1.5	2.5	4	7	11	16	25	39	62	100	160	0.25	0.39	0.62	1.00	1.60	2.5	3.9
50	80	2	3	5	8	13	19	30	46	74	120	190	0.30	0.46	0.74	1.20	1.90	3.0	4.6
80	120	2.5	4	6	10	15	22	35	54	87	140	220	0.35	0.54	0.87	1.40	2.20	3.5	5.4
120	180	3.5	5	8	12	18	25	40	63	100	160	250	0.40	0.63	1.00	1.60	2.50	4.0	6.3
180	250	4.5	7	10	14	20	29	46	72	115	185	290	0.46	0.72	1.15	1.85	2.90	4.6	7.2
250	315	6	8	12	16	23	32	52	81	130	210	320	0.52	0.81	1.30	2.10	3.20	5.2	8.1
315	400	7	9	13	18	25	36	57	89	140	230	360	0.57	0.89	1.40	2.30	3.60	5.7	8.9
400	500	8	10	15	20	27	40	63	97	155	250	400	0.63	0.97	1.55	2.50	4.00	6.3	9.7

注：公称尺寸≤1mm时，无IT14～IT18。

二、基本偏差

尺寸的公差有上极限偏差、下极限偏差两个基本参数。基本偏差就是确定尺寸的上极限偏差或下极限偏差。尺寸的上极限偏差或下极限偏差一旦确定，其公差的位置也就确定了。基本偏差一般是指靠近零线的那个极限偏差。国家标准一共规定了28个基本偏差，当公差带位于零线上方时，得到的基本偏差为公差的下极限偏差，此时的基本偏差为正；当公差带位于零线下方时，得到的基本偏差为公差的上极限偏差，此时的基本偏差为负。图5-4所示为国家标准规定的28个孔的基本偏差和28个轴的基本偏差。

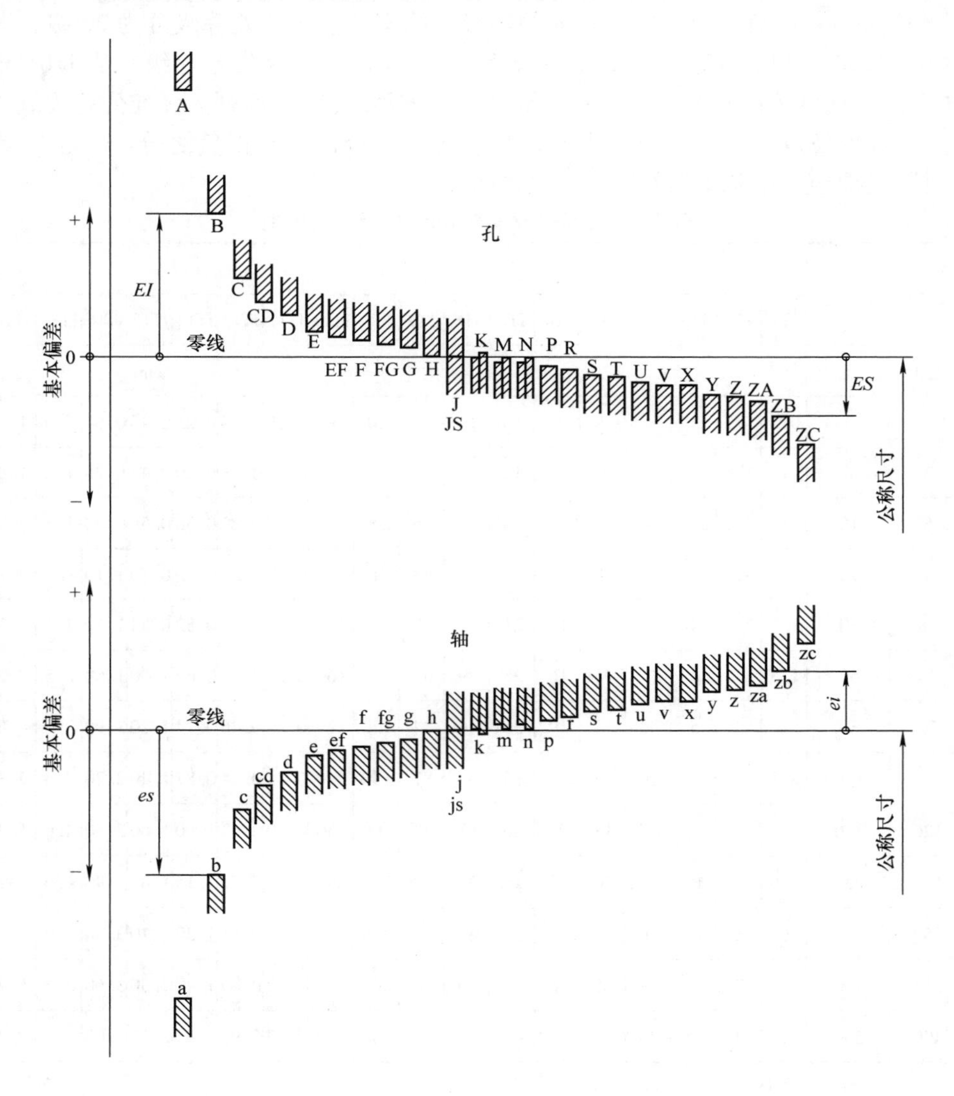

图5-4　基本偏差

例如：

一个 $\phi 28$ 孔的基本偏差确定为D，查表5-2得知下极限偏差为 +0.065mm。

一个 $\phi 28$ 轴的基本偏差确定为d，查表5-3得知上极限偏差为 -0.065mm。

表 5-2 孔的常用极限偏差（摘自 GB/T 1800.2—2020）

公称尺寸/mm		公差带/μm												
		C	D	F	G	H				K	N	P	S	U
大于	至	11	9	8	7	7	8	9	11	7	7	7	7	7
—	3	+120 +60	+45 +20	+20 +6	+12 +2	+10 0	+14 0	+25 0	+60 0	0 -10	-4 -14	-6 -16	-14 -24	-18 -28
3	6	+145 +70	+60 +30	+28 +10	+16 +4	+12 0	+18 0	+30 0	+75 0	+3 -9	-4 -16	-8 -20	-15 -27	-19 -31
6	10	+170 +80	+76 +40	+35 +13	+20 +5	+15 0	+22 0	+36 0	+90 0	+5 -10	-4 -19	-9 -24	-17 -32	-22 -37
10	14	+205	+93	+43	+24	+18	+27	+43	+110	+6	-5	-11	-21	-26
14	18	+95	+50	+16	+6	0	0	0	0	-12	-23	-29	-39	-44
18	24	+240	+117	+53	+28	+21	+33	+52	+130	+6	-7	-14	-27	-33 -54
24	30	+110	+65	+20	+7	0	0	0	0	-15	-28	-35	-48	-40 -61
30	40	+280 +120	+142	+64	+34	+25	+39	+62	+160	+7	-8	-17	-34	-51 -76
40	50	+290 +130	+80	+25	+9	0	0	0	0	-18	-33	-42	-59	-61 -86
50	65	+330 +140	+174	+76	+40	+30	+46	+74	+190	+9	-9	-21	-42 -72	-76 -106
65	80	+340 +150	+100	+30	+10	0	0	0	0	-21	-39	-51	-48 -78	-91 -121
80	100	+390 +170	+207	+90	+47	+35	+54	+87	+220	+10	-10	-24	-58 -93	-111 -146
100	120	+400 +180	+120	+36	+12	0	0	0	0	-25	-45	-59	-66 -101	-131 -166
120	140	+450 +200											-77 -117	-155 -195
140	160	+460 +210	+245 +145	+106 +43	+54 +14	+40 0	+63 0	+100 0	+250 0	+12 -28	-12 -52	-28 -68	-85 -125	-175 -215
160	180	+480 +230											-93 -133	-195 -235

（续）

公称尺寸/mm		公差带/μm												
		C	D	F	G	H				K	N	P	S	U
大于	至	11	9	8	7	7	8	9	11	7	7	7	7	7
180	200	+530 +240											−105 −151	−219 −265
200	225	+550 +260	+285 +170	+122 +50	+61 +15	+46 0	+72 0	+115 0	+290 0	+13 −33	−14 −60	−33 −79	−113 −159	−241 −287
225	250	+570 +280											−123 −169	−267 −313
250	280	+620 +300	+320	+137	+69	+52	+81	+130	+320	+16	−14	−36	−138 −190	−295 −347
280	315	+650 +330	+190	+56	+17	0	0	0	0	−36	−66	−88	−150 −202	−330 −382
315	355	+720 +360	+350	+151	+75	+57	+89	+140	+360	+17	−16	−41	−169 −226	−369 −426
355	400	+760 +400	+210	+62	+18	0	0	0	0	−40	−73	−98	−187 −244	−414 −471
400	450	+840 +440	+385	+165	+83	+63	+97	+155	+400	+18	−17	−45	−209 −272	−467 −530
450	500	+880 +480	+230	+68	+20	0	0	0	0	−45	−80	−108	−229 −292	−517 −580

表 5-3　轴的常用极限偏差（摘自 GB/T 1800.2—2020）

公称尺寸/mm		公差带/μm												
		c	d	f	g	h				k	n	p	s	u
大于	至	11	9	7	6	6	7	9	11	6	6	6	6	6
—	3	−60 −120	−20 −45	−6 −16	−2 −8	0 −6	0 −10	0 −25	0 −60	+6 0	+10 +4	+12 +6	+20 +14	+24 +18
3	6	−70 −145	−30 −60	−10 −22	−4 −12	0 −8	0 −12	0 −30	0 −75	+9 +1	+16 +8	+20 +12	+27 +19	+31 +23
6	10	−80 −170	−40 −76	−13 −28	−5 −14	0 −9	0 −15	0 −36	0 −90	+10 +1	+19 +10	+24 +15	+32 +23	+37 +28
10	14	−95	−50	−16	−6	0	0	0	0	+12	+23	+29	+39	+44
14	18	−205	−93	−34	−17	−11	−18	−43	−110	+1	+12	+18	+28	+33

（续）

公称尺寸/mm		公差带/μm												
		c	d	f	g	h				k	n	p	s	u
大于	至	11	9	7	6	6	7	9	11	6	6	6	6	6
18	24	-110 -240	-65 -117	-20 -41	-7 -20	0 -13	0 -21	0 -52	0 -130	+15 +2	+28 +15	+35 +22	+48 +35	+54 +41
24	30													+61 +48
30	40	-120 -280	-80 -142	-25 -50	-9 -25	0 -16	0 -25	0 -62	0 -160	+18 +2	+33 +17	+42 +26	+59 +43	+76 +60
40	50	-130 -290												+86 +70
50	65	-140 -330	-100 -174	-30 -60	-10 -29	0 -19	0 -30	0 -74	0 -190	+21 +2	+39 +20	+51 +32	+72 +53	+106 +87
65	80	-150 -340											+78 +59	+121 +102
80	100	-170 -390	-120 -207	-36 -71	-12 -34	0 -22	0 -35	0 -87	0 -220	+25 +3	+45 +23	+59 +37	+93 +71	+146 +124
100	120	-180 -400											+101 +79	+166 +144
120	140	-200 -450	-145 -245	-43 -83	-14 -39	0 -25	0 -40	0 -100	0 -250	+28 +3	+52 +27	+69 +43	+117 +92	+195 +170
140	160	-210 -460											+125 +100	+215 +190
160	180	-230 -480											+133 +108	+235 +210
180	200	-240 -530	-170 -285	-50 -96	-15 -44	0 -29	0 -46	0 -115	0 -290	+33 +4	+60 +31	+79 +50	+151 +122	+265 +236
200	225	-260 -550											+159 +130	+287 +258
225	250	-280 -570											+169 +140	+313 +284
250	280	-300 -620	-190	-56	-17	0	0	0	0	+36	+66	+88	+190 +158	+347 +315

（续）

公称尺寸/mm		公差带/μm												
		c	d	f	g	h				k	n	p	s	u
大于	至	11	9	7	6	6	7	9	11	6	6	6	6	6
280	315	-330 -650	-320	-108	-49	-32	-52	-130	-320	+4	+34	+56	+202 +170	+382 +350
315	355	-360 -720	-210	-62	-18	0	0	0	0	+40	+73	+98	+226 +190	+426 +390
355	400	-400 -760	-350	-119	-54	-36	-57	-140	-360	+4	+37	+62	+244 +208	+471 +435
400	450	-440 -840	-230	-68	-20	0	0	0	0	+45	+80	+108	+272 +232	+530 +490
450	500	-480 -880	-385	-131	-60	-40	-63	-155	-400	+5	+40	+68	+292 +252	+580 +540

从以上例子可知，查找“基本偏差”的数值要有三个参数才能查得，一是公称尺寸分段，二是“基本偏差”的代号，三是查得是“孔”还是“轴”。

基本偏差一个突出的特点是一个半封闭的图框，它的上封口或下封口是“开的”。其实际意义就是，它只是确定公差带的位置，其公差带的大小由标准公差确定，也就是标准公差确定其另一个偏差的位置，即开口的位置。

三、基本偏差与标准公差的确定方法

一般的加工者都有一个疑问，那就是公差是如何确定的。一般来讲，是设计者根据产品的使用性能决定的。例如，需要一个轴与孔配合时的紧力为5000N，这时的配合为过盈配合，经试验或查找资料就确定了过盈量。这时的过盈量就是基本偏差。当设计允许过盈紧力在5000～6000N之间变化时，就确定了轴与孔的标准公差的大小，从而确定零件的制造公差。

例如，当一个孔与轴的配合为一个具有0.15mm间隙的配合时，0.15mm的间隙就确定了基本偏差；当设计允许间隙在0.15～0.20mm之间变化时，就确定了轴与孔的标准公差的大小，从而确定零件的制造公差。

可以说，零件的公差是在设计零件时，根据零件的工作性能要求而确定的加工精度等级，即确定其标准公差等级和基本偏差类别，从而得出零件的制造公差。

第4节　配合与配合种类、基准制

一、配合

所谓配合，就是公称尺寸相同的相互结合的孔和轴公差带之间的关系。

配合有一个很重要的概念，就是互换性。所谓互换性就是一批公称尺寸相同的轴或孔，在不经任何修锉的情况下，能够按设计图的要求与另一孔或轴进行装配，并达到设计图样的要求。

例如，一个轴与孔的配合，规定孔的尺寸为 $\phi22^{+0.033}_{0}$ mm，与其配合的轴的尺寸为 $\phi22^{-0.020}_{-0.072}$ mm，若按所规定的尺寸加工该轴和孔，那么装配后轴、孔配合的松紧程度就能达到设计图样规定的使用要求，如图5-5所示。

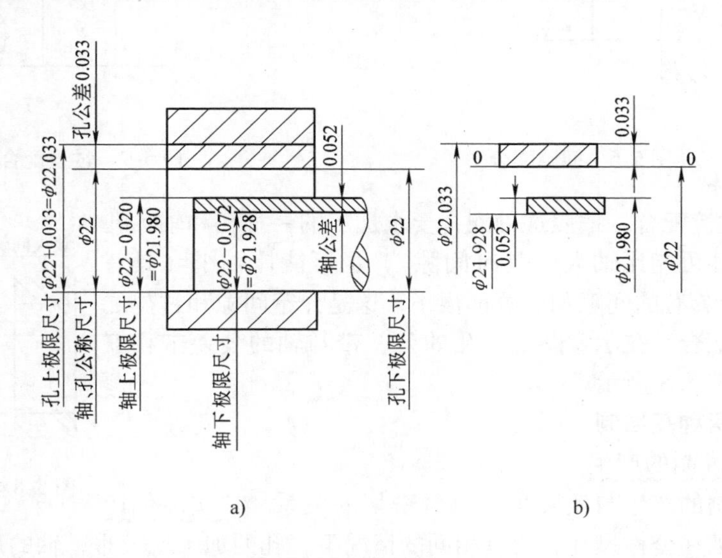

图5-5　轴、孔的配合关系

a）轴、孔的配合关系示意图　b）轴、孔公差带图

二、配合的种类

根据每个零件使用要求的不同，《极限与配合》国家标准将配合分成间隙配合、过盈配合和过渡配合三类。

1. 间隙和过盈

在轴与孔的配合中，如果孔的实际尺寸大于轴的实际尺寸时，就会产生间隙，即孔的尺寸减去轴的尺寸得到的代数差为正值。

在轴与孔的配合中，如果孔的实际尺寸小于轴的实际尺寸时，就会产生过盈，即孔的尺寸减去轴的尺寸得到的代数差为负值。

2. 配合的分类

1）间隙配合。按照这种配合要求加工的一批孔和轴，孔的实际尺寸总比轴大，即具有间隙（包括最小间隙等于零），在示意图上，孔公差带在轴公差带之上，如图5-6所示。

2）过盈配合。按照这种配合要求加工的一批孔和轴，孔的实际尺寸总比轴小，即具有过盈（包括最小过盈等于零），在示意图上，孔的公差带在轴的公差带之下，如图5-7所示。

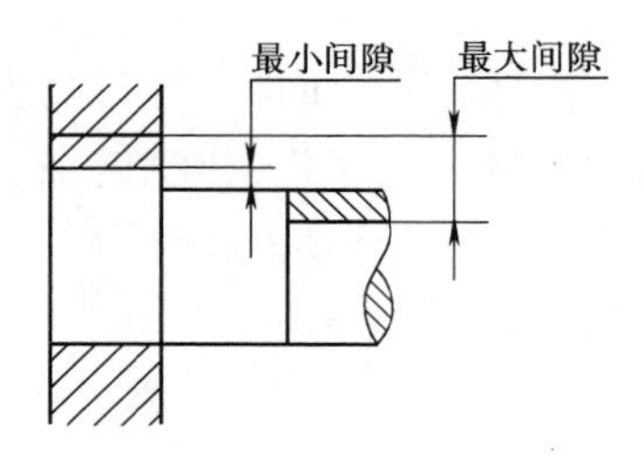

图5-6　间隙配合

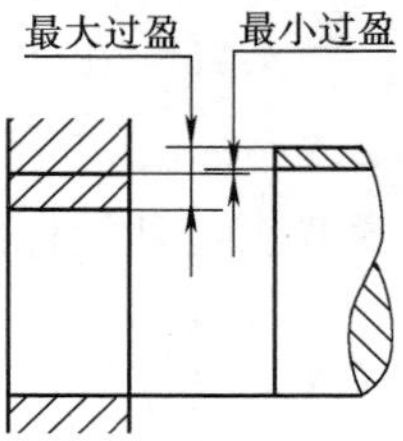

图5-7　过盈配合

3）过渡配合。按照这种配合要求加工的一批孔和轴，孔的实际尺寸可能比轴大（具有间隙），也可能比轴小（具有过盈），但具有的间隙和过盈都很小，这是介于间隙和过盈之间的一种配合，在示意图上，孔的公差带与轴的公差带相互交叠，如图5-8所示。

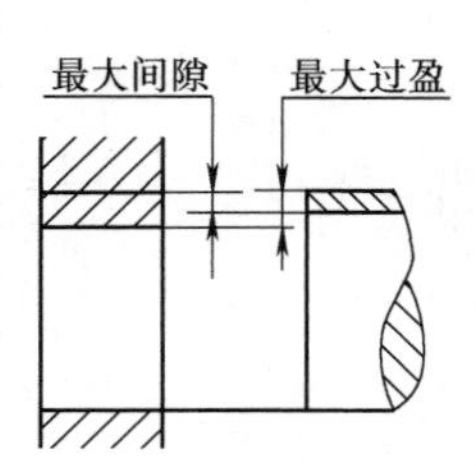

图5-8　过渡配合

三、两种基准制

1. 基准制的产生

基准制的产生与实际生产有着密切的关系。在实际生产中，孔与轴在公称尺寸、公差相同的情况下，孔的加工比较难，轴的加工相对要容易。因而从设计上就实行孔的公差数值给大一些，轴的公差数值给小一些，配合的性质不变，由此而产生基孔制。一般来讲，孔的公差等级总比轴的公差等级低一个级别。

对于基轴制，如果在生产中，一个轴的加工比较难，而且这个轴上有很多零件与之配合，那么就将轴的公差数值给大一些，而与其配合的孔的公差数值小一些。这样加工比较容易，成本也低，配合的性质不变，由此而产生基轴制。

在修理机械设备时，有时会出现轴磨损，需要修理，这时轴的加工返修比较难，就加工孔。这时的返修方案是，已出现磨损的轴的尺寸不变，而将与其配合的衬套孔的尺寸和公差进行改变，从而达到设计要求的配合，这时采用基轴制。

2. 基孔制

基本偏差为一定的孔的公差带，与不同基本偏差的轴的公差带形成的各种配合的一种制度，称为基孔制。

基孔制配合的孔称为基准孔，国家标准规定基准孔的下极限偏差为零，H为基准孔的基本偏差。基孔制的轴的基本偏差从a到h为间隙配合；j到zc为过渡配合和过盈配合。

3. 基轴制

基本偏差为一定的轴的公差带，与不同基本偏差的孔的公差带形成的各种配合的一种制度，称为基轴制。

基轴制配合的轴称为基准轴，国家标准规定基准轴的上极限偏差为零，h 为基准轴的基本偏差。基轴制的孔的基本偏差从 A 到 H 为间隙配合；J 到 ZC 为过渡配合和过盈配合。

由于在实际生产中，轴的尺寸比孔的尺寸容易保证，加工成本低。因此，国家标准规定在一般情况下优先选用基孔制。

4. 配合代号标注方法

配合代号标注方法见表 5-4。

表 5-4　配合代号的标注方法

标注举例	注　解
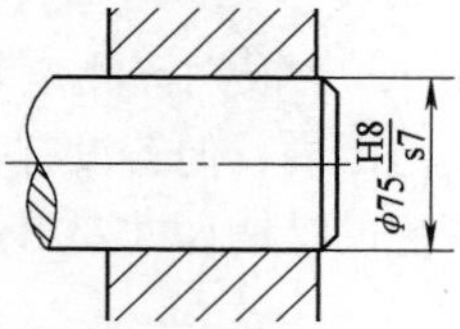 $\phi75\frac{H8}{s7}$	ϕ75H8/s7 表示公称尺寸为 ϕ75mm 的基孔制过盈配合，基准孔的基本偏差代号为 H，标准公差等级为 8 级，轴的基本偏差代号为 s，标准公差等级为 7 级
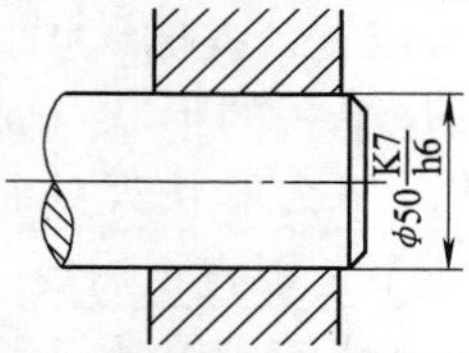 $\phi50\frac{K7}{h6}$	ϕ50K7/h6 表示公称尺寸为 ϕ50mm 的基轴制过渡配合，基准轴的基本偏差代号为 h，标准公差等级为 6 级，孔的基本偏差代号为 K，标准公差等级为 7 级
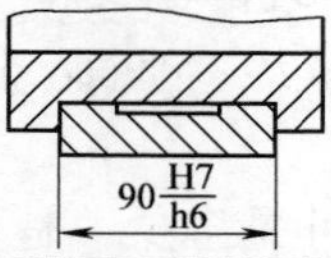 $90\frac{H7}{h6}$	90H7/h6 表示公称尺寸为 90mm，基孔制，间隙配合，基准孔的基本偏差代号为 H，公差等级为 7 级，轴的基本偏差代号为 h，公差等级为 6 级
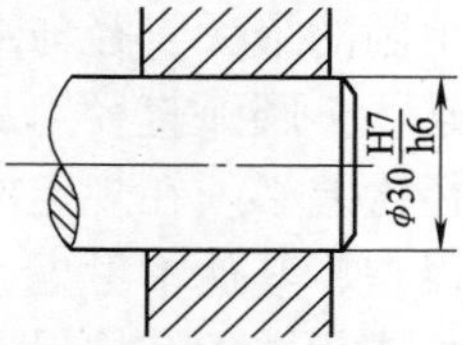 $\phi30\frac{H7}{h6}$	ϕ30H7/h6，一般看作基孔制，但也可看作基轴制，它是一种最小间隙为零的间隙配合

第5节　公差与配合在图样上的标注

1. 在装配图上的标注

一般情况下，若是设计图样，只在装配图上标注配合代号即可，若在工序装配图上则必须标注数值，代号是在公称尺寸之后注写一个分式的形式，分子写孔的基本偏差代号（大写字母）和公差等级，分母写轴的基本偏差代号（小写字

母）和公差等级。即

$$公称尺寸\frac{孔的基本偏差代号,公差等级}{轴的基本偏差代号,公差等级}$$

2. 在零件图上的标注

一般来讲，设计与工艺技术人员使用零件图，所以在零件图上可以标公差代号，也可以标注公差数值，两者兼可。

3. 在工序图上的标注

操作加工工人使用的工序图上必须标注公差数值，即不标注代号。因为工人是具体操作加工使用图样的，他们按尺寸数值加工，在加工中不会翻阅工具书，而是按图、按尺寸加工，为了方便操作加工者及防止查阅资料所带来的失误，在工序图中不标注代号，必须标注公差数值。

第6节　形状与位置公差

一个零件仅有尺寸与公差还不能达到理想的结构。例如，一根钢棒测量其直径尺寸，都是局部测量，这时其局部尺寸可能都在尺寸的公差范围内，但若没有直线度的要求，其母线就可能是一个很大的波浪线。显然达不到理想的结构尺寸要求。

一、形状误差的含义与由来

很多初学者及学习公差与配合这门课的人，对形状与位置公差的认识，不是很足够。形状误差，首先要有一个形状作为对象，而且是单一的形状（或是一条直线，或是一个平面，或是一个圆），这是先决条件，那么形状误差是什么呢？浅显一点地讲，就是需要一根很直的线，出现的直线不是很直；需要一个很平的平面，出现的平面不是很平；需要一个很圆的圆，出现的圆又不是特别的圆。这些现象就是物体的形状出现了变化，于是就规定了直线、平面、圆这些形状变动的范围，这个变动范围就是形状公差。

例如，对于圆的形状公差要求，不论这时圆的直径尺寸是多少，是否出现直径尺寸超差、表面粗糙度超差，这些都不考虑，但是这个圆的最大直径与最小直径必须在规定的形状公差范围内变化，也就是这个圆的某一个圆弧直径为最大直径，某一圆弧的直径为最小直径，但最大直径与最小直径之差必须在规定的形状公差范围内。形状误差只是物体某一结构的单一形状的误差，其他不考虑。

例如，对于一条直线的形状公差要求，不论这时与直线相关的结构尺寸是多少，是否出现尺寸超差、表面粗糙度超差，这些都不考虑，但是这条直线必须在规定的形状公差范围内变化。也就是形状误差只是物体某一结构的单一形状的误差，其他不考虑。

二、位置误差的含义与由来

那么，什么是位置公差呢？首先来讲，位置公差是相对的。所谓相对，就是必须有一个参照物，这个参照物就是所谓的“基准”，位置公差就是一个形状相对于基准的变动量，浅显一点的比喻就是：我要求另一个人离我 10～12m 的距离站立，这时的我就是“基准”，离我距离的人可以 10m、11m、12m 的距离站立，至于这个人是不是有神经病或有其他什么缺陷我们不考虑，只要求他离我 10～12m的距离站立。

例如，平行度的公差，就是一个平面相对于另一个基准面的平行，而不考虑这个平面的表面粗糙度、形状误差是多少，但必须在要求的平行度的公差范围内变动，其他的不合格是其他的技术要求，起码在位置公差内合格就可以，也就是单一的位置误差是符合技术要求的。

这就是位置误差，位置误差是物体的一个形状相对于一个基准的变动量。

三、形状误差与公差

1）形状误差：形状误差是指被测实际要素对其理想要素的变动量。

2）形状公差：形状公差是指单一实际要素的形状所允许的变动全量。

四、位置误差与公差

1）位置误差：位置误差是关联实际要素对其理想要素的变动量。

2）位置公差：位置公差是关联实际要素的位置对基准所允许的变动全量。

五、几何公差的符号及代号

国家标准 GB/T 1182—2018 规定几何公差共有 14 个项目，见表 5-5、表 5-6。

表 5-5 几何公差各项目的符号

分类	项目	符号	分类	项目	符号
形状公差	直线度	⏤	方向公差	平行度	//
	平面度	⏥		垂直度	⊥
	圆 度	○		倾斜度	∠
	圆柱度	⌭	位置公差	同轴（心）度	◎
形状公差、方向公差或位置公差	线轮廓度	⌒		对称度	⌯
	面轮廓度	⌓		位置度	⌖
			跳动公差	圆跳动	↗
				全跳动	⌰

表 5-6 几何公差的其他有关符号

符 号	意 义
Ⓜ	最大实体要求
Ⓟ	延伸公差带

（续）

符　　号	意　　义
Ⓔ	包容原则（单一要素）
50	理论正确尺寸
ϕ20 / A1	基准目标

1. 几何公差的代号

国家标准规定，在技术图样中几何公差应采用代号标注，如图5-9所示。

2. 基准符号

对于有位置公差要求的零件，在技术图样上必须标明基准，如图5-10所示。

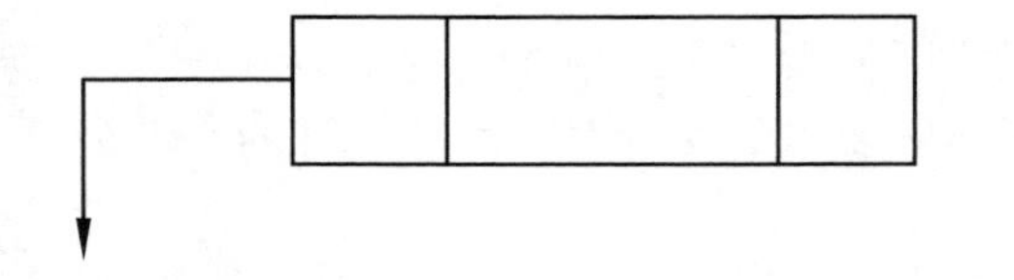

图5-9　几何公差的代号

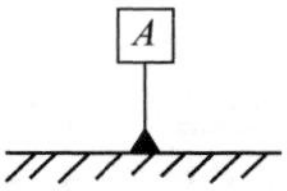

A

图5-10　基准符号

3. 形状与位置公差的标注

形状与位置公差的标注示例见表5-7。

表5-7　形状与位置公差的标注示例

图　　例	说　　明
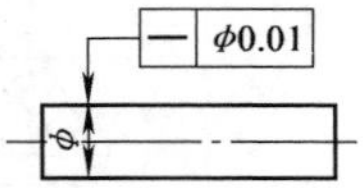 — ϕ0.01	指引线与尺寸线对齐，表示被测圆柱面的轴线必须位于直径为公差值ϕ0.01mm的圆柱面内
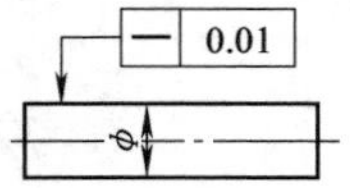 — 0.01	指引线与尺寸线错开，表示被测圆柱面的任一素线必须位于距离为公差值0.01mm的两平行平面内
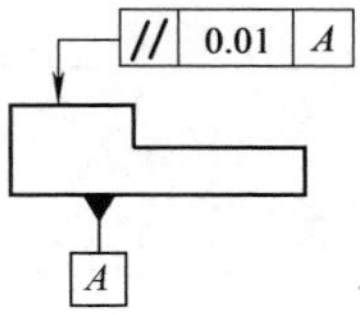 // 0.01 A；A	被测面必须位于距离为公差值0.01mm且平行于基准平面*A*的两平行平面内

（续）

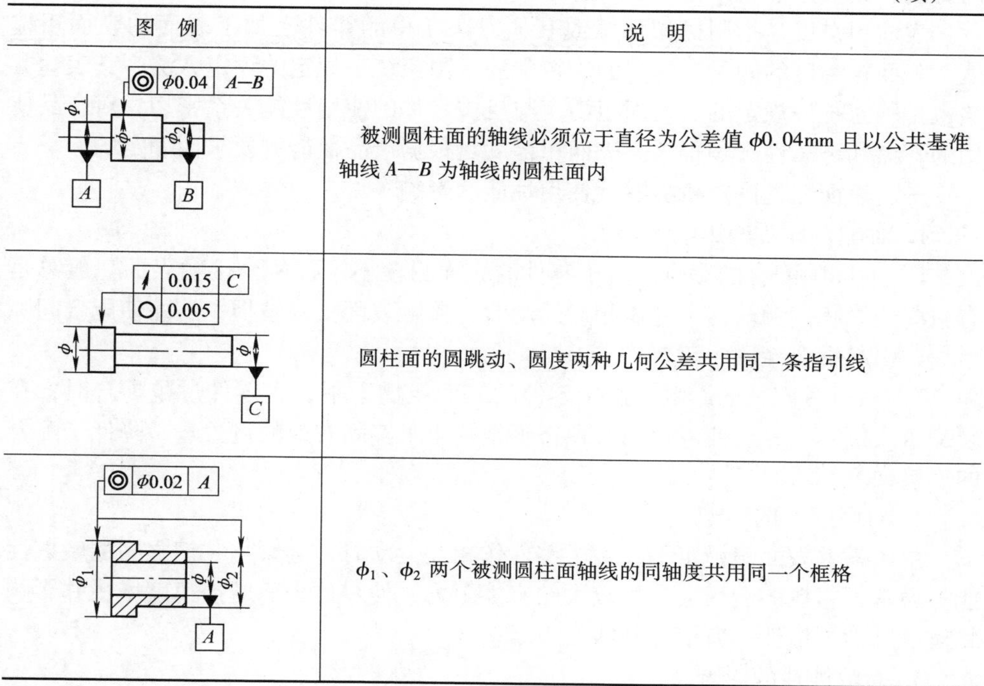

图　例	说　明
	被测圆柱面的轴线必须位于直径为公差值 ϕ0.04mm 且以公共基准轴线 A—B 为轴线的圆柱面内
	圆柱面的圆跳动、圆度两种几何公差共用同一条指引线
	ϕ_1、ϕ_2 两个被测圆柱面轴线的同轴度共用同一个框格

第 7 节　表面粗糙度

一般的初学者，都认为表面粗糙度是无关紧要的技术要求，也有的人认为是为了表面好看而要求的。其实任何一个设计人员都是想表面粗糙度的要求尽量低，但是，产品的性能、美观、客户等方面的原因，不得不进行必要的表面粗糙度要求。

机械行业很多人不清楚表面粗糙度要求的道理是什么，其实这个道理在我们的生活中无处不在，生活中的人都希望自己的脸面光整一点，家中的墙壁、地面平整一些，连买个西瓜都不想表面有疤痕，这都是在生活中对表面粗糙度的要求，但这时的表面粗糙度要求只是外观美丽的要求，没有使用性能的要求，而工业上有时是追求使用性能要求，有时是追求外观要求，有时是两者兼有之。例如，小轿车的外壳，追求外观要求，追求外壳表面喷涂的漆要光整、光亮，没有凹凸不平；工厂里使用的机床，对机床的导轨表面则是追求使用要求，导轨表面粗糙度要求很高，生产中如果出现机床导轨表面粗糙度很差的情况，在使用中就会出现导轨表面粗糙度差的地方磨损得快，而好的地方磨损得就慢的现象，磨损后的导轨就不是直线了，达不到机床导轨的使用年限。在工业产品中，有时一个零件的表面无任何配合，能达到使用要求，但表面粗糙度太差，会引起粗制滥造的嫌疑，故要注意表面粗糙度的合理要求。

表面粗糙度是指用机械加工或其他方法获得的零件已加工表面的表面粗糙度。表面粗糙度的测量有专门的、特殊的、国家统一规定的评定方法，其表达方法也是国家统一规定的。表面粗糙度与机械零件的使用性能关系密切，对产品使用的寿命和可靠性影响很大。表面粗糙度是根据产品性能的要求而确定的。

一、表面粗糙度对机械零件使用性能的影响

1. 对配合性质的影响

1）对间隙配合的影响。由于零件的表面粗糙不平，两个接触表面一般总是有一些凸峰相接触。当零件做相对运动时，接触表面很快磨损，从而使配合间隙增大，引起配合性质的改变。

2）对过盈配合的影响。由于零件的表面粗糙不平，当零件过盈配合时，在装配压入过程中，会使零件的峰顶挤平，减小了实际有效的过盈量，降低了配合的连接强度。

2. 对耐磨性的影响

由于零件表面粗糙不平，两个零件作相互运动时，会影响它们之间的摩擦性能。通常，粗糙的表面会产生较大的摩擦阻力，使零件表面磨损速度增快并影响相对活动的灵敏性，所消耗的能量也增多。

3. 对耐蚀性的影响

粗糙的表面，它的凹谷处容易积聚腐蚀性物质，然后逐渐渗透到金属材料的内层，造成表面锈蚀。凹谷深度越大，锈蚀作用越厉害。

4. 对抗疲劳强度的影响

零件表面越粗糙，表面上凹痕产生的应力集中现象越严重。尤其是当零件承受交变载荷时，零件因应力集中而产生疲劳断裂的可能性就越大。

综上所述，表面粗糙度将直接影响机械的使用性能和寿命，因此，应对零件的表面粗糙度加以合理的确定。

二、表面粗糙度代（符）号及其注法

1. 表面粗糙度符号

表面粗糙度符号及其意义见表5-8。具体画法如图5-11所示。

表5-8 表面粗糙度符号及其意义

符　号	意　义
√	基本图形符号，表示表面可用任何方法获得
(去除材料符号)	扩展图形符号，表示指定表面是用去除材料的方法获得，如车、铣、磨
(不去除材料符号)	扩展图形符号，表示指定表面是用不去除材料的方法获得，如铸、锻

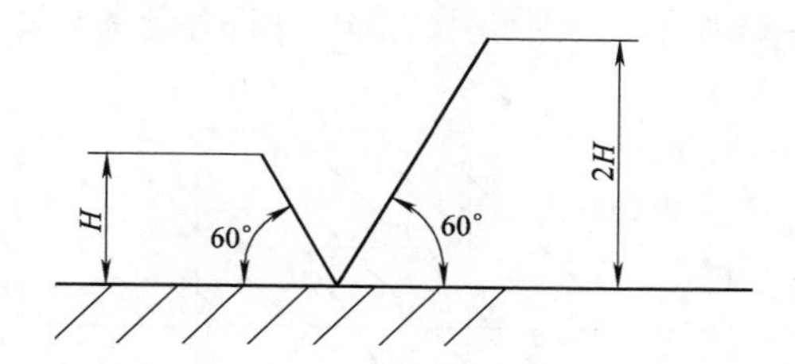

图 5-11　表面粗糙度符号具体画法

2. 表面粗糙度代号

在表面粗糙度符号的基础上，注上相关的要求与说明即为表面粗糙度代号，如图 5-12a 所示。图中：

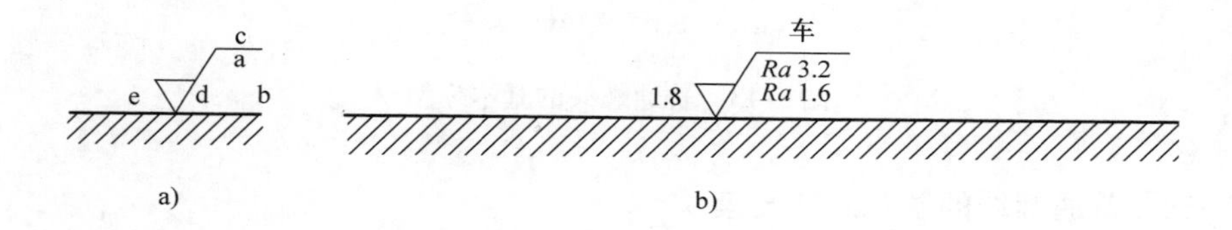

图 5-12　表面粗糙度代号

注：a—注写表面结构的单一要求，包括参数代号、极限数值等。
b—注写第二个或更多的表面结构要求。
c—注写加工方法。
d—注写表面纹理和方向。
e—注写加工余量（单位为 mm）。

标注示例如图 5-12b 所示。

a 处注写表面粗糙度参数代号及数值，选用国家标准规定的轮廓算术平均偏差 *Ra* 的数值，按第一系列优先选用原则选取。轮廓算术平均偏差 *Ra* 的数值见表 5-9。

表 5-9　轮廓算术平均偏差 *Ra* 的数值

第一系列	0.012	0.025	0.050	0.10	0.20	0.40	0.80	1.6	3.2	6.3	12.5	25	50	100

第 8 节　螺纹公差

一、螺纹的种类

螺纹的种类很多，按螺纹的轴向截面几何形状主要可分为四种：三角形螺纹、锯齿形螺纹、梯形螺纹、矩形螺纹。

二、普通螺纹的基本牙型

通过螺纹轴线的剖面内，按规定削平高度截去原始三角形的顶部和底部所形成的螺纹牙型，如图5-13所示。该牙型上全部尺寸都等于基本尺寸，故称为基本牙型。

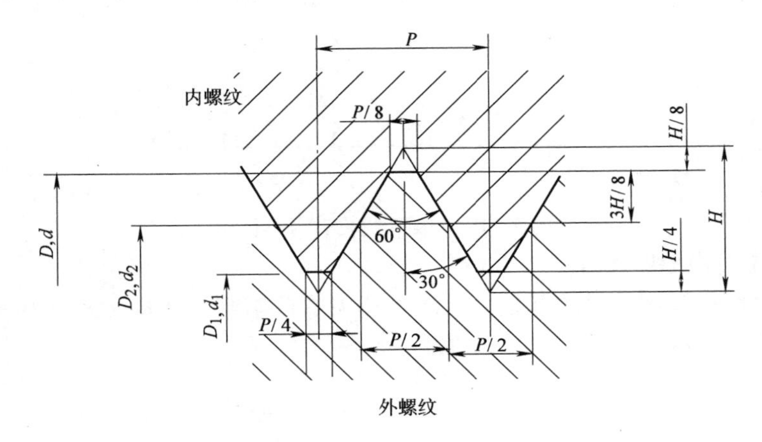

图5-13 普通螺纹的基本牙型

三、普通螺纹的基本几何要素

1. 螺纹大径（d 或 D）

螺纹大径是指与外螺纹牙顶或内螺纹牙底相切的假想圆柱体的直径。国家标准规定，普通螺纹大径的基本尺寸为螺纹尺寸的公称直径。

2. 螺纹小径（d_1 或 D_1）

螺纹小径是指与外螺纹牙底或内螺纹牙顶相切的假想圆柱体的直径。

3. 螺纹中径（d_2 或 D_2）

螺纹中径是指一个假想圆柱的直径，该圆柱的母线通过牙型上沟槽和凸起宽度相等的地方。此假想圆柱称为中径圆柱，如图5-14所示。

注意：螺纹中径不受螺纹大径、小径尺寸变化的影响。

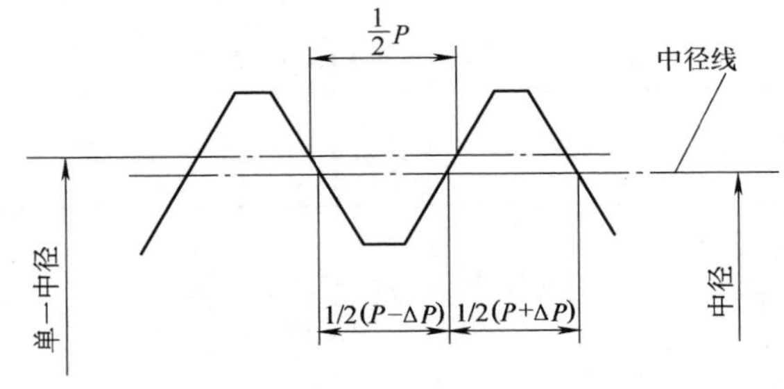

图5-14 螺纹中径

P—基本螺距 ΔP—螺距误差

4. 单一中径

单一中径是指一个假想圆柱的直径，该圆柱的母线通过牙型上沟槽宽度等于基本螺距一半的地方，而不考虑凸起宽度是多少。

单一中径在实际螺纹上可以测得，它代表螺纹中径的实际尺寸。

5. 螺距（P）

螺距是指相邻两螺纹牙在中径线上对应两点之间的轴向距离。

6. 牙型角（α）和牙型半角（$\alpha/2$）

牙型角是指在通过螺纹轴线剖面内的螺纹牙型上，螺纹牙相邻两侧边的夹角。对于米制普通螺纹，其牙型角 =60°。

牙型半角是指在螺纹牙型上，牙侧与螺纹轴线的垂线的夹角。

注意：当螺纹加工出现倒牙的情况时，牙型角虽然是60°，但体现不出倒牙的误差，只有牙型半角才能指出其误差，如图5-15所示。

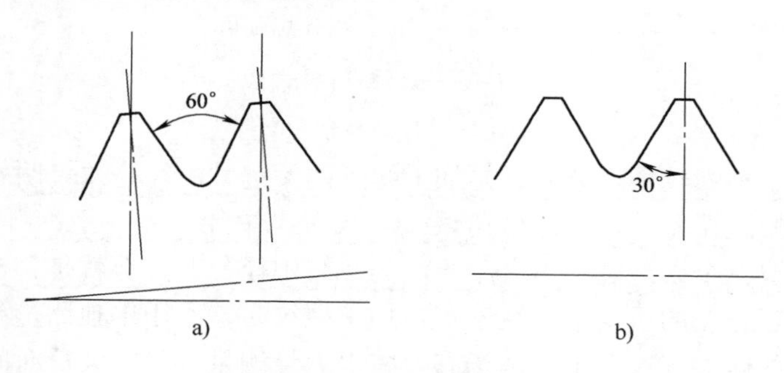

图5-15　牙型半角的作用

a）出现倒牙情况　b）未出现倒牙情况

四、螺纹几何要素误差

1）螺纹大径、小径误差影响螺纹的接触高度，因此，必须规定其公差。

2）作用中径的概念。螺纹在实际加工制作时，不可避免地存在螺距误差、牙型半角误差、中径误差。而这些误差不可能一一测量，若是测量，则需要大量的量具、工具和时间，造成工具、生产成本和人员的增加。为了简化生产，在满足配合的前提下，于是就规定了一个中径公差，用这个公差来限制实际中径、螺距及牙型半角三个要素的误差。

在螺纹实际加工制作时，只需控制螺纹大径（或小径）及作用中径的公差。而作用中径公差包含了实际中径、螺距、牙型半角三个误差。只要这三个误差之和不大于作用中径的公差，就可视为合格品。

五、螺纹的标记

螺纹的公差带代号包括了中径公差带代号与顶径（指外螺纹大径和内螺纹小径）公差带代号。公差带代号是由表示其大小的公差等级数字和表示其位置的字母所组成的。例如：

普通外螺纹：

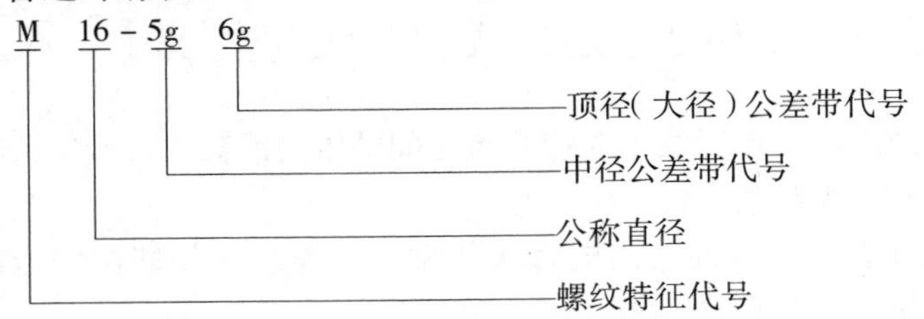

普通内螺纹：

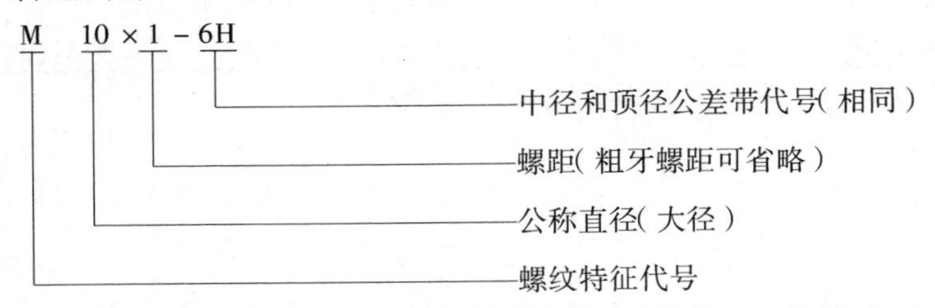

了解与掌握螺纹中径公差，是加工螺纹的关键。中径公差表明：在加工螺纹时，无论是螺距误差，还是牙型角误差，或者是中径误差，不论哪一个误差大，或者小，只要三个误差之和不大于给定的螺纹中径公差，那就是合格的螺纹。

螺纹中径公差的重要意义在于：在加工螺纹时，不用单独测量牙型角，或螺距，或中径的误差。这对生产现场有着减少大量测量工具、大量时间及降低加工难度与成本的现实意义。

所以说，螺纹的中径误差是综合误差，在现实生产中它包含着牙型角、螺距、中径三个误差。懂得了螺纹中径公差的含义，就掌握了螺纹的加工与测量。

第 6 章　机械制图基础知识

图样是加工机械零件时的依据，对于进入机械加工行业的人来说，是必须要学会与掌握的。机械工程图样是工程界相互交流的语言，它的绘图方法是国家专门制定的统一标准，工程界均按此标准执行。

机械制图课程一般按下面的方法和步骤进行学习。

1）首先熟悉国家标准有关制图的图幅、比例、字体、图线的规定。

2）机械制图的投影方法及空间位置。

3）投影特性（即真实性、类似性、积聚性）。

4）三视图的形成及投影规律（即长对正、高平齐、宽相等）。

5）基本几何形体的三视图。

6）组合体的三视图。

7）截交线三视图的画法。

8）剖视图的目的及剖视方法与剖视种类。

9）剖视图与断面图的区别。

10）规定画法。

11）装配图的特点与画法。

第 1 节　机械制图的有关标准

本节主要介绍国家标准（记作 GB）《机械制图》中有关图幅、比例、字体、图线等有关内容。

一、图纸幅面及图框格式（摘自 GB/T 14689—2008）

图纸幅面是指制图时采用图纸幅面的大小，尺寸按表 6-1 的规定。在图纸上必须用粗实线画出图框，其格式分为不留装订边（见图 6-1）和留有装订边（见图 6-2）两种，其尺寸见表 6-1。

表 6-1　图纸幅面尺寸　（单位：mm）

幅面代号	A0	A1	A2	A3	A4
$B \times L$	841 × 1189	594 × 841	420 × 594	297 × 420	210 × 297
e	20		10		
c	10			5	
a	25				

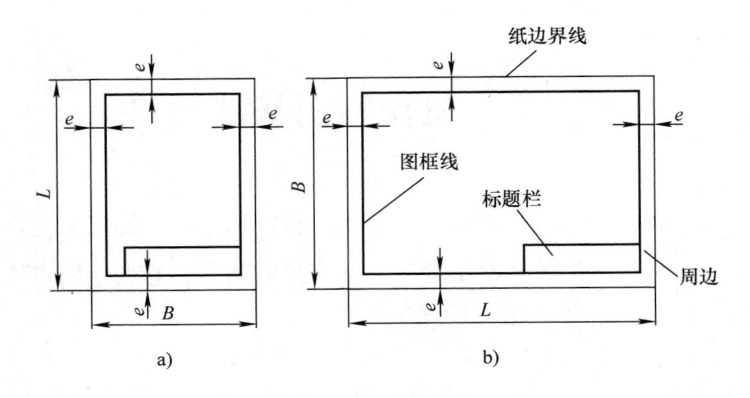

图6-1 无装订边图纸的图框格式

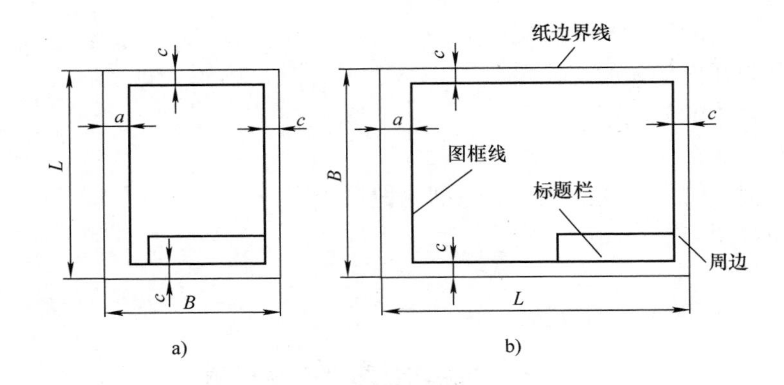

图6-2 有装订边图纸的图框格式

二、比例（摘自 GB/T 14690—1993）

图样中图形与其实物相应要素的线性尺寸之比称为比例。按比例绘制图样时，需要采用表6-2中规定的系列选取适当的比例。比例符号以“:”表示。

表6-2 机械制图比例

种　类	比　例		
原值比例	1:1		
放大比例	5:1 5×10^n:1	2:1 2×10^n:1	 1×10^n:1
缩小比例	1:2 1:2×10^n	1:5 1:5×10^n	1:10 1:1×10^n

注：n 为正整数。

三、字体（摘自 GB/T 14691—1993）

图样及其相关技术文件中书写的汉字、数字和字母，都必须做到字体工整、笔画清楚、间隔均匀、排列整齐。

汉字应写成长仿宋体字，并应采用国家正式公布推行的简化字。

字体的号数，即为字的高度（用 h 表示，单位为 mm），分为：1.8、2.5、3.5、5、7、10、14、20 八种。

书写长仿宋体字的要领是：横平竖直、注意起落、结构均匀、填满方格。以下为长仿宋体字的示例：

字体工整 笔画清楚 排列整齐 间隔均匀

字母和数字可写成斜体和直体。斜体字字头向右倾斜，与水平基准线成 75°。以下为斜体字母和数字的示例：

ABCDEFGHIJKLMNO

abcdefghijklmnopq

0123456789

四、图线（摘自 GB/T 4457.4—2002）

在机械图样中，各种图线有不同的意义，常见的图线及意义见表 6-3。

表 6-3　常见的图线及意义

图线名称	图线形式	画线宽度	应用举例
粗实线	————————	B	可见轮廓线，可见过渡线
细实线	————————	约 $b/2$	尺寸线、尺寸界线、剖面线、指引线等
波浪线	～～～～	约 $b/2$	断裂处的边界线、视图和剖视图的分界线
双折线	—/\—/\—	约 $b/2$	断裂处的边界线
细虚线	- - - - - - - - -	约 $b/2$	不可见轮廓线、不可见过渡线

（续）

图线名称	图线形式	画线宽度	应用举例
细点画线	——·——·——·——·——	约 $b/2$	轴线、对称中心线
粗点画线	——·——·——·——·——	b	限定范围表示线
细双点画线	——··——··——··——	约 $b/2$	极限位置的轮廓线、假想轮廓线、中断线等

第2节　投影的基本知识

工程中常用的投影方法有两种：中心投影法和平行投影法。

一、中心投影法

它的特点是所有的投射线均交于一点，如投影从一点出发向物体投影（见图6-3）。

二、平行投影法

平行投影法的特点是所有的投射线均互相平行。在平行投影法中，投射线垂直于投影面的投影称为正投影，如图6-4所示。由于正投影能正确地表达物体的真实形状和大小，作图也比较简便，所以机械图样中大多采用这种方法绘制。

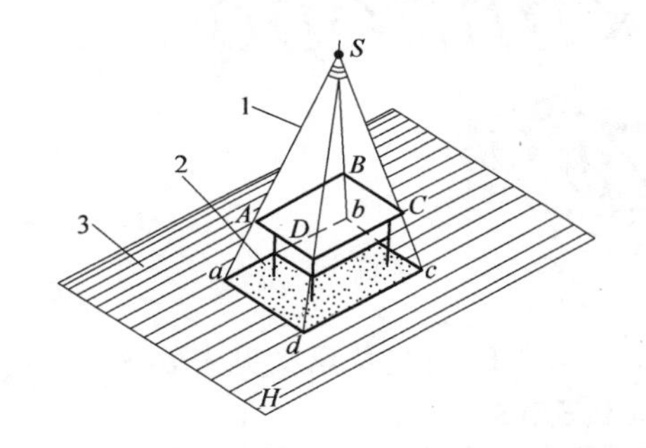

图6-3　中心投影法
1—投射线　2—投影　3—投影面

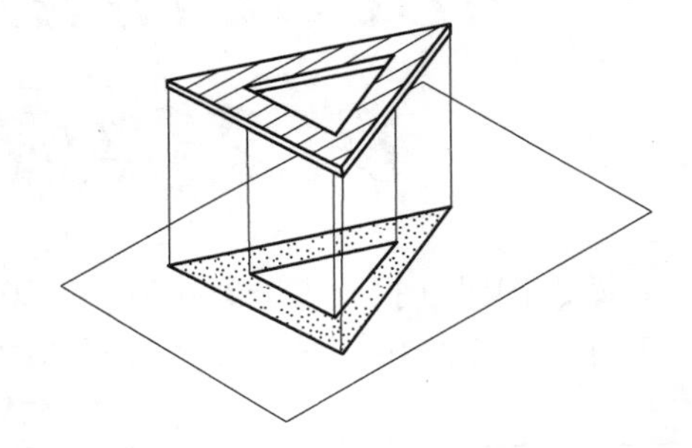
图6-4　平行投影法

1. 正投影的投影特性

物体的形状虽千差万别，各种各样，但它们的表面都是由一些线和面围成的。物体的投影就是这些线、面投影的组合，所以研究物体的正投影特性，只要研究线和面的正投影特性即可。

直线和平面相对投影面的位置有三种情况：平行、垂直、倾斜。各种位置的投影特性各不相同，分别产生真实性、类似性、积聚性的特点。

2. 直线的投影特性

直线平行于投影面，投影等于实长。如图6-5a所示，投影 ab 等于实长 AB。

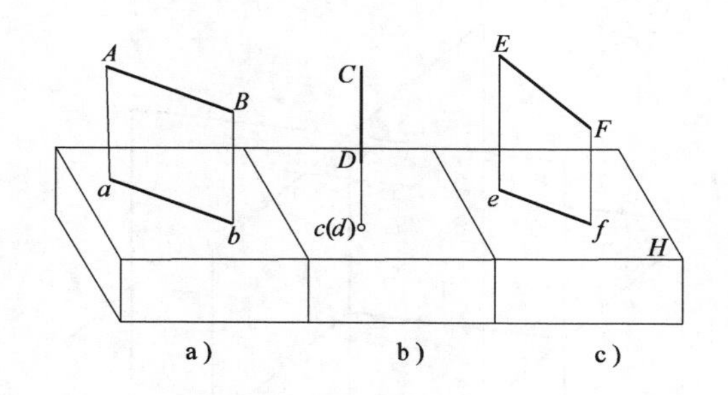

图6-5　直线的投影特性

直线垂直于投影面，投影积聚成一点。如图6-5b所示，CD积聚成一点$c(d)$。

直线倾斜于投影面，投影小于实长。如图6-5c所示，投影ef小于实长EF。

3. 平面的投影特性

平面平行于投影面，投影成实形，如图6-6a所示。

平面垂直于投影面，投影积聚成一线，如图6-6b所示。

平面倾斜于投影面，投影为小于实形的类似形，如图6-6c所示。

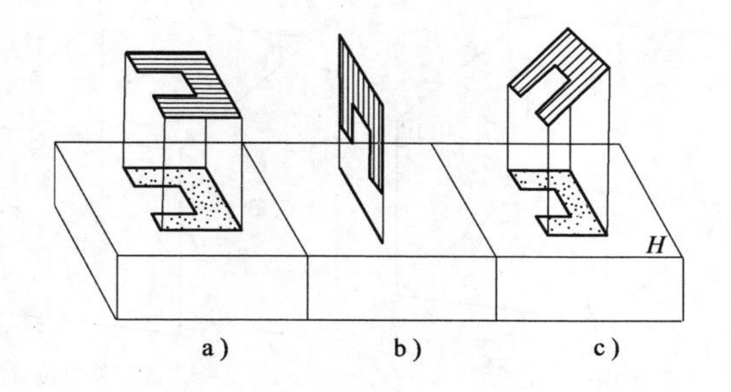

图6-6　平面的投影特性

第3节　机械制图的空间位置

1. 机械制图的空间位置

对三维空间X、Y、Z制定了八个象限，三个平面H、V、W，其位置如图6-7所示。

将八个象限中的第一象限、第三象限的位置单独取出，如图6-8所示。

2. 制图方法

国家标准规定：我国的机械制图在空间的第一象限投影作图。空间形体对三个平面H、V、W分别垂直投影作图，空间的三个平面H、V、W分别称为水平投影面、正投影面、侧投影面。三个互相垂直平面的交线称为OX轴、OY轴、OZ轴，如图6-9所示。

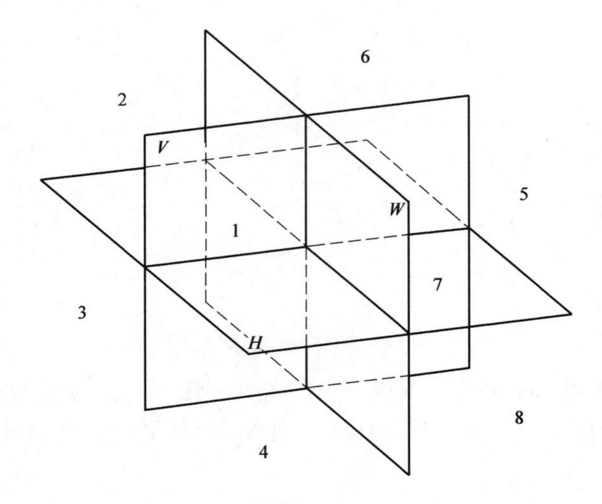

图6-7　空间的八个象限

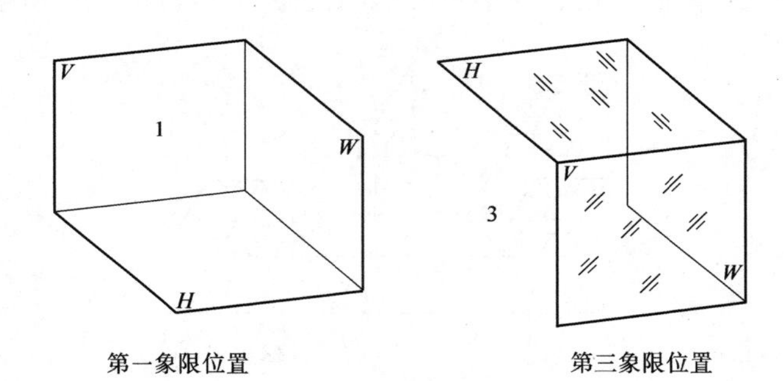

图6-8　第一、三象限的位置

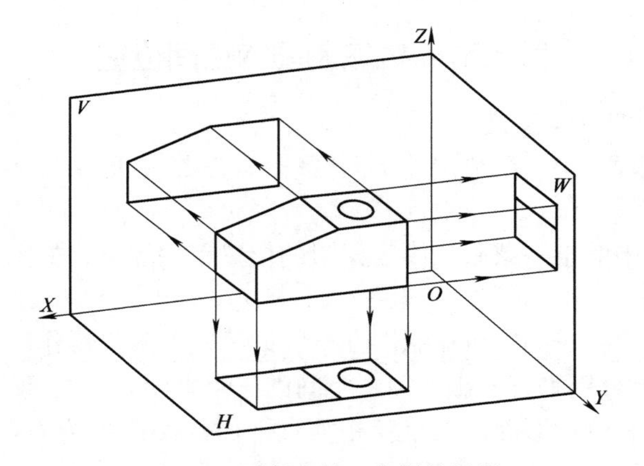

图6-9　零件在第一象限的投影

第 4 节　三视图的形成

在机械制图中，物体的投影称为视图。下面介绍物体在一个投影面上的投影、两个投影面上的投影、三个投影面上的投影各有什么特点与不足。

1. 在一个投影面上的投影

由于物体在一个投影面上只能得到一个方向的视图，而物体的一个视图不能唯一地确定物体的空间形状。如图 6-10 所示为三个形状不同的物体，但它们在 *H* 面上的投影都是相同的，不能真实地反映物体的空间形体。

2. 在两个投影面上的投影

当物体在两个投影面上进行投影时，可得到物体的两个视图 *H*、*V*，如图 6-11 所示，但仍然不能真实地反映物体的空间形体，物体侧面的形体不能真实地反映。

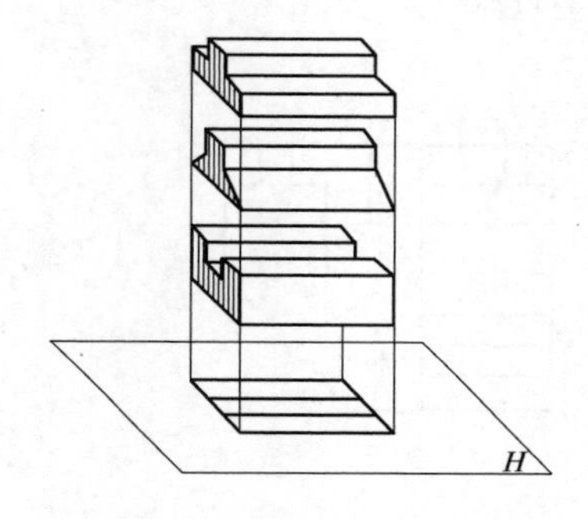

图 6-10　物体在一个投影面上的投影

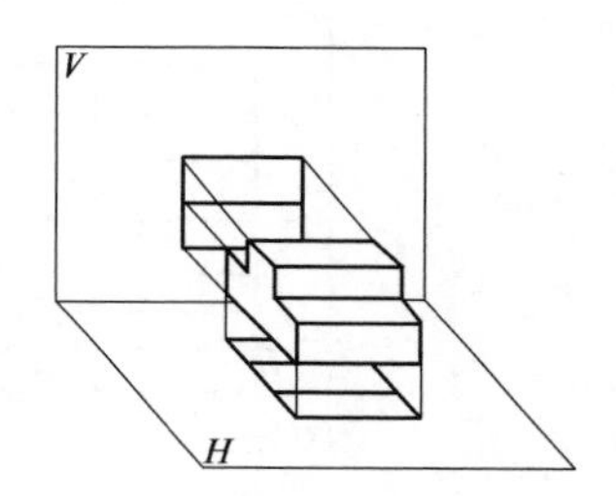

图 6-11　物体在两个投影面上的投影

3. 在三个投影面上的投影

由于两个投影面上的投影不能真实地反映物体的空间形状，所以必须增加投影面，从物体的几个方向进行投影。一般较简单的物体会采用三视图来表达它们的形状。在两投影面体系 *V/H* 的基础上，再增加一个同时垂直于 *V* 面和 *H* 面的投影面 *W*，便形成了三投影面体系，物体的三视图就是在三投影面体系中得到的。

三视图的形成过程如图 6-12 所示。设立三个互相垂直的平面作为投影面，它们分别是正立投影面 *V*（简称正面）、水平投影面 *H*（简称水平面）、侧立投影面 *W*（简称侧面）。将物体正放在其中（正放指将物体的主要表面与投影面平行），然后用正投影法分别向三个投影面进行投射，得到物体的三视图，即主视图、俯视图和左视图，如图 6-12a 所示。

主视图——由前向后投射，在 *V* 面上得到的视图。

俯视图——由上向下投射，在 *H* 面上得到的视图。

左视图——由左向右投射，在 W 面上得到的视图。

为了将三视图表示在一个平面上，按照规定，V 面不动，将 H 面向下旋转 90°，W 面向右旋转 90°，与 V 面重合，去掉投影面的边框，就得到了物体在同一平面的三视图，如图 6-12b 所示。

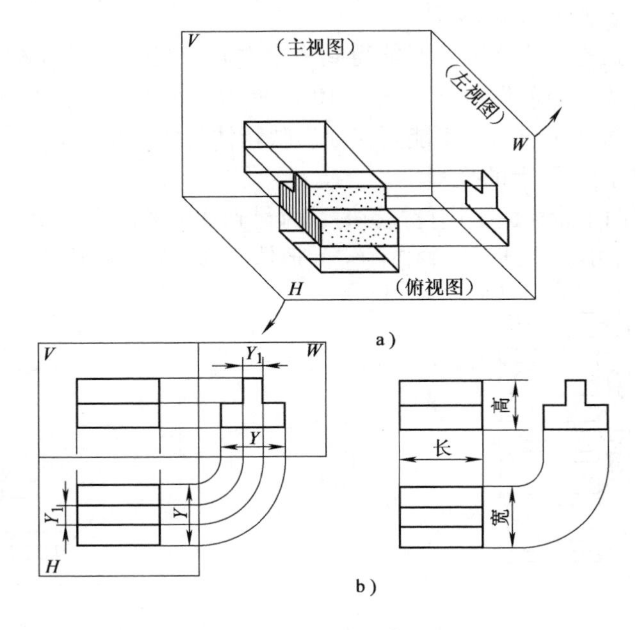

图 6-12　三视图的形成过程

第5节　三视图的投影规律

三视图的形成，是三视图的画图过程。看三视图想象出物体的空间形状，则是看图过程。从画图着手，找出图与图、物与图之间的关系，从而熟悉和掌握三视图的投影规律，是以后画图和看图的关键。

1. 三视图与物体空间方位的关系（即图—物关系）

将图 6-12 中的三视图与物体对照，可以看出：

1） 主视图反映物体上下、左右位置，即物体的高和长。

2） 俯视图反映物体左右、前后位置，即物体的长和宽。

3） 左视图反映物体上下、前后位置，即物体的高和宽。

2. 三视图之间的三等关系（即图—图关系）

从三视图的形成及图—物关系可以看出，物体各相应部分的三视图有以下关系：主视图与俯视图之间应保持长度相等，主视图与左视图之间应保持高度相等，俯视图与左视图之间应保持宽度相等。这三个相等的关系就是三视图的投影规律，可以归纳为：

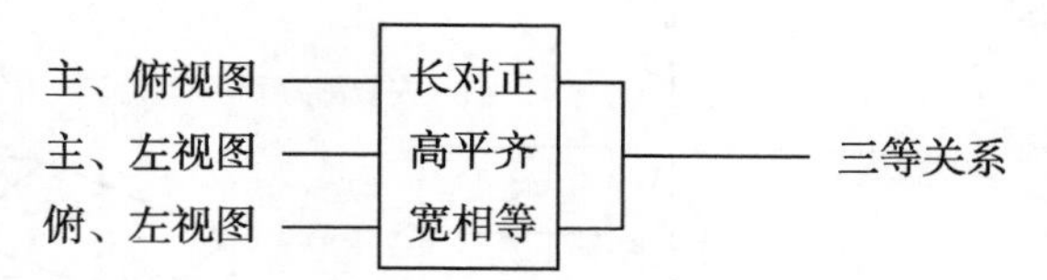

三视图之间的三等关系，是画图和看图中所要运用的最基本的规律，必须牢牢掌握。要强调的是，“三等关系”不仅适用于整个物体，也适用于物体的每一条线、每一个面、每一局部的投影。在俯、左视图中，由于物体各部分宽度不能直观判断，尤其要注意满足这两视图之间的宽相等关系，如图 6-12b 所示俯、左视图中的 Y、Y_1 应保持相等关系。

第 6 节　三视图在工程制图上的使用

零件在 V 面的投影称为主视图，零件在 H 面的投影称为俯视图，零件在 W 面的投影称为左视图。投影后 H 面绕 X 轴向下旋转 90°，W 面绕 Z 轴向右旋转 90°，如图 6-13 所示。

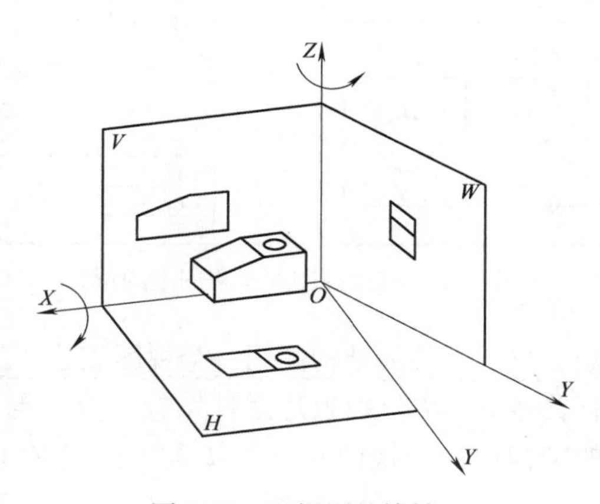

图 6-13　三视图的旋转

旋转后的 W 面、H 面、V 面就成为一个平面，如图 6-14 所示。

当一个零件的三个视图出现在机械工程图上时，会以图 6-15 所示的形式出现，而此时的主视图、俯视图、左视图，以及 X、Y、Z 轴均不用标示，国家标准已规定了它们的位置所在。

在机械工程制图的视图方面，只要零件的结构能用实线表达清楚，就不用虚线。工程制图应尽量避免虚线。例如，图 6-15 中的孔，从俯视图上可以知道，它是一个圆；从主视图与左视图上的中心线上可以知道此圆是一个通孔，以及它的位置。从三个视图的表达中可清楚地知道此圆的形状、位置、结构。所以在主视图与左视图上就不必将虚线画出来。

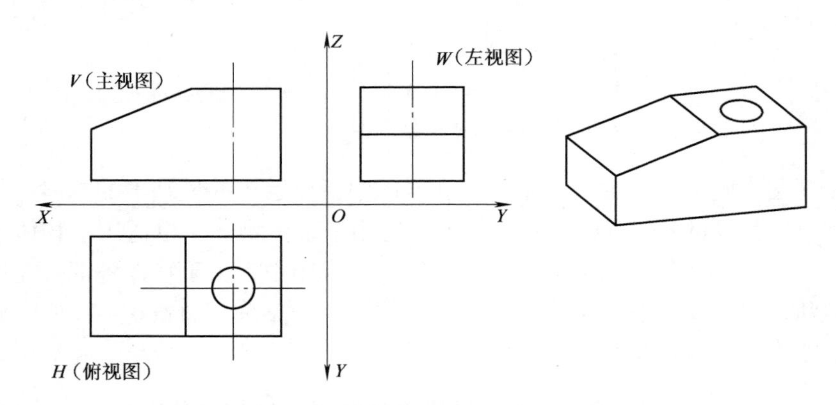

图 6-14　旋转后成一个平面的三视图

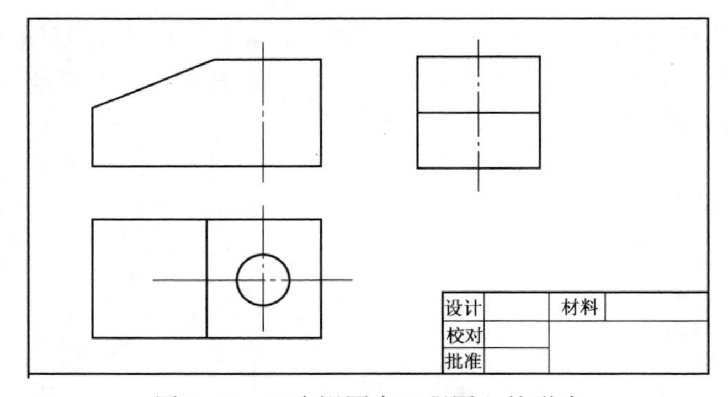

图 6-15　三个视图在工程图上的形式

对于视图的个数，只要零件的结构能用一个视图表达清楚，就不用两个视图表达。工程制图上，符号 ϕ、R 分别表达零件结构的直径与半径。如图 6-16 所示，一个圆柱零件的结构用一个视图及符号 ϕ 就表达清楚了。当图样为一个视图时，都是主视图。

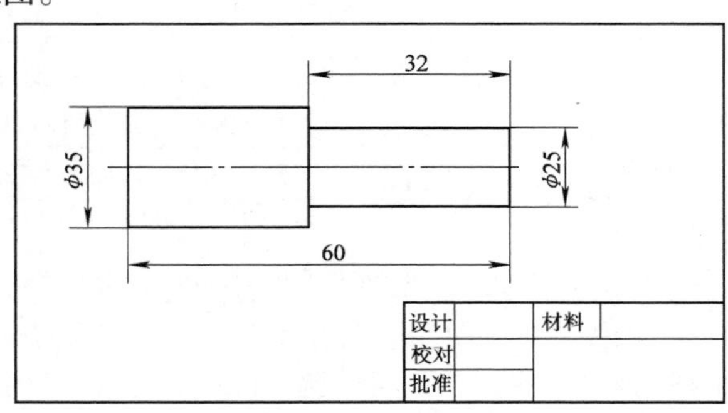

图 6-16　圆柱体的表达形式

第7节　基本几何形体的投影

空间物体有多种形状，它们都由基本形体组成，基本形体有棱柱、棱锥、圆柱、圆锥、圆台、圆球。首先熟悉一下基本形体的三视图。

1. 棱柱的三视图

图6-17所示为六棱柱、四棱柱在三个视图中的投影，以六棱柱为例进行分析。

视图分析结果如下：

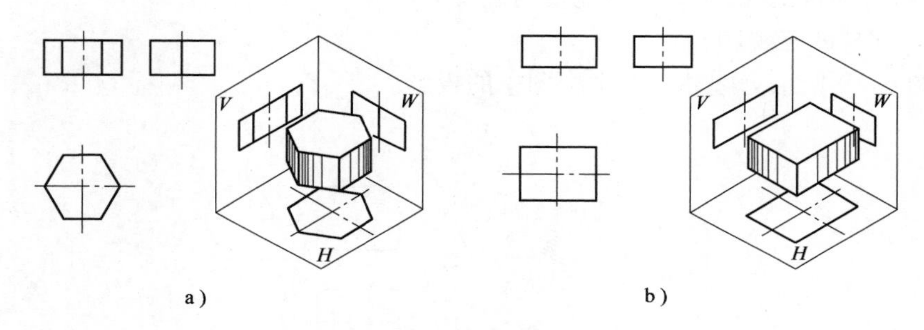

图6-17　棱柱的三个视图

俯视图：为正六边形，反映了上下底面的实形，六个棱柱面与 H 面垂直，在 H 面上的投影积聚为六边形的六条边，六条棱线的投影积聚为六个点。此俯视图反映了投影特性中的真实性与积聚性，同时也反映了物体的长度与宽度。

主视图：为矩形，上下底面的投影分别积聚为两条直线，六个棱柱面分别与 V 面平行与倾斜，反映棱面的真实与类似。此主视图反映了投影特性中的真实性、积聚性与收缩性，同时也反映了物体的长度与高度。

左视图：为矩形，上下底面的投影分别积聚为两条直线，六个棱柱面分别与 W 面垂直与倾斜，反映棱面的积聚与类似。此左视图反映了投影特性中的积聚性与收缩性，同时也反映了物体的宽度与高度。

2. 棱锥的三视图

图6-18所示为四棱锥在三个视图中的投影。

视图分析结果如下：

俯视图：为正四边形，反映了下底面的实形，四个棱锥面与 H 面倾

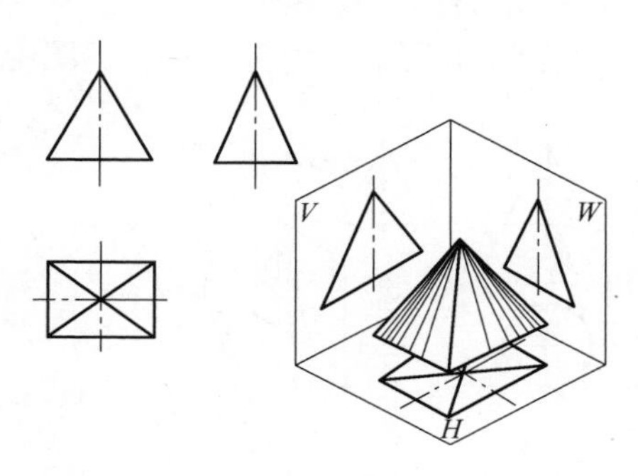

图6-18　四棱锥的三个视图

斜，在 H 面上的投影类似为四个三角形，四条棱线的投影为收缩的四条直线。此俯视图反映了投影特性中的真实性与收缩性，同时也反映了物体的长度与宽度。

主视图：为三角形，下底面的投影积聚为一条直线，四个棱锥面分别与 V 面垂直与倾斜，反映棱面的积聚与类似。此主视图反映了投影特性中的积聚性与收缩性，同时也反映了物体的长度与高度。

左视图：为三角形，下底面的投影积聚为一条直线，四个棱锥面分别与 W 面垂直与倾斜，反映棱面的积聚与类似。此左视图反映了投影特性中的积聚性与收缩性，同时也反映了物体的宽度与高度。

3. 圆柱的三视图

图6-19所示为圆柱在三个视图中的投影。

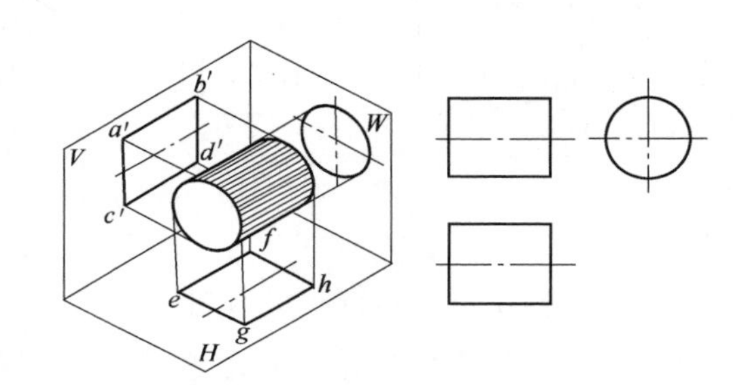

图6-19　圆柱的三个视图

圆柱在三个视图中一个视图为圆，另两个视图为矩形。

4. 圆锥的三视图

图6-20所示为圆锥在三个视图中的投影。

圆锥在三个视图中一个视图为圆，另两个视图为三角形。

5. 圆台的三视图

图6-21所示为圆台在三个视图中的投影。

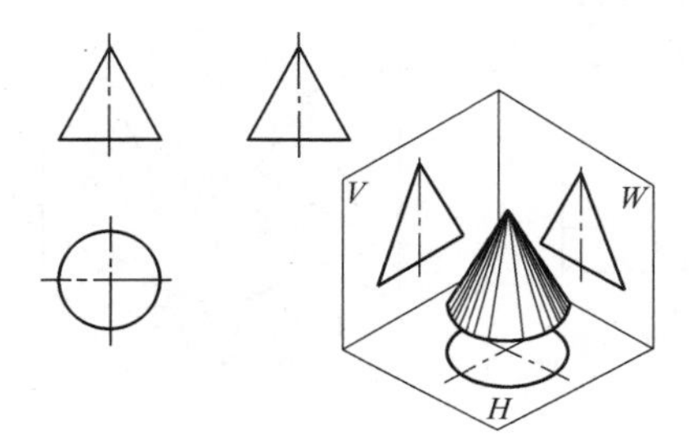

图6-20　圆锥的三个视图

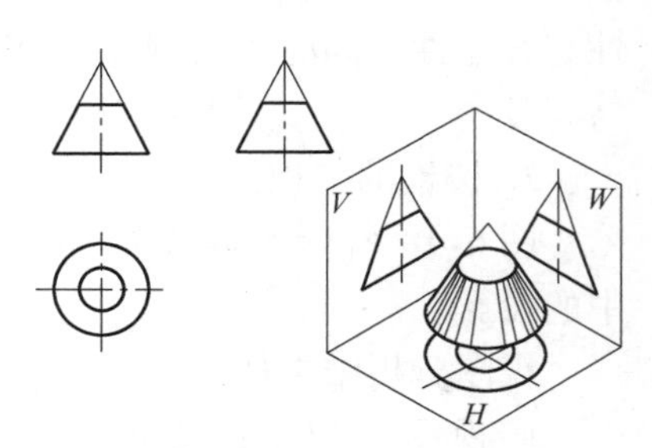

图6-21　圆台的三个视图

圆台在三个视图中一个视图为两个同心圆，另两个视图为梯形。

6. 圆球的三个视图

图 6-22 所示为圆球三个视图中的投影。

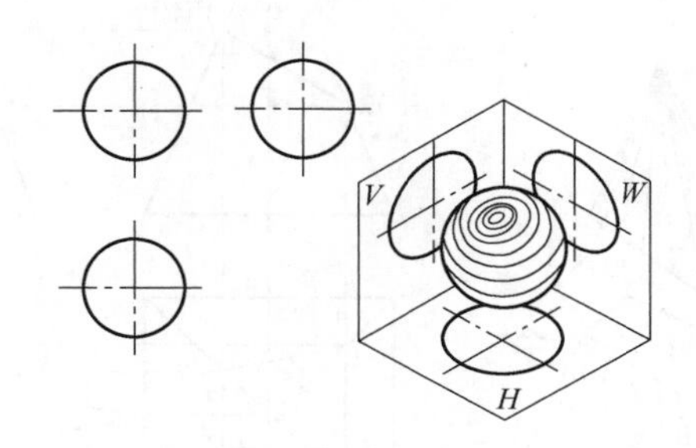

图 6-22　圆球的三个视图

圆球的三个视图均为直径相同的圆，虽然视图都是相同的圆，但其表达的含义是不同的，主视图表达圆球的前半部分，俯视图表达圆球的上半部分，左视图表达圆球的左半部分，其内涵是有区别的。

第 8 节　基本体表面的交线

一个基本体被一个平面（或曲面）切割（或相交）时会产生各种交线，这些交线分为截交线、相贯线、过渡线三种。

一、截交线

截交线的基本性质：

1）截交线是一个封闭的平面图形。

2）截交线是截平面与基本体表面的共有线，如图 6-23 所示。

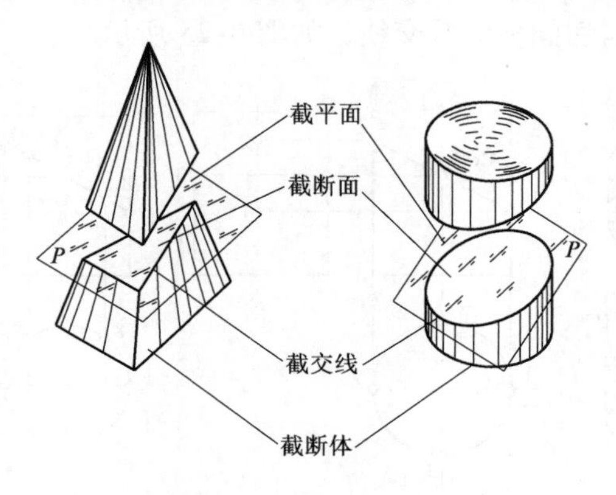

图 6-23　截交线

例6-1　求作斜切四棱锥的截交线，如图6-24所示。

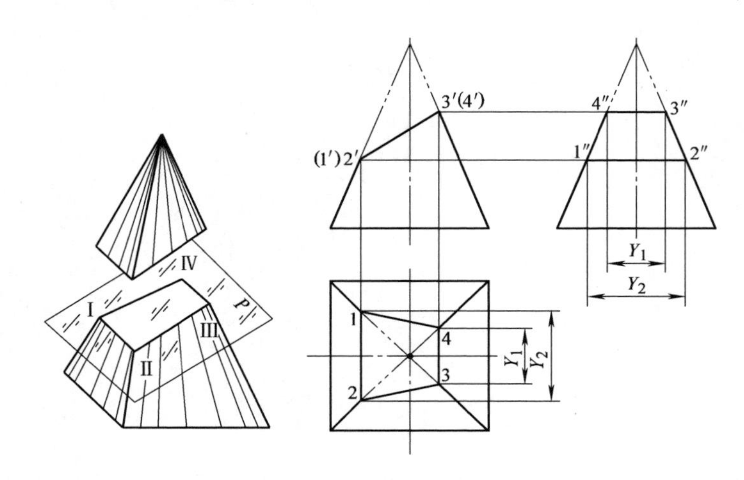

图6-24　四棱锥截交线的作图方法

解　(1) 形体分析　四棱锥被正垂面 P 斜切，截交线为四边形，其四个顶点分别是四条棱线与截平面的交点。因此，先作四条棱线与截平面的特殊交点。方法是做出四条棱线的辅助线，然后依次连接四个特殊点，即得截交线的投影。

(2) 作图方法

1) 做出四棱锥的三视图。

2) 作主视图的截交线（实际就是一条直线）。

3) 按投影规律做出俯、左视图截交线的四个特殊点。

4) 直线依次连接四个特殊点。

5) 擦去多余的辅助线。

例6-2　求作斜切圆柱的截交线，如图6-25所示。

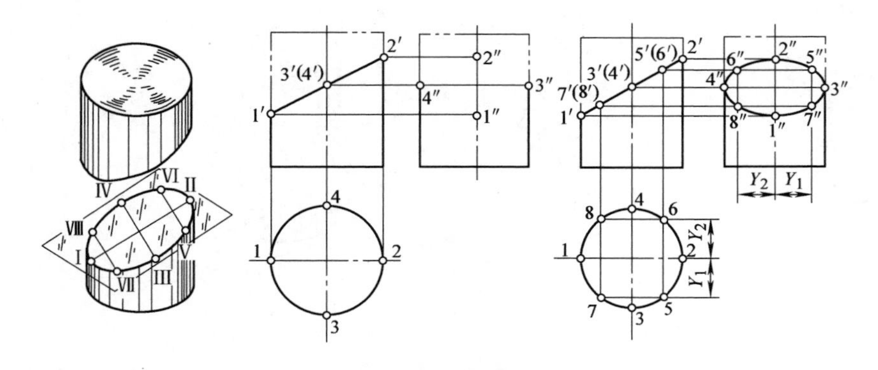

图6-25　斜切圆柱截交线的作图方法

解　(1) 形体特点　截交线的左视图是一个椭圆。

(2) 作图方法

1) 做出圆柱的三视图。

2) 作主视图的截交线（实际就是一条直线）。

3) 按投影规律做出俯、左视图截交线的1、2、3、4四个特殊点。

4) 按投影规律做出俯、左视图截交线的5、6、7、8四个过渡点。

5) 用曲线板圆滑连接左视图八个点。

6) 擦去多余的辅助线。

例6-3　求作斜切圆锥的截交线，如图6-26a所示。

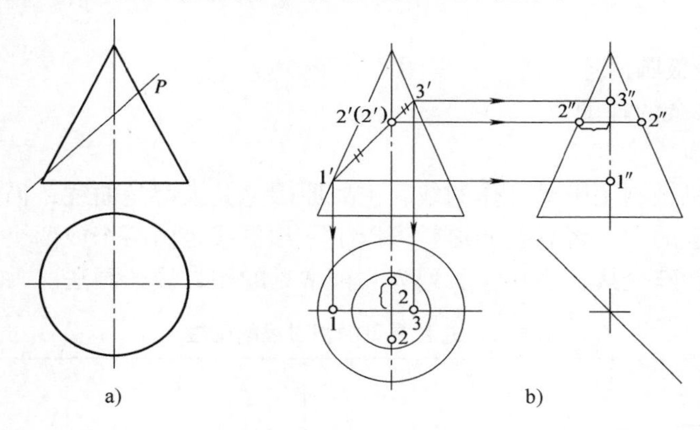

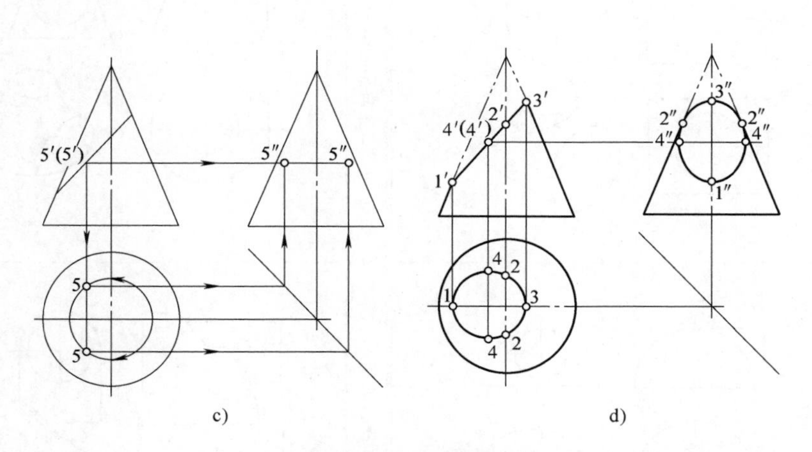

图6-26　斜切圆锥截交线的作图方法

解　(1) 形体分析　从截交线的性质上可知，圆锥的截交线是一个封闭的图形。从基本形体的三视图上可知，圆锥的三视图是两个三角形与一个圆。一个平面斜切圆锥的截交线的三视图是一条积聚的直线与两个封闭的、类似的椭圆。

（2）作图方法

1）做出圆锥的三视图。

2）作主视图的截交线（实际就是一条直线）。

3）按投影规律做出俯、左视图截交线的点1、3（最上与最下两个特殊点），如图6-26b所示。

4）按投影规律做出俯、左视图截交线的点2，即对称中心线上的特殊点。

5）按投影规律做出俯、左视图截交线的点4，即截交线的最前、最后两个特殊点（主视图截交直线的1/2处，如图6-26d所示）。

6）按投影规律做出俯、左视图截交线的点5，为一般过渡点，如图6-26c所示。

7）用曲线板圆滑连接俯、左视图的五个点。

8）擦去多余的辅助线。

二、相贯线

相贯线是机械制图中最难作的线，主要原因是其大都是曲线，而且大都是不规则曲线。一般的学习者只要知道就可以了。相贯线是由两个或两个以上的曲面相交而产生的特殊交线。表6-4所列为几种常见的相贯线的画法。

表6-4 几种常见的相贯线的画法

圆柱与圆柱相贯	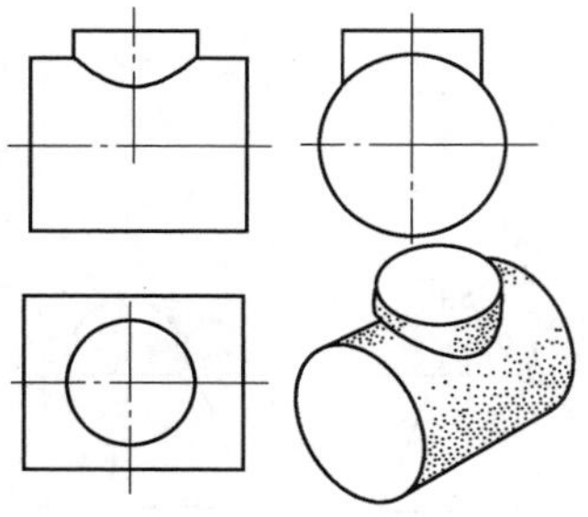	圆柱与圆锥相贯	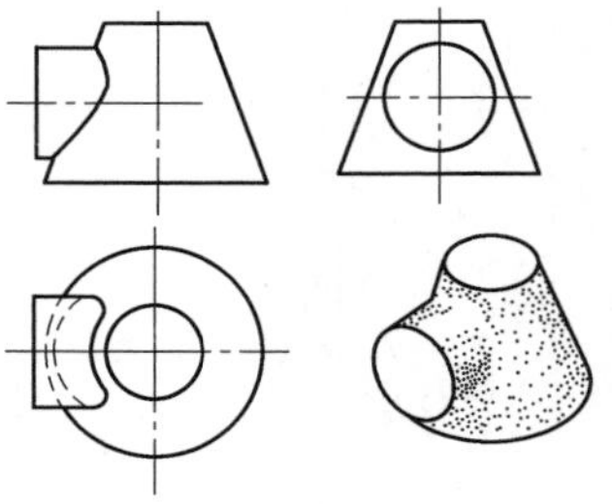
圆柱与圆球相贯	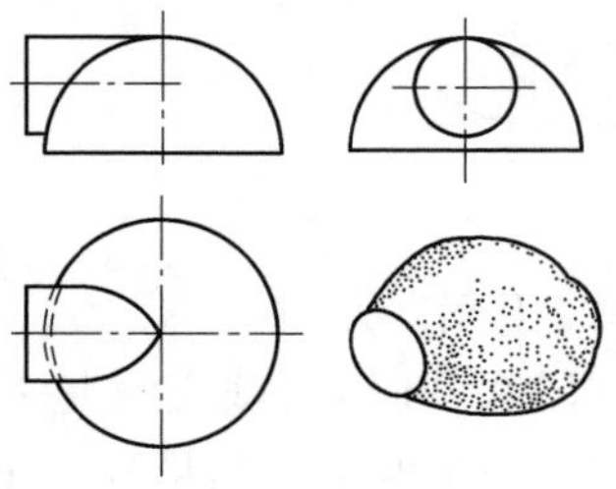	圆柱与圆环相贯	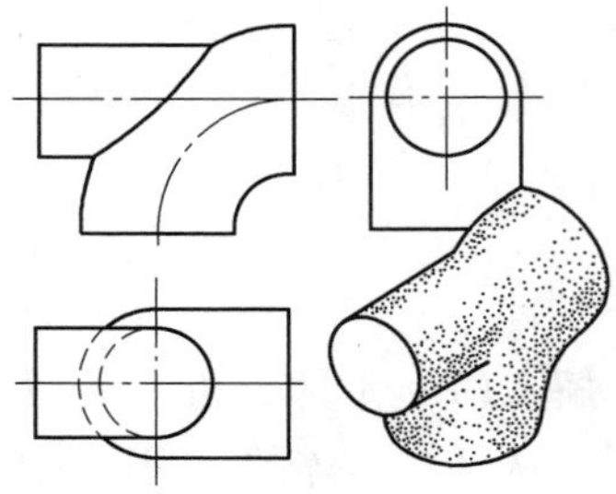

三、过渡线

过渡线也是机械制图中较难绘制的线，其绘图的方法基本上与相贯线的绘图方法相同，但是由于有一个过渡的曲面，使零件表面的交线看起来不明显，为了看图时区分形体界限，理论上仍然按相贯线的绘图方法制图，这条线称为过渡线。表 6-5 所列为几种常见过渡线的画法。

表 6-5 几种常见过渡线的画法

表面接触形状	直观图	投影图	过渡线特点
平面与曲面相交	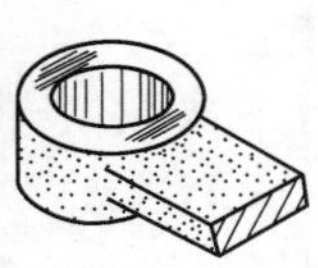	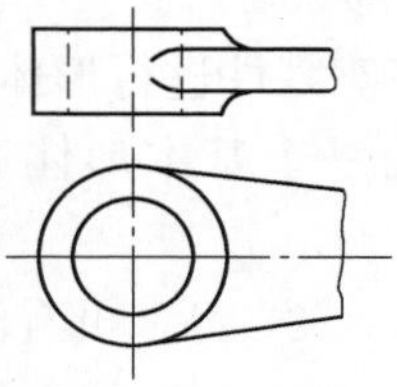	过渡线为一直线，两端不与轮廓线接触，平面轮廓线用圆弧向两边分开
平面与曲面相切	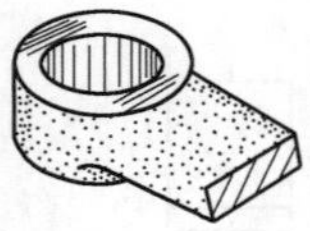	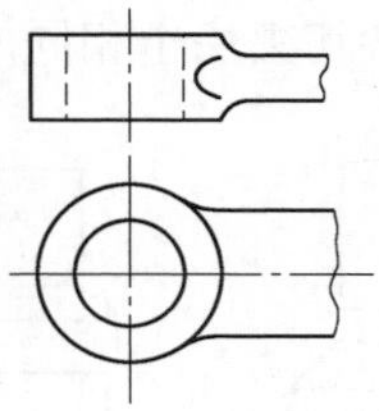	过渡线不画，平面轮廓线用圆弧向两边分开
曲面与曲面相交	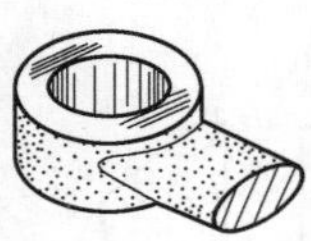	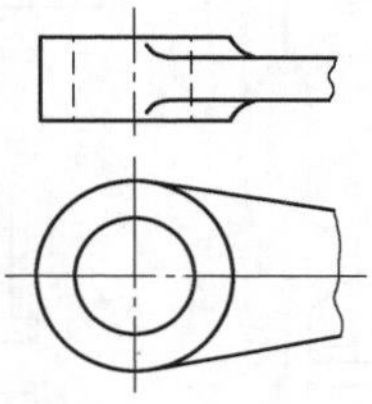	过渡线为不与轮廓线接触的曲线
曲面与曲面相切	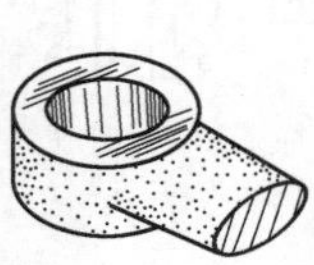	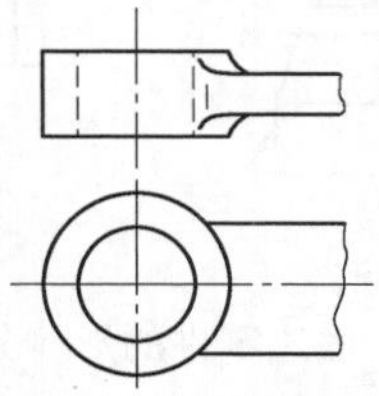	过渡线为曲线，顶端分开
平面与平面相交（光滑过渡）	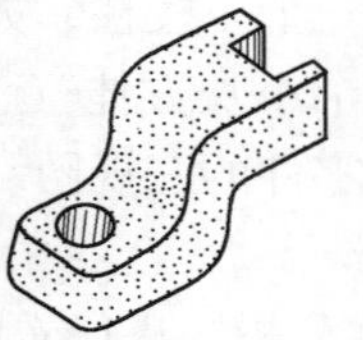	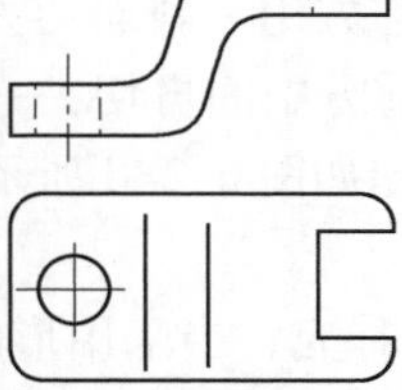	过渡线为直线，两端不与轮廓线接触

第9节 组合体视图及看图方法

由几个基本形体组合而成的物体称为组合体，一般物体都是以组合体的形式出现在工程图样上的。

一、形体分析法

形体分析法就是将组合体分解成已知画法的基本形体，然后逐一找出每个基本形体的投影，再根据基本形体的组合方式和各形体之间的相对位置，想象出整体的空间形状。

图6-27 底座

例6-4 对图6-27所示的底座零件进行形体分析。

分析 底座零件可看作是由一个基本形体进行三次截切而形成的，形成过程如下：

1）截切前，根据零件的总长、宽、高，可看作是图6-28a所示的长方体。

2）在长方体的左、右两侧各切去一个相同的小长方体，如图6-28b所示。

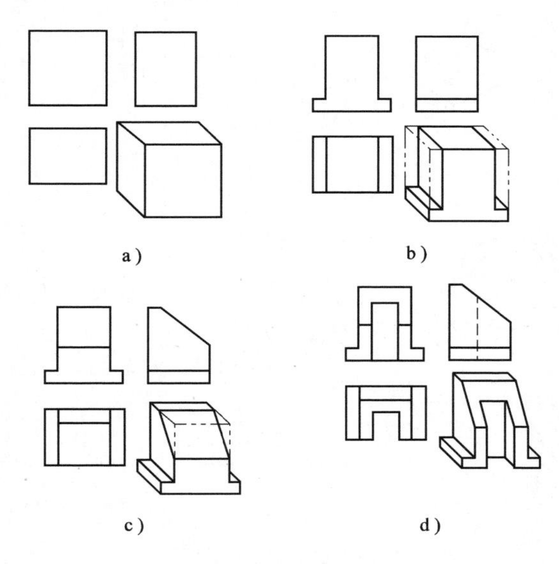

图6-28 底座零件的形体分析过程

3）在图6-28b所示零件的前方用一斜面切去一个三棱柱，如图6-28c所示。

4）在图6-28c所示零件的前方中间再切去一个小长方体（注意小长方体与斜面之间将产生截交线），即得到如图6-28d所示零件的三视图。

二、线面分析法

线面分析法是形体分析法的补充，当采用形体分析法进行看图却看不清有些线与面的空间形体时，采用线面分析法进行看图，原理如下。

对于物体上那些投影重叠或位置倾斜而不易看懂的局部形状，利用直线和平面的投影特性去加以分析，称为线面分析法。

例 6-5　对图 6-29 所示的长方斜截体的斜截面进行线面分析。

分析　图 6-29 所示的长方斜截体的斜截面对三个视图既不平行也不垂直，在三个视图上的投影表现为平面投影特性中的类似性，且斜截面在三个视图上的投影为类似的平面，而且是封闭的平面。

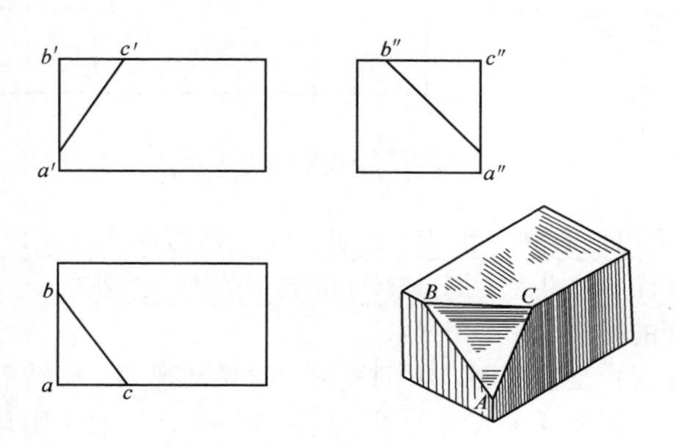

图 6-29　长方斜截体

对于斜截面上的三条线 *AB*、*AC*、*BC* 均与一个投影面平行，与其他两个投影面倾斜，表现在直线投影特性中，平行面反映实形，倾斜面反映收缩性。取 *AC* 线段进行投影分析，*AC* 线段平行于主视图，在主视图上的投影反映实长，对其他两个视图倾斜，则为收缩的直线。在主视图上可以看到 *A* 点是斜截面的最低点，*C* 点是最高点。*A* 点与 *C* 点在三个视图的投影中，按三视图的投影规律“长对正，高平齐，宽相等”，主视图与左视图的投影是高平齐，反映高度一致；主视图与俯视图的投影是长对正，反映长度一致；左视图与俯视图的投影是宽相等，反映宽度一致。*AC* 线段在形体投影的最前面，反映在主视图的最前面，俯视图的最下面，左视图的最右面。

第 10 节　剖视图的画法

机械工程制图采用剖视图的画法，目的是将零件的内部结构表达清楚，少出现虚线。剖切方法是：用一个平面在零件需要表达的内部结构处切开，平面切到的部分用规定的剖面线表示，未切到的部分用投影作图的方法表示，注意一定要是投影。更值得注意的是，是用一个假想的平面去切开零件的，实际上并未切开零件，如图6-30所示。

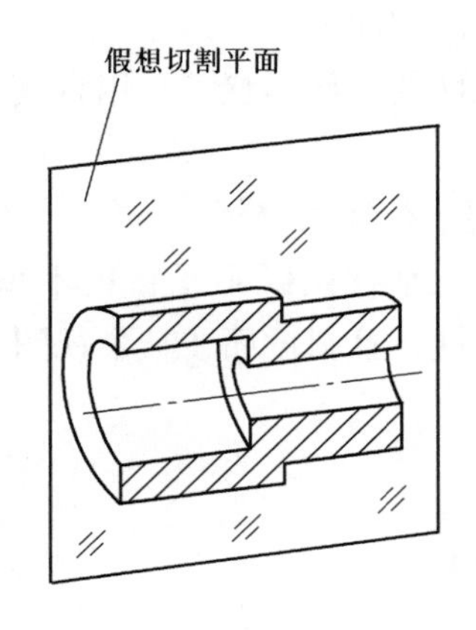

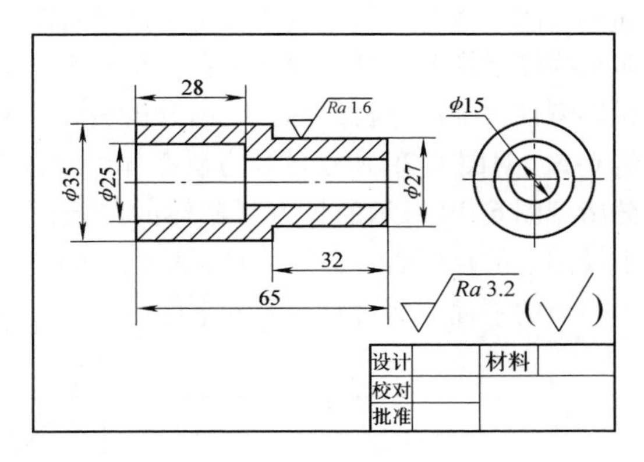

图 6-30 剖视图的表达方法

从图 6-30 上可以看到一组 45°的细实线，称为剖面线，以及表面粗糙度的标注、尺寸的标注，这些都是按国家标准规定的画法绘制的。

一、剖视图的种类

剖视图一般有：全剖视图、半剖视图、阶梯剖视图、旋转剖视图、局部剖视图等。剖视图在一张图样中有时采用一种剖切方法，有时采用几种剖切方法，根据零件形体表达的需要，没有数量与种类的限制。

1. 全剖视图

用剖切平面在预定部位完全剖开物体，所得到的剖视图称为全剖视图，如图 6-31所示的主视图与左视图。这两个全剖视图将零件的内部结构全部表达清楚且没有产生虚线。

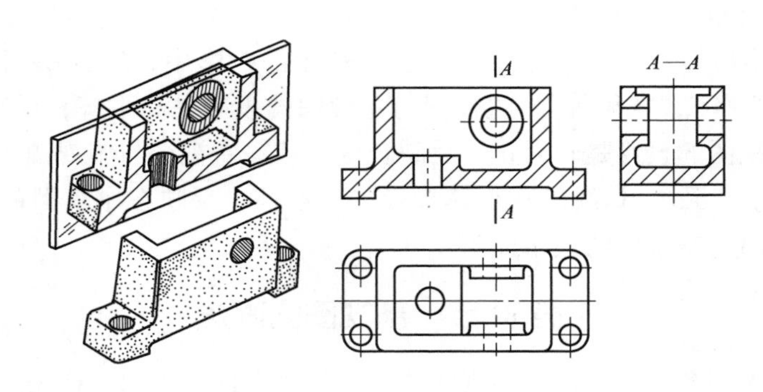

图 6-31 全剖视图

从图 6-31 的主视图上可以看到，主视图是全剖视图，但没有标注剖切视图符号，只是有左视图的 *A* 处有剖切位置符号，左视图为 *A*—*A* 处剖切投影的全剖视图。主视图没有标注剖切符号的原因是，主视图的全剖位置是在物体的前后对称中心处，规定可以不标注剖切符号。

2. 半剖视图

当物体的内、外形状在某一视图上的投影对称时，可以以对称中心线为分界线，一半画成剖视图，一半画成视图，这种组合的图形称为半剖视图，如图6-32所示的主视图及俯视图都是半剖视图。

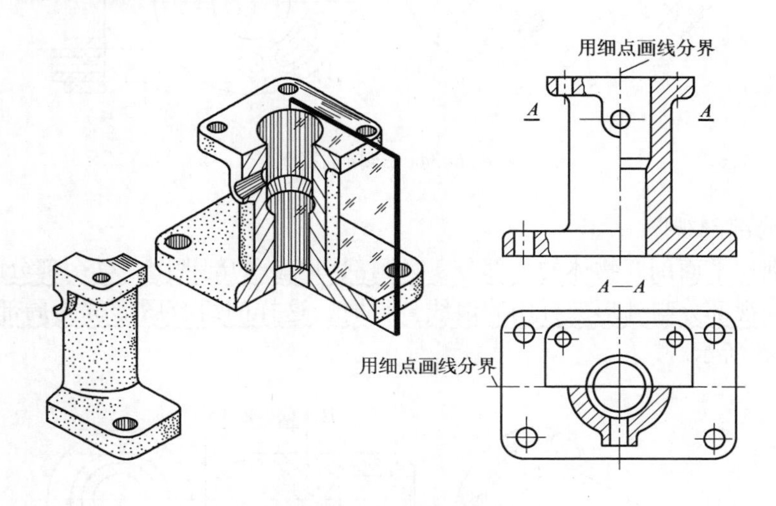

图6-32　半剖视图

3. 阶梯剖视图

用几个互相平行的剖切平面将物体剖开后进行投影的方法称为阶梯剖。剖切平面的转折处一般用符号 A 予以标记，如图 6-33 所示。

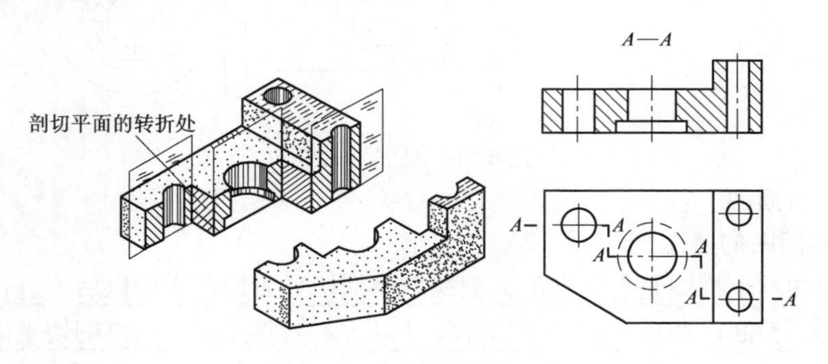

图6-33　阶梯剖视图

4. 旋转剖视图

用两个相交的剖切平面将物体剖开后进行投影的方法称为旋转剖。剖切平面的转折处一般用符号 A 予以标记，如图 6-34 所示。

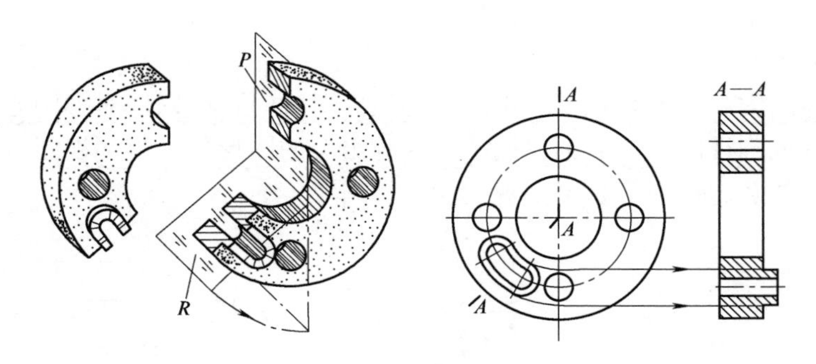

图 6-34　旋转剖视图

5. 局部剖视图

当剖切平面剖开物体的一部分，只画剖切部分的剖视图，其余部分画出外形视图，剖视部分与外形部分用波浪线分界时，这样的组合图形称为局部剖视图，如图 6-35 所示。

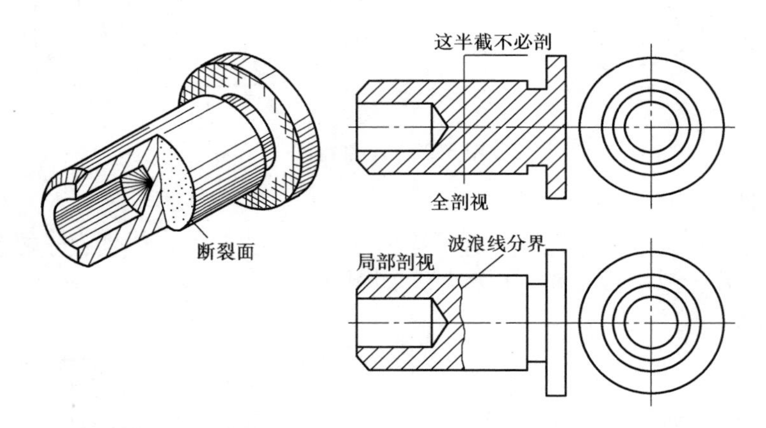

图 6-35　局部剖视图

二、断面图

1. 断面图的概念

断面图与剖视图是有区别的，剖视图用剖切平面切开零件以后要进行一个方向的投影，而断面图用剖切平面切开零件以后不需要投影，只绘剖切平面切到的形体，这就是断面图与剖视图的区别，如图 6-36 所示。

2. 断面图的种类

断面图有移出断面图与重合断面图两类。

1）移出断面图。就是画在视图轮廓线外面的断面图，轮廓线用粗实线绘制，如图 6-37 所示。

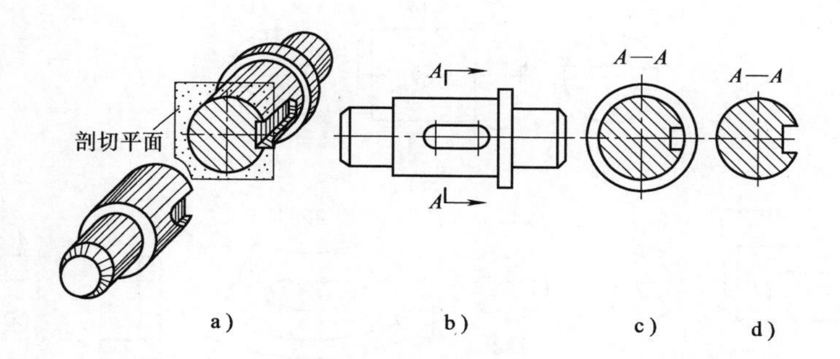

图6-36 断面图的概念

a) 轴的断面形状 b) 轴的主视图 c) 剖视图 d) 断面图

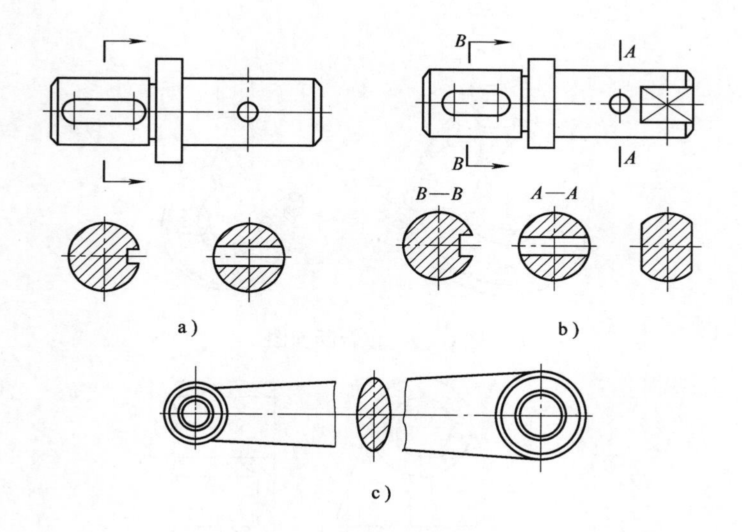

图6-37 移出断面图(一)

当剖切平面通过非圆孔时,会出现分离的两个断面,此时断开处的这些结构按剖视图绘制,如图6-38所示。

2) 重合断面图。就是画在视图轮廓线之内的断面图,轮廓线用细实线绘制,如图6-39所示。

三、剖视图的规定画法

1) 对于零件上的肋、轮辐及薄壁等,若剖切平面通过这些结构的对称平面或基本对称平面时,这些结构都不画剖面符号,而用粗实线将它与其他部分分开,如图6-40所示。当剖切平面垂直肋和轮辐的对称平面或轴线时,仍应画上剖面符号,如图6-41所示。

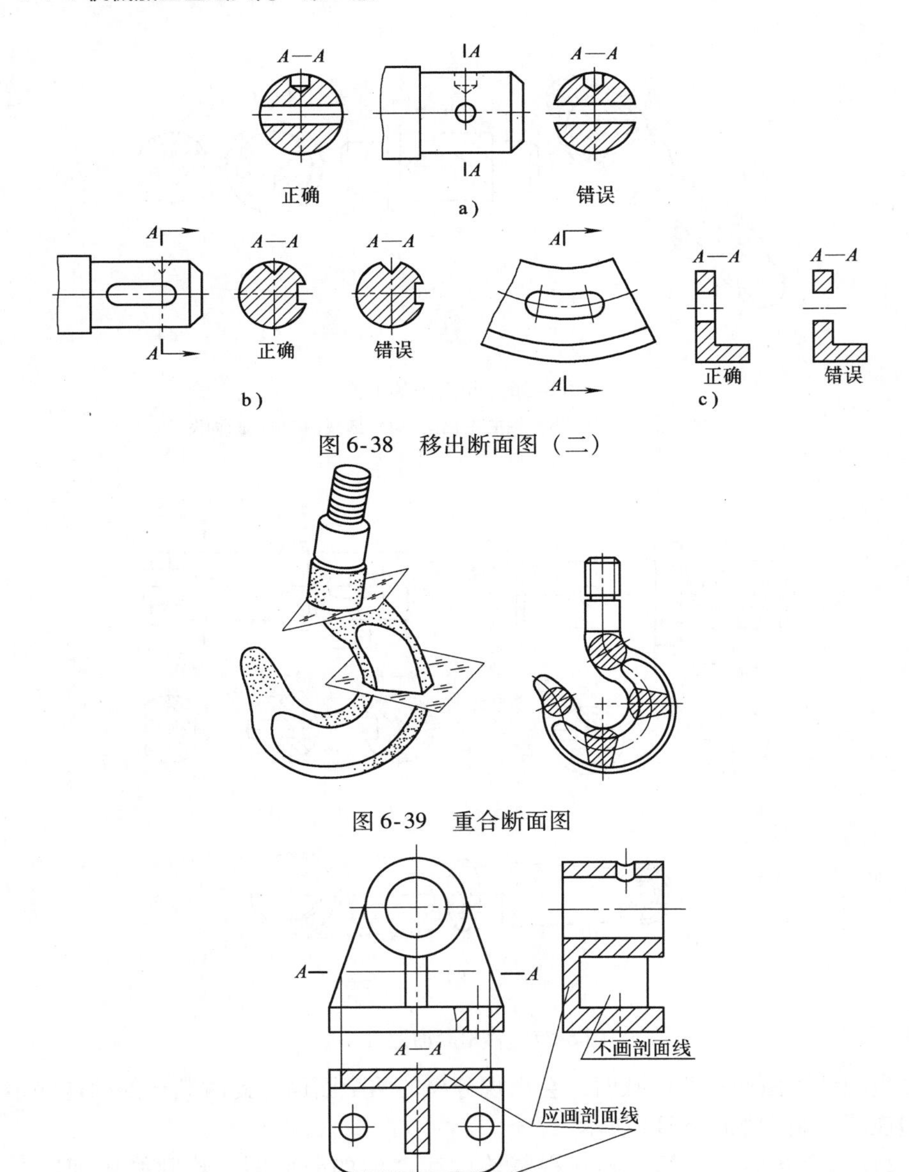

图6-38　移出断面图（二）

图6-39　重合断面图

图6-40　肋的规定画法

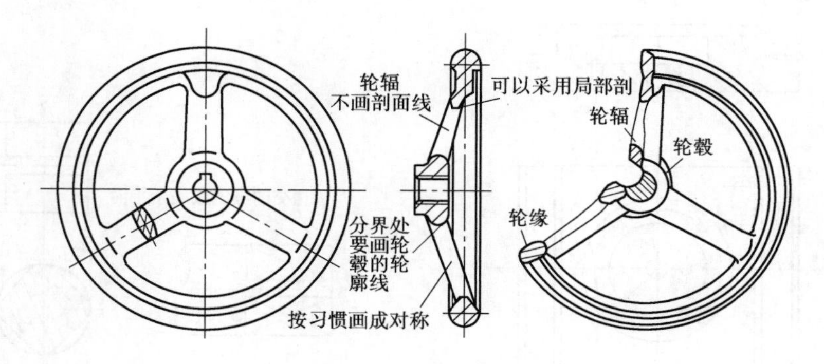

图 6-41　轮辐、肋的规定画法

2）零件上均匀分布的肋、轮辐，不论对称与否，在剖视图中均按对称形式画出，如图 6-42 所示。

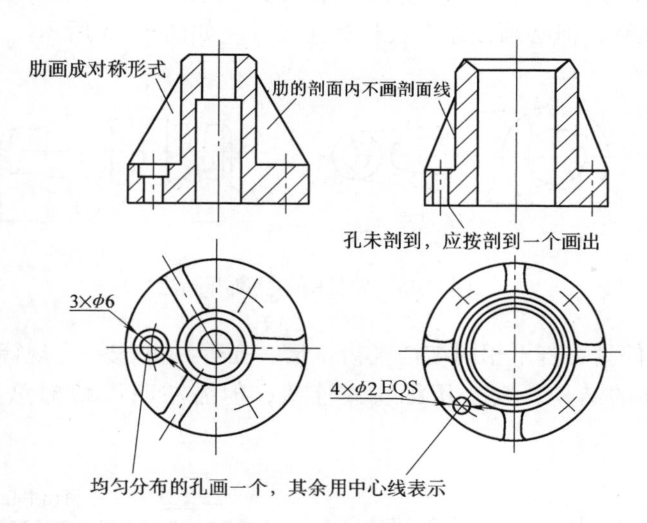

图 6-42　肋的对称画法

3）当零件经剖切后仍有部分内部结构未表达清楚时，允许在剖视图中再作一次局部剖视，俗称“剖中剖”。采用这种画法时，要用波浪线表示剖切范围，并用引出线标注它的名称，在对应的图上标出剖切位置线和剖视名称及投射方向，如图 6-43 所示。

四、其他简化画法

1）当图形不能充分表达平面时，可用平面符号（相交的两细实线）来表示，如图 6-44 所示。

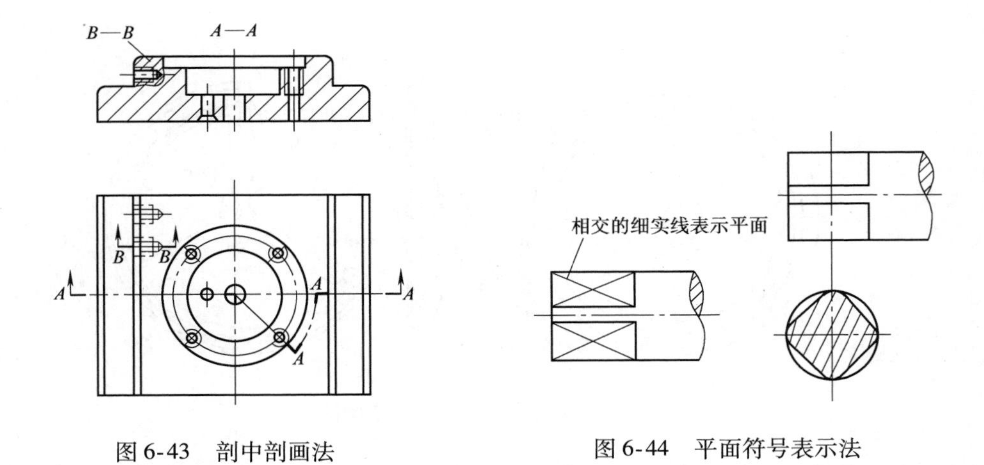

图 6-43　剖中剖画法　　　　图 6-44　平面符号表示法

2）较长的零件（轴、杆、型材）沿长度方向的形状一致或按一定规律变化时，可断开绘制，但必须按原来实长标注尺寸，如图 6-45 所示。

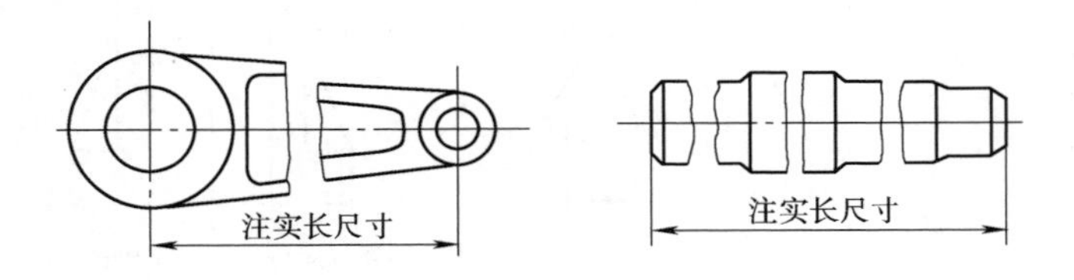

图 6-45　较长的零件断开画法

3）当零件具有若干相同结构（齿、槽、孔等）并按一定规律分布时，只需画出几个完整的结构，其余用细实线连接，但需注明该结构总数，如图 6-46 所示。

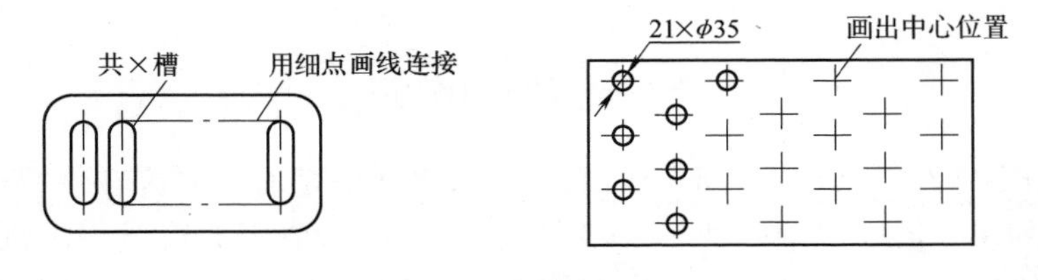

图 6-46　相同要素的简化画法

五、剖面线的规定画法

国家标准《机械制图》中规定在剖视图中凡被剖切的部分均应画出剖面符号。不同的材料，采用不同的剖面符号。各种材料的剖面符号见表 6-6。

表 6-6　各种材料的剖面符号

材料类型		剖面符号	材料类型	剖面符号
金属材料（已有规定剖面符号者除外）			木质胶合板（不分层数）	
线圈绕组元件			基础周围的泥土	
转子、电枢、变压器、电抗器等的迭钢片			混凝土	
非金属材料（已有规定剖面符号者除外）			钢筋混凝土	
型砂、填砂、粉末冶金、砂轮、陶瓷刀片、硬质合金刀片等			砖	
玻璃及供观察用的其他透明材料			格网（筛网、过滤网等）	
木材	纵剖面		液体	
	横剖面			

金属材料的剖面符号一律画成与水平线成 45°的相互平行、间隔均匀的细实线，其方向可以向右或向左。在一张图样上，同一个零件的各个剖视图的剖面线方向、间隔必须一致。

六、表面粗糙度的有关规定

1. 表面粗糙度的符号

1） √ 为去除材料的表示，不可以单独表示，必须与表面粗糙度精度等级数值配合使用。

2） √ 为不去除材料的表示，可以单独表示。

2. 表面粗糙度的精度等级

一般采用十点平均高度为表面粗糙度的精度等级参数，如数字12.5、3.2等为十点平均高度。

12.5	6.3	3.2	1.6	0.8	0.4	0.2	0.1	0.05
精度低————→高								

第11节　视图的有关规定画法

1. 外螺纹的画法（见图6-47）

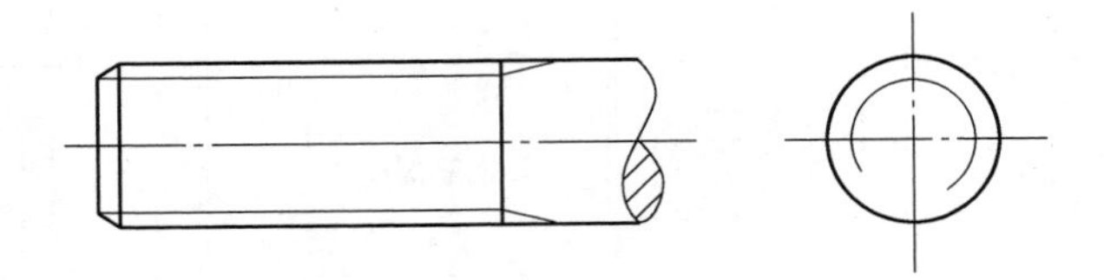

图6-47　外螺纹的画法

2. 内螺纹的画法（见图6-48）

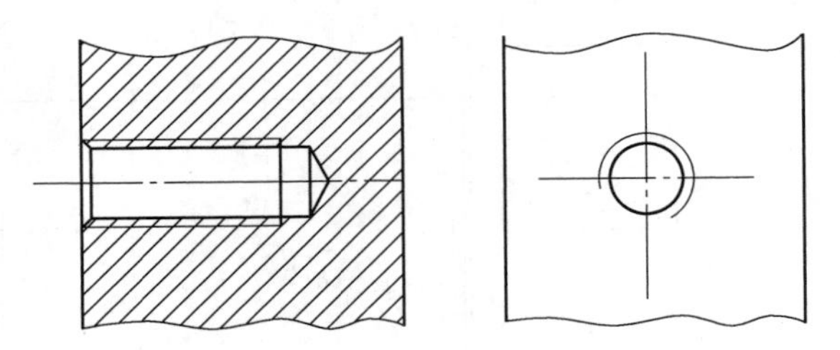

图6-48　内螺纹的画法

3. 弹簧的画法（见图6-49）

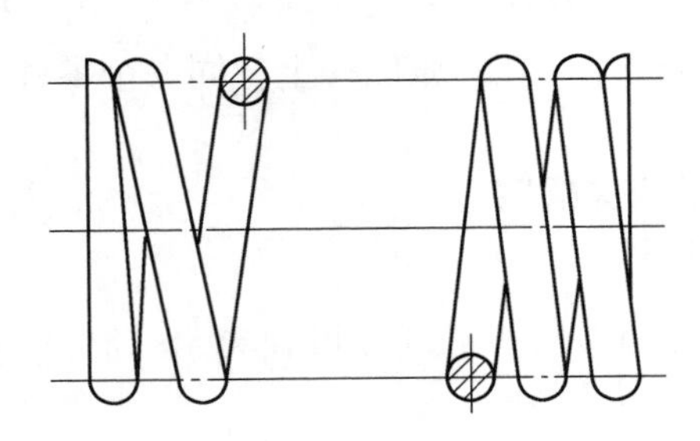

图6-49　弹簧的画法

4. 齿轮的画法（见图6-50）

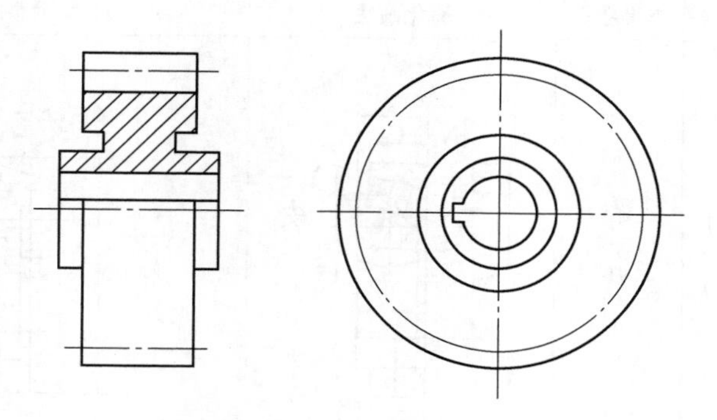

图6-50　齿轮的画法

5. 滚动轴承的画法（见表6-7）

表6-7　滚动轴承的画法

名称、类型和标准号	查得数据	简化画法	示意画法
深沟球轴承 60000型 GB/T 4459.7—2017	*d* *D* *B*	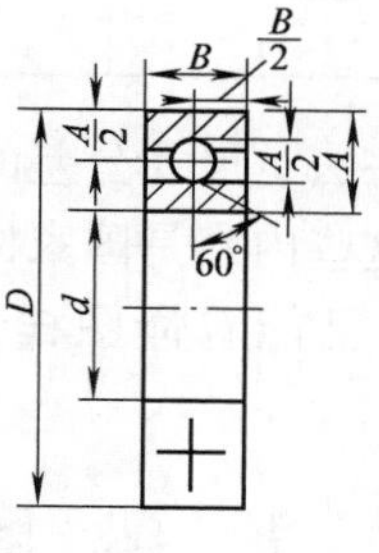	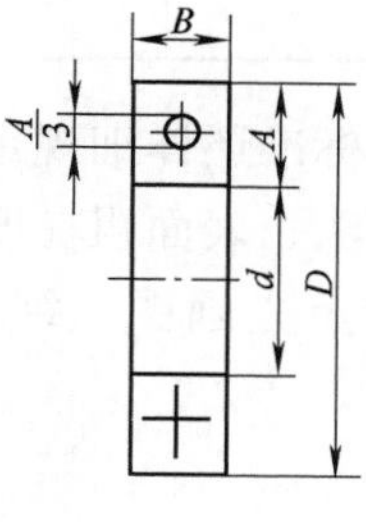
圆柱滚子轴承 N0000型 GB/T 4459.7—2017	*d* *D* *B*	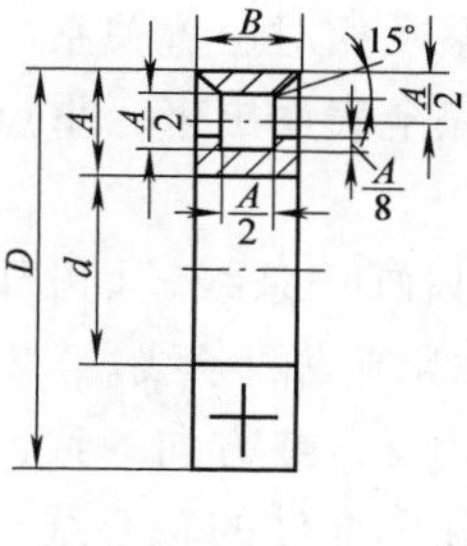	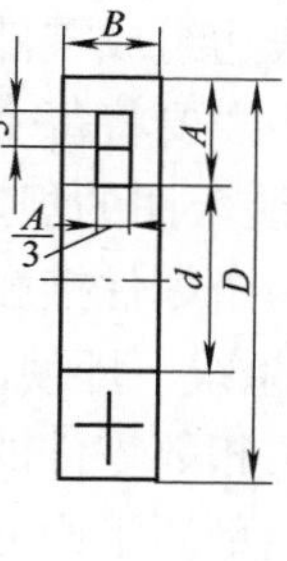

（续）

名称、类型和标准号	查得数据	简化画法	示意画法
圆锥滚子轴承 30000型 GB/T 4459.7—2017	d D T B C	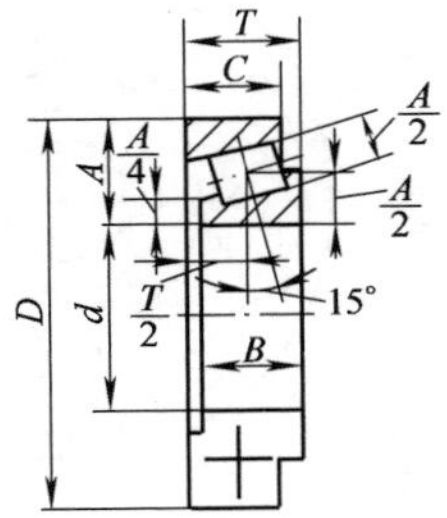	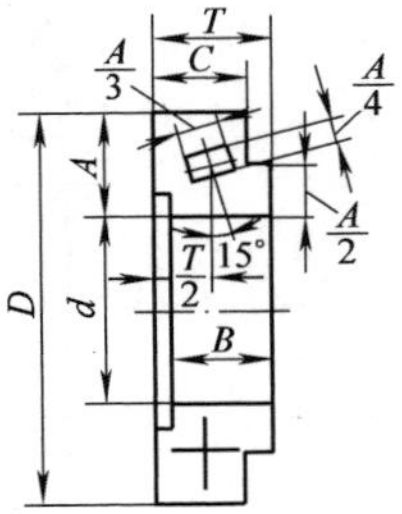
推力球轴承 50000型 GB/T 4459.7—2017	d D H	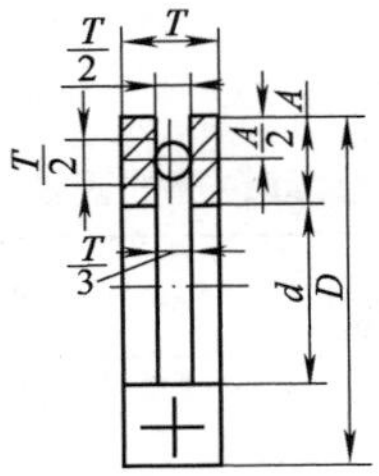	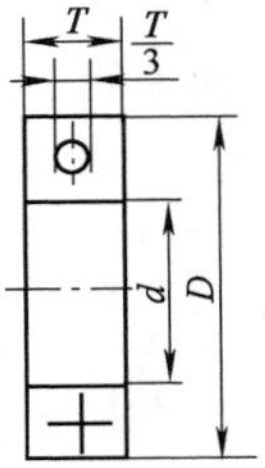

国家标准还详细规定了尺寸的注法、尺寸公差的注法、形状和位置公差、代号及其注法、表面粗糙度的注法。这些内容是国家标准的硬性规定，如果哪一个人不按规定去画图，结果只能是自己能看懂图样，别人看不懂，无法与别人交流。

第12节　装　配　图

一、装配图的主要特点

1）表达机器或部件的工作原理。

2）表达组成零件间的装配关系及相对位置关系。

3）不需要将每个零件的形状完全表达出来，重点是表达装配关系。

二、装配图的规定画法

1）两个零件接触面和配合面只画一条线，而若两相邻零件公称尺寸不同，则画成两条线。即使间隙再小，也需画成两条线。

2）两相邻零件的剖面线方向相反，或方向一致，间隔不同。

3）当剖切平面通过实心零件和标准件的轴心线时按不剖绘制（因实心零件没有装配关系）。

三、装配图的尺寸

1. 装配的一般知识

装配不单纯是简单的堆积木，它是既装又配，虽然零件在生产时有尺寸要求，但还有零件尺寸公差的积累现象及零件尺寸在生产中的超差现象，需要在装配时予以调整修正；有时零件的生产难以达到装配要求，精度太高，因此在装配时予以保证，这样既可降低成本又可以达到装配要求。所以，装配是既装又配的工种。装配图是产品装配时的图样要求，是指导装配的技术文件。

2. 装配图的尺寸

装配图的尺寸一般有五种，在一张装配图上不一定同时都有，也可能一个也没有，它是很灵活的，应根据具体的装配体而定。

1）规格或性能尺寸。这种尺寸能集中地反映机器或部件的性能、规格和特征，是了解和选用机器或部件的依据。

2）配合尺寸。表示零件之间配合性质的尺寸。

3）安装尺寸。表示将机器或部件安装到基座或其他部件上所需要的尺寸。

4）外形尺寸。表示机器或部件的总长、总高、总宽尺寸，是确定装配体包装、运输、安装及占用空间的参数。

5）其他尺寸。一些特殊的装配尺寸。

四、解读装配图

图 6-51 所示为机械加工中常用的机用虎钳装配图，通过读此装配图，了解读装配图的一般方法。

1. 看标题栏、明细栏

看标题栏，了解部件的名称，看明细栏，了解零件的概况。可以知道此部件的名称为机用虎钳，共有 11 个零件，其中 4 个为标准件，并知道了每个零件的数量、材料。视图是按缩小的比例绘制的。

2. 分析视图

此装配图共有 6 个视图，为主视图、俯视图、左视图、剖面图、局部放大图、指示方向投影图。其中主视图为全剖视图，有一个剖中剖视图；左视图为 *B—B* 位置剖切的半剖视图；俯视图有一个局部剖视图。

3. 看明细栏与视图

将明细栏与视图结合来看，可以知道每个零件的装配位置，从明细栏的序号，结合视图中零件编号指引线就可以知道零件在装配图中的位置及与其他零件的装配关系。例如，第 07 号销子零件是装在第 09 号螺杆零件的一端上，与销子零件配合的还有第 06 号挡圈零件与第 05 号垫圈零件。

4. 分析零件在装配图中的画法

第 09 号螺杆零件是一个实心零件，按规定在装配图中不剖画出；它装配在

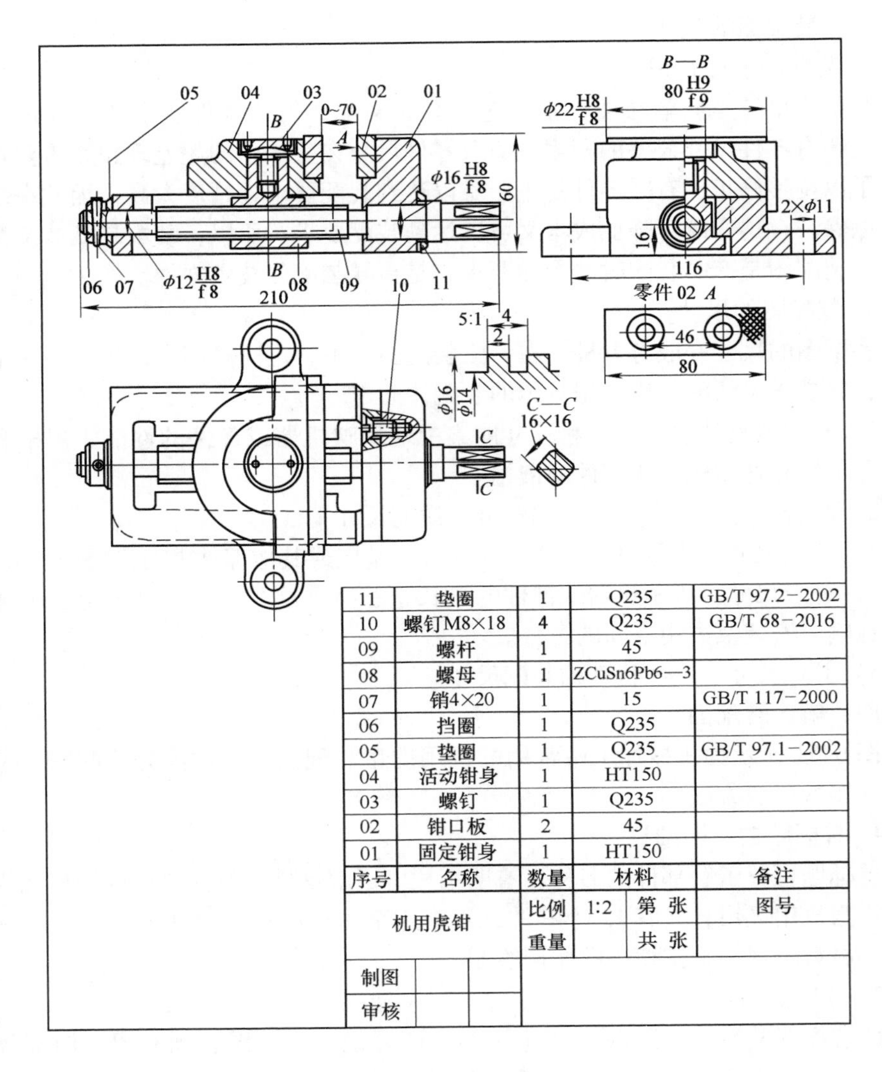

序号	名称	数量	材料	备注
11	垫圈	1	Q235	GB/T 97.2−2002
10	螺钉M8×18	4	Q235	GB/T 68−2016
09	螺杆	1	45	
08	螺母	1	ZCuSn6Pb6—3	
07	销4×20	1	15	GB/T 117−2000
06	挡圈	1	Q235	
05	垫圈	1	Q235	GB/T 97.1−2002
04	活动钳身	1	HT150	
03	螺钉	1	Q235	
02	钳口板	2	45	
01	固定钳身	1	HT150	

机用虎钳	比例	1:2	第 张	图号
	重量		共 张	
制图				
审核				

图 6-51　机用虎钳装配图

第 01 号固定钳身零件上，其两端与固定钳身零件有配合的性质，所以与固定钳身的结合处画一条线。固定钳身零件是此部件中最大的零件，在主视图的螺杆零件的两端可以看到固定钳身零件的剖面线，其剖面线方向一致，间隔相同。第 04 号活动钳身与第 08 号螺母零件配合，有配合的部位画一条线，没有配合的部位画两条线，而且剖面线方向相反。第 08 号螺母零件装在第 09 号螺杆零件上，其画法按国家标准的螺钉螺母的配合规定绘制。从 *C—C* 剖面图可以知道螺杆零件一端的截面为正四方形，其平面用规定的简化画法表达。5∶1 的局部放大图虽然没有指示哪一个部位放大，但也应该知道是螺杆零件的螺纹，若有疑问，就查螺杆零件的零件图。指示方向 A 向移出投影图，表达了钳口板的大致尺寸与形状。

5. 分析装配图尺寸

此部件的长、宽、高尺寸，装配图中已表明分别为 210mm、116mm、60mm；性能特征尺寸为，钳口开合长度 0～70mm，钳口长度 80mm，螺杆螺距 4mm；重要的配合尺寸为 80H9/f6，含义是活动钳身槽宽为 80mm，公差是 H9，与之配合的固定钳身导轨的宽度为 80mm，公差是 f6；ϕ22H8/f8 含义是活动钳身的孔为 ϕ22mm，公差是 H8，与之配合的螺母一端的外径是 ϕ22mm，公差是 f8。

6. 分析各个零件的作用

图 6-52 所示为机用虎钳的立体示意图，结合立体示意图直观地看一下各个零件的作用。

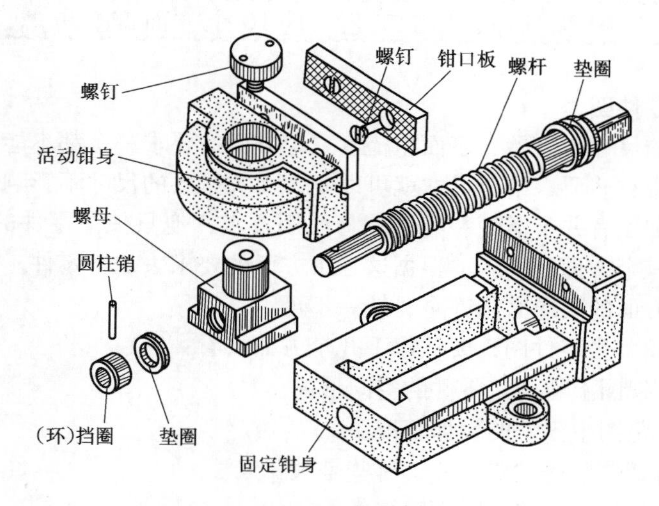

图 6-52　机用虎钳的立体示意图

1）固定钳身是此部件的基座。

2）钳口板是此部件装夹零件用的钳口。

3）第 03 号螺钉是连接第 08 号螺母零件的。

4）活动钳身是一个运动零件，它由螺杆转动传动给螺母，再由螺母传给与之配合的活动钳身，活动钳身作 0～70mm 长度范围内的往复直线运动，实现夹紧零件的作用。

5）垫圈。第 05 号与第 11 号垫圈零件都起到减少螺杆与固定钳身的摩擦作用。

6）挡圈与第 07 号销子零件结合起到限位作用。

7）螺母将螺杆转动转变为活动钳身的直线运动。

8）螺杆是整个部件的动力源，也是实现虎钳功能的动力源。它主要是通过四方手柄进行转动的。

9）第10号螺钉。四个 M8×18 螺钉起到紧定两个钳口板的作用。

第13节　识零件图与装配图

对于机械制图，初学者认为，零件图容易看懂，装配图不容易看懂。实际上是这样一个关系：对于识图者来讲，装配图难看懂；对于绘制图样的人来讲，装配图容易绘制，而零件图难绘制。

绘制装配图只要将各个零件的装配关系表达清楚，重要的装配尺寸予以要求，其他一般就可以了；而零件图的绘制，要牵扯到很多内容，如空间几何形状、形体尺寸、公差配合、设计基准、测量基准、材料及标准、表面粗糙度、热处理、表面处理、加工工艺。这10个方面都要考虑，并在图中予以表达。

一、识零件图

零件图的尺寸、公差、表面粗糙度三个方面的要求一个都不能缺少。有些初学者认为图中有些要求给个尺寸就可以了，无关紧要的尺寸不影响装配，但实际制造零件的加工者并不清楚装配性能与使用要求，他只关注零件的尺寸、公差、表面粗糙度三个方面的要求，根据这三个方面的要求去加工零件。所以任何一个尺寸，三个方面的要求必须齐全，缺一不可。

如何看懂一张零件图，要从以下几个方面去看：

1）从三视图上看清楚零件的空间形体。

2）看清楚图中零件的设计基准。

3）看清楚哪些是主要尺寸，哪些是次要尺寸。

4）看清楚尺寸公差、表面粗糙度。

5）看清楚材料，热处理、表面处理要求。

6）看清楚哪些是形体尺寸，哪些是位置尺寸。

7）看清楚技术要求。

二、识装配图

识装配图主要从以下几点去识图：

1）要清楚装配图是零件装配位置指示图，从中可知一个零件在产品中的哪一个位置及其与相邻零件的装配关系。重点表达零件的装配位置，至于零件的结构、形状，则需要去看零件图，在装配图中可以不表达清楚，尺寸甚至可以不按比例绘出。

2）零件与零件在装配时只要是有配合性质的，不管间隙多大，都视为接触。在装配图中，零件与零件接触的部位，按单个零件的形体绘制，接触部位是合二为一的画法，而不能因为是两个零件，就按两个零件的形体去绘图，这是初学者常有的疑问。

3）当两个零件在零件图上的名称尺寸不一致时，不论间隙多么小，均按两个零件的形体画出，间隙的大小不考虑。这时局部的尺寸可以不按比例绘制。

4）一个零件在装配图上无论结构相隔多么远，其剖面线间隔、方向是相同的。如果存有疑问，则查看零件图。

5）当剖面通过零件的实心轴（或标准件轴心）时，按不剖绘图，这是因为实心零件内部与其他零件没有装配关系。从序号表中可以知道标准件的大致结构。

6）看清楚重要的装配尺寸。

7）看清楚装配后产品的总高、总宽、总长尺寸。

8）结合装配图序号，看一下序号中零件的名称，大致应该知道零件的种类及特点，若是不清楚，就结合零件图去分析。

9）看一下装配图的技术要求。

第 14 节　国外机械制图的绘图方法

我国的机械制图是在第一象限水平、垂直向后投影的方法绘图的，而西方国家则是在第三象限，不采用投影方法，而是像隔了一层玻璃，在玻璃上看见什么，就绘制什么，如图 6-53 所示。

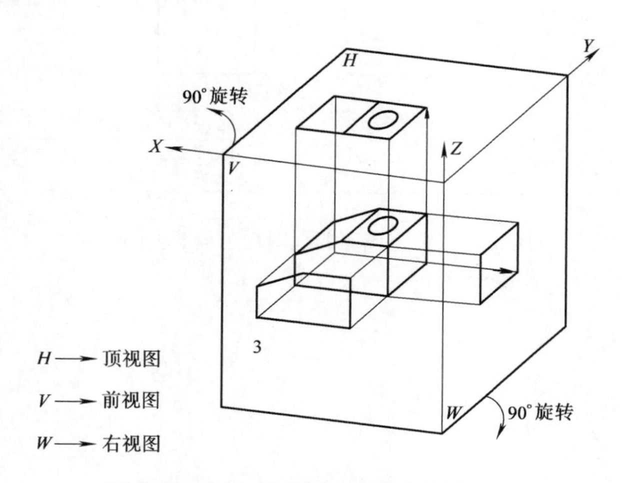

图 6-53　西方国家第三象限投影方法

按图 6-53 示意的方法展开成为的平面图，就是西方国家机械制图的绘图配置，如图 6-54 所示。

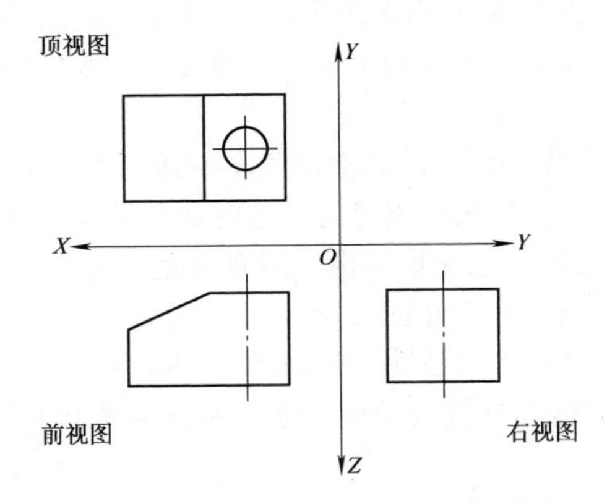

图 6-54　西方国家机械制图的绘图方法

西方国家的视图在工程图上的位置如图 6-55 所示。

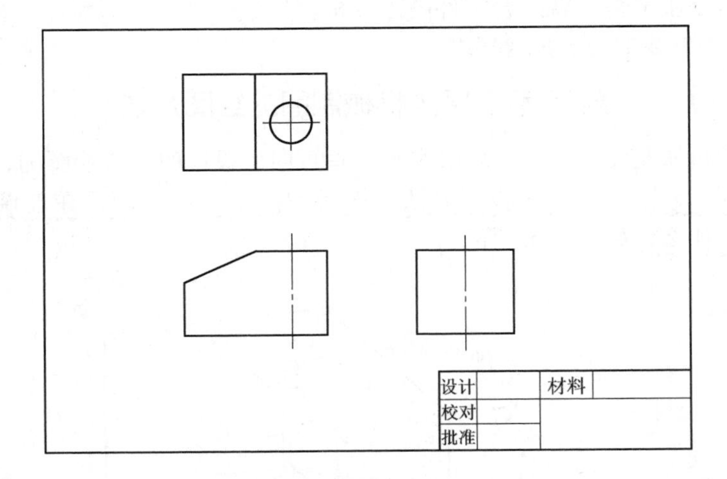

图 6-55　西方国家的视图在工程图上的位置

第7章　机械加工工艺初步知识和机床操作使用知识

第1节　机械加工工艺初步知识

机械加工工艺就是根据零件的设计图样制订零件生产使用图样的一门技术，也称为工艺技术。操作生产者使用的图样，称为工序图样。对于设计图样与工艺技术的关系，用一个不太适当的比喻是，你去饭馆吃饭，要了一盘麻辣豆腐，厨师按麻辣豆腐的制作工艺去操作加工，此时菜单麻辣豆腐相当于设计图样，而厨师制作菜的过程，相当于工序图样。

先进的工艺技术，能够降低成本，提高生产率，保证产品质量，它是各个企业追求的目标。改革开放以来，我国已引进了彩色电视机生产线、冰箱生产线、汽车装配生产线等先进的工艺技术。

在市场经济的今天，任何企业都在利用各种机会宣传、展示本企业的产品，告诉客户产品的性能是多么优良、结构是多么合理、质量是多么好；但是，绝不告诉客户，产品是如何生产出来的。也就是说，一个企业的产品，其设计是开放的，而工艺技术则是保密的。从古至今，很多的出土文物，其制造年代、材料、结构都知道，但是如何做出来，至今都不清楚，为古今之谜。

一般来讲，一个内行的人，参观了一个企业的生产现场，就大概知道了这个企业的生产能力、技术水平及关键的工艺方法，所以企业需要对生产现场进行保密，不准随便参观。

工艺技术工作要求工艺员要具有一定的实践知识，知识面要广，对于工人操作的设备，工艺员不但要会，而且对各种机械设备要知其然，更要知其所以然，能够指导工人操作设备。工艺员对各种设备的加工特点、加工精度、应用范围、环境要求、维护保养、安全规范都要清楚，对各种刀具的特点、各种材料的性能都要清楚。

机械加工工艺就是制订零件的加工过程、加工方法、定位方法、测量方法，以及制订加工工序中参数的一门技术。

一、基本概念

（一）三个重要概念

在机械加工工艺的知识中，生产过程、工艺过程、工艺规程三个概念常相混淆。现将这三个概念搞清楚。

1. 生产过程

生产过程是指将原材料转变成成品的全过程。说得具体一些就是一个工厂从采购原材料开始，直至将生产的产品交给用户的全部过程。

生产过程包括很多方面，产、供、销、安全、保卫、财务、工会都是生产过程的组成部分。

2. 工艺过程

工艺过程是生产过程中直接改变生产对象的形状、尺寸、相对位置和性能的过程。说得具体一些就是生产工人具体在执行中的各个工序。例如，生产工人按工序图样加工零件的过程就是工艺过程。

3. 工艺规程

工艺规程是规定产品或零件制造工艺过程和操作方法等的工艺文件。说得具体一些，工艺规程指的是一堆纸，一堆写满文字和画满图的纸。

（二）基本概念

1. 工序

在一台机床或一个工作地点，对一个或一批工件由加工开始到加工完毕，连续完成工艺过程中的某一部分，称为工序。工序是工艺规程的基本部分，是组织生产和实施计划的基本单元。

一般来讲，车削、磨削、铣削、刨削、钳工、热处理、电镀等工种，在加工工件时，可能是一次装夹只加工一个工件，也可能是多个工件一次加工。但工序有一个特点，就是图样只有一张，这张图样规定了此工序要加工的内容及技术要求。

2. 安装

工件在一次装夹中所完成的那部分工序，称为安装。安装的夹具有专用夹具和通用夹具之分。通用夹具一般有平口钳、台虎钳、自定心卡盘、分度头、顶尖、花盘、回转工作台、分度头、正弦夹具等。专用夹具是只对一种零件加工而使用的夹具，其他零件不适合此夹具的装夹。

3. 工位

在一次安装内，工件在机床上所占的每一个位置称为工位。例如，在分度头上铣多面体，每铣一面，分度头都会将工件转过一个位置，即由上一工位变为下一工位。

4. 工步

在不变动被加工表面、切削刀具和切削用量的条件下，所完成工序中的一部分称为工步。

工步与工位一般不作严格区别。有时会将工位看作是工步。

5. 走刀

在一个工步中如果加工余量很多，不能一次切除，则可分几次切削，每切削一次，称为一次走刀。例如，一个外圆表面的粗车、细车、精车均为走刀。

6. 多工步加工

几个工步在一次走刀切削加工中完成称为多工步加工。它是提高生产率的有效手段。

7. 尺寸链

一个方向，多尺寸而又有相互联系的尺寸组合，把这些互相联系、互相影响，且一个个依次连接起来，又排列成封闭形式的尺寸称为尺寸链，如图 7-1 所示。

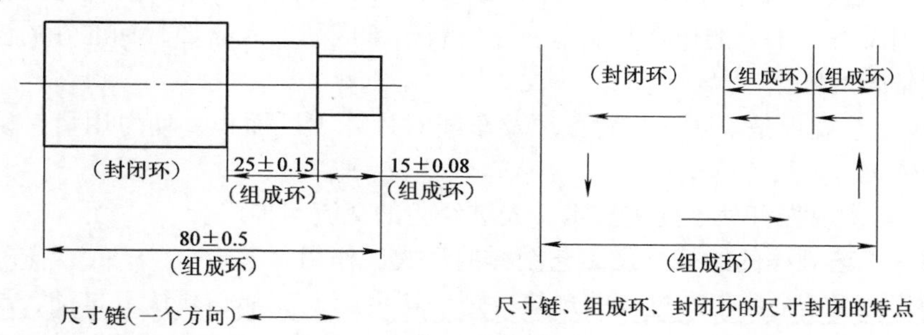

图 7-1　尺寸链组成示意图

（1）尺寸链的特点

1）一个方向。

2）尺寸封闭。

（2）尺寸链的环　构成尺寸链的尺寸，称为尺寸链的环。

1）封闭环。在加工或装配过程中，最后自然得到的尺寸称为封闭环。

2）组成环。在加工或装配过程中，直接影响封闭环精度的各尺寸称为组成环。

① 增环。在尺寸链中，增大某一组成环尺寸，而其余各组成环尺寸不变，导致封闭环尺寸增大，这样的组成环称为增环。

② 减环。在尺寸链中，当增大某一组成环尺寸，而其余各组成环尺寸不变，导致封闭环尺寸减小，这样的组成环称为减环。

（3）封闭环的特点　其尺寸与公差是由组成环的尺寸与公差所决定的。

（4）尺寸链在实际生产中的作用　确定、调整工序间的尺寸与公差。

二、工艺规程的主要内容

工艺规程的主要内容包括封面、工艺路线卡、加工工序图样、下料工序纸、检验工序图样，以及重要工序作业指导书。值得注意的两点是：

1）加工工序图样，少的为一个工序，多的有几个工序，几十个工序，甚至几百个工序。检验工序图样也是如此。

2）每个工序以0、5、10、15，即5的倍数制订工序号，目的是将来在工序之间插补临时工序给予工序号方便。加工工序图样规定了使用的设备、刀具、夹具、量具，以及该工序加工时应达到的尺寸要求、技术要求等。

三、工艺规程的作用

1）工艺规程是指导生产、组织生产、管理生产的主要工艺文件，是生产加工、检验验收、生产调度与安排的主要依据。

2）工艺规程是产品投产前的生产准备和技术准备，如通用设备、工装的购置，专用设备、工装的设计与制造，原材料、半成品、元器件、标准件的供应及人员配备等的依据。

3）工艺规程是筹建或扩建工厂及车间时计算工厂面积、动力用量、设备布置等的依据。

4）工艺规程有利于先进技术、先进经验的交流与推广。

四、工艺规程的纪律性及工艺图样的形式、作用

工艺规程是企业生产过程的规律，是一切生产人员都必须认真贯彻、严格执行的纪律性文件，不得违反与改动。一般生产车间的技术主任是监督与执行工艺规程的责任者。工艺规程图样是以底面蓝色晒制而成的图样，简称蓝图。蓝图的作用是使用任何铅笔、圆珠笔、钢笔的涂改无效，以防止生产组织、工艺规程混乱。

五、工艺人员的主要技术工作

工艺人员的主要技术工作包括如下内容：

1）设计基准、工艺基准、测量基准、定位基准、粗基准、精基准、夹紧面的制订。

2）加工工序的制订。

3）设计图样的分析认识，加工零件材料的认识。

4）尺寸链的制订与确定。

5）加工余量的确定。

6）检验方法的确定。

7）新工艺、新技术的学习，以及技术革新。

8）现场生产加工误差的分析与解决。

9）工具、夹具、量具和刀具的设计与制订。

10）工艺布置及提出工艺装备。

六、工艺规程的评定标准

批量生产的工艺规程，评价它先进与否的标准是什么？就是以最简单的方法，各个工序对加工工人技术水平要求最低，加工成本最低，加工设备要求最低，生产率最高，来达到设计图样的技术要求。

第 2 节　机床操作使用知识

一、机床的使用知识

机床操作加工人员一般从工序图样上就知道了图样规定使用机床的型号。但是，操作者应该知道，使用机床的型号要满足加工零件时所需要的动力、刚性、切削速度，以及机床精度。机床的动力是满足切削力所需要的功率。机床的刚性是满足在切削力的作用下机床不产生弹性变形。机床的转速是满足高速切削时的切削速度。机床的精度是满足工序图样的加工精度要求。这四个方面，在使用机床加工时缺一不可。

二、机床的控制

机床主轴转动、进给运动的控制，是采用 36V 安全电压控制 380V 动力电压。380V 动力电压是不安全电压，一旦漏电足以致人触电伤亡，且机械加工机床、工件均是钢铁，钢铁是导电体。工件加工时工件的搬运、加工非常有可能将机床的电线砸断、碰断，或被切屑割断，这种事情一旦发生，就会产生漏电，如果不采用 36V 安全电压控制机床，是非常危险的。所以机床各种运动的控制是采用 36V 安全电压控制 380V 的动力电压。

可以看到，几乎在每台机械加工机床的操作者的位置处都有木踏板。木踏板的作用有两个：

1）防止电动机漏电，电击加工者。

2）防止铁屑轧伤人脚。

三、机床的润滑

几乎每台机床的使用说明书均规定了哪些部位要按期加注润滑油，但是，很多车间及使用者都忽视此问题。要知道，润滑油对于机床来说，相当于一个人的血，机床的结构相当于人的骨头。人缺血不能活，而机床缺润滑油就很快磨损。例如，机床的导轨，若不及时加注润滑油保护，它存在的问题不只是导轨生锈，而是使用时存在导轨干摩擦，致使机床导轨很快磨损而丧失机床精度。又如，齿轮箱不及时加注齿轮润滑油，导致齿轮干摩擦，而出现齿轮加快磨损。后果一是齿轮箱噪声增大，二是机床主轴运动不平稳。所以使用机床时，一定要按规定加注润滑油。

四、机床的变速

机床的操作主要是变速时的操作比较重要。对于操作者来讲，在使用机床前，首先要看一下说明书，要按规定去变速操作。变速之后，一般要进行一下试运动、试操作，以做到心中有数。在变速时，一定要先停机，然后再变速。因为机床大都是齿轮变速机构，若在机床转动的情况下变速，很容易将机床齿轮打坏。

五、机床的操作

1. 机床的预运转

在使用机床前，机床必须先行运转10min。因为在这先行运转的10min里，机床会在空载不受力的情况下使机床内的润滑系统充分将各部分进行润滑，以及将润滑油油温提高并将润滑油的黏度降低。这10min的空运转能保证机床润滑充分。所有的机械加工机床，都必须进行这一步的工作，这不是浪费电力的问题，而是保证机床寿命与精度的问题。

2. 机床操作时工件与刀具的装夹

在操作机床时，工件的装夹与刀具的装夹必须牢固、可靠。机械加工机床都是高速运转的设备，在操作加工工件时，工件的装夹、刀具的装夹不牢固、不可靠就容易出现工伤事故。轻则打坏刀具与工件，重则发生工伤事故。当认为工件或刀具装夹不可靠时，不要轻易加工操作，一定要请有关人员确定以后，再操作加工。

3. 机床丝杠与螺母的间隙

机床工作台的移动是靠丝杠与螺母的结构来实现的。丝杠与螺母的配合是间隙配合。它们的转动由滚动轴承结构实现。从结构上来看，丝杠与螺母是间隙配合，存在有间隙。滚动轴承也是如此。这两个间隙会使机床的进给结构在移动方向上产生单方向的间隙，如图7-2所示。从使用上来看，随着机床使用次数的增多，丝杠与螺母的磨损增大，导致其间隙增大，也就增大了移动方向的间隙。从效果上来看，在机床移动方向或进刀方向再施加一个外力，会使机床再移动一个距离。在铣床工作台上的移动称为窜刀，在车床及刨床的进刀机构上的移动称为“扎刀”，它们都是机床结构上必定要存在的问题。对于铣床，防止窜刀的方法是采用逆铣与调整斜铁，以控制铣削力的方向与采用合适的导轨间隙；对于车床、刨床，则需要控制切削力的大小与方向并调整斜铁。

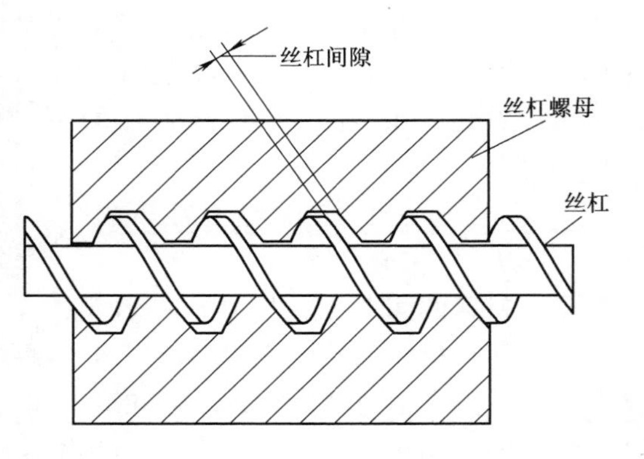

图7-2　机床丝杠与螺母的间隙

六、刻度盘的原理及正确使用

在使用机械加工设备加工零件时，要正确、迅速地掌握背吃刀量，是利用机床设备上的刻度盘，刻度盘手柄带着刻度盘转一周时，连接刻度盘的丝杠也会转一周，这时丝杠中的螺母也会移动一个螺距，所以，背吃刀量的数值可按下式计算：

$$每格的距离 = \frac{螺距}{刻度盘格数}$$

例如，C20—1 车床的中滑板丝杠螺距为 5mm，刻度盘分为 100 格，当中滑板摇手柄转一格时，中滑板移动距离为 5mm/100 = 0. 05mm。

在实际使用刻度盘时要注意：由于丝杠与螺母之间存在间隙，因此会产生空行程，即刻度盘转动而工作台并未移动，使用时必须慢慢地把刻度线转到所需要的格数。如果一不小心多转几格，那么绝对不能简单地退回几格，一定要向相反方向退回全部空行程（一般是大半圈），再转到所需要的格数。

第 8 章　车　　工

第1节　车 工 杂 谈

车工是万能工种，配以夹具可以加工完成其他工种所完成的工作。例如，花盘加上角铁，可以车削加工长方形的垫板；配上专用夹具，可以车削加工多边形；配上夹具，可以绕弹簧；配上砂轮，可以进行磨削；配上拉刀，可以拉削加工；配上靠模，可以车削特形面。总之，车削加工的范围非常广泛。但是，制作车床夹具的费用较高，改造后车床的生产率不如专用机床的生产率高。

俗话说，车工的技术是“三分操作，七分磨刀”。车工技术水平的高低，很大程度上是看磨车刀的水平。实际上也是这样，车工车刀磨得好与坏，一是关系到加工的零件能否达到图样的技术要求；二是车刀的寿命是否高；三是断屑情况是否好；四是不经常磨刀，可以提高生产率，降低工具费用。一般来讲，车工一看图样就知道根据零件的材料、精度，去磨出车刀的前角、后角、主偏角、副偏角、过渡刃、断屑槽等切削角度，车工最懂得材料的硬、软、韧、脆，切削的原理他们最清楚。

车工的三分操作，主要体现在下面几个方面：

1）刻度盘的熟练操作。

2）机床主轴转速的正确调整与使用。

3）进给速度的控制。

4）机床结构的了解与维修调整。

行话说：车工怕车杆；刨工怕刨板；钳工怕打眼。细长杆的车削，是车工加工比较难的活。由于加工时易产生腰鼓形，故加工难点主要体现在加工时的材料变形。变形分为切削力作用下的变形与切削时的热变形。车工加工细长杆零件时，使用跟刀架车削就是典型的控制切削力作用下的变形。有些精密细长杆零件的车削，要控制切削热带来的热变形，就出现加工时的反刀车削、线型夹紧，同时对刀具的各种切削角度要求也很高。

不在行的人看到个别车工加工时，车出的切屑卷得长长的，像弹簧一样，闪着蓝光，觉得这个车工的水平高，实际不然。正确的切屑应该是长度为30mm左右的卷屑，颜色为银白色。从切屑颜色上可以判断出车刀的切削角度磨削得是否合理。切屑为银白色，说明车刀切削时，产生的摩擦热小，没有将切屑烧变为蓝色，仍呈本色，车刀的各种切削角度磨削得很合理。切屑若是蓝色，又卷得很长，则说明车刀的切削角度磨得不对，切削时摩擦剧烈，产生大量的热，将铁屑烧变为蓝色。同时，断屑槽磨得角度不对，高速旋转的卡盘将带着长长的切屑飞转，容易伤人，再是切屑经摩擦变形后，硬度较高，缠绕在车刀上，对刀具磨损较大，且长切屑会带来运输的麻烦。

衡量一个车工的技术水平高低，敢不敢吃刀，背吃刀量是否合理是一个衡量的标准。敢不敢吃刀是看一个车工对刀具的强度是否掌握，对机床的刚性是否了解，对切削力的大小是否知道，如果这些方面都很清楚，那么，他就会以最合理的背吃刀量去切削加工。

敢不敢吃刀的另一个体现是吃不上刀。车削加工经常遇到，再切削0.02mm就达到图样技术要求的情况，实际上这时车工已无法切削加工了，因为车刀的刀刃无论磨得多么锋利，刃口处的圆弧半径不可能小于0.02mm。那么，大于切削厚度的圆弧半径R的刃口，是无法进行切削加工的。若是加工，也只是挤压。

技术水平的高低，不在于加工出什么形状的工件，而在于加工出什么精度的工件。只要他能在拿到图样以后，以最合理的切削方法、最短的时间，使加工零件达到图样的精度要求，那就是技术水平高。衡量一个技术工人的实际操作技术水平，通过一种结构，不同的精度要求的加工就可以判别。例如，钳工实际操作水平考试，同是一个六面体（四方块）形状的试题，初级工、中级工、高级工都可以用此题去考试，只不过是对于不同的技术等级，其六面体零件的精度要求、几何公差要求、加工时间不同罢了。

车工技术的精髓在于磨刀，能磨好车刀，也就懂得了切削原理，懂得了材料。对于机械加工工厂，技术上博大精深的工种，应该是最古老的工种——铸造工种。车工只是一个万能工种，车工改为其他机械加工工种，是一件很容易的事情，但是，其他工种改为车工，那就难了。

车工车刀的磨削，只有通过实践，才能学会。一般按着车刀的要求去磨刀，头几次的磨刀比较难，但很快就能掌握了。有些人初到工厂，因为不会磨刀，他不是积极地去学习，而是躲避。尤其是实习的学生，害怕丢掉天之骄子的面子，不愿意叫别人知道自己不会磨刀，而是有意地逃避学习磨刀。实际上工厂的工人都知道，这些人在实践上什么都不会，这是非常正常的。对于初到工厂的人，在第一年，他积极地去学习，问这个，问那个，干这个，干那个，人们会认为，这个人很勤奋，有事业心，有责任心。若第二年，仍然这么干，人们会认为，这个人是技术欠缺，什么都不会。

对于机械加工，理论的学习只是一只脚迈入了机械行业的大门，加上实践知识，那才是两只脚入门，才算进入了机械行业。

第2节 车 床

一、车床的种类

车床的种类很多，一般有卧式车床、立式车床、回转车床、仿形车床、多刀车床、自动车床等。其中，CA6140型卧式车床是加工范围很广的车床，如图8-1所示。

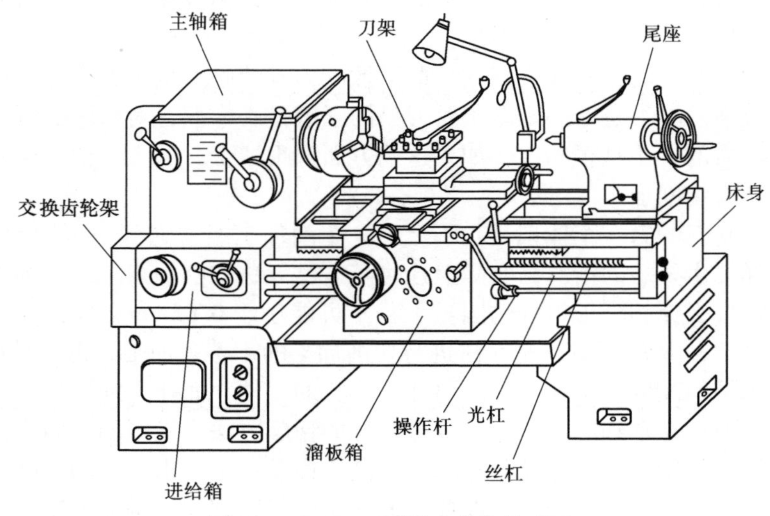

图8-1 CA6140型卧式车床外观图

二、车床各部件的名称及功用

1. 主轴箱

主轴箱固定在床身的左上面。它将电动机的旋转运动传给主轴并通过卡盘带动工件一起旋转，改变主轴箱外手柄位置，可使主轴得到正、反不同的多种转速。

2. 进给箱

进给箱固定在床身的左前下侧。通过交换齿轮架把主轴的旋转运动传递给丝杠，改变箱外手柄的位置，可改变丝杠或光杠的转速，从而达到变换进给量或螺距的目的。

3. 溜板箱

溜板箱固定在床鞍的前侧，随床鞍一起在床身导轨上作纵向往复运动。通过它把丝杠或光杠的旋转运动变为床鞍、中滑板的进给运动。变换溜板箱箱外手柄位置，可对车刀的纵向或横向进给运动进行控制（方向、起动或停止）。

4. 交换齿轮架

交换齿轮架上装有交换齿轮，它把主轴的旋转运动传递给进给箱，调整交换齿轮架上的齿轮，并与进给箱配合，可以调整出不同螺距的螺纹。

5. 刀架

刀架固定在小滑板上，用来安装各种车刀。

6. 滑板

滑板包括床鞍、中滑板、转盘及小滑板四个部分。床鞍装在床身外组导轨上，并可沿床身导轨作纵向移动；中滑板可沿床鞍上部的燕尾形导轨作横向移动；小滑板作纵向移动。转盘转动一个角度后，小滑板可带动车刀做斜向移动，用以车削内外圆锥面。

7. 尾座

尾座装在床身内组导轨上，并可沿床身导轨作纵向移动。尾座上的套筒锥孔内可安装顶尖，用来支承工件；也可安装钻头、铰刀等辅助刀具用来进行钻孔、铰孔等。

8. 床身

床身是车床的基本支承件，它固定在左右床腿上，用来支承车床上的各主要部件，并使它们在工作时保持准确的相对位置。床身上的两组导轨为拖板和尾座的纵向运动提供了准确的导向。

9. 丝杠

丝杠主要用于车削螺纹。它是车床的主要精密件之一。为长期保持丝杠的精度，一般不用丝杠作自动进给。

10. 光杠

进给箱的运动是通过光杠传递给溜板箱的，可以使床鞍、中滑板作纵向、横向自动进给。

11. 操作杆

操作杆是车床的控制机构。在操作杆的左端和溜板箱的右侧各装有一个操纵手柄，操作者可以方便自如地操纵手柄以控制车床主轴的正转/反转或停车。

三、车削加工的基本内容

车削加工的基本内容如图 8-2 所示。

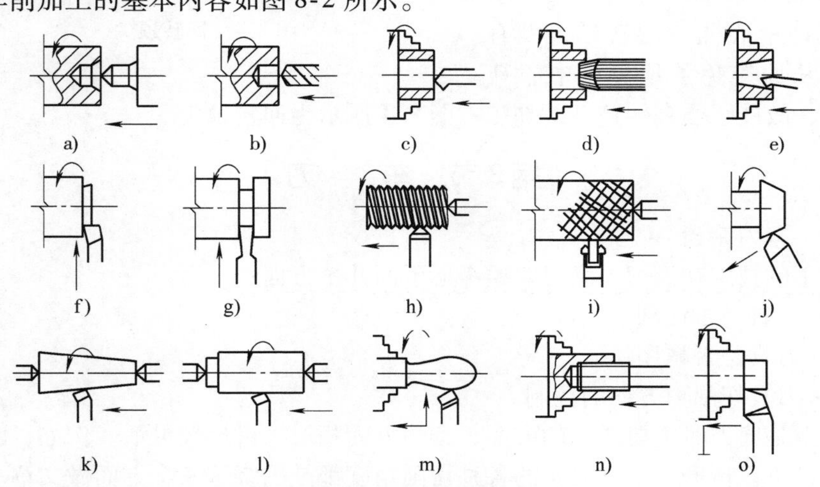

图 8-2　车削加工的基本内容

a）钻中心孔　b）钻孔　c）车内孔　d）铰孔　e）车内锥孔　f）车端面　g）切断　h）车外螺纹　i）滚花　j）车外圆锥　k）车长外圆锥　l）车外圆　m）车特形面　n）攻内螺纹　o）车阶台

四、机床附件

1. 卡盘

卡盘分为自定心卡盘与单动卡盘，常用的是自定心卡盘。自定心卡盘与单动卡盘有正爪与反爪两种。如图 8-3 所示为自定心卡盘。正爪用来夹持较小的工件，反爪用来夹持较大的工件。卡盘三爪的爪子，有一面是矩形螺纹结构，当它与卡盘内的大锥齿轮盘的端面矩形螺纹相旋合，形成当端面螺纹旋转时，三个卡爪同时作径向运动。

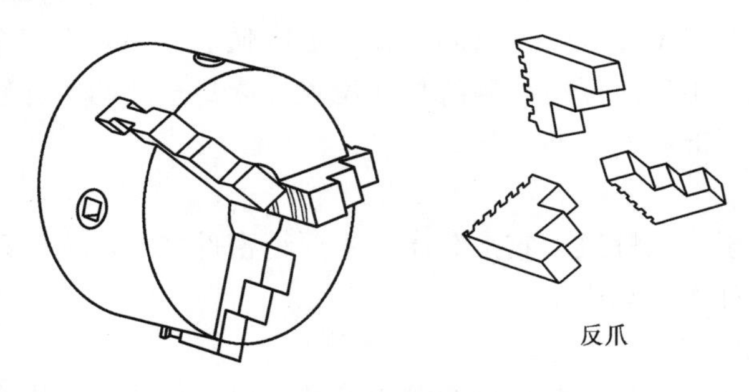

图 8-3 自定心卡盘

2. 回转顶尖

回转顶尖锥角一般为 60°，顶尖的作用就是定中心，并承受工件的重力及切削力。回转顶尖内部装有滚动轴承，转动灵活。顶尖与工件中心孔一起转动，没有摩擦，从而避免了顶尖与中心孔的磨损，故能承受高转速下的加工。图 8-4 所示为回转顶尖。

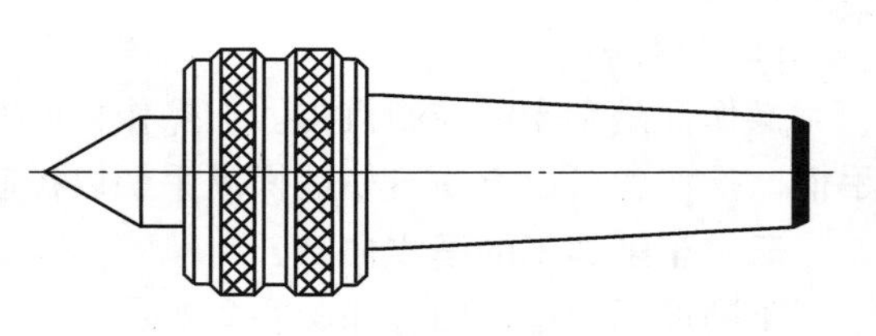

图 8-4 回转顶尖

第3节 车 刀

一、车刀杂谈

车工的技术在磨刀，磨刀时要考虑下面几个方面：

1）刀具是否锋利。

2）刀具是否耐用。

3）刀具切削力方向的控制。

以上是磨刀时主要考虑的方面，其他方面相对来讲比较灵活。例如，断屑槽不合适，可以再磨一下。刀具的各种切削角度都是围绕这三个方面做文章。主偏角控制切削力的方向与刀具寿命；前角控制刀具的锋利与寿命，负前角的目的性更强，就是为了提高刀具的寿命；刃倾角控制刀具的寿命与切屑的流向；后角控制后刀面与已加工表面的摩擦；刀尖圆弧更是为了提高刀具的寿命，只有修光刃是为了达到图样规定的表面粗糙度要求。

车工磨刀不是一个单纯的磨刀现象，它是根据被加工零件材料的软、硬、脆、韧，以及机床的刚性和夹具的刚性，零件的装夹方法，图样的技术要求而决定刀具的切削角度，然后才去磨刀的。这是一个很复杂的过程。一般来讲，一把很适合切削一种零件的车刀，不是一下子就能磨好的，有时需要几次才能磨好，甚至很长时间都磨不好，这都是正常现象。

进入车工行业，就是进入磨刀行业。车工不怕操作加工零件，就怕磨刀，烦磨刀。车刀一坏，心中就烦，烦的是一要磨刀，二要查找原因，找出症结所在，重新磨刀、试刀。都喜欢使用新的车床的原因就是车床刚性好，不易打坏车刀，磨刀次数少。

车工都希望磨一次刀就不用再磨刀了，或者是很长时间再去磨刀。最好是一劳永逸，不再磨刀。实际上就是希望刀具的寿命长一些。车工磨刀的很多方面是在刀具寿命上做文章，磨出各种切削角度，增大刀具的寿命。

二、车刀的种类

常用的车刀种类及名称如图8-5所示。

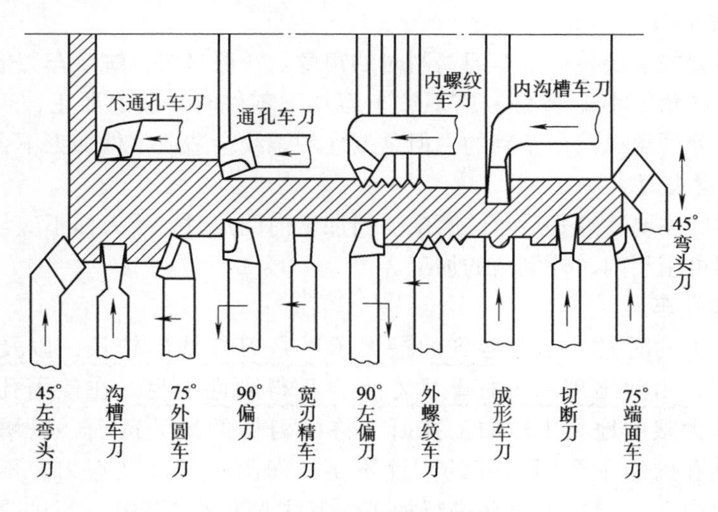

图8-5　常用的车刀种类及名称

三、各种车刀的特点及用途

1. 75°外圆车刀

此车刀的最大特点是刀尖强度好，是车刀中刀尖强度最好的车刀，主要用于粗车加工。

2. 90°偏刀

此车刀的特点是加工阶台。此刀适合于粗、细车加工。

3. 宽刃精车刀

此车刀的最大特点是有很长的修光刃。由于车刀刀头部位强度、刚性差，若粗、细车加工，极易引起振刀，所以只能精车加工。此车刀使用的主要目的是达到图样的表面粗糙要求。

4. 75°端面车刀

此车刀与 75°外圆车刀相比较，其主切削刃在车刀的端面方向，侧面为副切削刃。此刀用于端面切削的粗、细车加工。

5. 切断刀

切断刀的特点是有一个主切削刃、两个副切削刃，可用于切断。在使用中的主要矛盾是刀具的强度与寿命。磨刀时主要注意两个副切削刃与主切削刃的角度要对称，否则会出现切削力的两侧不平衡，使用时容易损坏刀具。

6. 沟槽车刀

此刀与切断刀相比较，其主要区别是对刀具宽度的要求。刀具的宽度必须按图样的宽度要求磨削。此刀可用于加工沟槽。

7. 螺纹车刀

螺纹车刀的主要特点是车刀磨削时的角度。一般来讲，螺纹车刀磨削的角度比图样要求的角度小 1°较好。当螺纹车刀加工零件时，装刀要正，否则会出现加工的螺纹牙型角虽然是正确的，但是倒牙的螺纹会造成零件加工不合格。

8. 45°弯头刀

此车刀的主要特点是后角的磨削。当加工内倒角时，后刀面不应与内孔的壁相碰。此刀可用于内、外倒角的加工。

9. 不通孔车刀

在孔加工的时候，车刀遇到的最大矛盾是刀杆伸出较长，以及被加工零件孔的限制，由此出现的刀杆截面小，会显得刚性不足。在使用孔加工刀具时，应该最大限度地利用被加工孔所允许的刀杆的最大截面，以增大刀杆的刚性。否则孔的加工会因刀杆的刚性不足，而出现锥度及振刀。不通孔车刀的特点是对内孔阶台及不通孔进行加工，其主偏角小于 90°，目的是对内孔的端面进行加工。

10. 通孔车刀

通孔车刀的特点主要是主偏角大于 90°，从而表现出刀尖强度好、寿命高。适用于通孔的粗、精加工。

四、切削角度的定义

图 8-6 所示为一把典型的外圆车刀，从图中可以看到前刀面的位置、后刀面

的位置、刀尖的位置，以及副后刀面、副切削刃、主切削刃的位置。

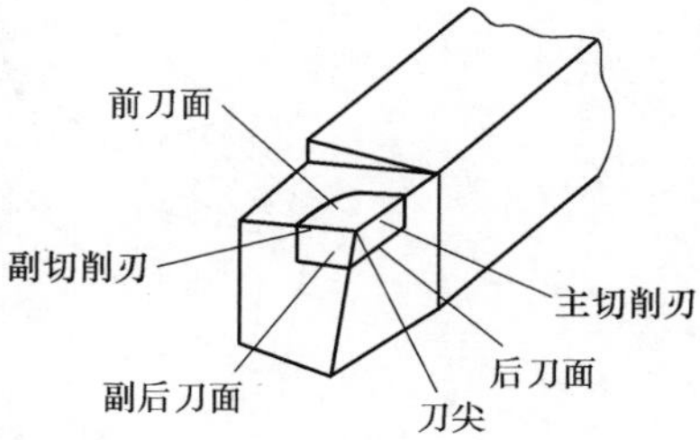

1. 前角 γ_0

在正交平面内，前刀面与基面的夹角称为前角，如图 8-7 所示。

2. 后角 α_0

在正交平面内，后刀面与主切削平面的夹角称为后角，如图 8-7 所示。

图 8-6 外圆车刀

3. 副后角 α_1

在副剖面内，副后刀面与副切削平面的夹角称为副后角，如图 8-7 所示。

4. 刃倾角 λ_s

在主切削平面内，主切削刃与基面的夹角称为刃倾角，如图 8-7 所示。

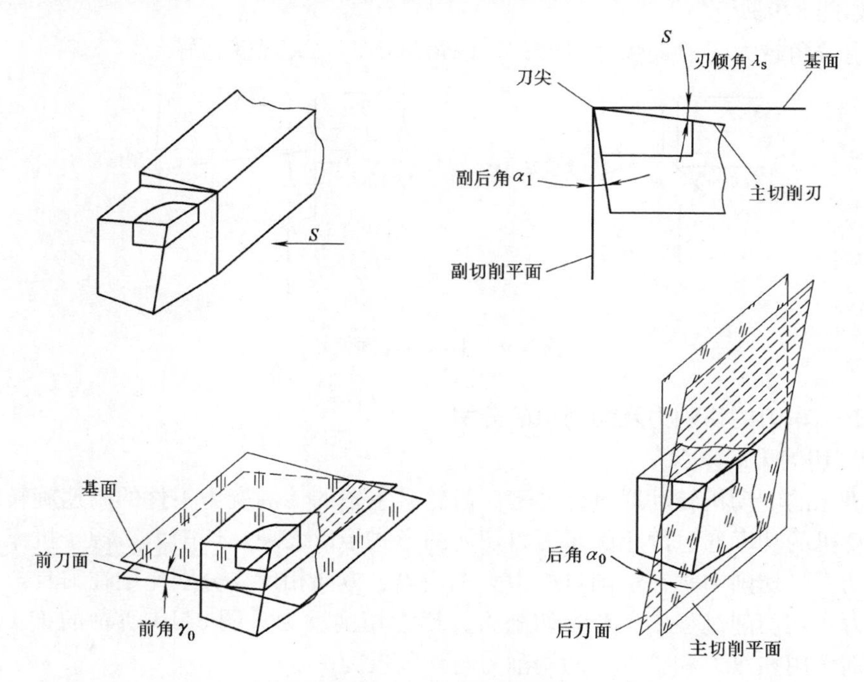

图 8-7 车刀的前角、后角、副后角、刃倾角

5. 刃倾角正负的规定

刃倾角的刀尖为最高点时，刃倾角为正值；刃倾角的刀尖为最低点时，刃倾角为负值；刃倾角为零时，刀尖与主切削刃等高，如图 8-8 所示。当刃倾角为负时，刀尖的强度最差，因为这时刀具的材料最少。车工磨刃倾角就是为了提高刀尖的强度，减少磨刀次数，增大刀具的寿命。

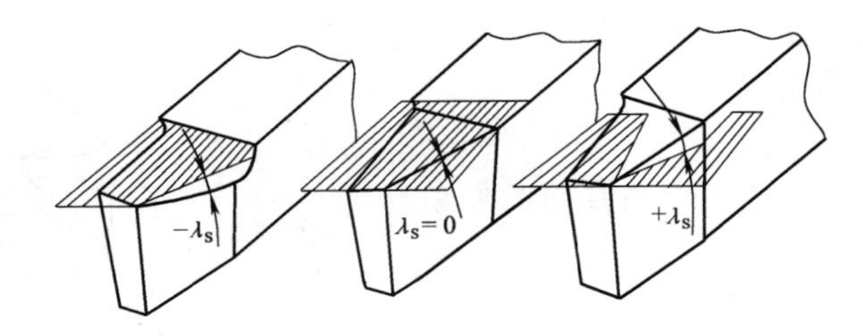

图 8-8　刃倾角正负的规定

6. 主偏角与副偏角

（1）主偏角 κ_r　主切削刃在基面上的投影与走刀方向的夹角，也称为导角，如图 8-9 所示。

（2）副偏角 κ_r'　副切削刃在基面上的投影与背走刀方向的夹角，也称为离角，如图 8-9 所示。

主偏角越大，刀尖强度越差；主偏角越小，刀尖强度越好。

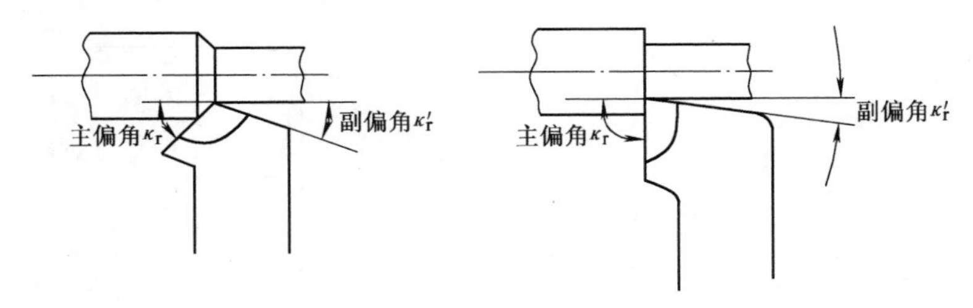

图 8-9　主偏角与副偏角

五、车刀的切削力及切削力的分解

1. 切削力的来源

机床的电动机转动通过传动带、齿轮、主轴的传输变为工件的高速旋转，并将电动机的功率通过静止的车刀以切屑的形式予以表现。切削力来源于机床的电动机功率。切削力是在切削过程中大小相等、方向相反，分别作用在刀具与工件上的力。在切削过程中，F 为切削力，F' 为切削反力。图 8-10 所示的 F、F' 便是分别作用在车刀和工件上的切削力与切削反力。

2. 切削力的分解

将切削力 F 分解为三个互相垂直的分力。图 8-11 所示为作用在车刀上的三个分力 F_c、F_f 和 F_p。

1）切削力 F_c。作用在切削速度方向的分力。此分力是切削过程中的主要切削分力。

2）背向力 F_p。作用在吃刀方向的分力。此分力是工件径向方向的切削分力，也是造成工件在车削过程中弯曲的切削分力。

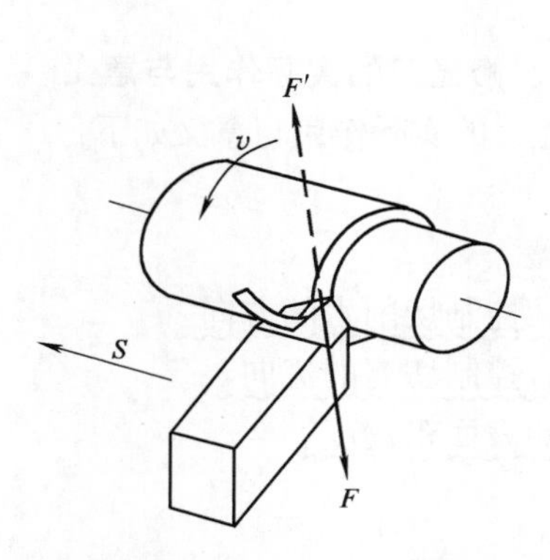

图8-10 切削力与切削反力

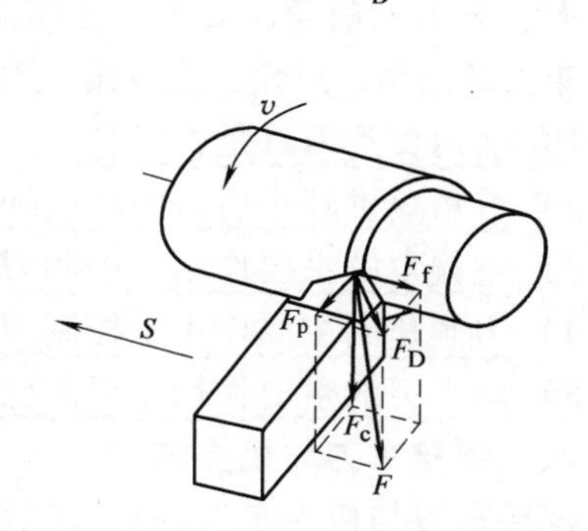

图8-11 切削力的分解

3）进给力 F_f。作用在进给方向的分力。对于车外圆，其为工件轴向方向的切削分力。

3. 典型车刀切削力的分布

1）90°外圆车刀的切削力 F_f、F_p 的分布如图8-12所示。此车刀的最大特点是背向力 F_p 为零，这样的好处是，在车削薄壁和细长杆零件时，不产生薄壁零件变形且不使细长杆零件产生腰鼓形，但其刀尖强度差一些。

2）75°外圆车刀的切削力 F_p、F_f 的分布如图8-13所示。此车刀的最大特点是刀尖强度好，可进行强力切削，但是要考虑零件材料的刚性。

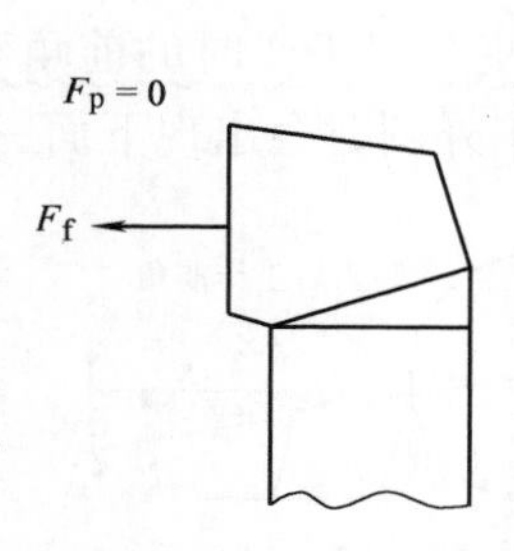

图8-12 90°外圆车刀的切削力分布

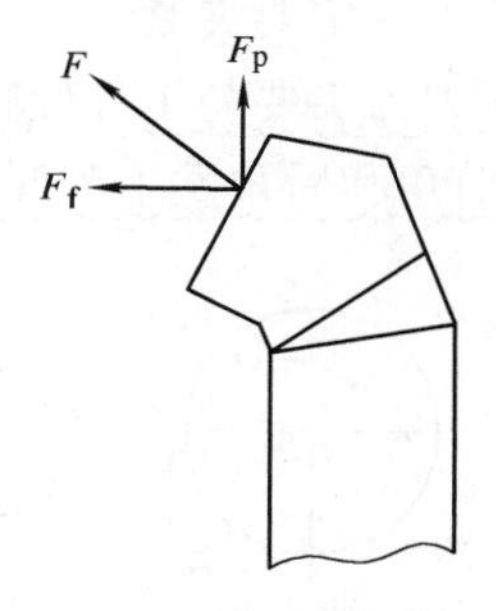

图8-13 75°外圆车刀的切削力分布

六、车刀的切削角度与工件材料

车刀的切削角度是随着被加工零件材料的不同而变化的。一般的规律是：

1）零件材料硬的时候，前角与后角要小，主偏角要大。

2）零件材料脆的时候，前角要小，有时要负前角，如硬质合金刀头、铸铁的切削。

3）零件材料韧性大的时候，前角要大。

4）零件材料软的时候，前角、后角要大。

七、车刀的前角、后角、主偏角、刃倾角、修光刃的实际作用与意义

车刀的前角、后角、主偏角、刃倾角、修光刃的实际作用与意义如下：

1）前角负责刀具是否锋利。

2）后角负责减小后刀面与已加工面的摩擦。

3）主偏角的主要作用是控制刀尖的强度，控制切削力的方向。

4）刃倾角的主要作用是控制刀尖的强度，控制切屑的流向。

5）修光刃的主要作用是提高已加工表面的表面粗糙度。

八、焊接车刀与机夹车刀

焊接车刀与机夹车刀的最大区别是：

1）焊接车刀由于在制作时是高温焊接，所以其硬度会有所下降，且个别硬质合金头出现龟裂（焊接时保温措施不当）。机夹车刀由于不需要焊接与重磨，完全消除了高温焊接带来的内应力和裂纹的可能性，因而大大提高了刀具的寿命。机夹车刀的断屑性能稳定，刀杆可以重复使用。

2）机夹车刀的硬质合金硬度大于焊接车刀的硬质合金硬度。但焊接车刀制造简单。

九、车刀的安装

车刀的安装要注意以下几点：

1）车刀的悬伸部分要尽量缩短，否则车刀切削时刚性差，容易产生振刀。

2）车刀一定要夹紧。

3）车刀刀尖要与工件旋转轴线等高，否则会使车刀工作时的前角和后角与磨刀时的前角和后角发生改变，如图8-14所示。车外圆时会出现下面三种情况：

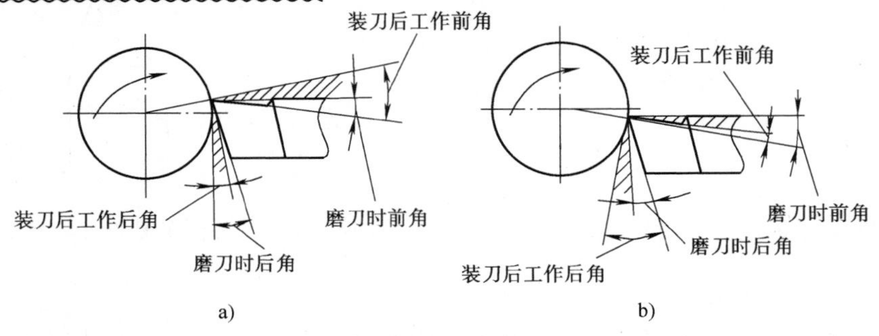

图8-14　装刀高低对前、后角的影响

a）太高　b）太低

① 当车刀刀尖高于工件旋转轴线时，前角增大，后角减小。

② 当车刀刀尖与工件旋转轴线等高时，前角、后角与磨削时一致。

③ 当车刀刀尖低于工件旋转轴线时，前角减小，后角增大。

4）车刀的刀杆中心线要与进给方向垂直，否则会使车刀工作时的主偏角和副偏角发生改变。

十、切削角度的经验数据

车工磨削出车刀的各种切削角度，是为了减小切削力、增大刀具寿命、控制切削力的方向。这是磨车刀的根本。多年的实践经验已总结为书本知识，供后来者使用。表 8-1～表 8-4 所列为各种切削角度的经验数据，供参考。

表 8-1　前角的参考值

工件材料		前角/(°)	
		高速钢刀具	硬质合金刀具
铝及铝合金		30～35	30～35
纯铜及铜合金（软）		25～30	25～30
铜合金（脆性）	粗加工	10～15	10～15
	精加工	5～10	5～10
结构钢		15～25	10～15
铸铁	≤220HBW	20～25	15～20
	≥220HBW	10	8
淬硬钢			-5～10
断续切削灰铸铁或锻钢		10～15	5～10

表 8-2　后角的参考值

工件材料		后角/(°)
低碳钢	粗车	8～10
	精车	10～12
中碳钢及合金结构钢	粗车	5～7
	精车	6～8
灰铸铁	粗车	4～6
	精车	6～8
淬硬钢		12～15
铝及铝合金、纯铜	粗车	8～10
	精车	10～12

表8-3　主偏角的参考值

加工条件	主偏角/(°)
在工艺系统刚性好的条件下车削	45
在工艺系统刚性不足的条件下车削	60
在工艺系统刚性较差的条件下车削	70~75
细长轴或薄壁件，阶梯轴及梯孔的车削	90

表8-4　刃倾角的参考值

加工条件		刃倾角/(°)
精车	钢材	0~5
	铝及铝合金	5~10
	纯铜	5~10
粗车，余量均匀	钢料、灰铸铁	-5~0
	铝及铝合金	5~10
	纯铜	5~10
车削淬硬钢		-12~-5
断续切削钢料、灰铸铁		-10~15
断续切削余量不均匀的灰铸铁、锻件		-45~-5

第4节　加工的实际举例

一、实际操作加工后要掌握的内容

实际操作加工是熟练掌握机床及操作程序，对于学过了理论知识，未进行实际操作的人来讲是非常重要的。表8-5所列为实际操作要掌握的内容。

表8-5　实际操作要掌握的内容

序号	实际操作程序
1	通过外圆的切削，实际懂得粗车、细车、精车是如何进行划分的，车床切削力到底有多大，粗车与精车时的前角有什么变化，刻度手柄如何使用，刀具允许的切削速度如何转变为车床的转速
2	车削台阶圆与外圆时，掌握90°外圆车刀与75°外圆车刀的用途，75°外圆车刀比90°外圆车刀强度好的原因
3	孔是如何加工的，为什么要划分不通孔镗刀与通孔镗刀，镗刀的刚性为什么比外圆车刀差，刚性对孔加工的影响
4	钻孔为什么要先钻中心孔，再用钻头钻孔。车床尾座是如何使用的，锥柄钻头与钻夹头如何装夹

（续）

序号	实际操作程序
5	螺纹在车床上是如何车削的，螺纹车刀是如何装夹的，为什么要对刀，如何对刀，对刀是防止牙型角误差，还是防止牙型半角误差。什么是倒牙，什么是退刀槽
6	一般车床加工螺纹有两种方法，即丝攻板牙与车削；测量有三针测量法、螺纹环规及螺纹塞规，它们都是测量螺纹中径。为什么不测量螺距与牙型。螺距由什么保证，牙型由什么保证
7	孔的加工有时为什么要用铰刀切削，而不用镗刀车削
8	刀具热硬性的深刻理解，高速钢刀具与硬质合金刀具的使用区别，在砂轮上磨硬质合金刀具有什么特别之处。白色砂轮磨高速钢刀具，绿色砂轮磨硬质合金刀具
9	切削液的使用及硬质合金刀具车削时切削液的加注方法。极压润滑剂的特点
10	刀具的磨削方法，断屑槽的作用
11	为什么分类出大的车床与小的车床型号。除了零件形状尺寸的限制外，要理解切削力与机床刚性的关系
12	零件的加工不在于加工出什么形状，而在于加工出什么精度

二、加工定位螺钉零件的步骤

1. 识零件图

定位螺钉零件图如图8-15所示。

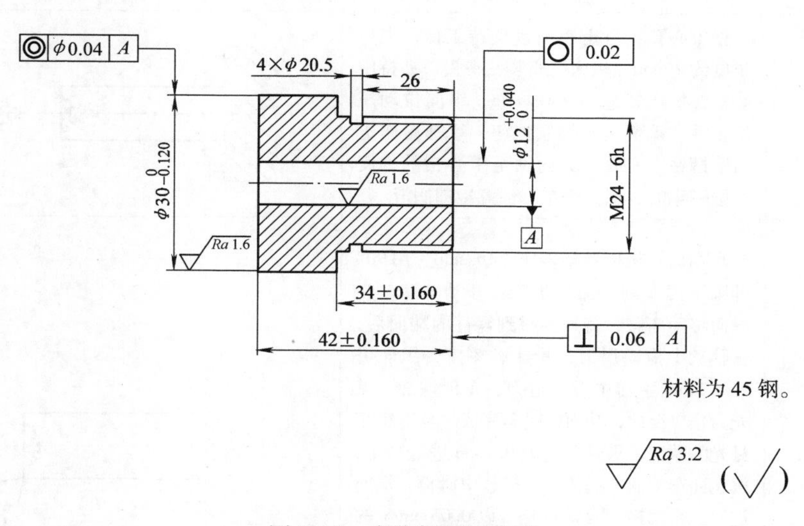

图8-15 定位螺钉零件图

2. 加工准备

加工准备见表8-6。

表8-6　加工准备

序号	内容	详细说明
1	毛坯	领料45钢，ϕ32mm×75mm
2	刀具	切断刀、75°硬质合金外圆车刀、90°硬质合金外圆车刀、螺纹车刀、螺纹车刀对刀样板、ϕ11.8mm钻头、ϕ3mm中心钻、ϕ12mm铰刀、钻夹头
3	量具	游标卡尺、螺纹对刀样板
4	机床转速	根据刀具材料，高速钢选25m/min、硬质合金选35m/min的切削速度。零件直径按ϕ32mm计算： $n = v_c/\pi D = 1000 \times 25\text{mm/min}/3.14 \times 32\text{mm} \approx 248\text{r/min}$ $n_1 = v_c/\pi D = 1000 \times 35\text{mm/min}/3.14 \times 32\text{mm} \approx 348\text{r/min}$ 取：高速钢刀具材料248r/min，硬质合金刀具材料348r/min。然后按车床铭牌转速取相近的转速，调整机床转速，按下限取转速
5	装刀	装正车刀，注意刀尖高度应与零件旋转中心的高度一致，否则会引起刀具前、后角的变化，磨石磨光主切削刃及前、后刀面（距主切削刃2mm即可），以尽快度过刀具的初磨损阶段
6	磨车刀	对于75°与90°外圆车刀，取前角12°、后角7°、刃倾角0°、副偏角8°、副后角5°
7	冷却润滑	加工螺纹采用矿物油冷却润滑，毛刷刷涂

3. 操作加工

定位螺钉车工加工详细加工步骤见表8-7。

表8-7　定位螺钉车工加工详细加工步骤

工序	工步	加工步骤	示意图
5	1	钻中心孔：自定心卡盘夹持工件，夹持长度约25mm，机床尾座装钻夹头，夹持中心钻，机床转速为250r/min，纵向拉动尾座至零件端面处，锁紧尾座，手摇尾座进刀手柄钻中心孔。大约钻至中心钻的锥度外圆一半时，退刀停车。注意冷却润滑	
	2	车端面：机床调整转速350r/min，用90°外圆车刀车削。加工步骤：开动车床，先纵向移动床鞍，待刀尖碰到零件的端面后，在移动中拖动退刀，看床鞍刻度，纵向进刀0.5mm手摇中滑板进刀，车削端面，见光为止。至此，端面的粗车完成。全部粗车见光的端面，再纵向进刀0.1mm进行加工。按端面车削的方法移动床鞍、中滑板，横向进刀。采用横向自动进给，以0.05mm/r的进给速度切削。这时，手仍然不要离开自动进给手柄，待进刀至零件中心3mm时，回位进给手柄、停止切削。先纵向退刀，再横刀退刀，至此，大端面精车完毕	

（续）

工序	工步	加工步骤	示意图
5	3	粗车：先用75°外圆车刀接近零件外圆，背吃刀量为1.2mm，记住刻度盘的刻度，然后通过车床的纵向自动进给手柄，自动进给。初学者，手不要离开自动进给手柄，待车削全长只剩10mm左右时，拨动自动进给手柄回原位，停止自动进给。再手工摇纵向进给手柄，完成最后10mm的外圆粗车。然后手摇中滑板刻度手柄，横向退刀，再手摇床鞍手柄，纵向回原位。这时，就完成了外圆的粗车加工	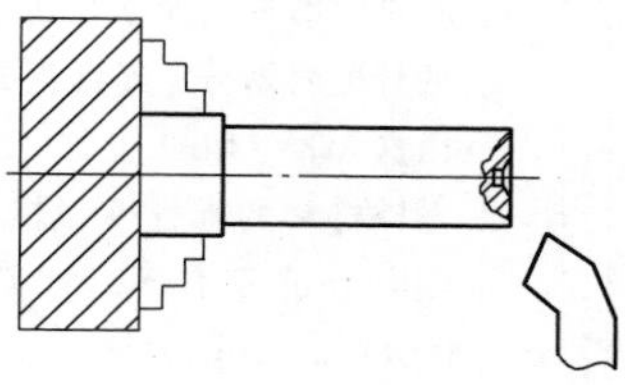
	4	细车：车削外圆0.2mm，以刻度盘的一个整刻度为准，车削零件纵向长度约为5mm，然后先横向退刀，再纵向退刀回到原始位置。用游标卡尺测量工件的外圆。按实际测量尺寸进刀，留0.2mm余量作为精车余量。待按刻度盘进刀完毕后，手摇床鞍快速将车刀接近切削点处，然后拨动自动纵向进给手柄，自动纵向车削外圆。这时，手仍然不要离开自动进给手柄，接近完成全长的外圆切削时，停止自动纵向进给。手摇床鞍切削外圆的根部，先横向退刀，再纵向退刀，回到切削始点处	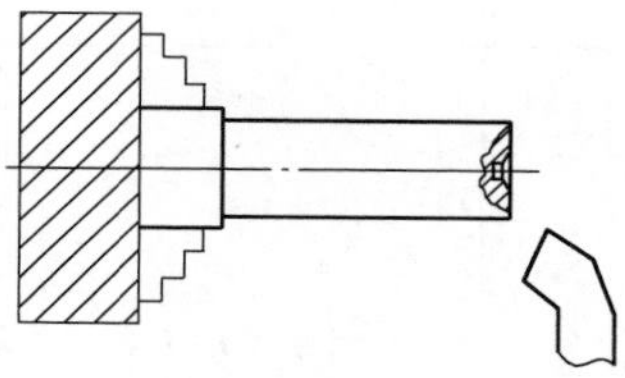
	5	精车：记住细车时的刻度盘刻度，测量细车后零件的实际尺寸，再按实际尺寸，决定进刀刻度尺寸，一般按外圆 ϕ30mm 公称尺寸多进刀0.02mm，即按 ϕ29.98mm 外圆直径尺寸进刀，保证公差尺寸的上极限偏差。进刀工作完成后，调整进给量，先停止车床转动，再根据车床铭牌，将进给量调整为0.05mm/r。然后开动车床，拨动纵向自动进给手柄，手仍然不要离开手柄，待走完外圆的全长后，停止纵向自动进给，手摇床鞍，完成最后的进给。先横向退刀，再纵向退回原位。至此，精车完成 划分粗车、细车、精车的原因：在车工车削时，所划分的粗车、细车、精车阶段，	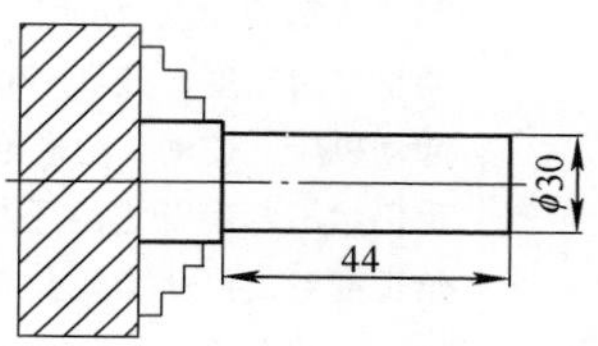 ϕ30 44

（续）

工序	工步	加工步骤	示意图
5	5	不是像书本上及学校讲的那样，为了余量的分配而划分，其真正的原因是：在切削余量大时，切削力大，工艺系统的变形大，零件材料的弹性变形恢复大。在切削时，刻度盘进刀 1mm，但实际切削可能只有 0.98mm。切削力越小，工艺系统的变形就越小，进给量与实际切削量就越一致，操作者就容易控制加工精度。这才是划分粗车、细车、精车阶段的真正原因。加工者在任何时候都想一刀加工到尺寸，由于以上的原因，故进行分刀切削	$\phi30$ 44
	6	车削螺纹大径尺寸：从螺纹公差中查得，M24－6h 其大径尺寸为 $\phi24_{-0.375}^{\ 0}$ mm。此时，外圆尺寸已加工为 $\phi30$mm，车削螺纹大径 $\phi24$mm，其余量为 6mm、长度为 34mm。粗车余量为 5mm，加工方法：先长度对刀，用 75°外圆车刀，采用游标卡尺，定长度 33.5mm 开动车床，车削出长度，然后退刀 粗车：用 75°外圆车刀，车削 $\phi30$mm 外圆，背吃刀量为 5mm，记住刻度盘刻度。调整进给速度，按 0.12mm/min 进给调整。起动机床，按动自动进给手柄，自动进给，手仍然不要离开进给手柄，待接近完成进给长度后，停止自动进给。再手动纵向切削，大约车完全程 34mm 长度，横向退刀，纵向回原位	$\phi25$ 33.5

（续）

工序	工步	加工步骤	示意图
5	7	细车：此时余量大约为1mm。采用90°外圆车刀车削。先对刀，方法是用车刀的刀尖碰到工件外表面约0.1mm，纵向进给约5mm，停车查看刻度盘。再从刻度盘上计算进刀大约是0.8mm。然后拨动纵向自动进给手柄车削加工，手仍然不离开手柄，大约走完全程，停止自动进给，横向退刀，停车，测量长度34mm，重点纵向切削34mm尺寸，边切削边测量，直至达到图样的34mm尺寸要求。纵、横向退刀到切削始点位置，停车	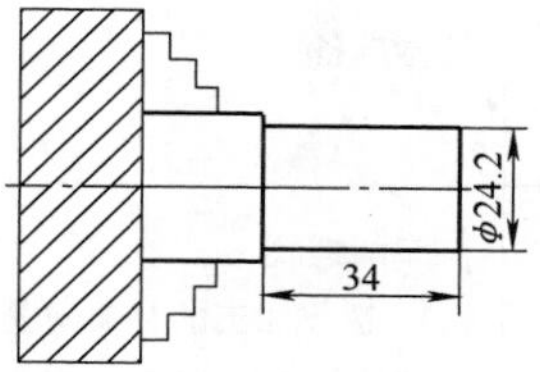 φ24.2 34
	8	精车：测量外径实际尺寸，由于大径尺寸的公差为0.375mm，应该车削到尺寸的中差，即φ24mm尺寸多切削0.15mm，加上细车预留精车余量0.1mm。按理论计算是0.25mm的精车余量，根据测量的实际尺寸，调整刻度盘刻度切削至尺寸φ23.95mm。调整转速为0.05mm/r。起动车床，拨动纵向自动进给手柄，手不要离开手柄，34mm尺寸全长切削，在大约走完全程时，停止自动进给，手动进给车削完最后的余量。先横向退刀，再纵向退刀回始点位置，停车	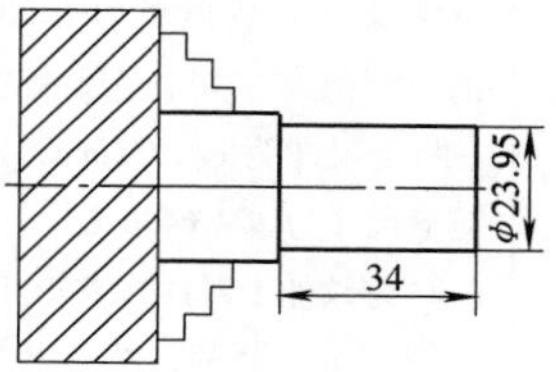 φ23.95 34
	9	车削退刀槽：退刀槽是加工螺纹时退刀的专用结构，对于外螺纹，退刀槽的直径应小于外螺纹的小径，宽度大于螺距的1.5倍即可。加工方法是：用切断刀切削加工，将切断刀通过纵、横向手柄调整到切削位置，用卡尺确定纵向尺寸，然后起动车床，横向进刀，刚一吃上刀，就查看刻度盘的刻度。确定进刀3.35mm，横向进刀切削加工。进刀时切削速度要均衡。若宽度不够，再进行第二刀的切削加工。车削完毕后，退刀回始点位置，停车（硬质合金切断刀不需冷却润滑）	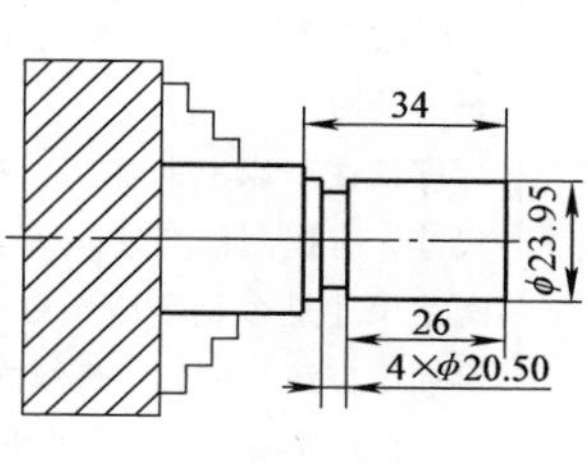 34 φ23.95 26 4×φ20.50

（续）

工序	工步	加工步骤	示意图
	10	车倒角：旋转刀架，用90°外圆车刀或75°外圆车刀，按$C2$尺寸加工，为加工螺纹做准备	
5	11	车削螺纹 1. 螺纹加工的有关问题 螺纹加工有高速切削与低速切削两种加工方法。高速切削是采用硬质合金刀具，机床在转速较高的切削速度下加工螺纹；低速切削是机床在转速较低的切削速度下，用高速钢刀具车削螺纹。初学者均采用低速切削去加工螺纹。此零件加工时的测量，采用三针测量法测量螺纹中径。三针测量方法及有关数据可以查阅有关书籍。M24的粗牙螺纹，其中径尺寸为$\phi 22.051_{-0.20}^{0}$mm。三针的尺寸为$\phi 1.732$mm，用三针法测量时，测量尺寸为$\phi 24.649$mm 2. 螺纹加工刀具的装夹与机床调整 螺纹车刀磨削，其角度按对刀样板磨削。对刀样板一般形状如右图所示 当螺纹车刀磨好后，在车床刀架上装夹是个关键，有两点要求：①在装夹时，螺纹车刀刀尖高度与工件旋转中心同高；②采用样板对刀，防止出现加工的螺纹牙型角正确，而牙型半角超差的加工现象，也就是通常说的“倒牙” 螺纹车刀的对刀：按右图所示方法装夹车刀及对刀 螺纹在车床上的加工：按车削时的螺距尺寸，有提闸法与正反车法，即按螺纹的螺距尺寸是否是车床丝杠螺距的倍数来决定加工方法。例如，螺纹M24mm的螺距为3mm，是车床丝杠螺距12mm的整约数。所以就采用加工很方便的提闸法。如果是螺距为1.25mm的螺纹，其螺距尺寸就不是车床丝杠尺寸12mm的整约数，加工螺纹	螺纹对刀样板

（续）

工序	工步	加工步骤	示意图
5	11	时只能采用正反车法。在正反车法的过程中，不许将丝杠手柄提起来，否则会乱牙，只能是每正车一刀后，反车退回，在切削 M24mm 螺纹前，根据车床铭牌，调整丝杠的转速。按工件旋转一周，纵向移动 3mm 的速比调整车床。然后，将机床转速调整到最低，并准备好切削液及毛刷 加工螺纹：起动车床，操纵横向与纵向手柄，将螺纹车刀移到工件需加工的外圆表面进行对刀，记住中滑板刻度值。然后纵向退刀，将车刀及工件外圆表面涂以切削液，随后横向进刀 0.2mm。记住刻度值，再压下丝杠开合手柄，这时手不能离开丝杠开合手柄，待螺纹车刀进给到退刀槽处时，迅速提起丝杠开合手柄，停止丝杠进给。然后一定要先横向退刀，再纵向退刀至始点处。按上次刻度盘刻度，再进刀 0.2mm，记住刻度值，并在加工表面与刀具上涂上切削液，再压下丝杠开合手柄，这时手仍不能离开丝杠开合手柄，待螺纹车刀进给到退刀处，提起丝杠开合手柄，车刀回到始点处。按此切削方法，反复多次，直到螺纹的牙型尖角只有 0.8mm 的宽度时，马上进行三针测量，根据测量余量，再决定进刀刻度。此后，每切削加工一次，就测量一次，然后再决定进刀刻度，直至达到图样的技术要求	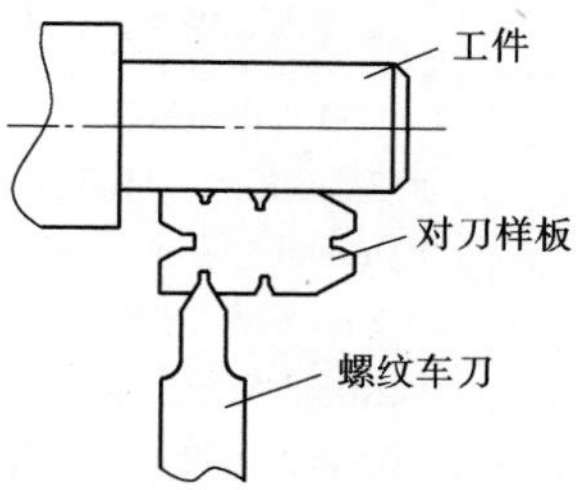 工件 对刀样板 螺纹车刀 螺纹对刀样板的对刀方法 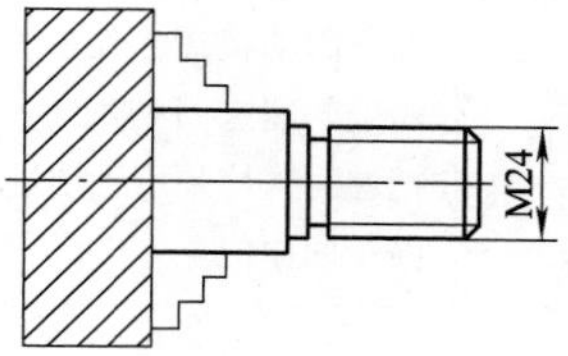 M24

（续）

工序	工步	加工步骤	示意图
5	12	内孔加工： 内孔车削准备：内孔加工普遍地要比外圆加工时的切削速度低，按车床的铭牌转速就近调整，可以以248r/min调整机床转速为200r/min左右，把钻夹头安装到车床尾座的锥度孔内，再把ϕ11.8mm的钻头安装到钻夹头内拧紧，并将尾座拉滑到钻孔的工件端面处，并准备好切削液 摇尾座手柄，开始钻孔，并起动冷却泵浇注冷却，进刀钻孔深几毫米后退刀，清理切屑，再钻孔几毫米，再退刀清理切屑，反复多次，直至钻深46mm以上，停止加工，退刀，停车，关闭冷却泵	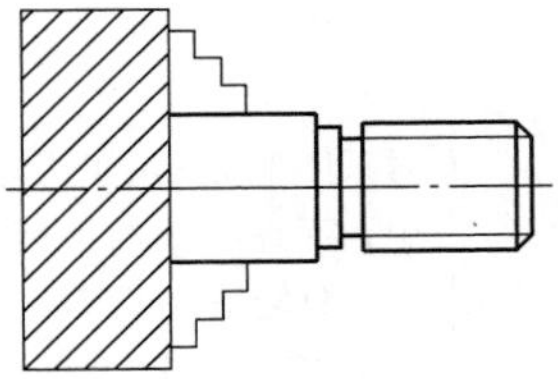
	13	铰孔：由于铰孔时，切削刃较长，切削速度应该更低。将机床转速按机床铭牌取100r/min左右的转速。将钻头卸下，安装ϕ12mm铰刀，夹紧，起动机床，当匀速、缓慢进刀铰削完全长时，退刀，停车，退回尾座，关闭冷却泵。注意一定要充分冷却润滑	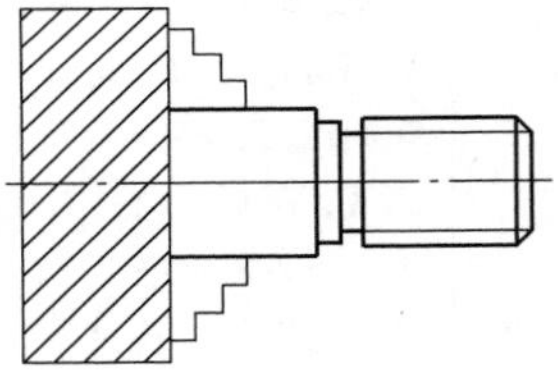
	14	切断：将机床转速调整为300r/min，转动刀架，使用切断刀移动到预定切断处，采用游标卡尺测量总长42mm。按42.5mm尺寸切断（预留掉头装夹，光端面尺寸为0.5mm）。切断时，可连续冷却，也可不冷却。起动机床，切断车削加工。注意在切断处匀速进刀切削。一般情况下，当没有把握时，均采用手动进给切断。在切断后，停车回原位	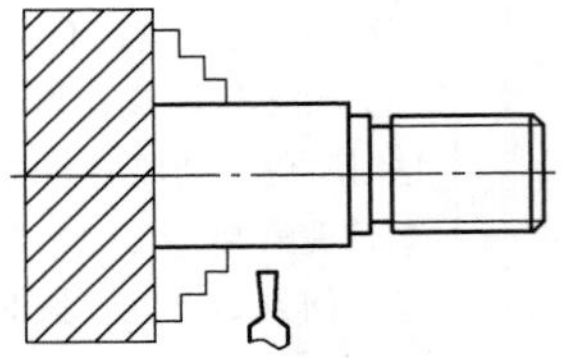
10	15	卸工件，测量切断工件的实际尺寸，观察余量的实际值为多少。按预计为0.5mm，掉头装夹，光端面，倒角。光端面采用75°外圆车刀，端面采用粗车、细车两工步加工，停车，卸工件，加工完毕	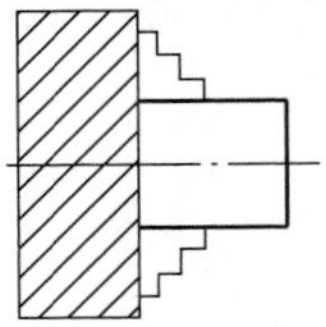

当将这个工件连续加工5件后，应该对车削加工一般的加工工序，均有所了解与掌握。在下一个工件的加工中，对于已掌握的加工方法，就不再详细说明，只对新的加工方法予以详细的说明和介绍。

三、加工销轴零件的步骤

1. 识零件图

销轴零件图如图8-16所示。

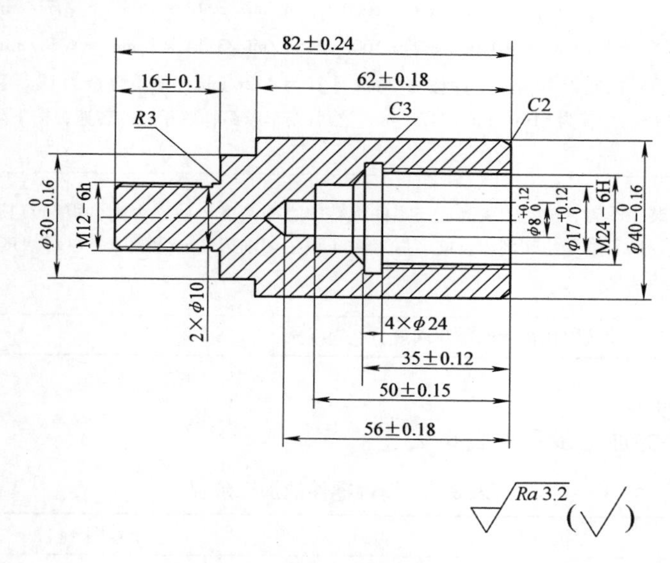

材料：45钢

热处理：23～28HRC

名称：销轴

图8-16 销轴零件图

2. 加工准备

加工准备见表8-8。

表8-8 加工准备

序号	内容	详细说明
1	毛坯	领料 φ45mm×84mm
2	刀具	通孔镗刀、不通孔镗刀、75°外圆车刀、内螺纹车刀、螺纹车刀对刀样板、M12板牙、板牙架、M12－6H螺纹环规、内沟槽车刀、φ8mm钻头、φ16mm钻头、φ20mm钻头、φ3mm中心钻、钻夹头、锥柄套、回转顶尖
3	量具	游标卡尺、螺纹对刀样板、塞规自制

（续）

序号	内容	详细说明
4	机床转速	选择转速：根据刀具材料，高速钢选25m/min，硬质合金选35m/min的切削速度。零件直径外圆按ϕ45mm、内孔按ϕ18mm计算： $n=1000v_c/\pi D=1000\times25\text{m/min}/3.14\times18\text{mm}\approx442\text{r/min}$ $n_1=1000v_c/\pi D=1000\times35\text{m/min}/3.14\times45\text{mm}\approx247\text{r/min}$ $n_2=1000v_c/\pi D=1000\times35\text{m/min}/3.14\times18\text{mm}\approx619\text{r/min}$ 取：高速钢刀具、零件按ϕ18mm计算为442r/min。硬质合金刀具、零件按ϕ18mm、ϕ45mm计算为619r/min、247r/min。然后按车床铭牌取相近的转速，按下限取转速
5	装刀	装正车刀，注意刀尖高度与零件旋转中心的高度一致，否则会引起刀具前、后角的变化，磨石磨光主切削刃及前、后刀面（距主切削刃2mm即可），以尽快度过刀具的初磨损阶段
6	冷却	加工螺纹采用矿物油冷却润滑，毛刷刷涂

3. 操作加工

销轴零件的加工步骤见表8-9。

表8-9 销轴零件的加工步骤

工序	工步	加工步骤	示意图
5	1	钻中心孔：自定心卡盘夹持工件，夹持长度约25mm，机床尾座装钻夹头，夹持中心钻，机床转速为300r/min，纵向拉动尾座至零件端面处，锁紧尾座，手摇尾座进刀手柄钻中心孔。大约钻至中心钻的锥度外圆一半时，退刀停车。注意冷却润滑	
	2	光端面，机床转速300r/min	

（续）

工序	工步	加工步骤	示意图
5	3	卸工件再夹持零件。装夹长度为15mm，再采用回转顶尖顶紧。粗车采用75°外圆车刀，背吃刀量为4mm（单边2mm），自动进给，车削加工。完毕后测量实际尺寸，这时会产生一个现象，就是按刻度盘的进刀刻度应该切削4mm，但实际可能只切削了3.9mm。这就是俗称的“让刀”。产生让刀的原因是，粗车时的切削力很大，工艺系统的弹性变形大，所以出现进刀4mm，实际切削只有3.9mm的“让刀”现象	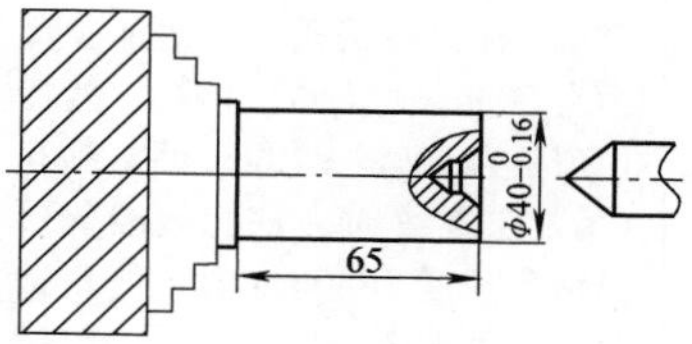 $\phi40_{-0.16}^{0}$ 65
	4	精车：由于$\phi40_{-0.16}^{0}$mm尺寸精度、表面粗糙度要求不高，可以避开细车阶段，直接精车达到尺寸要求，于是根据实际尺寸，按外圆$\phi39.90$mm尺寸切削加工，即可达到图样要求	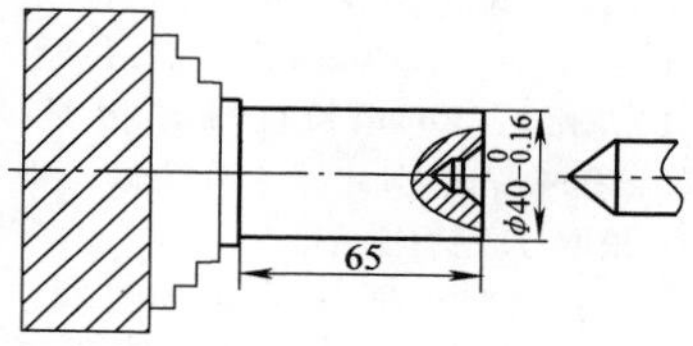 $\phi40_{-0.16}^{0}$ 65
10	1	卸工件掉头再夹持零件。装夹长度为35mm 车外圆$\phi30$mm，将机床转数调整为400r/min的转速，先光端面，然后用90°外圆车刀切削加工至$\phi30$mm尺寸	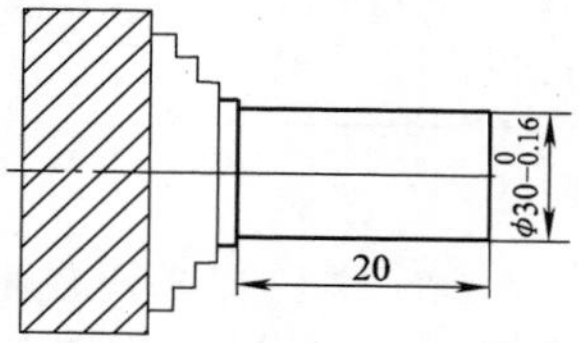 $\phi30_{-0.16}^{0}$ 20
	2	车M12螺纹：将$\phi30$mm外圆用90°外圆车刀切削加工至$\phi12_{-0.26}^{0}$mm，然后倒角，车退刀槽。再将转速调整为30r/min。将板牙装入板牙架内，加工M12螺纹。注意冷却润滑。检验用M12-6H螺纹环规。M12螺纹加工如右图所示，当车床开动时，必须手摇尾座手柄纵向进给。注意，这时力不能大，也不能小。跟着板牙架的纵向速度就可以了，一般切削3~4个螺距后，就不用跟刀了	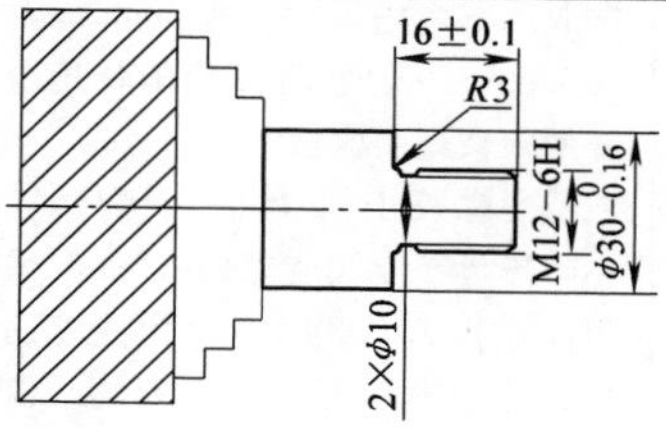 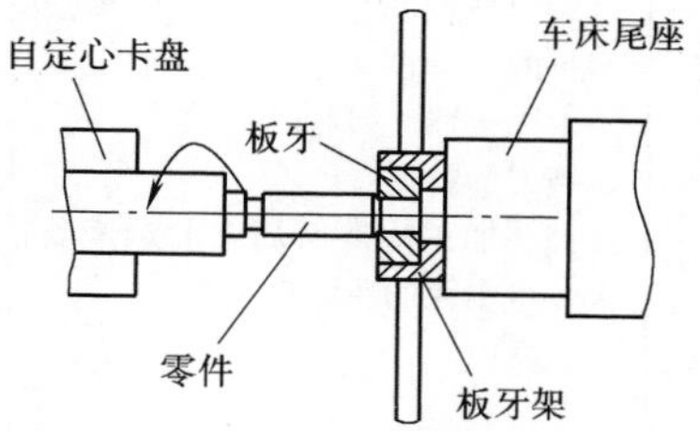 16±0.1 R3 M12-6H $\phi30_{-0.16}^{0}$ 2×$\phi10$ 自定心卡盘 车床尾座 板牙 零件 板牙架

（续）

工序	工步	加工步骤	示意图
15	1	加工内孔：掉头装夹，转速按400r/min选取，先加工长度尺寸62mm。方法是：车削端面，控制长度尺寸62mm。冷却润滑。再用ϕ8mm的钻头钻孔，当钻削长度约为30mm时，停止钻孔。然后用顶角为90°的ϕ20mm钻头钻孔（为加工螺纹M24底孔做准备），当钻孔深度为30mm时，停止钻孔，改用ϕ16mm钻头钻孔，当钻孔深度为49mm时，停止钻孔，改用ϕ8mm钻头钻孔，钻孔深度为56mm。注意：不将ϕ8mm的钻头一次装夹，钻孔为56mm的原因是，第一次装夹钻孔ϕ8mm是为后工步钻ϕ20mm的孔引钻；不钻孔达56mm长度的原因是：ϕ8mm钻头刚性差，易钻偏，要采取分级钻孔 将75°外圆车刀、90°外圆车刀卸下，装通孔、不通孔、内槽镗刀及内螺纹车刀，并用螺纹样板找正	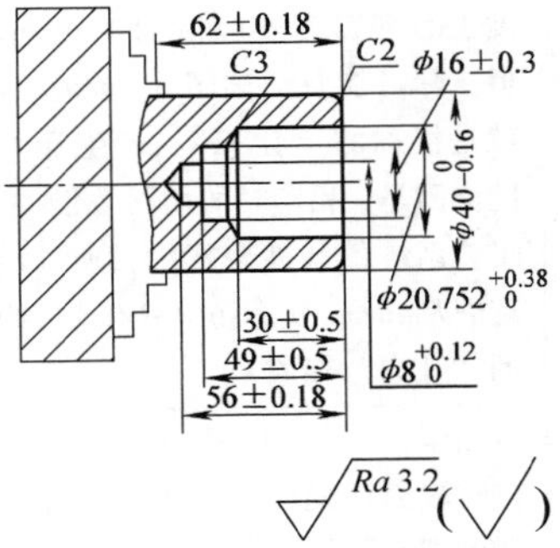
	2	镗内槽、镗孔：车刀采用硬质合金内孔镗刀。车床转速按600r/min选取。车内槽尺寸，宽4mm深至ϕ24mm，一般是两刀镗削。其长度用床鞍刻度测量 镗削螺纹小径尺寸：查表螺纹小径尺寸为$\phi 20.752^{+0.38}_{0}$mm，采用通孔镗刀。此时，通孔镗刀的装夹要注意。刀具的后刀面，以及后刀面的弧，刀具的高度要使刀具的主切削刃能够镗削加工而不发生干涉，如右图所示 镗刀的特点： 镗孔加工比外圆加工的难度要大，最主要的原因有三条：	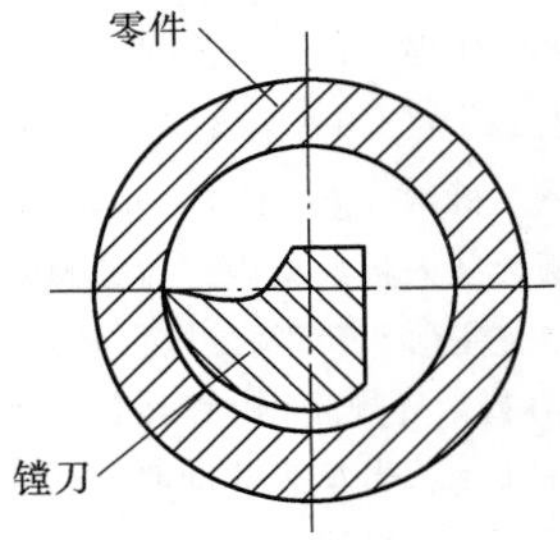

（续）

工序	工步	加工步骤	示意图
15	2	1）刀具刚性差 2）排屑性能差 3）冷却条件差 镗孔一般是小的背吃刀量、小的进给量的加工。采用通孔镗刀加工此零件，余量约为0.8mm。采用3次镗削加工，第一刀余量为0.5mm；第二刀余量为0.15mm，为最终的加工做消除让刀、内孔光整的准备；第三刀按设计图要求，做最终切削。必须在测量好实际尺寸后，再决定进刀刻度。进给深度的控制可采用镗刀刀杆的上方加一块铜皮来定长度的简单方法 镗内槽：此内槽为加工M24螺纹时的退刀槽。加工方法与外螺纹退刀槽相似，只不过是采用内槽镗刀。一般是先确定镗刀的轴向尺寸，再确定镗刀的进刀格数。由于内槽宽度为4mm，尺寸较大，可进行两次镗削加工	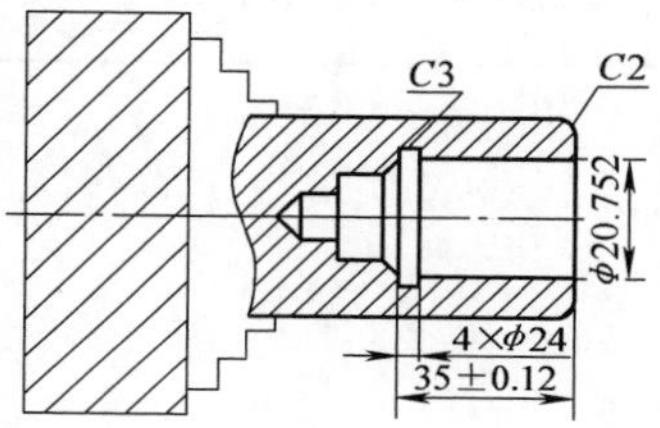 C3 C2 φ20.752 4×φ24 35±0.12
	3	镗内孔 ϕ17mm：内孔已钻孔为 ϕ16mm，因 $\phi17^{+0.12}_{0}$mm 内孔有一个直角台阶，必须用不通孔镗刀才能加工出来，所以采用不通孔镗刀加工。再一个问题是如何测量。对于单件生产，按零件的上、下极限尺寸加工一个圆柱体的两端，就是自制简易量规，如右图所示。对 ϕ17mm 尺寸进行测量。当加工内孔 ϕ17mm 时，采用手动纵向进给，分多刀加工。第一刀采用试切削，约进给0.3mm。加工完毕后，用量规测量一下，再进第二刀0.2mm，然后再测量，再进给0.2mm切削，再测量，直至感到车削即将到尺寸时，改用0.1mm进给量切削加工。注意用游标卡尺测量长度。90°台阶面的加工是，纵向进给到台阶根部后，再横向进给切削90°的台阶面	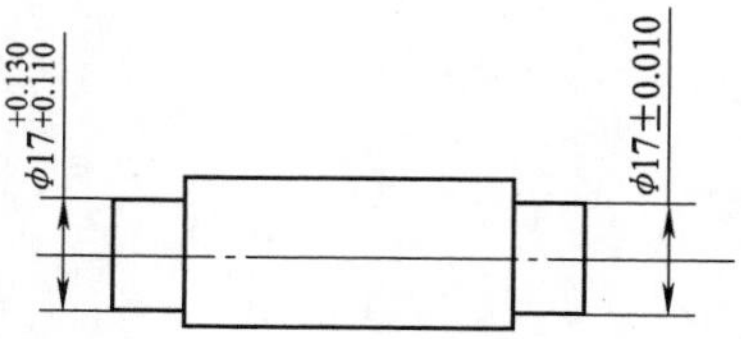 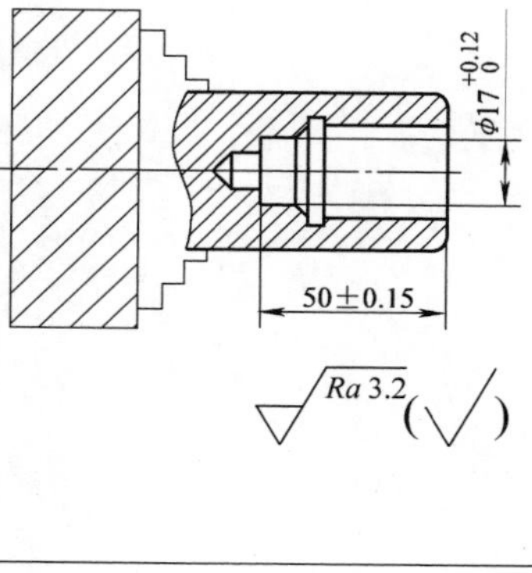 $\phi17^{+0.130}_{+0.110}$ $\phi17\pm0.010$ $\phi17^{+0.12}_{0}$ 50±0.15 Ra 3.2 (√)

（续）

工序	工步	加工步骤	示意图
15	4	车削内螺纹 M24：M24 螺纹的螺距为 3mm，是车床丝杠螺距的倍数。采用提闸法车削，车床的转数调整到最低转速。方法与上一个零件定位螺钉的外螺纹加工方法相同，用螺纹塞规检验螺纹	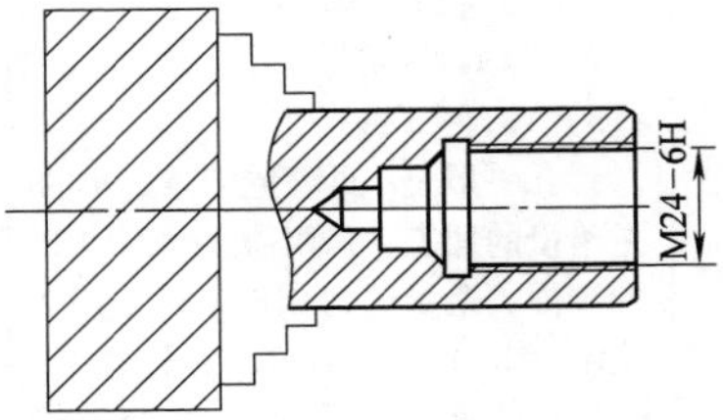 M24−6H

第9章 铣　　工

第1节 铣工杂谈

一眼看到铣刀有那么多的切削刃，在高速旋转的铣床主轴上转动铣削，就使人头发麻，心发慌。实际上，就是因为铣刀有了多切削刃，才使铣工成为高效率的加工工种；就是因为铣刀有了多切削刃，才将最大限度利用铣床功率的可能变为现实。

铣工是机械加工中比较令人羡慕的工种，一是技术性比较强；二是相对其他工种来讲，劳动强度不是很大；三是加工时比较干净，不像有些工种，每天一身油。所以说，铣工在机械加工中是一个比较理想的工种。

铣工是一个万能工种，加工范围非常广泛，几乎所有的机械加工都能承担。例如，零件的外圆加工，小一些的零件，在铣床上用分度头装夹，手摇分度手柄实现零件转动；大一些的零件，就可以装在回转工作台上实现零件转动，用立铣刀铣削加工，但此时外圆的加工不如车床加工生产率高，加工也很麻烦。铣工的加工范围是：沟槽、刻线、台阶平面、一段圆弧、一段直线、特形曲面、位置尺寸、模数齿轮、刀具开刃、螺旋槽、蜗轮的加工。

从铣工的加工范围可知，铣工工种对操作者的文化素质要求比较高。铣工加工有时要进行很多的计算，识图样的要求也很高，尤其是几何公差的要求必须很清楚，也要知道如何装夹工件，如何铣削以保证加工质量。

铣工忙在操作上，车工忙在磨刀上，钳工忙在磨钻头上。在操作加工上，铣工的技术点是：铣刀的装夹和熟练运用，加工时的顺铣与逆铣。大家知道，普通铣床的主轴只有一个，而铣刀却多种多样，这就产生了如何装刀的问题；在加工时，什么情况下采用顺铣，什么情况下采用逆铣，如何装刀，这些都是有规律和方法的。

铣工最大的缺点是只知道用刀，不会磨刀。铣刀磨损之后，一般都是磨工在工具磨床上修磨，不像车工刀具磨损后，自己磨刀。

铣工最害怕的是大余量的单刃铣削，这时会对铣床的主轴有大的冲击，非常容易将主轴精度破坏，从而使铣床丧失精度，失去使用价值。

由于铣工的加工范围广泛，就产生了铣削加工中心机床的设计制造；对于铣削中心机床结构，由于铣刀装夹的烦琐，铣削中心就有了刀具库与铣刀的自动装夹；由于普通铣床加工时冷却润滑不充分，流量小，若采用大的流量，则会产生切削液的飞溅，故有了铣削中心工作台周围封闭加工；由于铣削中心使用喷涂刀具，其硬度、耐磨性较高，因此可以使用很高的切削速度。为了有高的转速，其主轴轴承采用了进口轴承。在普通铣床上加工时，其进给速度、背吃刀量、位置尺寸、形状尺寸的控制都是人工操作，比较烦琐，易出差错，而铣削中心则是由计算机控制，相对而言精确与方便得多。总的来讲，铣削中心比普通铣床高明在于铣削时对铣床的控制，其他就是机床价值高，操作人员要求高。

第2节　铣削加工的特点

铣削加工的特点如下：

1）多切削刃的、断续的切削加工。

2）多种形面的加工，尺寸计算较多。

3）有各种刀轴，刀具装夹较复杂。

4）铣工用刀，不磨刀，没有磨刀的经验。

5）加工的表面精度不高。

第3节　铣工基本知识

一、铣床

（一）X6132 型铣床的结构

X6132 型铣床俗称卧铣。按图 9-1 所示部件的序号，依次介绍其基本构件及其作用。

（1）底座　用来支承床身，升降丝杠，安置冷却泵，存放切削液，便于铣床在地基上安装。

（2）床身　呈箱式结构，顶部有水平燕尾导轨，正面有外燕尾垂直导轨，用于安置、连接、支承机床其他部件。

（3）横梁　横梁外附带有一挂架，横梁和挂架都可沿顶部的水平导轨移动。其主要作用是可用挂架支持长刀轴的外端，增加刀轴的刚性。

（4）主轴　它是前端带有 7∶24 锥孔的空心轴，用来安装刀轴、铣刀等，并传递运动及动力。

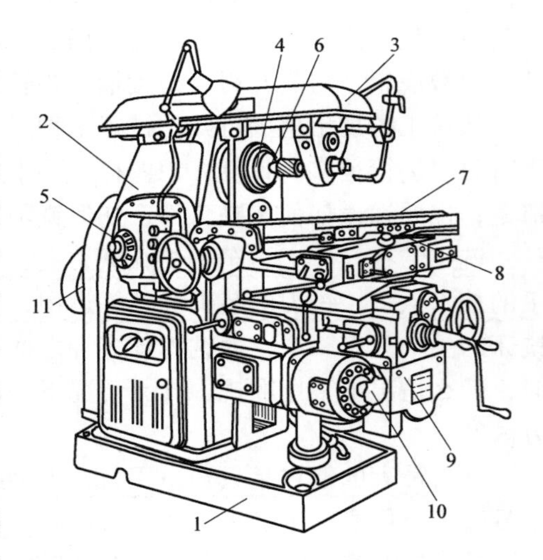

图 9-1　X6132 型铣床的外形及各部分名称

1—底座　2—床身　3—横梁　4—主轴　5—主轴变速机构　6—刀轴　7—纵向工作台　8—横向工作台　9—升降台　10—进给变速机构　11—主电动机

（5）主轴变速机构　其主要作用是由主电动机通过传动机构带动主轴转动，操作变速机构可使主轴获得18种不同的转速。

（6）刀轴　用来安装刀具，传递运动和动力。

（7）纵向工作台　用来安装夹具、工件和作纵向移动。

（8）横向工作台　支承并带动纵向工作台作横向移动。横向和纵向工作台的中部是回转盘，可使纵向工作台在水平±45°范围内偏转。

（9）升降台　呈箱式。作用是支撑、带动工作台上下移动。

（10）进给变速机构　作用是由进给电动机通过传动机构将运动传给工作台作进给运动，操纵变速机构可使工作台获得18种不同的进给速度。

（11）主电动机　提供动力。

（二）X52K型立式升降台铣床

这类铣床除主轴垂直放置并可在±45°范围内偏转，即主轴头附近的结构与X6132型铣床不同外，其规格、操纵机构和传动变速系统均与X6132型铣床完全相同，如图9-2所示。

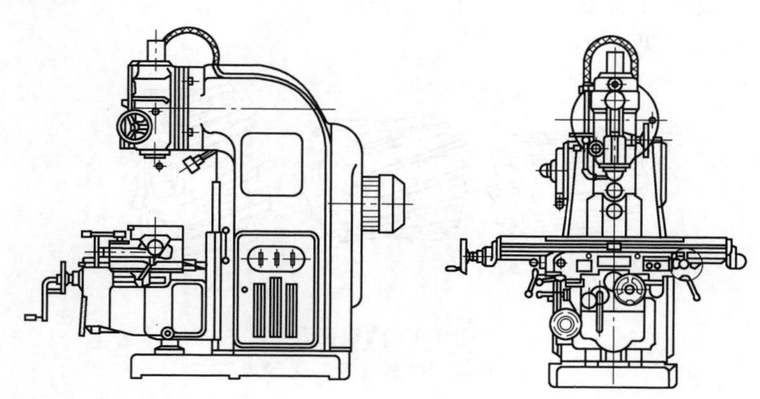

图9-2　X52K型立式升降台铣床

二、铣刀

（一）铣刀的种类

1. 按铣刀切削部分的材料分

1）高速钢铣刀。一般形状复杂的铣刀都采用高速钢材料制成，这类铣刀有整体和镶齿两种。

2）硬质合金铣刀。一般以硬质合金刀片焊接在刀体上或以机械夹固的方式镶装在铣刀刀体上。

2. 按铣刀刀齿构造分（即在刀齿的截面上以齿背的形状分）

1）尖齿铣刀。这类铣刀刃口锋利，制造、刃磨方便，一般铣刀都采用尖齿，如图9-3a所示。

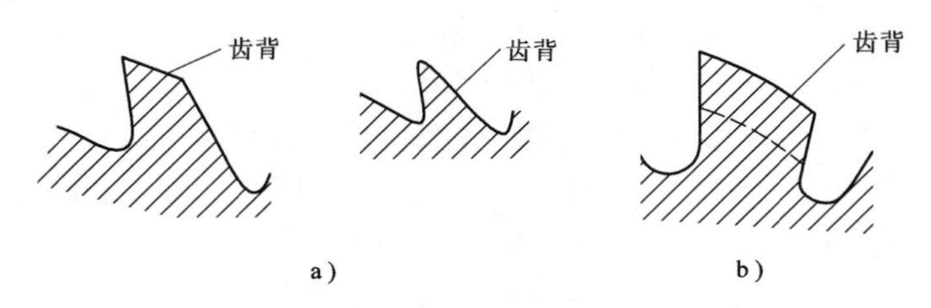

图9-3 铣刀刀齿截形

a）尖齿 b）铲齿

2）铲齿铣刀。刀齿齿背为阿基米德螺旋线，在铲齿机上铲削加工成形的铣刀称为铲齿铣刀。这类铣刀最大的特点是刃磨前刀面（$\gamma_0=0°$）后，齿形保持不变，可应用于成形铣刀，如铣齿轮的模数片铣刀，如图9-3b所示。

3. 按铣刀的形状和用途分

1）圆柱铣刀（见图9-4）。用于铣平面。

2）面铣刀（见图9-5）。

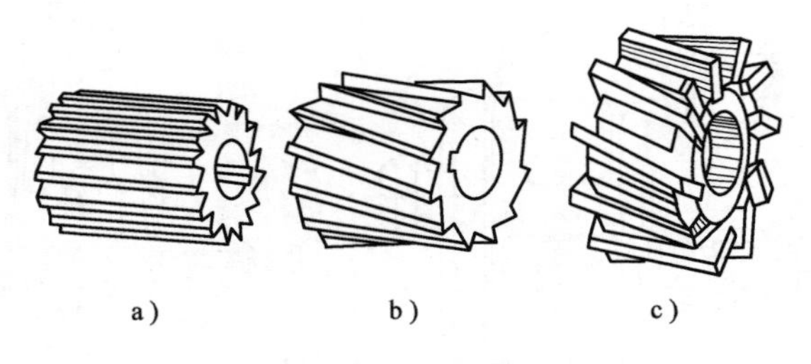

图9-4 圆柱铣刀

a）直齿 b）螺旋齿 c）镶齿

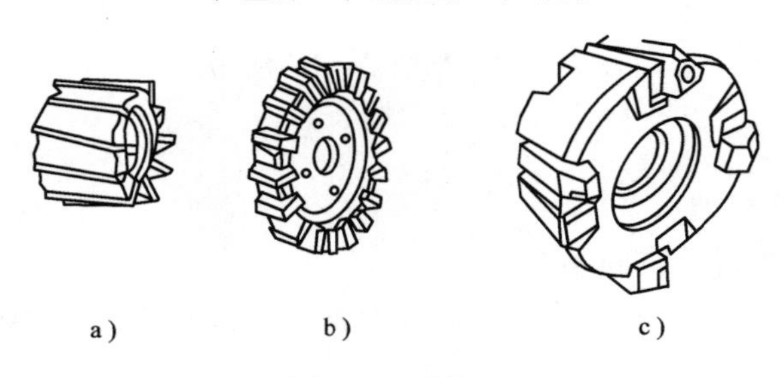

图9-5 面铣刀

a）整体式 b）镶齿式 c）机械夹固式

3）三面刃铣刀（见图9-6）。

4）锯片铣刀（见图9-7）。这类铣刀仅有周刃，厚度由圆周沿径向至中心逐渐变薄。

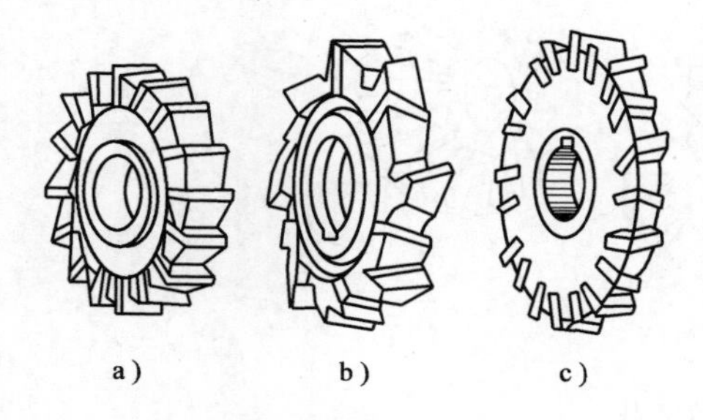

图9-6 三面刃铣刀

a）直齿 b）错齿 c）镶齿

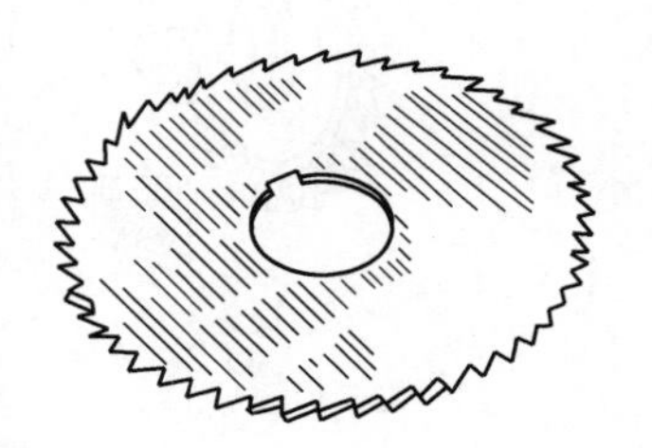

图9-7 锯片铣刀

5）盘形槽铣刀（见图9-8）。这类铣刀仅有周刃。

6）立铣刀（见图9-9）。切削刃主要在外圆周上，用外圆周刃铣削。

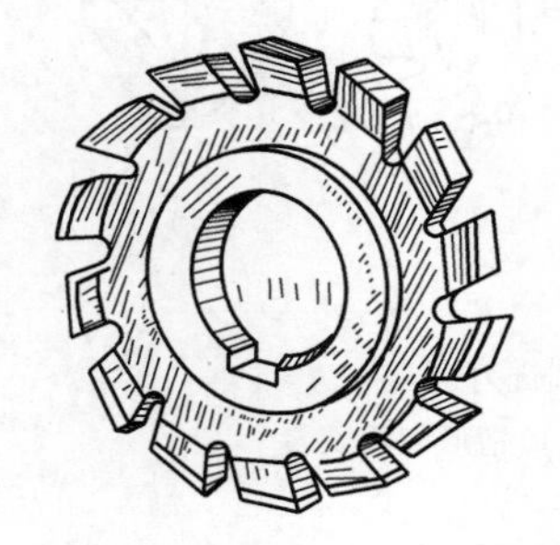

图9-8 盘形槽铣刀

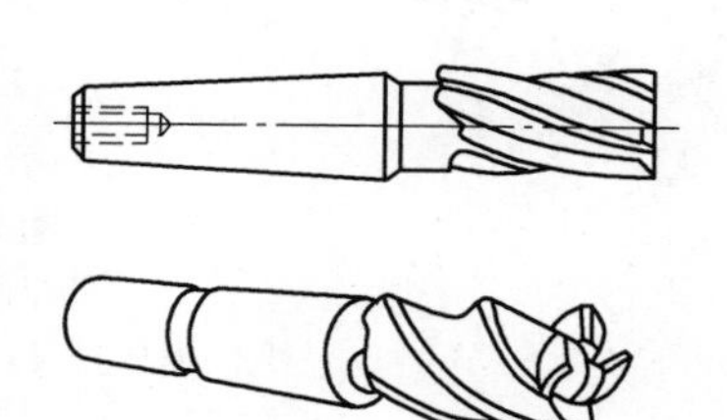

图9-9 立铣刀

7）键槽铣刀（见图9-10）。像立铣刀的键槽铣刀只有两个齿，其端面刀齿的切削刃延伸至中心，故可像麻花钻头一样轴向进给进行铣削。

图9-10 键槽铣刀

a）铣矩形槽用 b）铣月牙槽用

8）角度铣刀（见图9-11）。

9）特种形面铣刀。常用的有：

① 成形铣刀（见图9-12）。

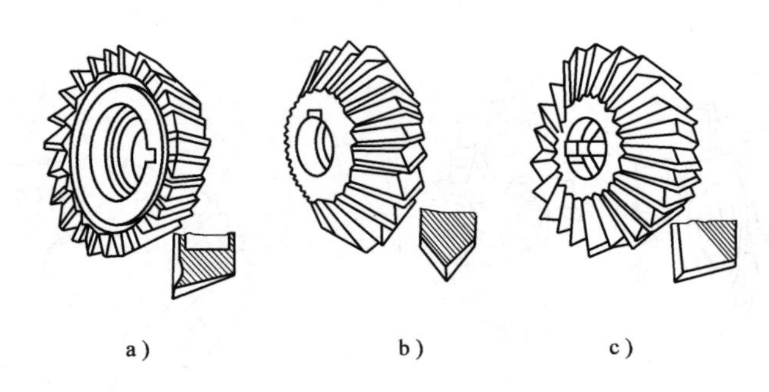

图9-11　角度铣刀

a）单角铣刀　b）对称双角铣刀　c）非对称双角铣刀

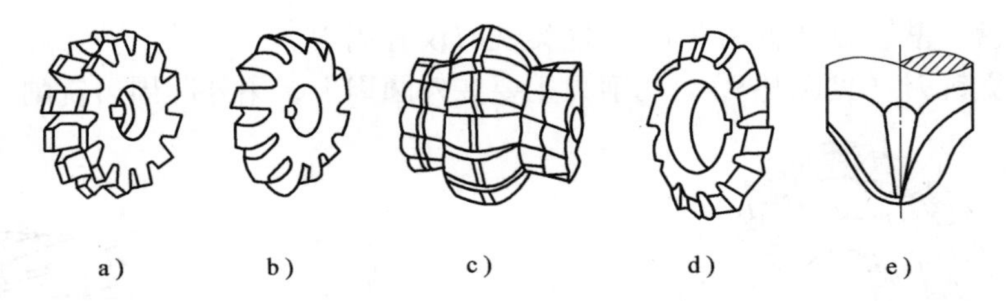

图9-12　成形铣刀

a）凹半圆铣刀　b）凸半圆铣刀

c）特形面铣刀　d）盘形齿轮铣刀　e）指形齿轮铣刀

② T形槽铣刀（见图9-13）。

③ 燕尾槽铣刀（见图9-14）。

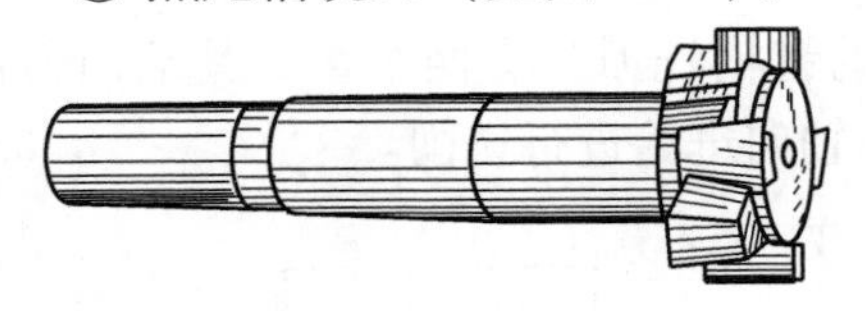

图9-13　T形槽铣刀

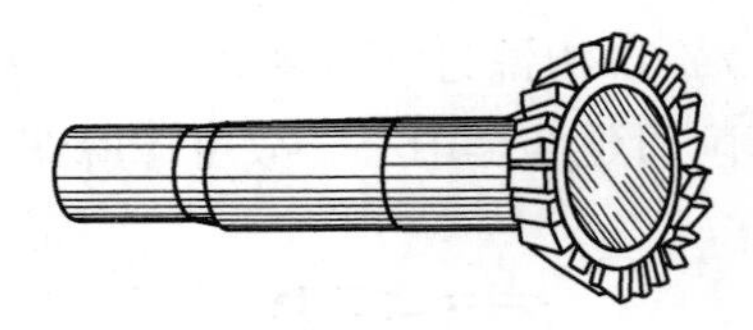

图9-14　燕尾槽铣刀

（二）常用铣刀的加工范围

常用铣刀的加工范围如图9-15所示。

（三）铣刀的构成及各部分名称和作用

铣刀是多齿多刃刀具，其主要几何参数及定义与其他刀具是一致的，如图9-16所示。

1. 铣削时刀齿工件上的表面

铣削时直接推挤工件切削层金属形成切屑并控制切屑流向的刀面称为前刀面。由主切削刃正在切削着的表面称为切削表面（加工表面）。与切削表面相对

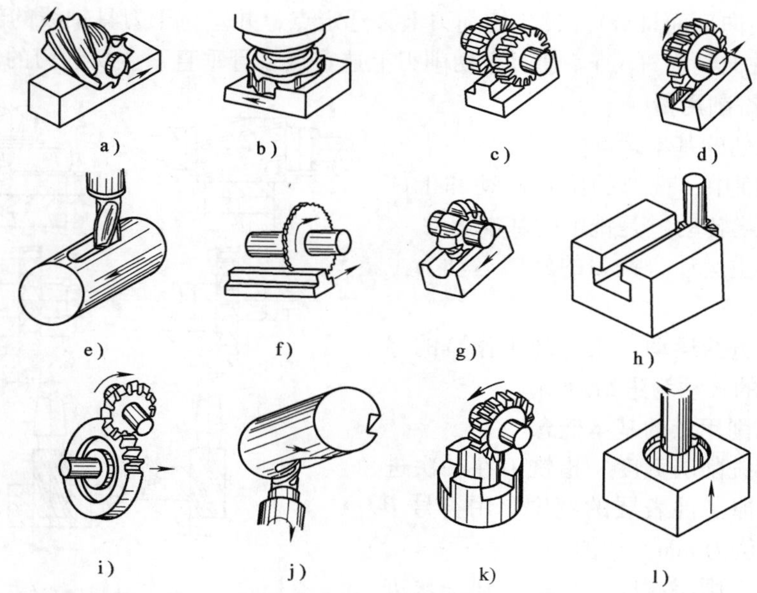

图9-15 常用铣刀的加工范围

a) 圆柱铣刀铣平面 b) 面铣刀铣平面 c) 铣阶台
d) 铣直角通槽 e) 铣键槽 f) 切断 g) 铣特形面
h) 铣特形槽 i) 铣齿轮 j) 铣螺旋槽 k) 铣离合器 l) 镗孔

的刀面称为后刀面。前刀面与后刀面的交线称为主切削刃。工件上尚未切削等待加工的表面称为待加工表面。切削后得到的表面称为已加工表面。

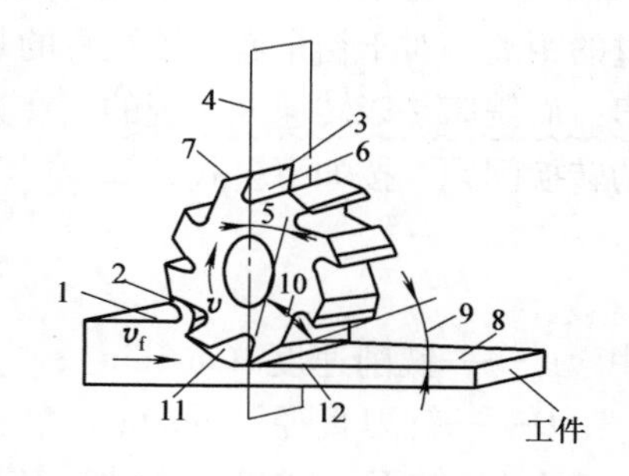

图9-16 铣刀的构成及各部分名称

1—待加工面 2—切屑 3—主切削刃 4—基面 5—前角 6—前刀面 7—后刀面 8—已加工面 9—后角 10—楔角 11—切削表面 12—切削平面

2. 辅助平面

辅助平面是为了研究并确定刀具刀齿形状及几何角度需要而选定的基准面及剖面。

1）切削平面（p_s）。主切削刃上任一点的切削平面，即通过该点并与加工表面相切的平面。

2）基面（p_r）。主切削刃上任一点的基面是通过该点并与该点的切削速度方向和切削平面垂直的平面。

3）正交平面（p_o）。过主切削刃上某选定点，并垂直于主切削刃在基面上的投影的平面。规定在正交平面上标注刀具的前角、后角及楔角。

4）横向剖面（p_f）。过主切削刃上某选定点，并垂直于刀具轴线的剖面。

5）法向剖面（p_n）。通过主切削刃上选定点，且垂直于主切削刃的剖面。

三、铣削用量

1. 铣削的基本运动

在铣削中，铣刀的旋转运动和工件的移动（或转动）是铣削的基本运动。

（1）主运动　铣刀的旋转运动为主运动。

（2）进给运动　工件随工作台的移动或工件的转动为进给运动。

2. 铣削用量的基本概念

（1）铣削层宽度　指铣刀在一次进给中所切掉工件表层的宽度，用符号 B 表示，单位为 mm，如图 9-17 所示。

（2）铣削层深度　指铣刀在一次进给中所切掉工件表层的深度，用符号 t 表示，单位为 mm，如图 9-17 所示。

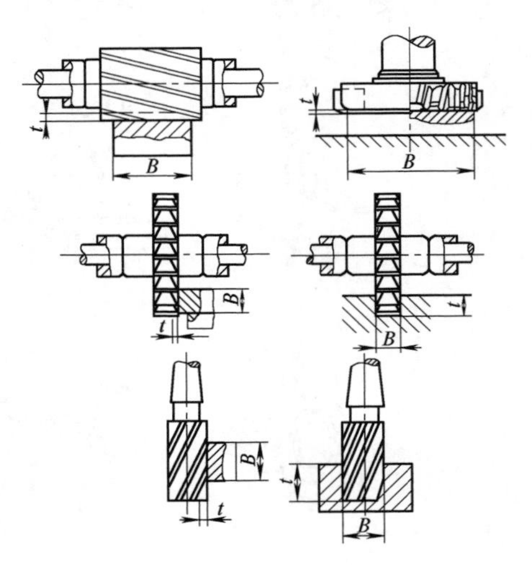

图 9-17　铣削用量

（3）铣削速度　主运动的线速度称为铣削速度，用符号 v_c 表示，单位为 m/min。主运动的线速度也就是铣刀切削刃上离旋转中心最远一点在 1min 内所走过的距离。对于初学者应该注意的是：在选择铣削速度时是以线速度（m/min）取值，而铣床是以转速来表现的。在具体操作铣床时，就有一个线速度转为铣床转速的转换问题，按如下公式计算

$$n = \frac{v_c}{\pi D}$$

式中　v_c——铣削速度（m/min）；

D——铣刀直径（mm）；

n——铣刀（或机床主轴）转速（r/min）。

例 9-1　用一把直径为 60mm 的铣刀，以 25m/min 的铣削速度进行铣削。问铣床主轴转速应调整到多少？

解　已知：$D=60\text{mm}$　　$v_c=25\text{m/min}$

分析：一般初学者不知道如何选择机床转速，选择方法是根据铣刀材料所允许的切削速度范围来确定铣削速度，如本例中的25m/min铣削速度，就是高速钢刀具材料所允许的切削速度范围。

根据公式

$$n = \frac{v_c}{\pi D} = \frac{1000 \times 25\text{mm/min}}{3.14 \times 60\text{mm}} \approx 132\text{r/min}$$

取实际铣床主轴转速铭牌118r/min。

（4）进给量　在铣削加工时，工件相对铣刀的进给速度称为进给量。表示进给量的方法有三种。

1）每齿进给量。在铣刀转过一个刀齿的时间内，工件沿进给方向所移动的距离，用符号$S_{齿}$表示，单位为mm/齿。

2）每转进给量。在铣刀转过一整转的时间内，工件沿进给方向所移动的距离，用符号$S_{转}$表示，单位为mm/r。

3）每分钟进给量。在一分钟的时间内，工件沿进给方向所移动的距离，用符号S表示，单位为mm/min。

在铣床上是以S来调整进给量的，每分钟进给量与另两个进给量之间的关系是

$$S = S_{齿} zn$$

$$S = S_{转} n$$

式中　z——齿数；

n——每分钟的转数。

例9-2　用一把直径为20mm、齿数为3的立铣刀铣削，$S_{齿}$采用0.04mm/齿，v_c采用20m/min。求铣床的转速和进给量。

解　已知：$D=20\text{mm}$、$v_c=20\text{m/min}$、$S_{齿}=0.04\text{mm/齿}$、$z=3$

根据公式

$$n = \frac{v_c}{\pi D} = \frac{1000 \times 2\text{mm/min}}{3.14 \times 20\text{mm}} \approx 318\text{r/min}$$

实际铣床转速铭牌为300r/min。

$$S = S_{齿} zn = (0.04\text{mm/齿}) \times 3 \times (300\text{r/min}) = 36\text{mm/min}$$

实际铣床进给量铭牌为37.5r/min。

四、铣刀的刀轴及铣刀的装夹

正确安装铣刀是保证铣刀的回转精度和铣加工质量的关键，也是铣工的基本操作之一。

1. 刀轴及刀轴的作用

铣床与其他机床的不同之处是，刀具不能直接装到铣床上。这是因为铣床的主轴只有一个，而铣刀却多种多样，解决这个矛盾的方法就是采用一个过渡工具，这个工具就是刀轴，刀轴的一端与铣床主轴连接，另一端与刀具连接，如图9-18所示。

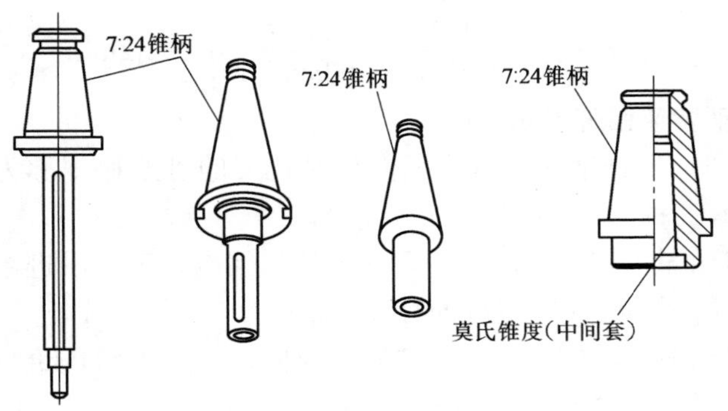

图9-18 铣刀刀轴

2. 刀轴的装夹

铣床的主轴内孔端部是一个7∶24的内孔，这时刀轴的一端做成了7∶24锥度的轴，与铣床主轴内孔配合，另一端装夹铣刀，如图9-19所示。在铣床主轴内孔用拉杆将刀轴拉紧，使其在工作中不会松动，如图9-20所示。

当刀轴确定以后，就是安装铣刀，然后是将刀轴用拉杆装夹到铣床主轴上，最后是装上挂架，如图9-21所示。

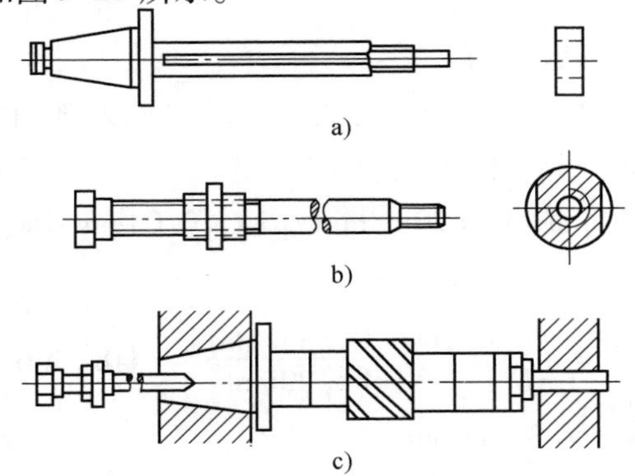

图9-19 刀轴和铣刀的安装

a）长刀轴和刀轴垫圈 b）拉杆 c）铣刀的安装

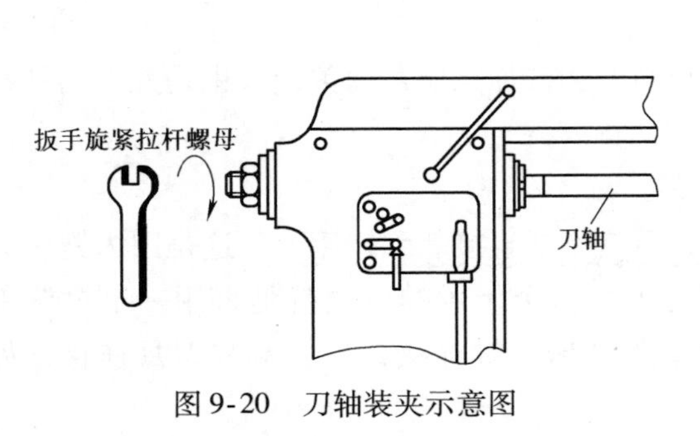

图9-20 刀轴装夹示意图

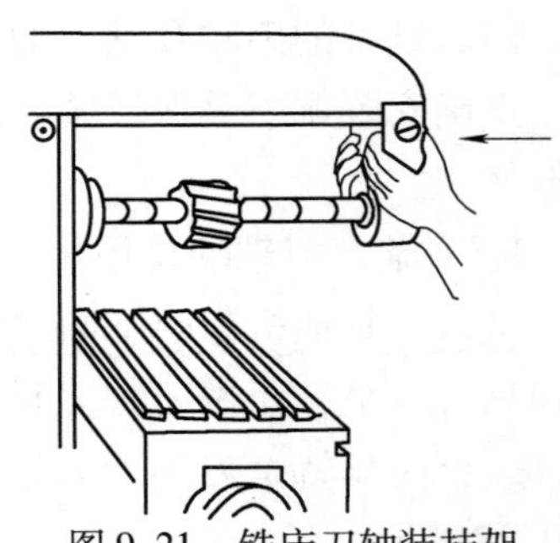

图9-21 铣床刀轴装挂架

3. 铣刀的装夹

（1）铣刀装夹的原则 铣刀装夹的原则是夹紧力要大于铣削力，否则会出现刀具松动，引起打刀及破坏零件加工精度。

（2）片铣刀与圆柱铣刀的装夹

1）刀轴直径分为ϕ22mm、ϕ27mm、ϕ32mm、ϕ40mm四种（铣刀的孔也分为此四种尺寸）。

2）按图9-22所示装夹铣刀。

3）铣刀的紧固。旋紧紧固螺母，应在装上挂架后紧固，如图9-23所示。

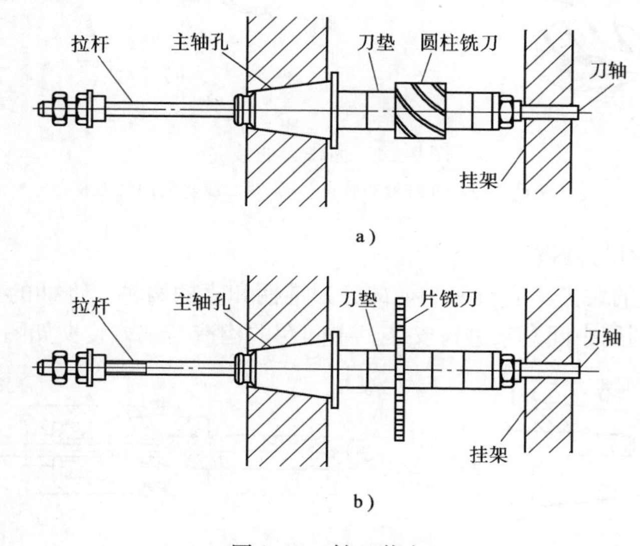

图9-22 铣刀装夹

a）圆柱铣刀装夹 b）片铣刀装夹

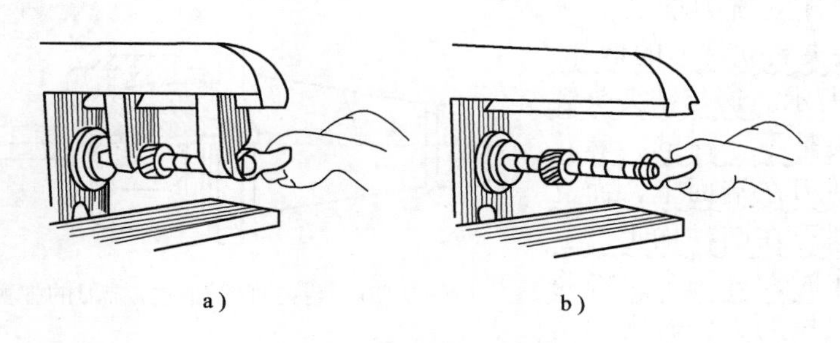

图9-23 紧固铣刀

a）正确 b）不正确

（3）面铣刀的装夹 一般情况下，不使用大直径的面铣刀进行粗加工。因为，铣刀是断续切削的，面铣时对铣床的主轴冲击很大，易破坏主轴精度。面铣刀的安装有两种方法，一种是不带凸缘盘的零件，装夹面铣刀如图9-24a所示；另一种是带凸缘盘的面铣刀，装夹时会将铣刀安装到凸缘盘零件上，凸缘盘装夹在刀轴与铣床主轴的端面键上，装夹如图9-24b所示。

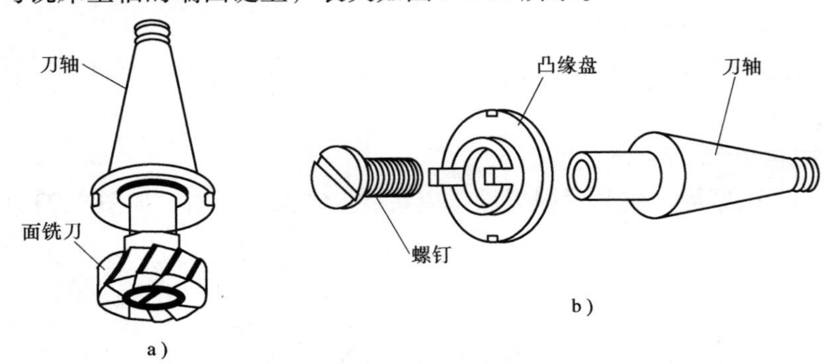

图9-24　面铣刀的装夹

a) 不带凸缘盘的面铣刀的装夹　b) 带凸缘盘的面铣刀装夹

(4) 立铣刀与槽铣刀的装夹

1) 立铣刀的装夹。立铣刀的柄部分为锥柄和直柄两种。锥柄的锥部为莫氏锥度。安装时要利用中间套来进行安装。中间套的构造与铣刀装夹如图9-25所示。

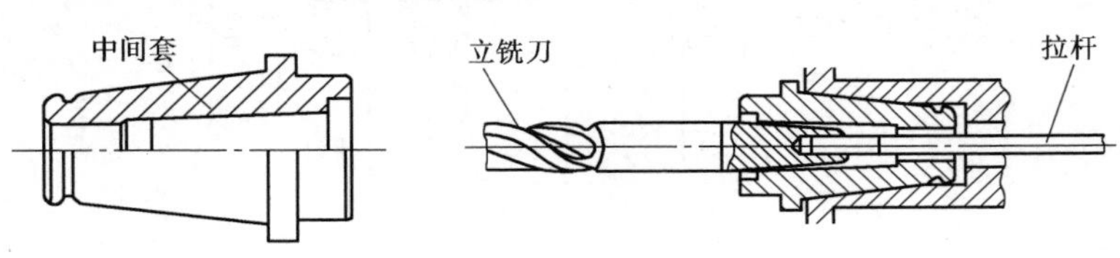

图9-25　中间套的构造与铣刀装夹

直柄圆柱立铣刀的装夹采用弹簧夹头夹紧立铣刀的柄部，如图9-26所示。这与钻夹头装夹麻花钻头是不一样的，麻花钻头的切削刃在端面上，而立铣刀的切削刃在圆柱面上。立铣刀在工作时，有一个工件将立铣刀向下拉的力，若夹紧力小于工件将立铣刀向下拉的力，工作时就会产生俗称的“掉刀”现象。所以立铣刀采用面夹紧，夹紧力很大，而钻夹头夹紧是三条线夹紧，只要夹紧力大于切削时的扭力就可以了。

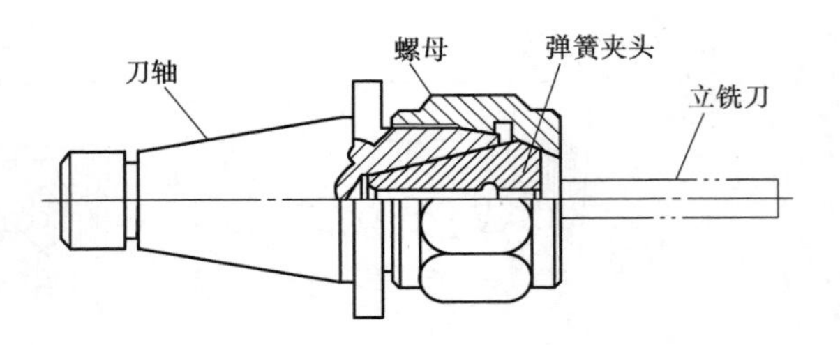

图9-26　装夹直柄圆柱立铣刀的弹簧夹头

2) 槽铣刀的装夹。槽铣刀的装夹与立铣刀一样都采用弹簧夹头进行夹紧。

值得注意的是：从外观上看，槽铣刀与立铣刀差不多，槽铣刀有两个切削刃，立铣刀有三个切削刃，但槽铣刀的切削刃强度比立铣刀要强。更重要的是，槽铣刀有端面切削刃和圆柱面切削刃。在加工键槽时可以像钻头一样钻削加工，而立铣刀只能用圆柱面切削刃进行铣削加工。

第4节 铣工常用夹具

铣工常用的夹具如下：

1. 机用虎钳（见图9-27）

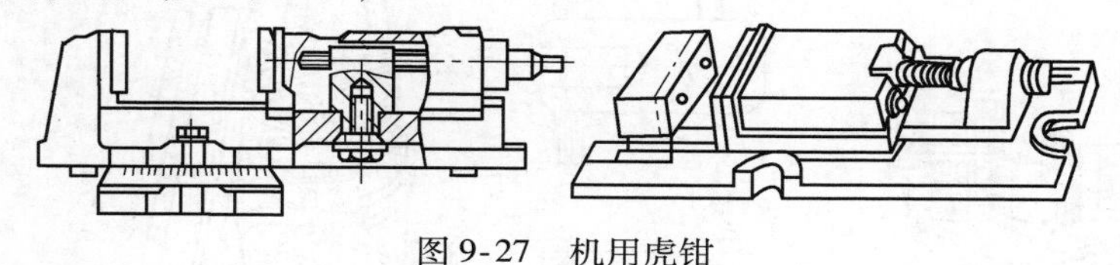

图9-27 机用虎钳

2. 轴用虎钳（见图9-28）
3. 圆转台（见图9-29）

图9-28 轴用虎钳

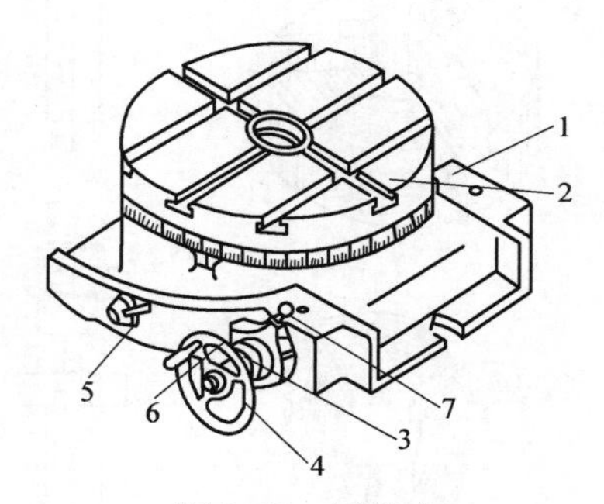

图9-29 圆转台

1—底座 2—工作台 3—蜗杆轴
4—手轮 5—锁紧手柄
6—内六角螺钉 7—偏心套插销

4. 万能分度头（见图9-30）

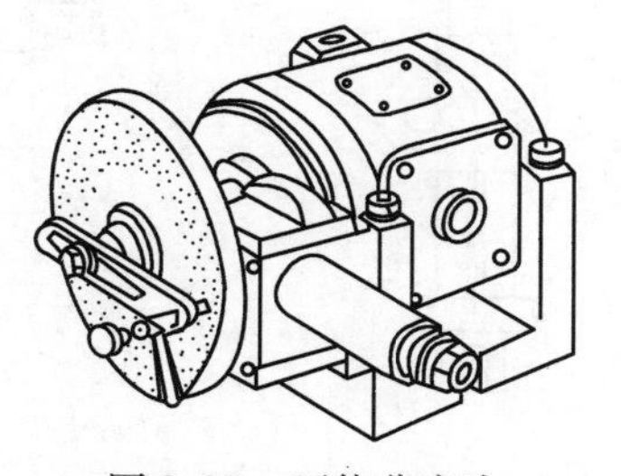

图9-30 万能分度头

万能分度头的附件如图9-31所示。

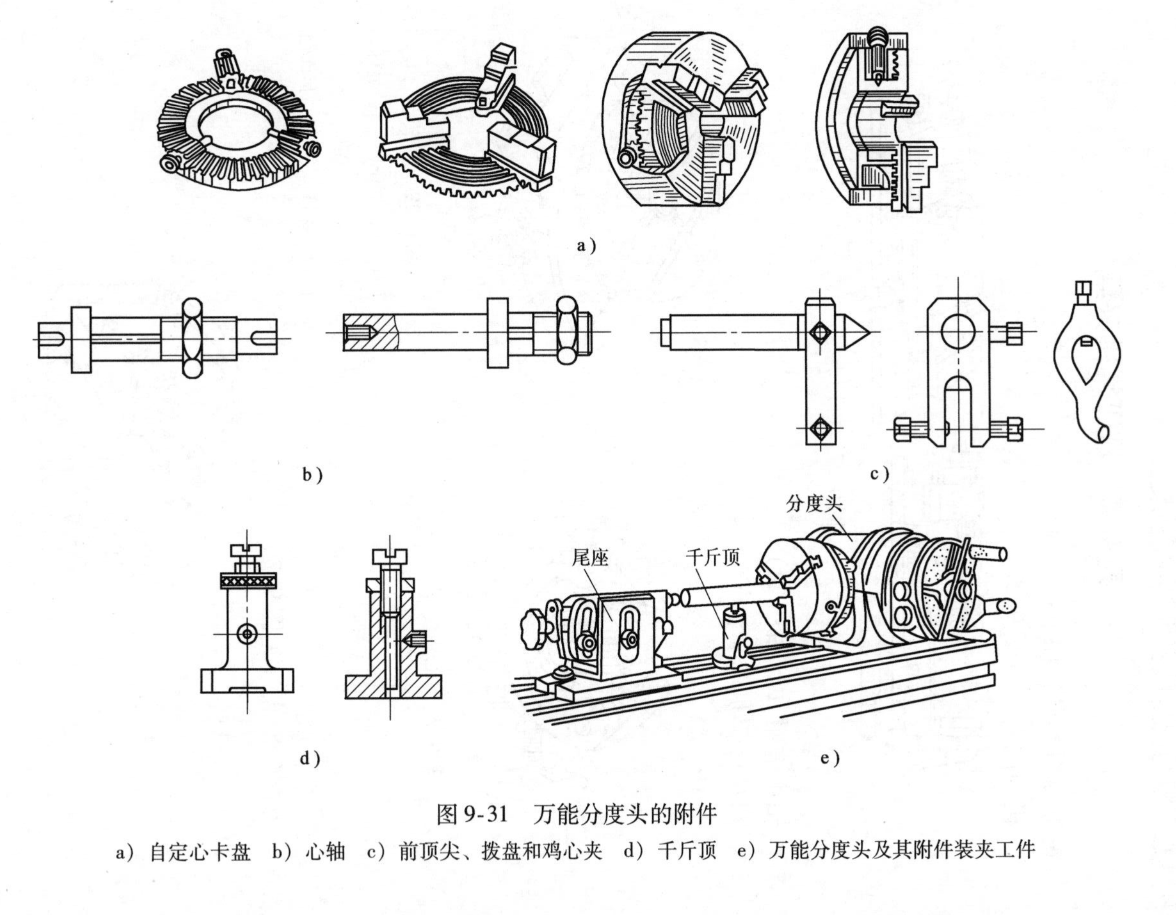

图9-31　万能分度头的附件

a）自定心卡盘　b）心轴　c）前顶尖、拨盘和鸡心夹　d）千斤顶　e）万能分度头及其附件装夹工件

5. 压板（见图9-32）

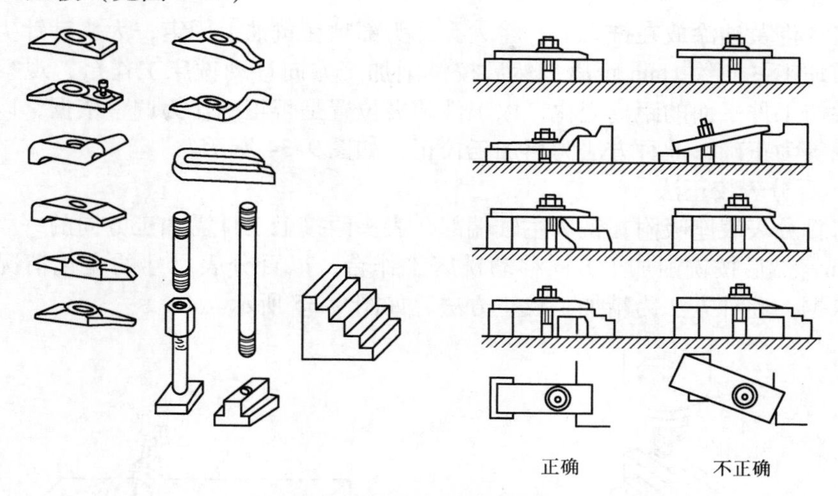

图9-32 压板、螺栓和垫铁及搭压板的方法

6. 平行垫铁（见图9-33）

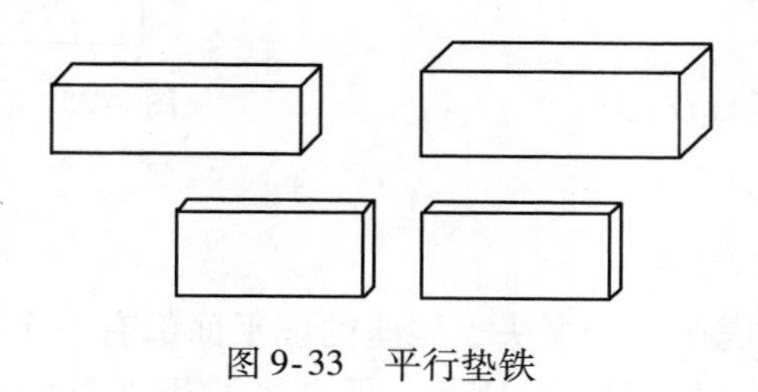

图9-33 平行垫铁

第5节 工件的校正与夹具找正、铣刀对刀

在铣工操作加工时，工件的校正、夹具的找正、铣刀的对刀很重要，是铣工加工操作必不可少的加工步骤，它是铣工的基本操作方法。铣工加工任何工件都离不开刀具、夹具，在装夹工件、刀具、夹具时，刀具相对工件的铣削位置，夹具相对铣床工作台移动的方向，都必须正确，这样铣削加工的工件才能达到图样的要求。在铣工的操作过程中，调整工件叫校正，调整夹具叫找正，调整刀具叫对刀。

一、工件的校正

在铣削加工中，工件的校正一般是单件生产使用的方法。单件生产一般使用通用夹具装夹工件，或直接将工件装在铣床工作台上。以工件为调整对象，其调整方法有：

1. 大头针校正法

将少许黄油涂放在铣刀上，将大头针头部粘在黄油上固定，大头针针尖对准工件需加工平面约1mm距离，然后按铣削加工方向移动铣床工作台，观察大头针针尖与工件平面的距离变化，以工件装夹位置是否正确作为调整依据，以距离基本相等为正确，此种方法为粗加工校正，如图9-34所示。

2. 百分表校正法

将百分表表座吸附在铣床主轴端部，表头距接触工件需加工方向的一段平面约1mm，然后按铣削加工方向移动铣床工作台，以百分表尺寸的变化情况作为调整依据。此种方法为精加工校正方法，如图9-35所示。

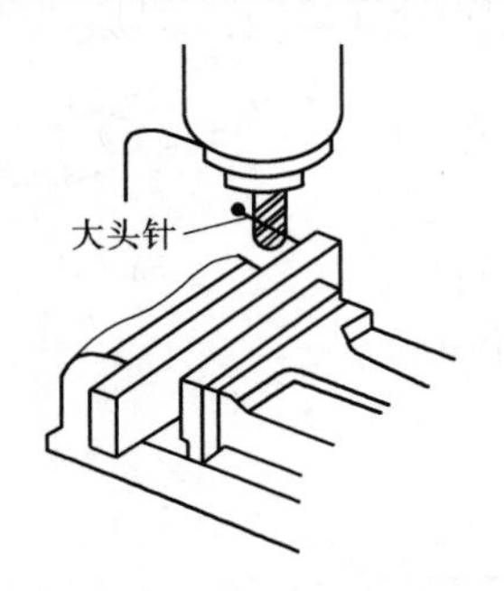

图9-34　大头针校正法

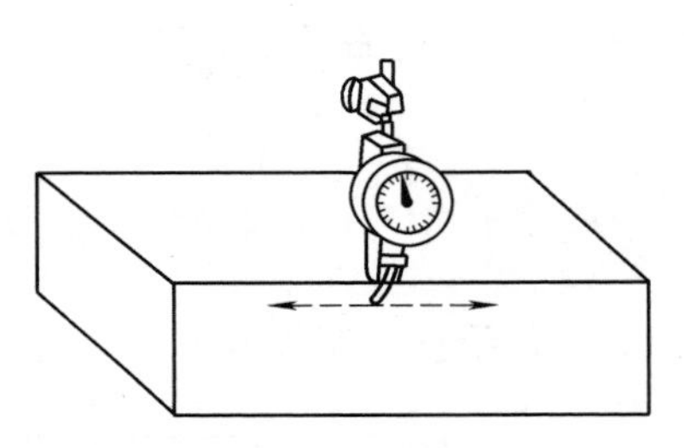
图9-35　百分表校正法

二、夹具的找正

1. 通用夹具找正

通用夹具的机用虎钳、分度头、尾座的底平面都有一个导向键结构与铣床工作台的T形槽相配合，如图9-36所示，保证了通用夹具装夹方向与铣床移动方向一致，所以一般情况下不需要再找正。

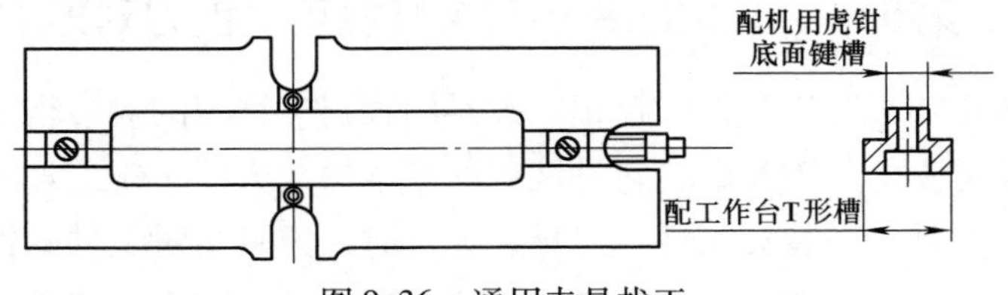

图9-36　通用夹具找正

2. 专用夹具找正

一般在设计铣削专用夹具时，有两个结构是必须设计的，一是夹具的找正面，作为装夹夹具方向的依据：二是对刀块，作为铣刀的对刀基准。

(1) 专用夹具的找正面　专用夹具的找正面在夹具上一般是一个长方形的面，它是专用夹具在铣床工作台上装夹的方向基准，装夹夹具时以此面找正夹具的装夹方向，如图9-37所示。

专用夹具都有夹具的找正面，这是一个基本常识，使用者不用考虑其他，只在找正面找正夹具即可。

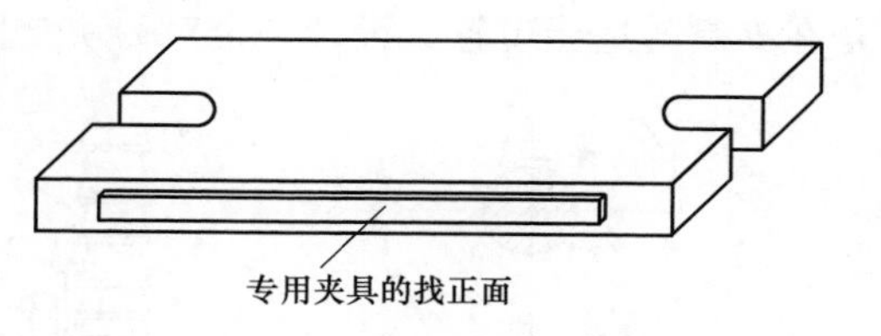

图9-37 专用夹具的找正面

（2）专用夹具的对刀块

1）对刀块的作用。对于专用夹具对刀块的原理，举一个例子予以说明。

例如，有一个零件需铣一个键槽，如图9-38所示。

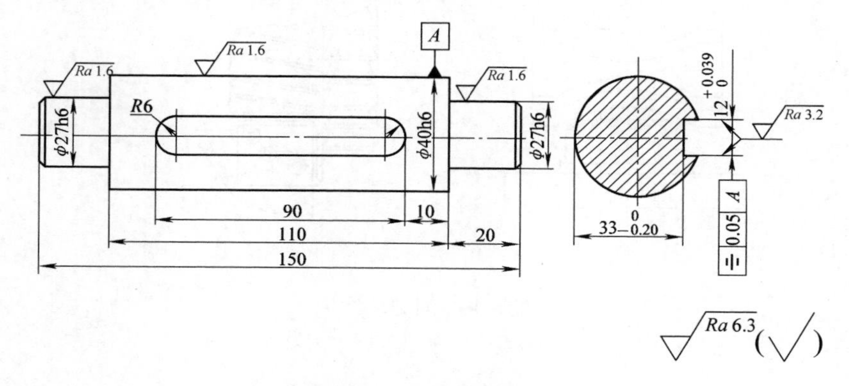

图9-38 铣键槽零件图

此零件在铣床的专用夹具上铣削，专用夹具已找正并已在铣床工作台上紧固。零件也已装夹到夹具内，但此时仍不能铣削加工，因为铣刀相对工件的铣削位置没有确定，会出现四种情况，如图9-39所示。

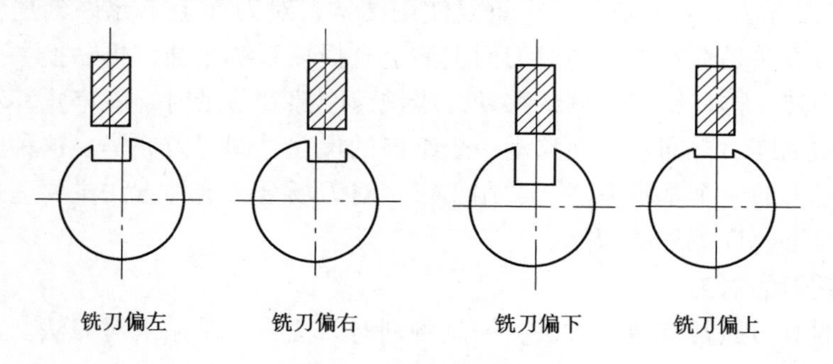

图9-39 铣键槽情况

铣刀相对工件偏左、偏右、偏下、偏上，这是刀具相对装夹零件的铣削位置不对，此时若采用铣削的工件来找正铣刀，会出现浪费工件、找正铣刀费时、精度不易保证及工件表面刻划的问题。针对这个问题，有了对刀块结构的设计，就是在夹具的适当位置，设计一个对刀块结构，此结构如图9-40a～e所示。

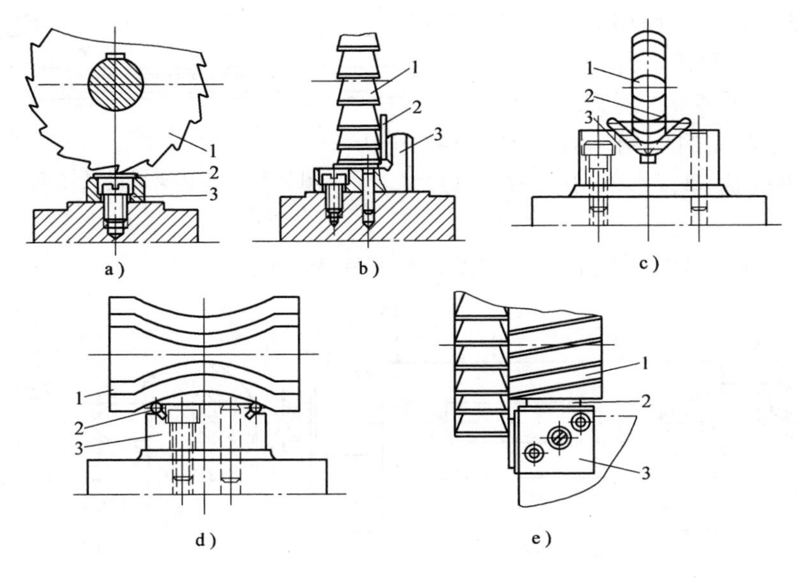

图9-40　对刀块结构

1—铣刀　2—塞尺　3—对刀块

按图9-40b的结构形式设计对刀块。此结构设计在专用夹具的适当位置，铣刀按对刀块对刀以后，铣削工件的键槽左右位置尺寸、深浅尺寸便会符合图样技术要求。

专用夹具的对刀块就是专门用以调整铣刀铣削位置的专用结构。

2）对刀方法。对刀块是一个重复使用结构，对刀面上不允许刻划，一般情况下，对刀方法是在对刀块的对刀面上沾上全损耗系统用油，再贴上一薄纸，然后使铣刀旋转，再将铣刀向贴纸移动，当铣刀刚擦到薄纸时，就停止移动，退出铣刀，记住刻度。再向对刀面移动一个纸厚的尺寸，即对刀完毕。这种贴纸对刀法是铣工对刀的一个基本方法，适用于很多对刀场合。这种方法主要适用于对刀时工件表面不允许擦划的情况。

三、铣刀的对刀

铣刀的对刀通常有两种方法，一是刻划对刀法；二是贴纸对刀法。

1. 刻划对刀法

当铣削的工件允许表面有轻微的刻划时，因铣刀的规格尺寸是标准的，在铣刀对刀时，使铣刀旋转，再移动铣床工作台，使铣刀轻微地刻划到工件的一个合适的表面，以此作为移动铣床工作台的基准。根据图样要求，再计算一下手柄移动刻度及铣刀的规格尺寸移动铣床工作台，即完成对刀，如图9-41所示。

2. 贴纸对刀法

当铣削的工件表面不允许有刻划时，以及采用通用夹具，加工精度要求高及单件生产时，就采用贴纸对刀法。该方法就是以工件的一个适当表面作为对刀基准，在此表面上沾上全损耗系统用油，贴上一片薄纸，然后使铣刀旋转，再移动铣床工作台，向贴纸移动，当铣刀刚擦到薄纸时，停止移动工作台，此时记住刻度盘刻度，退出铣床工作台，再按铣床工作台需要移动的尺寸加上一个纸片的厚度，移动工作台，图9-42所示。

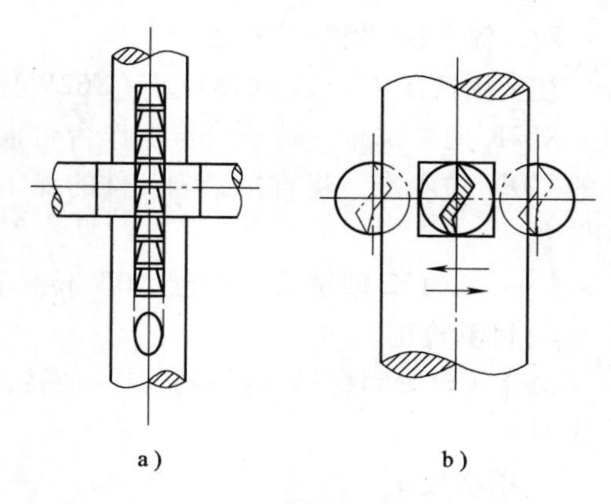

图9-41 刻划对刀法

a）三面刃铣刀的刻划对刀法

b）键槽铣刀的刻划对刀法

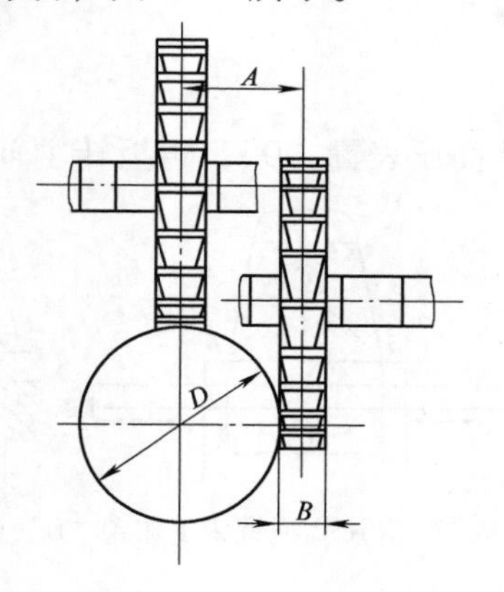

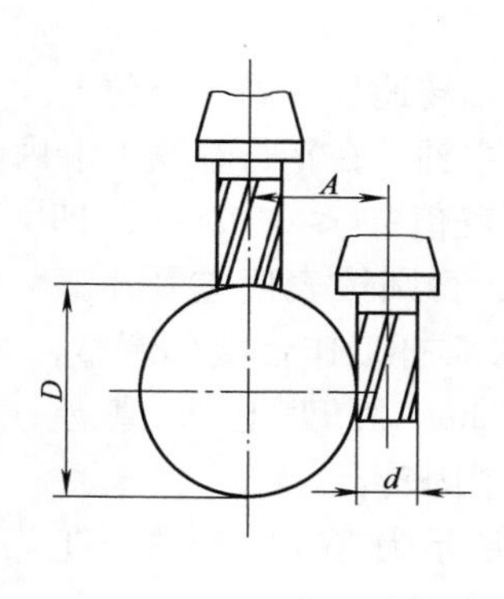

图9-42 贴纸对刀法

对刀的距离公式为

$$A = \frac{D + d}{2} + \delta$$

$$\text{或}\quad A = \frac{D + B}{2} + \delta$$

式中 D——工件直径（mm）；

d——铣刀直径（mm）；

δ——纸厚（mm）；

B——铣刀宽度（mm）。

刻划对刀法与贴纸对刀法的共同点是找出移动工作台的移动基准刻度。

四、铣床的“0”位校正

在常用铣床中，如X6132型（X62W）铣床工作台纵向进给方向与主轴不垂直，X52K型立铣床主轴轴线与工作台台面不垂直，这些称为“0”位不准。铣床的“0”位不准，将直接影响工件的加工质量，所以铣削前应务必校正铣床的“0”位。

（一）X6132型铣床工作台“0”位校正

1. 目测校正

松开转盘紧固螺母，扳转转盘，使转盘上的刻度线“0”线对齐底座上的基准线即可。

2. 精确校正

1）将长度为500mm的检验平行垫铁的测量面面向铣床，将主轴的侧面校正为与纵向进给方向平行，然后固定。

2）将旋转半径为250mm的角形表杆设法装在主轴上，装上万能表（杠杆式百分表）。

3）将主轴转速挂在高速挡位上。

4）扳转主轴，在平行垫铁一端内侧面压表置“0”，再扳转主轴，若垫铁另一端内侧面表值差≤0.02mm，即“0”位准确，否则按表值差及压表方向用木榔头敲打工作台端部调整，直至在500mm长度上表值差≤0.02mm，紧固转台。

图9-43所示为X6132型铣床工作台“0”位校正示意图。

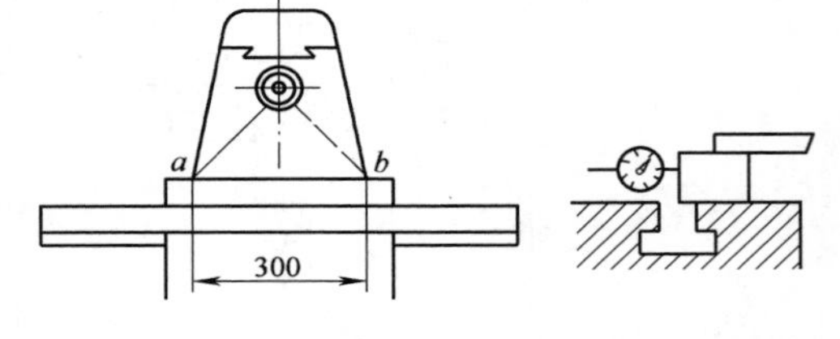

图9-43　X6132型铣床工作台“0”位校正示意图

（二）X52K型铣床工作台“0”位校正

1. 目测校正

松开主轴转盘紧固螺母，扳转立铣头使刻度线“0”线对齐转盘上的基准线，紧固即可。

2. 精确校正

用装在主轴上的角形表杆旋转端上的万能表（杠杆式百分表），沿纵向使主轴的右侧工作台台面上压表置“0”，扳转主轴180°至台面左侧，根据表值差及压表方向偏转调整立铣头，保证在300mm长度上表值差≤0.02mm即可，紧固主轴头，如图9-44所示。

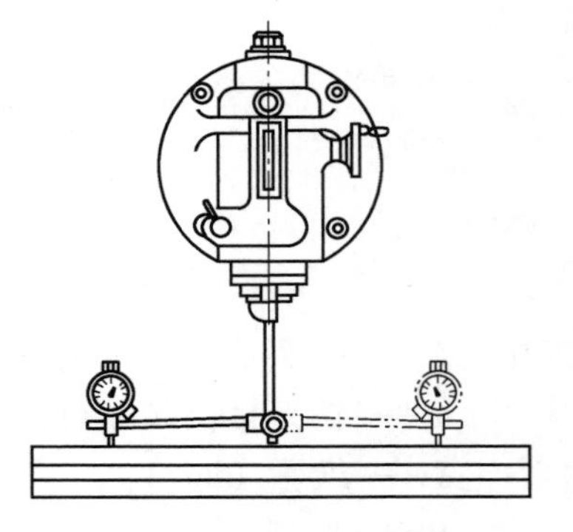

图9-44　X52K型铣床工作台“0”位校正

第6节 顺铣与逆铣

只要是铣削加工，就必定会产生顺铣与逆铣的选择。所以，对于每一个操作铣床的人来讲，对顺铣与逆铣的机理、特点、优缺点要十分清楚，熟练掌握。

以圆柱铣刀、面铣刀为例，分析顺铣与逆铣时切削与受力的情况。

一、圆柱铣刀的顺铣与逆铣

1. 顺铣

铣刀的旋转方向和工件的进给方向相同时称为顺铣。如图9-45所示，顺铣时，刀齿的切削厚度从最大开始，避免了挤压、滑行现象，同时切削力 $F_{垂}$ 始终压向工作台，减少了工件上下的振动，因而能提高铣刀寿命和工件加工表面质量。但是当铣床走刀螺旋副有间隙时，因 $F_{纵}$ 与丝杠传动工作台移动的方向相同，当 $F_{纵}$ 足够大时，就会使工作台突然向前推动一段距离，俗称“窜刀”，从而引起振动和打刀。此外，当工件表面有硬皮时，铣刀刀齿损坏较快，此时也不宜使用顺铣。

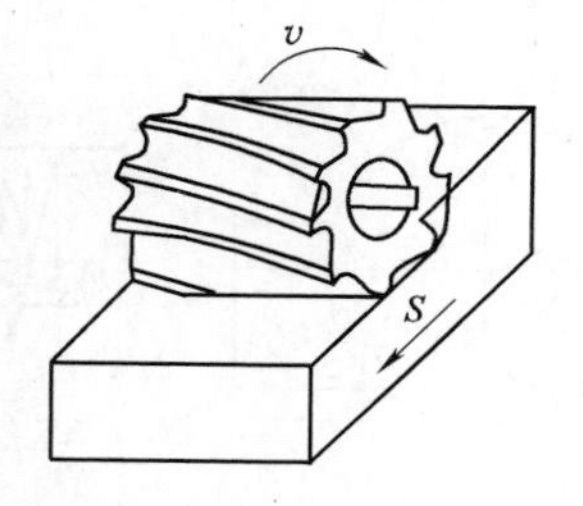

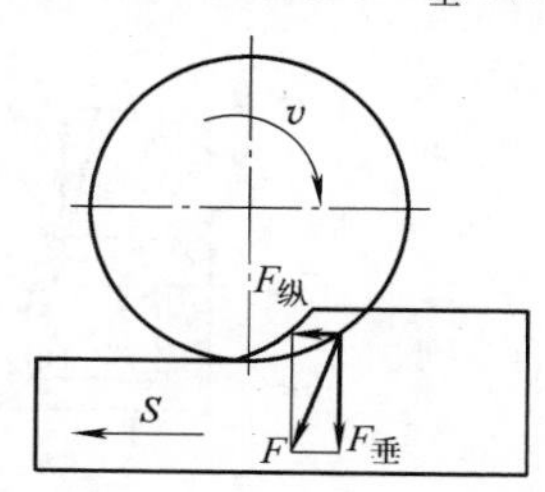

图9-45 顺铣

2. 逆铣

铣刀的旋转方向和工件的进给方向相反时称为逆铣。如图9-46所示，在逆铣时，切削层厚度从零逐渐增大。无论铣刀的刃口磨削得多么锋利，刃口总是有一圆弧，当铣刀刃口的圆角半径比瞬时切削厚度大时，实际切削前角为负值，这样刀齿在切削表面就会产生挤压、滑行，从而切不下切屑，使这一段表面产生严重冷硬层。当第二个刀齿切入时，又在冷硬层表面挤压、滑行，致使刀齿的磨损较大，同时使加工的工件表面质量下降。

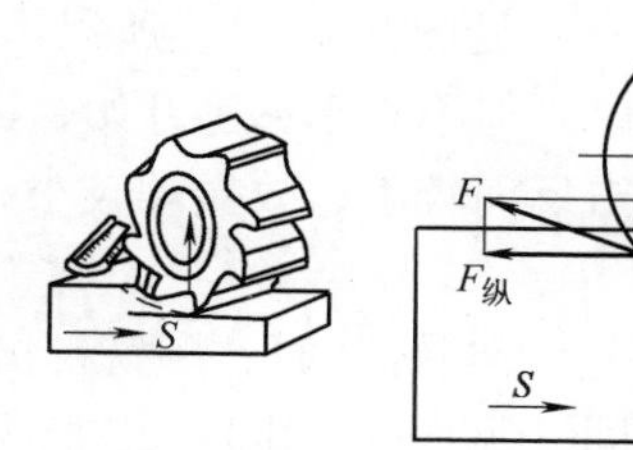

图9-46 逆铣

二、面铣刀的顺铣与逆铣

面铣刀与立铣刀的顺铣与逆铣机理相同。当面铣时，根据铣刀与工件之间的相对位置不同而分为对称铣削和非对称铣削两种。

1. 对称铣削

工件处在铣刀中间时的铣削称为对称铣削（见图9-47）。当铣削时，刀齿在工件的前半部分为逆铣。当用纵向进给进行铣削时，在纵向的水平分力 $F_{纵}$ 与进给方向相反；刀齿在工件的后半部分为顺铣，$F_{纵}$ 与进给方向相同。

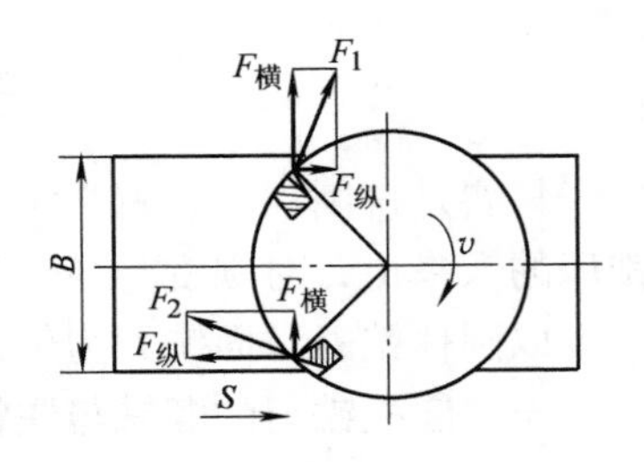

图 9-47　对称铣削

2. 非对称铣削

工件的铣削层宽度偏在铣刀一边时的铣削称为非对称铣削（见图 9-48），即铣刀中心与铣削层宽度的对称线处在偏心状态下的铣削。非对称铣削有顺铣和逆铣两种。

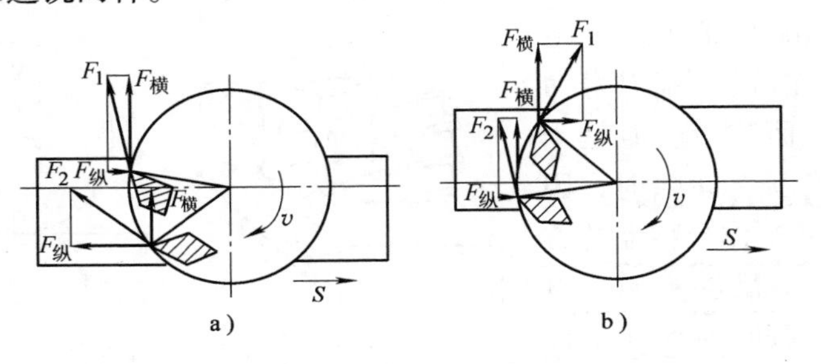

图 9-48　非对称铣削

a）非对称逆铣　b）非对称顺铣

1）非对称逆铣。当铣削时，逆铣部分占的比例大，在各个刀齿上的 $F_{纵}$ 之和与进给方向相反（见图 9-48a），所以不会拉动工作台。当面铣时，切削刃切入工件虽由薄到厚，但不等于从零开始，因而没有像圆柱铣时那样的缺点。从薄切入，刀齿的冲击反而较小，故振动较小，所以非对称逆铣是面铣时采用的铣削方法。

2）非对称顺铣。当铣削时，顺铣部分占的比例大，在各个刀齿上的 $F_{纵}$ 之和与进给方向相同（见图 9-48b），故非常容易拉动工作台。一般不采用非对称顺铣。

第7节　分　度　头

1. 分度头的用途

1）能够将工件作任意的圆周等分或直线移距分度。

2）可把工件轴线装置成水平、垂直或倾斜的位置。

3）通过交换齿轮，可使分度头主轴随纵向工作台的进给运动连续旋转，铣削螺旋面和等速凸轮的曲面。

2. 分度头的结构及传动系统

分度头的结构与传动系统如图 9-49 所示。

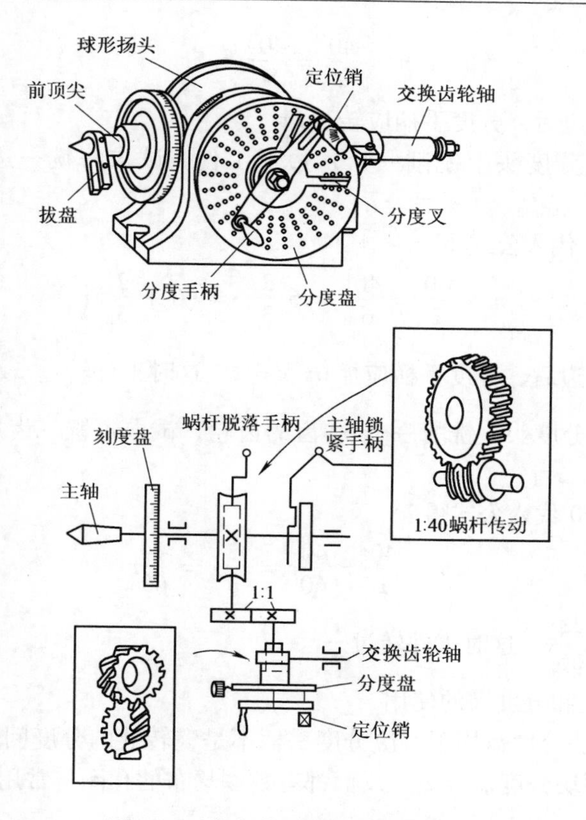

图9-49 分度头的结构与传动系统

3. 分度方法——简单分度法

（1）分度原理 当分度手柄转40r时，主轴转1r，即传动比为1∶40，“40”称为分度头的定数。由此可知，分度手柄的转数 n 和工件等分数 z 的关系如下

$$1:40=\frac{1}{z}:n$$

$$即\quad n=\frac{40}{z}$$

上式为简单的计算公式。当算得的 n 不是整数而是分数时，可用分度盘上的孔数来进行分度（把分子和分母根据分度盘上的孔圈数，同时扩大或缩小某一倍数）。

例9-3 在分度头上铣削一个八边形工件，试求每铣一边后分度手柄的转数？

解 以 $z=8$ 代入公式得

$$n = \frac{40}{z} = \frac{40}{8}\text{r} = 5\text{r}$$

即每铣完一边后，分度手柄应转过5r。

例9-4 在分度头上铣削一个六边形工件，试求每铣一边后分度手柄的转数?

解 以 $z=6$ 代入公式得

$$n = \frac{40}{z} = \frac{40}{6}\text{r} = 6\frac{2}{3}\text{r} = (6 + \frac{2}{3})\text{r}$$

即每铣完一边后，分度手柄应摇6r又$\frac{2}{3}$r，这时工件转过$\frac{1}{6}$r。

例9-5 在分度头上铣削一个60齿的齿轮，试求每铣一齿后分度手柄应摇几转以后再铣第二齿?

解 以 $z=60$ 代入公式得

$$n = \frac{40}{z} = \frac{40}{60}\text{r} = \frac{2}{3}\text{r} = \frac{44}{66}\text{r}$$

即手柄应摇$\frac{44}{66}$r，这时工件转过$\frac{1}{60}$r。

（2）分度盘和分度叉的使用

1）分度盘。分度盘用于解决分度手柄不是整转数的分度问题。FW250型万能分度头备有两块分度盘，正、反面都有数圈均布的孔圈，常用分度盘的孔圈数见表9-1。

表9-1 常用分度盘的孔圈数

分度头形式	分度盘的孔圈数	
带一块分度盘	正面：24，25，28，30，34，37，38，39，41，42，43 反面：46，47，49，51，53，54，57，58，59，62，66	
带两块分度盘	第一块	正面：24，25，28，30，34，37 反面：38，39，41，42，43
	第二块	正面：46，47，49，51，53，54 反面：57，58，59，62，66

有了以上各种孔的分度盘，就可以进行一般的分度工作了。

例9-6 要求分度手柄转$\frac{8}{17}$r。

解

$$n = \frac{8}{17}\text{r} = \frac{16}{34}\text{r}$$

即每次分度应在34孔的孔圈上摇16个孔距。

例 9-7　要求分度手柄转$\frac{20}{11}$r。

解
$$n = \frac{20}{11}\text{r} = 1\frac{9}{11}\text{r} = \left(1 + \frac{54}{66}\right)\text{r}$$

即每次分度应在 66 孔的孔圈上摇 1r 加 54 个孔距。

2）分度叉。为了避免每次分度要数一次孔数的麻烦，并且为了防止摇错，在分度盘上附设一对分度叉（也称扇形股），如图 9-50 所示。

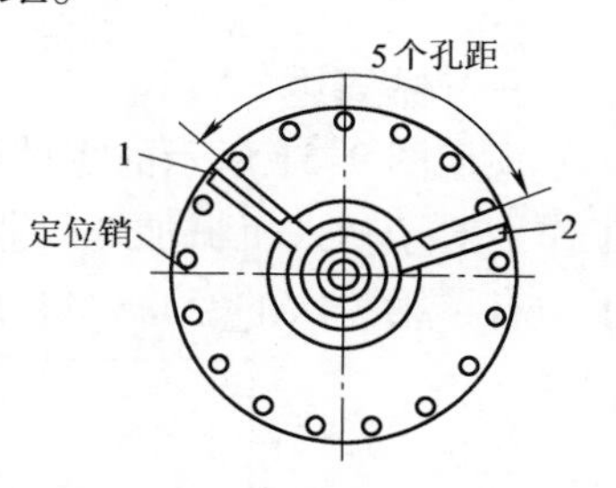

图 9-50　分度叉
1、2—分度叉

分度叉两叉间的夹角，可以通过松开螺钉来进行调节，使分度叉两叉间的孔数比需要摇的孔数多一孔，因为第一个孔是作为零来计数的。如图 9-50 所示，图中是每次分度摇 5 个孔距的情况，而分度叉两叉间的孔数是 6。分度叉受到弹簧的压力，可以紧贴在分度盘上而不走动。在第二次摇分度手柄前，拔出定位销转动手柄，并使定位销落入紧靠分度叉 2 一侧的孔内，然后将分度叉 1 的一侧拨到紧靠定位销即可。

3）分度时的注意事项

① 当分度时，在摇的过程中，速度尽可能要均匀。如果有时摇过了，则应将分度手柄退回半圈以上，然后再按原来方向摇到规定的位置。

② 当分度时，事先要松开主轴锁紧手柄，分度结束后再重新锁紧，但在加工螺旋面工件时，由于分度头主轴要在加工过程中连续旋转，所以不能锁紧。

③ 当分度时，手柄上的定位销应慢慢插入分度盘的孔内，切勿突然撒手，而使定位销自动弹入，以免损坏分度盘的孔眼精度。

第 8 节　铣床操作要点

铣床的操作要点如下：

1）选择主轴转速。

2）选择进给速度及背吃刀量。

3）选择铣削方法。

4）在加工时，工作台纵向与横向锁紧。

5）冷却润滑。

6）装刀、对刀、夹具找正。

注意：在变速选择主轴转速与进给速度时，推动变速杆与手柄时的动作一定要迅速。因为当推动变速杆或变速手柄时，在变速杆（或变速手柄）内的凸轮结构会触动电动机的微动开关，使电动机瞬时接通（但立即又被切断），使齿轮箱内的齿轮都转动了一个角度，以便齿轮能顺利地滑入啮合位置。若推动变速杆的时间太长，则电动机接通的时间也会变长，使转速升高，容易打坏齿轮，在接近最终位置时，应放慢推动速度，以利于齿轮啮合。

第9节　铣削加工举例

一、铣周边

现用图9-51所示的零件图，从头开始，直至铣削完闭，作一次全面的铣削工作。对于初入机械加工行业的人来说，最重要的是第一次的尝试，第一次的动手。有了第一次的经验，再往后就是熟练了。

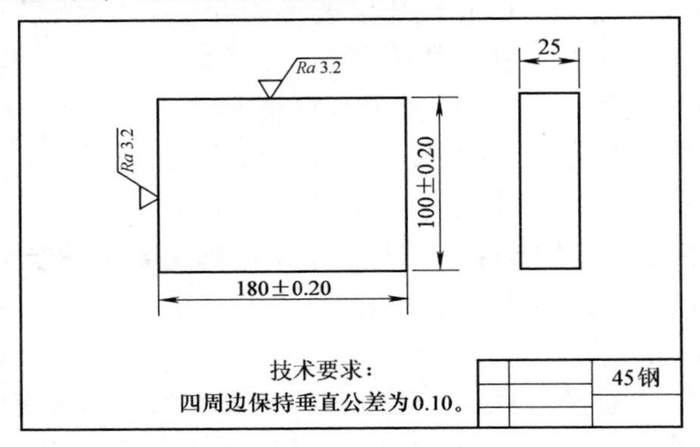

图9-51　零件图

加工条件：设备：X52K；毛坯：上下平面已磨平，尺寸为185mm × 105mm × 25mm。

加工任务：铣削如图9-51所示零件，铣削四周边并保持互相垂直。

（一）铣削加工技术准备

（1）图样分析　根据零件图和供料毛坯，单边加工余量为2.5mm。上下平面不加工，而且上下平面为平行的，加工时按垂直面的加工方法加工。垂直面的加工方法：铣第一面，再铣第一面的对面，然后铣其余两面，如图9-52所示。

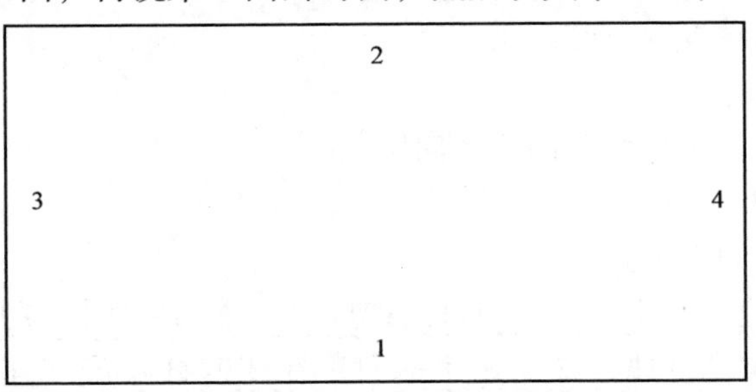

图9-52　垂直面加工步骤

（2）工件装夹 采用通用夹具：机用虎钳。机用虎钳安装在铣床的工作台上，用百分表找正钳口，然后用T形槽螺钉压紧机用虎钳，如图9-53所示。

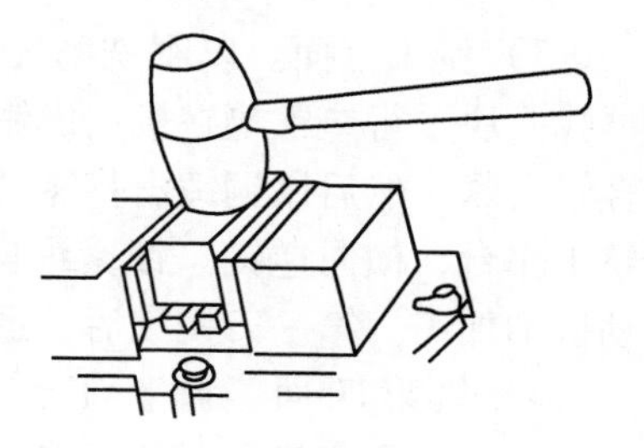

图9-53 机用虎钳安装工件

（3）刀具选择 采用高速钢粗齿立铣刀，规格为$D=30\text{mm}$，齿数$=3$。

（4）铣削方式选择 对称铣与逆铣（铣床为旧铣床，进给丝杠螺母磨损严重，为防止铣削窜刀，在铣削时，若纵向移动铣削，就要将横向移动工作台锁紧手柄锁紧）。

（5）铣削用量选择

1）主轴转速选择。根据高速钢切削速度允许范围16～35m/min，选择20m/min。

根据公式

$$n=\frac{v_c}{\pi D}=\frac{1000\times 20\text{mm/min}}{\pi\times 30\text{mm}}=212\text{r/min}$$

铣床实际铭牌为190r/min。

2）铣削厚度选择。分两刀铣削，第一刀粗铣，切削厚度为2mm；第二刀精铣，切削厚度为0.5mm。

3）进给量的选择。根据公式$f=f_z zn$，选$f_z=0.05\text{mm/齿}$，齿数$z=3$，则

$$f=(0.05\text{mm/齿})\times 3\times(190\text{r/min})\approx 28.5\text{mm/min}$$

铣床实际铭牌为30mm/min。

（6）铣刀装夹 根据立铣刀外径$\phi 30\text{mm}$，莫氏锥柄，选择轴套，铣刀装入轴套内，然后装入铣床主轴内，再用拉杆拉紧。

（7）工件的装夹 先铣180mm侧面。

（8）选用切削液 选择以冷却为主的乳化液。

（二）铣削加工

1）铣第一面。将零件放入机用虎钳内，目视平整。调整工作台，纵向对称铣，锁紧横向工作台。使立铣刀慢慢进入待加工表面最高点，然后退出，再确定进刀2mm。打开冷却泵，然后自动铣削加工。第一刀铣完后，退回原位，进刀0.5mm自动铣削加工。

2）铣第二面。先测量工件余量，以做到心中有数。铣削的第二面为刚铣完第一面的对面。将零件放入机用虎钳内轻轻夹紧，然后用铜锤击打待加工表面，紧贴机用虎钳底面夹紧。调整工作台，纵向对称铣，锁紧横向工作台。确定进刀1.8mm，打开冷却泵，然后自动铣削加工。第一刀铣完后，退回原位，测量余量，确定进刀尺寸，铣第二刀。

3）铣第三面。以刚铣削完的第一面、第二面为夹紧面，上底面为定位面，再找一块平行垫铁垫在机用虎钳口上。托住零件，基本保持零件与钳口一样高，轻轻夹紧。然后用铜锤击打零件的大表面，使零件紧贴平行垫铁，然后夹紧。调整工作台，横向逆铣。锁紧纵向工作台。确定进刀2mm，打开冷却泵，然后自动铣削加工。第一刀铣完后，退回原位，进刀0.5mm，铣第二刀。

4）铣第四面。调整工作台，横向逆铣。锁紧纵向工作台。确定进刀1.8mm，打开冷却泵，然后自动铣削加工。第一刀铣完后，退回原位，测量尺寸，确定余量。按同样的方法，铣第二刀。

二、铣长方体

任何几何形体都是由点、线、面组成的，机械零件就是几何形体，由点、线、面组成，而面的形式有两个，一个是平面，另一个是曲面，所以在铣削加工中，平面铣削是铣削加工中最基本的铣削。结合一个矩形工件的铣削加工，熟练掌握卧铣、立铣机床的操作与加工方法。

图9-54所示零件的加工应按图9-55中标示的1、2、3、4、5、6的顺序加工平面，此零件毛坯尺寸为65mm×65mm×125mm。

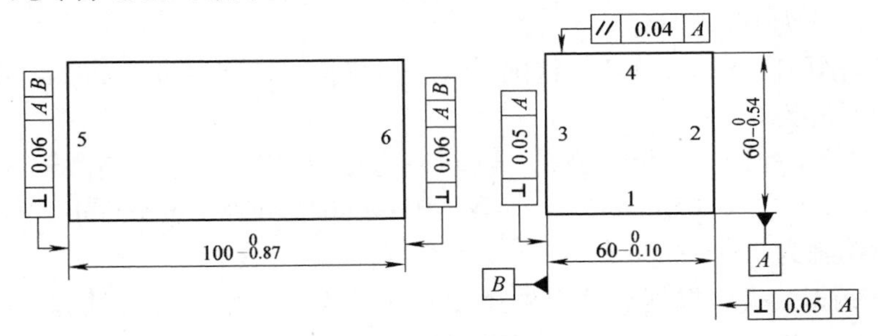

图9-54　矩形工件工作图

（一）平面1的铣削加工

1. 卧铣加工、圆柱铣刀加工

（1）加工前的技术准备

1）选择刀具。采用规格为80mm×80mm×32mm，$z=8$的高速钢粗齿圆柱铣刀。

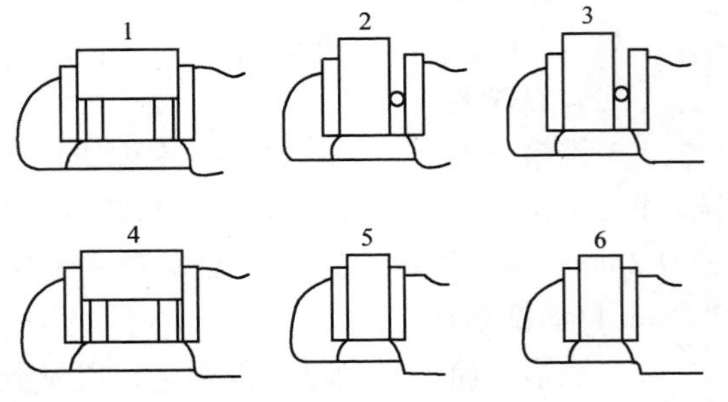

图9-55　零件的加工工艺步骤

2）装夹工件。采用机用虎钳装夹，安装时使钳口与铣床主轴垂直，工件应高出钳口5～8mm，如图9-56所示。

3）确定铣削用量。分两刀铣削，第一刀粗铣：背吃刀量为2mm，每齿进给量为 0.08mm/齿；第二刀精铣，背吃刀量为 0.8mm，每齿进给量为 0.08mm/齿，铣削速度取 v_c = 18mm/min，铣削宽度为工件的宽度。主轴转速实际取 95r/min，进给速度为 60mm/min。

4）校正机床。校正铣床工作台“0”位。

（2）操作铣床加工　起动铣床，使铣刀旋转，并使工件逐渐靠近铣刀，一直到刚接触，记下升降手柄刻度盘的数值，略微降低工作台，使铣刀与工件表面分开，再纵向退出工件，然后再把工作台上升到比原来位置高 2mm。把升降和横向的锁紧手柄扳紧，起动切削液泵，操纵纵向进给手柄即可铣削。

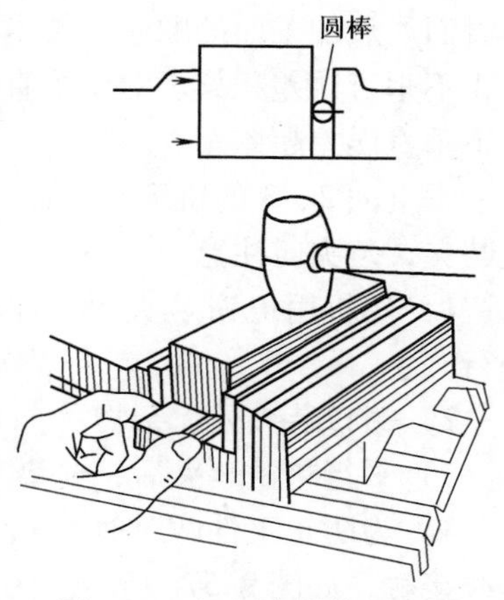

图 9-56　机用虎钳装夹工件

2. 立铣加工

平面的加工大多数采用面铣刀加工。

用高速钢面铣刀铣削平面的方法和步骤与用圆柱铣刀加工基本相同，只是面铣刀的直径应按铣削层宽度来选择，一般铣刀直径 D 应等于铣削层宽度 B 的 1.2～1.5 倍，在加工图 9-54 所示的工件时，应选用 D = 80mm 的面铣刀为宜。

在生产中，为了提高生产率，往往采用硬质合金面铣刀高速铣削，现仍以图 9-54所示的工件为例，用硬质合金铣刀高速铣削，其加工方法和步骤如下：

（1）选择铣刀　选用 D = 80mm、齿数为 4、刀片材料为 YT14 的面铣刀。

（2）选择铣削用量

1）铣削层宽度和深度。根据工件的宽度和加工余量，B = 60mm、t = 3mm。

2）进给量。选用 $S_{转}$ = 0.3mm/r。

3）铣削速度。选用 v_c = 110m/min。

根据 $S_{转}$和 v_c 的数值，计算得 n = 438r/min，实际铣床主轴转速为 475r/min，合适，S = 143mm/min，实际采用 150mm/min。

（3）铣削平面时的深啃现象　在铣削平面时，若进给中途停止，此时工件对铣刀的作用力有向上的分力，就会把铣刀向上抬起一点，抬起的量是工艺系统刚性问题，即机床—工件—刀具—夹具之间的刚性问题。当工件停止进给后，铣刀会因铣削力减少而下降，在工件的加工面上切出一个凹坑，这种现象称为“深啃”现象。在精铣时，深啃现象是不允许产生的；在粗铣时，也不应产生“深啃”现象。

（二）垂直面 2、3 的铣削加工

平面 1 的铣削从技术的角度上讲是加工基准面，而平面 2、3 的加工是铣削垂直面。从加工面的顺序、技术角度分析，之所以采取这样的铣削方案，主要是防止不垂直误差积累。对于垂直面2、3的铣削，铣削的重点是防止装夹而产生的不垂直误差超差。

垂直面2、3的铣削，从加工操作、技术准备上与铣平面1相同，所不同的是装夹，装夹时注意：

1）用机用虎钳装夹时，注意钳口与立铣主轴垂直，卧铣床是与铣床主轴平行。

2）钳口装夹处无杂物。

3）平行垫铁装夹后，要垫实（用铜锤或木榔头敲击）。

4）为防止工件两对面不平行，当夹紧时，钳口与工件基准面不是面接触而是线接触，如图9-57a所示。为了避免这种情况的出现，可在活动钳口处轧一圆棒，圆棒的位置处在钳口顶至工件底面的中间为宜，如图9-57b所示。

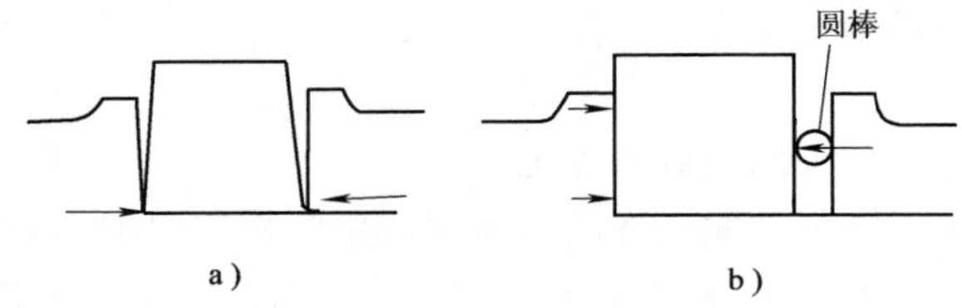

图9-57　工件装夹

（三）平行面4的铣削

铣工工种在技术上有一个方面较其他工种突出，就是保证工件的几何公差。平行面4的铣削就是如此，要保证铣削的平面与基准面平行这一几何公差要求。

铣削的加工方法、技术准备与铣平面1相同，所不同的就是注意保证几何公差要求，注意以下几点：

1）机用虎钳夹具的装夹是否正确。

2）钳口、平行垫铁的定位、夹紧面、工件表面是否有杂物。

3）一定要使用铜锤或木榔头敲击工件，垫实平行垫铁。

4）注意测量尺寸，保证工件尺寸要求。

图9-58所示为用平行垫铁装夹工件铣平行面。

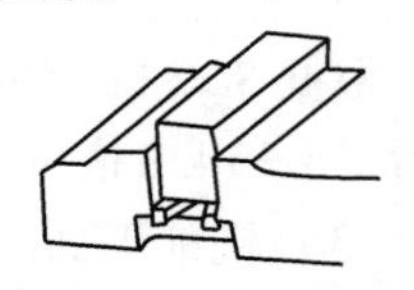

图9-58　用平行垫铁装夹工件铣平行面

（四）铣两端面

平行面铣削完毕后，若是立铣床，可不拆卸工件立即铣削两个端面，这样易保证垂直度；若拆卸工件，应注意在装夹时的垂直度要求，用直角尺在工件侧面找正，夹紧后铣削，如图9-59所示。

铣床操作、加工、技术准备与铣平面1相同。

（五）面铣刀与圆柱铣刀的优缺点及加工范围

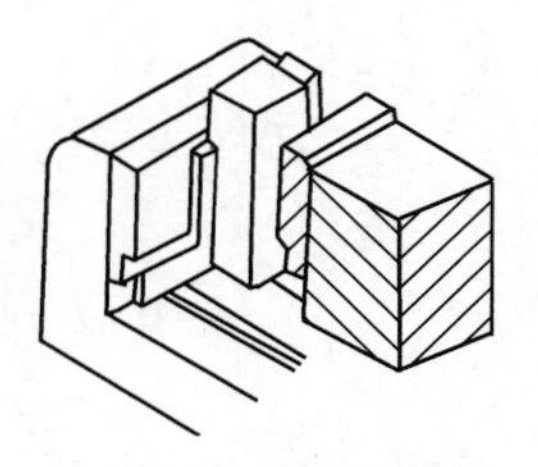
图9-59 铣两端面

在立铣床上加工尺寸不大的连接面工件时，一般都用机用虎钳装夹，并以面铣的方式进行铣削。用面铣刀铣连接面时，工件用机用虎钳的装夹方法、产生误差的原因和调整措施，都基本与圆柱铣刀相同。其不同之处是，用圆柱铣刀铣削时，铣刀的圆柱度误差会影响加工面与基准面的平行度和垂直度；用面铣刀铣削时，则无此情况，但铣床主轴轴心与进给方向的垂直度误差会影响加工面与基准面的平行度和垂直度，如在立式铣床上铣削时，立铣头“零位”不准，用横向进给会铣出一个与工作台倾斜的平面，用纵向进给和非对称铣削，则会铣出一个略带凹且不对称的面。

同理，在卧式铣床上用面铣时，若工作台“零位”不准，用升降进给会铣出一个斜面，用纵向进给和非对称铣削，也会铣出一个不对称的凹面。

一般情况下，在加工较大尺寸工件的平面时，大都采用面铣刀铣削。

第10章 刨　　工

第1节 刨工杂谈

俗话说："刨工怕刨薄板"，这个板就是大面积、厚度薄的工件。对于大薄板工件，刨工加工的难度，一是装夹，它如何定位，如何夹紧；二是加工时切削热带来的热变形，使加工不容易达到精度要求。这两点就决定了刨工怕刨薄板。刨工工种是一个粗加工工种，凸凹不平的大平面、侧面、深的沟槽等，都需要刨工去粗加工、整形，然后交给精加工工序，最终的结果由精加工决定。

技术上刨工磨刀的难度不亚于车工，它们的主要区别在于：车工有时要能磨出用于高精度加工的车刀；而刨工要磨出既锋利，又耐冲击的刨刀。两工种对刀具的要求各有特点。

刨工加工时的最大特点是：工件对刀具的冲击很大，每次刨削，都是对刨刀的一次冲击，刀具容易断裂。由于刨工加工时，刀具有冲击现象，工人在使用刨床时，决不能站在有刀具冲击的方向去操作机床，而是要站在刨床的侧面，防备刀具突然断裂飞出，击伤自己。冲击断裂飞出的刨刀，比枪打出的子弹还要厉害。

几乎每个刨床操作者都碰到过闷车，所谓闷车，就是在加工时刨刀刨切到工件后，刨刀停止进给刨削，而此时机床电动机仍在运转，电动机传动带出现打滑。这是操作者未调整好刨床误起动或刨削余量太大而导致的。出现闷车现象，也是常见的，只要马上停机，重新调整机床即可。注意以后操作刨床时要小心仔细一些。

第2节 刨工的特点及加工范围

1. 刨工的特点

1）单刀断续切削，返回行程不切削，为空行程。生产率低，适用于单件、小批量生产。

2）加工精度低，一般只作为整形、去除大余量的粗加工工序。

3）在刨削时有冲击现象。

4）正规的刨刀，均设计为防冲击、防扎刀的结构。

2. 刨工的加工范围

刨工主要加工平面、侧面、沟槽、T形槽、燕尾槽。

第3节 牛头刨床

1. 牛头刨床的结构

牛头刨床的结构如图10-1所示。

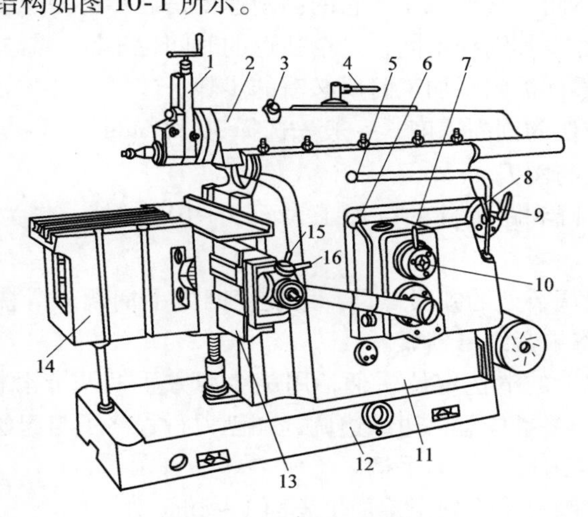

图10-1 牛头刨床的结构

1—刀架 2—滑枕 3—调节滑枕位置手柄 4—紧定手柄 5—操纵手柄 6—工作台快速移动手柄 7—进给量调节手柄 8、9—变速手柄 10—调节行程长度手柄 11—床身 12—底座 13—横梁 14—工作台 15—工作台横向或垂直进给转换手柄 16—进给运动换向手柄

2. 牛头刨床各部件的作用

1）床身是用来连接、支持其他各个部件的，各部件之间的相对位置是由床身来保证的。床身应具有足够的强度与刚性，床身导轨应具有良好的耐磨性与抗震性。

2）底座在床身下面，用来支持整个机床的重量。它的中间是空的，可以储存润滑油。

3）横梁安装在床身前面的垂直导轨上，它可以沿导轨垂直移动，以调整工作台台面与刨刀在垂直方向的距离。

4）工作台安装在横梁前面，用来装夹工件和夹具，它可以沿横梁的水平导轨作水平移动，也可以在垂直面内旋转一定角度，以满足刨削斜面的需要。

5）滑枕安装在床身的顶面，它可以沿床身顶面导轨作前后往复直线运动，以带动刀架作刨削运动。

6）刀架用来安装刀具，刀架后面与滑枕相连，并能回转一定的角度。它可以使刀具作垂直方向或倾斜方向的移动，刨削垂直面或倾斜面。

7）曲柄摇杆机构与变速机构装在床身内部，电动机的转动通过变速机构与曲柄摇杆机构，转变为滑枕的往复直线运动。

8）走刀机构是用来改变工作台横向移动速度的。一般为棘轮爪机构。

3. 牛头刨床的操作方法

刨床的操作不同于其他机床，它的刨削速度是逐步由慢向快调整，直到合适为止。不同的零件，其刨程不同，一个往返的时间也不同，需分别调整。以下操作步骤是每一个零件被刨削加工时所必需的步骤。

1）先选择较低的刨削速度，一般先选择30次/min。

2）装夹工件与刨刀。

3）将刨刀下降到距工件的待加工表面5～10mm处，作为调整刨刀行程的基准。

4）松开行程调节处的锁紧螺母，用旋绕四方手柄调节滑枕的行程，边试边调，合适后，再将锁紧螺母锁紧。

5）松开滑枕上的滑枕定位手柄，用旋绕四方手柄调节滑枕上的四方旋钮，调节滑枕的起始和终了位置，边试边调，在刨刀行程终了与起始位置予以充分的恢复空位行程，合适后，锁紧手柄。

6）对刀，将刨刀下降到距待加工表面1～2mm处。

7）起动刨床试刀，确定刨削深度。

8）试刀后，确定进给速度。

9）重新选择，确定刨削时的刨削速度。

第4节　刨削用量

1. 刨削用量诸要素的定义及计算公式

（1）刨削深度　工件上已加工表面和待加工表面之间的垂直距离。

（2）进给量　刀具一次往复行程时，工件在垂直于主运动方向相对移动的距离。

（3）刨削速度　刀具的主运动速度v_c。

$$v_c = L\left(1 + \frac{v_{刨程}}{v_{空程}}\right)n \approx 1.7Ln$$

式中　L——刨削行程长度（mm）；

n——每分钟往复次数；

$v_{刨程}$——工作行程，一个行程的3/5时间；

$v_{空程}$——工作回程，一个行程的2/5时间。

例　工件材料为退火状态的45钢，需刨削加工的长度为120mm。牛头刨床采用高速钢刀具，调整牛头刨床行程为180mm，若滑枕采用60次/min的往返次数，问此时的刨削速度为多少？

解 已知：$L=180\text{mm}$ $n=60$ 次/min

根据公式 $v_c = L\left(1+\dfrac{v_{刨程}}{v_{空程}}\right)n$

$= 1.7Ln = 1.7 \times 180\text{mm} \times 60$ 次/min

$= 18.36\text{m/min}$

符合高速钢刀具材料允许的切削速度范围。

2. 刨削用量的选择

（1）刨削深度的选择　合理的刨削深度，是将加工余量在一次进给中切除，但由于刀具及机床性能的限制，以及加工表面的要求，往往需要经2~3次进给才能切去。在分次刨削时，第一次要刨得多些，主要是避免工件硬表皮对刨刀刀尖的影响；第二次比第一次少些；最后一次刨削深度应尽量小，以获得良好的加工表面质量。

（2）进给量的选择　进给量受机床功率、进给机构刚性、刀具或刀片强度、加工表面质量等条件的限制，所以应在已选好刨削深度后进行合理选择。

在半精加工或精加工时，主要考虑工件的表面质量，进给量应小些；在粗加工时，应考虑除表面质量以外的其他几个因素，尽可能选用较大的进给量。平面刨削钢及铸铁时的进给量可参照表10-1。

表10-1 平面刨削钢及铸铁时的进给量

刨刀形式	加工方式	表面粗糙度值/μm	刨削深度/mm	进给量/(mm/双行程)
普通刨刀	粗加工	12.5	≤3	0.5~1.5
	半精加工	6.3	≤2	0.3~1.8
		3.2	≤1	0.2~0.6
		1.6	0.1~0.3	0.1~0.2
宽头刨刀	磨前加工	3.2	0.2~0.5	1~4
	最终加工	1.6~0.8	0.05~0.15	1~20

（3）刨削速度的选择　当刨削深度和进给量选择好以后，就可以根据刀具寿命来选择合理的刨削速度。若选用刨削速度太大，则会使刀具寿命低，要经常磨刀；若选用刨削速度太小，则会使加工时间长，生产率低。在实际工作中，主要考虑的是提高生产率和零件质量，因此要注意观察刨削情况，及时调整。

第5节 工件的装夹

刨削时几种常用的工件装夹方法见表10-2。

表 10-2　刨削时几种常用的工件装夹方法

名称	简　　图	说　　明
压板装夹		这是一组常用的压板装夹方法
机用虎钳装夹	工件　圆柱棒　2　1　4　3	机用虎钳装夹方法。左上图适用于一般粗加工，工件平行度、垂直度要求不高时应用；右上图适用于工件面1、2有垂直度要求时；下图适用于工件面3、4有平行度要求时
薄板件装夹		当刨削较薄的工件时，在四周边缘无法采用压板时，三边用挡块挡住，一边用薄钢板撑压，并用锤子轻敲工件待加工面四周，使工件贴平，夹持牢固

第6节　刨刀的基本结构形式

1. 刨刀的结构

一般的刨刀都做成如图10-2所示的结构形式，就是刀尖与刀杆 *A* 面基本在一条线上，以防止加工时啃刀（又称扎刀）。啃刀现象的发生，是因为刨削力的缘故。当刀杆做成直的，如图10-3a所示，刀杆受力变形后，刀尖就会啃入工件加工表面中去，形成啃刀。轻者将引起工件与刀具的振动，使加工过的表面出现凹痕，损坏加工表面的表面粗糙度；严重时，还可能会打坏刀具，损坏工件或机床，发生事故。当刀杆做成弯头结构后，如图10-3b所示，就避开了啃刀现象的发生。

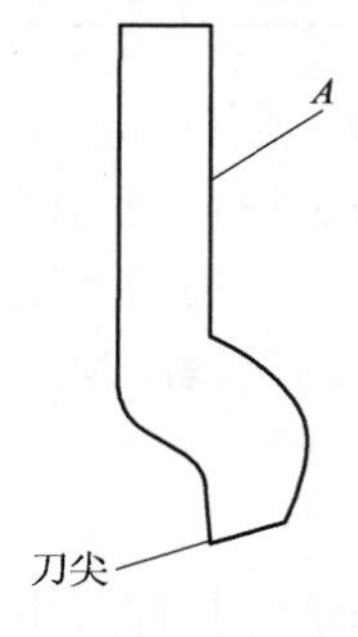

图10-2　刨刀的基本结构形式

这样弯曲的刀杆结构，在刀杆受力变形时，刀头部分在刨削力的作用下可以向后上方弹起，使刀尖与工件加工表面脱离，不会啃到工件的加工表面而破坏加工表面的表面粗糙度。同时弯曲的刀杆有较好的弹性，可起到消振作用。

2. 常用刨刀的基本形式

常用刨刀的基本形式如图 10-4 所示。

3. 刨刀刨削角度的选择

刨刀刨削部分的主要角度有：前角 γ_0、后角 α_0、主偏角 κ_r、副偏角 κ'_r 及刃倾角 λ_s 等，如图 10-5 所示。

刨刀的经验刨削角度值见表 10-3。

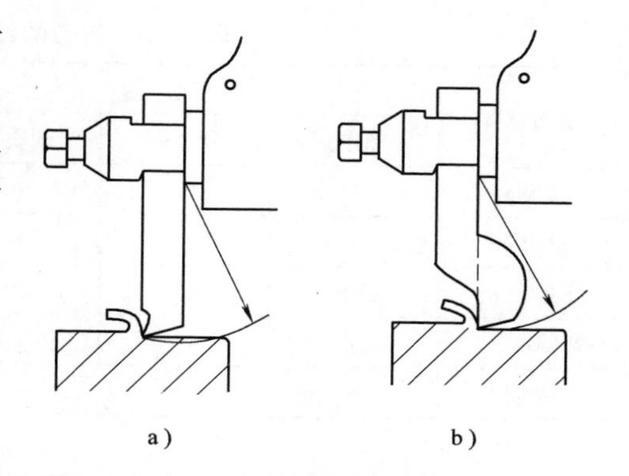

图 10-3 直头刨刀与弯头刨刀

a）直头刨刀 b）弯头刨刀

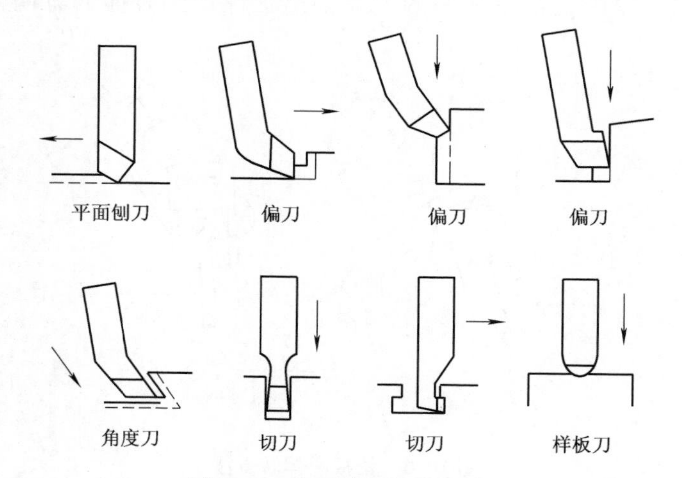

图 10-4 常用刨刀的基本形式

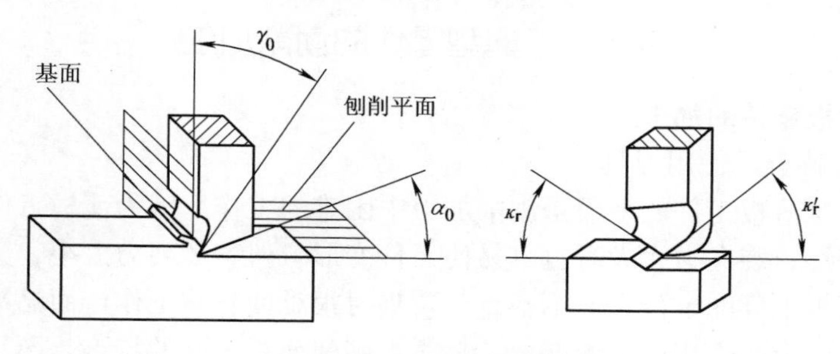

图 10-5 刨刀的刨削角度

表 10-3　刨刀的经验刨削角度值　　［单位：(°)］

刨削角度	高 速 钢			硬 质 合 金		
	铸铁	合金钢	调质钢	铸铁	合金钢	调质钢
前角 γ_0	3	12	6	0	5	8
后角 α_0	5	5	8	8	8	8
主偏角 κ_r	30	45	40	40	45	40
副偏角 κ'_r	5	8	6	5	8	6
刃倾角 λ_s	0	−3	−3	3	0	0

第7节　刨削侧面时拍板座偏转方法

在刨削斜面及侧面时，必须把拍板座偏转。其目的是避免刀具在回程时与工件发生摩擦，这样可以提高刀具的寿命，并保证工件质量。

偏转方向的原则是使拍板座的上端偏离工件加工表面的方向，如图10-6所示。

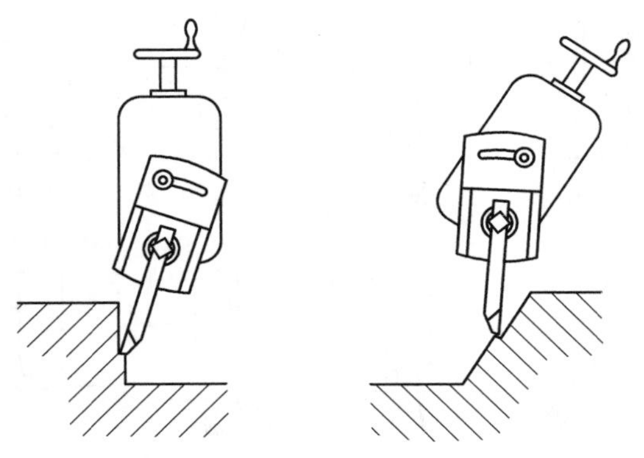

图10-6　拍板座偏转方法

第8节　典型零件的刨削加工

一、薄板零件的加工

1. 加工特点及使用刀具

刨削加工薄板工件的平面是刨削加工中困难的工作。因为薄板工件散热条件差，容易变形；装夹力太大时也容易使工件变形，但若装夹力太小，又不便于刨削；如果薄板工件的定位表面不平直，装夹时很难使它与工作台面贴平，刨削时就容易因刨削力的作用而引起变形。总之，刨削薄板工件的特点是不易装夹和容易变形。

刨削薄板工件时所用的刨刀，应产生较小的刨削力和刨削热，以减少工件因受力和受热而变形。因此，刨削薄板工件所用的刨刀，其前角和后角都应比一般的刨刀大些，过渡刃和修光刃要小些，以减小刨削力。此外，主偏角应小些，这样在刨削时的进给力较小，以免将工件顶弯，而背向力较大，可将工件紧压在工作台面上。

2. 工件的装夹及刨削方法

1）装夹在机用虎钳内进行刨削。为了保证薄板工件装夹的可靠性和稳定性，必须预先将工件的两个侧面加工好。如果工件两侧面不平直或不平行，撑板与工件侧面就不可能有很好地接触，夹紧时就会由于工件受力不均匀而变形。

在装夹薄板工件时，还必须注意使工件底面与工作台面（或平行垫铁表面）贴紧，用木榔头（或铜锤）锤打工件表面，但不能用铁榔头锤打工件。因为铁榔头弹性大，越锤打工件，越贴不紧，而且容易将薄板工件敲打变形。如果工件下面的缝隙是由于工件底面不平而产生的，可以用铜皮垫实，否则，刨刀刨到没有贴紧的部位时，工件就会因刨削力的作用而向下弯曲变形，这样刨出来的平面就不可能很平直。

装夹在机用虎钳内进行刨削时，可在机用虎钳内垫一块比工件宽（能容纳工件及两侧撑板安放位置）的平行垫铁，如图10-7所示。要注意清除平行垫铁与机用虎钳接触面之间的污物，去除工件边缘的毛刺，然后将工件放在垫铁上用撑板轻轻地夹紧。

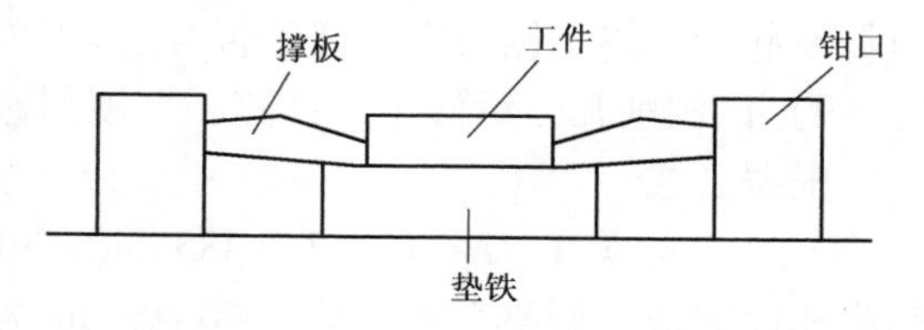

图10-7 机用虎钳装夹薄板零件

刨好一面以后，将工件翻身后重新装夹，再刨削另一面。

2）直接装夹在工作台上进行刨削。对面积较大或机用虎钳无法装夹的薄板工件，可直接装夹在工作台上，如图10-8所示。在工件的一侧固定一块支撑挡板，工件的另一侧用斜螺钉撑压紧撑块，使之抵住工件。在工件的前端可根据具体情况加一个挡头。当夹紧时，夹紧力要适当，螺钉要一个一个地逐步扳紧，不能一下就先把其中一个扳得很紧。夹紧固定后，须用划针在四周检查一下，看工件是否有变形现象。

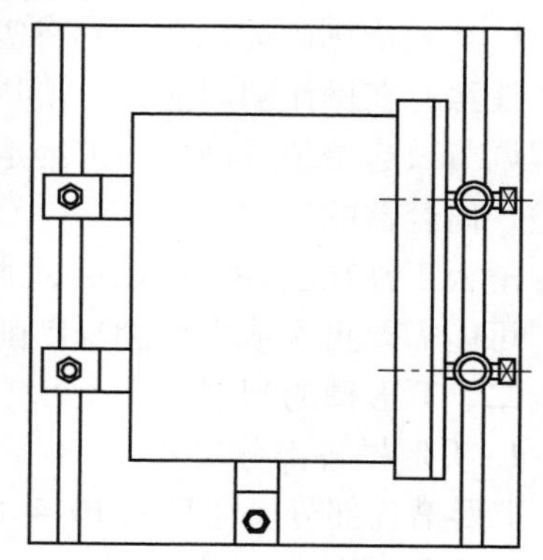
图10-8 工作台面上装夹薄板工件

工件直接装夹在工作台上进行刨削，比用机用虎钳装夹的加工精度要高些，但装夹比较困难。

3. 刨削操作加工步骤与方法

加工如图10-8所示长度400mm、宽度350mm、厚度30mm的工件。选择硬质合金平面刨刀，切削余量为5mm，表面粗糙度值$Ra=1.6\mu m$

操作加工步骤如下：

1）初选滑枕往返次数30次/min。

2）装夹工件与刀具。

3）将刨刀下降到距待加工表面5mm左右处。

4）调节滑枕行程。

5）调节滑枕起始、终了位置。起始空行程应大一些，为70mm；终了空行程应小一些，为15mm。

6）对刀。将刨刀下降到距待加工表面1mm处，并将刨刀移至横向进给初始处，开动刨床查看一下刀具与工件有无接触，以做到心中有数。

7）下降刨刀2mm，先试刨几刀，再按2mm刨削深度调整刨刀。

8）起动刨床，选择进给量1mm进行刨削加工。注意观察刨刀刨削速度、进刀量及起始、终了刨刀空行程是否合适。

9）试刨削几刀后停车，计算一下刨削速度。

根据公式

$$v_c = 1.7Ln = 1.7 \times 485\text{mm} \times 30\text{次}/\text{min} = 24.74\text{m/min}$$

刨削速度偏低，调整行程次数为40次/min左右为好。

10）确定行程次数为40次/min，进给量为1mm，刨削深度为2mm，进行刨削加工。第二刀为0.5mm刨削余量。

11）一面刨削完以后，翻身刨削另一面。测量余量，再刨削加工。

注意： 在操作刨床前，必须熟悉刨床的各操作，如各个操作手柄如何使用、行程调节及起始位置确定、进给走刀调节、刨刀装夹、刨刀吃刀调节、行程次数调整、离合器的使用。

薄板工件在刨好两面以后，由于各种因素的影响，有时还不能达到图样要求，可能需要再次或多次翻身刨削。

二、T形槽的刨削

1. T形槽各部分尺寸

T形槽各部分尺寸见表10-4。

2. T形槽的加工特点

1）由于T形槽的槽口部分常用来作为夹具的定位基准，因此对a的要求都比较高。其他尺寸也要符合图样要求。

2）两侧凹槽的顶部要在同一个水平面上，这样才能使螺栓在T形槽内装夹工件时保持与工作台垂直的位置。否则用压板装夹工件时，螺栓会倾斜弯曲。

表 10-4 T 形槽各部分尺寸 （单位：mm）

简图	a	b	c	h	螺栓直径
	10	16	7	8	8
	12	20	9	10	10
	14	24	11	14	12
	18	30	14	18	16
	22	36	16	22	20
	24	42	18	24	22
	28	48	20	28	24
	36	60	25	36	30

3）各 T 形槽要相互平行，T 形槽的中心线应在对称位置。

3. 刨 T 形槽的刀具

刨 T 形槽要用切槽刀（割刀）和左右弯切刀。

对弯切刀（见图 10-9）的要求如下：

1）主切削刃要平直，并与刀杆侧面平行，以免切槽时刀杆与槽壁发生摩擦，碰坏工件，刀头根部也不能有太大的圆角，以免加工凹槽时碰及工件。

2）主切削刃的宽度 c'要等于或小于凹槽的高度 c，并要磨出2°~3°的副偏角。但两条副切削刃靠刀尖处要均匀磨出 1mm 以内的零度副偏角修光刃，以降低加工表面粗糙度值。

3）弯头的长度 d'要大于凹槽的横向深度 d，长度 a'要小于槽口宽度 a，刀头长度 h'要大于 T 形槽的深度 h。

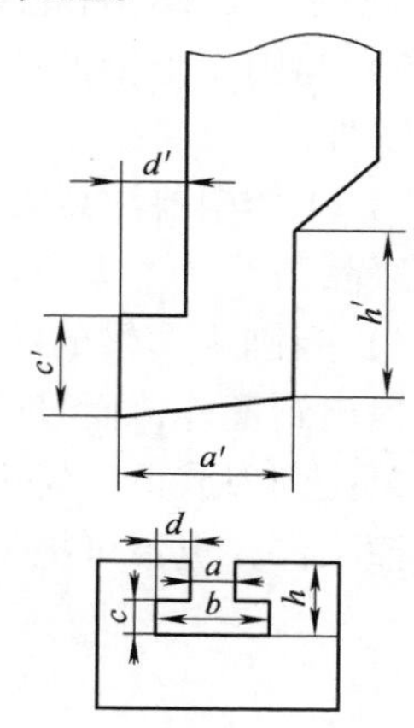

图 10-9 弯切刀的尺寸

4. 刨削方法

应先加工各关联平面，并在工件端面和上平面画出加工线（见图10-10），然后按以下步骤加工：

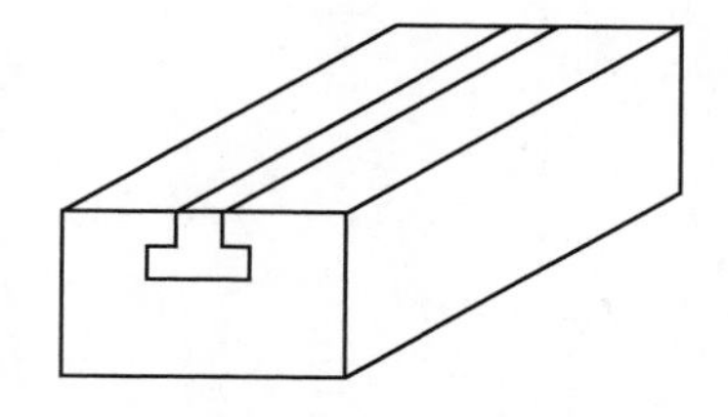
图 10-10 划线后的零件

1）安装工件，并正确地在纵横向进行找正。用切槽刀刨出直角槽，使其宽度等于 T 形槽口宽度，深度等于 T 形槽的深度（见图 10-11a）。

2）用弯切刀刨削一侧的凹槽（见图 10-11b）。如果凹槽的高度较大，一刀不能刨完时，可以分几次刨完。但凹槽的垂直面要用垂直进给精刨一次，这样才能使槽壁平整。

3）换上方向相反的弯切刀，刨削另一侧的凹槽（见图10-11c）。

4）换上45°刨刀刨倒角（见图10-11d）。

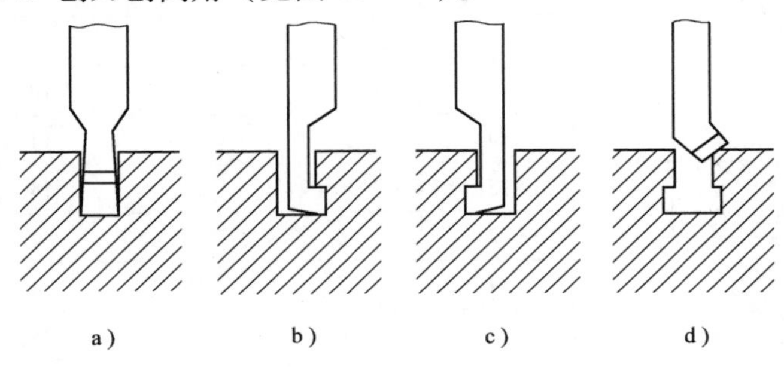

图10-11　刨T形槽步骤

5. 刨T形槽的注意事项

1）当刨T形槽的凹槽时，刨削用量要小，并且要用手动进给，以免损坏刀具和工件。

2）工作中要注意刀具的非刨削部分不要与工件发生碰撞，以免造成事故或产生废品。

3）当刨T形槽的凹槽时，在每次刨削行程终了回程开始以前，要把刨刀自槽内提出到槽外，而且前后超程都应该适当放长些，切入超程必须放长到有足够的距离让刨刀放下，切出超程必须放长到有足够的时间抬起刨刀。操作时刨刀不能碰撞工件，也不可把拍板固定，使其不能抬起而发生事故。

第11章　磨　　工

第1节　磨工杂谈

磨工加工给人的印象是：高速旋转的砂轮，飞溅的火花，喷涌而出的、乳白色的磨削液。加工出来的是亮晶晶、光光滑滑的零件。

其实，磨工是精密加工工种。磨工加工的零件，大多都是比较精密的零件。磨工也是切削加工，切削的刀具就是高速旋转的砂轮，磨削加工是微小的颗粒在高速下的微量切削，这个微粒是不规则的、多面体的、硬度很小的颗粒。

磨工用的切削刀具是砂轮。砂轮多种多样，有不同的材料、不同粒度，它们针对不同零件材料的加工，这个方面与车工用车刀加工零件时，不同材料选择不同的切削角度的原理是一样的。为使砂轮适应待磨工件材料，应从6个方面去考虑选择：

1）磨料 = 砂轮中构成磨粒的材料。

2）粒度 = 磨粒的粗细。

3）硬度 = 结合强度。

4）组织 = 砂轮的孔隙度。

5）结合剂 = 把磨粒结合在一起的材料。

6）强度 = 砂轮抵抗破裂的能力。

砂轮是高速旋转的刀具，在使用中，它的动平衡、静平衡是非常重要的。对于砂轮的使用，其动、静平衡的调整都有一套专门的方法。

飞溅的火花使人们感觉到磨工真是勇敢，就不怕火花烧着自己，其实，由于切下的切屑非常细微，而且磨削温度很高，所以当磨屑飞出时，马上就会在空气中急剧氧化，形成磨削火花，正是由于它非常微小，才不至于烧伤人。

磨工在加工零件时，最大的危险是在加工时一次进刀量太大，而导致高速旋转的砂轮爆裂，砂轮块飞出伤人。最常出的质量问题是，不及时、不足够地加注磨削液，造成工件表面烧伤退火或淬火。最烦的是加工零件的磨削余量太大，从而导致零件磨削时局部温度过高，零件产生弯曲变形。

磨工的技术主要集中在砂轮磨粒的选用，砂轮型号的使用，砂轮动、静平衡的调整与安装，砂轮结构的知识，砂轮修整，砂轮的粘接，磨削液的使用，机床的操作，工件的装夹这几个方面。

磨工的加工范围是尺寸精度及表面粗糙度要求高的工件，各种硬度的材料，外圆、内孔、平面、螺纹、齿轮、花键、导轨，各种刀具的前、后刀面的磨削加工。

第2节　砂　　轮

砂轮相当于车工的车刀，磨工是使用砂轮进行切削加工的。

一、砂轮的构成

砂轮的构成有六大要素，即磨料、粒度、硬度、结合剂、组织、强度。下面对其六大要素进行逐一讨论。

1. 磨料

磨料是砂轮的主要成分，它主要担负着切削作用，在磨削时，它要经受高速的摩擦、剧烈的挤压，所以磨料必须具有很高的硬度、耐磨性，以及相当的韧性，还要具有比较锋利的形状，以便切下金属。制造砂轮的磨料有刚玉类、碳化物类、人造金刚石和立方氮化硼四大类。常用磨料的特性及适用范围见表11-1。

表11-1　常用磨料的特性及适用范围

系别	名称	代号	特　　性	适用范围
刚玉类	棕刚玉	A	棕褐色，硬度较高，韧性好，价格便宜	碳素钢、合金钢、可锻铸铁和硬青铜等
	白刚玉	WA	白色，硬度比棕刚玉高，韧性比棕刚玉低，棱角锋利	磨削淬硬的高碳钢、高速钢、薄壁零件和成形零件
	铬刚玉	PA	玫瑰红色，强度与白刚玉相近，而韧性比白刚玉好	磨削韧性好的钢材，如不锈钢、高钒高速钢、锰钢，刀具，量具
	单晶刚玉	SA	淡黄或白色，强度和韧性比棕、白刚玉高，切削能力较强	磨削不锈钢、高钒钢、高速钢等高硬、高韧性材料及易变形、烧伤的工件
	微晶刚玉	MA	棕黑色，强度高，韧性大，自锐性能好	磨削不锈钢、轴承钢、特种球墨铸铁等较难磨材料
碳化物类	黑色碳化硅	C	黑色，有光泽，硬度高且脆，棱角锋利，自锐性优于刚玉	磨削铸铁、黄铜、铅、锌等金属材料，以及橡胶、塑料耐火材料等材料
	绿色碳化硅	GC	绿色，硬度比黑色碳化硅高，具有好的导热、导电性，棱角锋利	磨削硬质合金、宝石、玉石、陶瓷和光学玻璃
人造金刚石		RVD、MBD、SCD、SMD、DMD、M-SD	黄绿色，硬度极高，比天然金刚石略脆，强度较高，导热性好，自锐性好	磨削硬质合金、光学玻璃、宝石、石材、陶瓷、半导体等
立方氮化硼		CBN、M-CBN	棕黑色，硬度略低于金刚石，它磨削钢料时的效率比金刚石高5倍，但磨削脆性材料不及金刚石	磨削既硬又韧的淬火钢，高钼、高钒、高钴钢、不锈钢

2. 粒度

粒度是指磨料颗粒的大小。粒度号有两种表示方法，一种是砂轮使用的粒度表示方法，另一种是研磨用的粒度表示方法。

（1）筛选法　筛选法就是用筛选的方法来区分较大的颗粒（砂轮上使用），以25.4mm长度上的筛孔数目来表示。如F46粒度是指能通过每25.4mm长度上有46个孔眼的筛网，而不能通过下一档每25.4mm长度上有60个孔眼筛网的颗粒大小。

（2）测量法　用显微测量法来区分颗粒（作研磨用），颗粒的最大尺寸为粒度号。例如，F230表示微粒的颗粒尺寸为34～82μm。

（3）砂轮粒度的选择原则

1）当粗磨时，选用大颗粒、小粒度号，保证较高的生产率，精磨与之相反，保证较好的表面粗糙度。

2）当接触面大时，选用大颗粒、小粒度号。

3）当磨削软而韧的金属时，选用大颗粒、小粒度号的砂轮，以减小磨砂堵塞现象；当磨削硬而脆的金属时，选用小颗粒、大粒度号的砂轮。

4）当磨削薄壁工件时，为了减少热变形，应选粒度号较小的砂轮。

5）当成形磨削时，要求磨轮外形保持时间长些，应选用粒度号大的砂轮。

一般情况下：

1）粗磨选用F12～F24。

2）外圆、内孔、平面磨削选用F36～F70。

3）韧磨刀具选用F46～F100。

4）螺纹、成形和表面粗糙度要求高时，磨削选用F100～F280。

3. 硬度

（1）砂轮的硬度　砂轮的硬度与磨粒的硬度是两回事。砂轮的硬度是指结合剂粘接磨粒的牢固程度，也是指磨粒在磨削力的作用下，从砂轮表面上脱落下来的难易程度。

（2）砂轮的自锐性　砂轮有一个重要的特性为自锐性，就是砂轮在工作中，其磨粒磨钝后因磨削力增大而自行脱落，让新的锋利的磨粒露出继续担负切削工作的能力。

（3）砂轮硬度的选择　一般来讲，根据自锐性的原理，当磨削硬材料的零件时，为使磨钝了的磨粒能及时脱落，应选较软的砂轮；当磨削软材料的零件时，磨粒不易磨损，应选较硬的砂轮。一般情况下，当砂轮在与工件接触面大、磨端面、磨削导热性差的材料、磨薄壁零件时，应选择较软的砂轮。机械加工中常用的砂轮硬度等级是H～N。修磨钢坯及铸件可用Q级。常用的砂轮硬度等级及其代号见表11-2。

表11-2　常用的砂轮硬度等级及其代号

硬度	硬度由软→硬
硬度代号	A、B、C、D、E、F、G、H、J、K、L、M、N、P、Q、R、S、T、Y

4. 结合剂

结合剂是用来粘接磨料的。砂轮的强度、抗冲击性、耐热性、耐蚀性等，主要取决于结合剂的性能，常用结合剂的种类、代号、性能及适用范围见表11-3。

表11-3　常用结合剂的种类、代号、性能及适用范围

类别	名称及代号	原料	性能	适用范围
无机结合剂	陶瓷结合剂 V	黏土、长石、硼玻璃、石英及滑石等	耐热、耐水、耐油、耐酸、耐碱，气孔率大，强度高，脆性较大，韧性、弹性差	应用范围最广，除切断用砂轮外，大多数砂轮都采用它
	菱苦土结合剂 Mg	氧化镁及氯化镁等	发热量小，结合能力低于陶瓷结合剂，自锐性良好，强度较低，且易水解	磨削传导性差的材料及磨具与工件接触面较大的工件，还广泛用于石材加工
有机结合剂	树脂结合剂 B 增强树脂结合剂 BF	酚醛树脂或环氧树脂等	强度高，弹性较好，适用高速切削，自锐性好，有抛光作用，但其耐热性、坚固性较陶瓷结合剂差，且不耐酸、碱	制造高速度、低表面粗糙度、重负荷、薄片切断砂轮，以及各种特殊要求的砂轮
	橡胶结合剂 R 增强橡胶结合剂 RF	合成及天然橡胶	强度高，弹性好，气孔率小，磨粒钝化后易脱落，有极好的抛光作用，但耐热、耐油、耐酸性均差，磨削时有臭味	制造无心磨导轮，精磨、抛光砂轮，超薄片状砂轮及轴承精加工砂轮

5. 组织

砂轮的组织是指砂轮的松紧程度，也就是磨粒在砂轮内所占的比例。砂轮的组织及其适用范围见表11-4。

表11-4　砂轮的组织及其适用范围

组织分类	紧密				中等				疏松						
组织分类	0	1	2	3	4	5	6	7	8	9	10	11	12	13	14
磨粒率	磨粒率由大→小														
适用范围	重负荷磨削，成形、精密、间断及自由磨削，或加工硬、脆材料等				无心磨、内、外圆磨和工具磨，淬火钢及刀具刃磨				粗磨或磨削韧性大、硬度不高的工件，机床导轨，硬质合金刀具。薄壁及细长工件磨削，砂轮与工件接触面大及平面磨削					磨削热敏性较大的钨基合金、磁钢、非铁金属及塑料、橡胶等	

砂轮的组织如果疏松，则砂轮不易被堵塞，磨削液和空气能进入磨削区域，可降低磨削区域的温度，减少工件发热变形和烧伤，也可以提高磨削效率，但会使表面粗糙度下降，且不易保持砂轮的轮廓形状。

6. 强度

砂轮的强度是指砂轮高速旋转时，在离心力的作用下，抵抗其自身破裂的能力。一般以线速度表示。若超过安全线速度，砂轮就有破裂的危险。

二、砂轮的形状、用途及标注

砂轮的形状及尺寸国家已标准化。表11-5所列为常用的几种砂轮的形状、代号及基本用途。

砂轮的标注方法示例

$$\frac{1}{\text{形状代号}}-\frac{400}{\text{外径}\,D}\times\frac{50}{\text{厚度}\,T}\times\frac{127}{\text{孔径}\,H}-\frac{\text{A}}{\text{磨料}}$$

$$\frac{80}{\text{粒度}}\quad\frac{\text{K}}{\text{硬度}}\quad\frac{6}{\text{组织}}\quad\frac{\text{V}}{\text{结合剂}}-\frac{35\text{m/s}}{\text{最高工作线速度}}\quad\frac{\text{GB/T 2485—2008}}{\text{标准号}}$$

表11-5 常用的几种砂轮的形状、代号及基本用途

名称	代号	断面形状	基本用途
平形砂轮	1		外圆、内圆、平面、无心磨及刃磨等
双斜边砂轮	4		单线螺纹和齿轮磨削等
单斜边砂轮	3		磨削各种锯片、圆锯及横锯等
单面凹砂轮	5		磨削内圆和平面。外径较大者可用于磨外圆
薄片砂轮	41		用于切断及开槽
筒形砂轮	2		用于立式平面磨床

（续）

名称	代号	断面形状	基本用途
杯形砂轮	6		用其端面磨削平面或刀具刃磨。也可用圆柱面磨削内圆
碗形砂轮	11		刃磨各种刀具及机床导轨
蝶形一号砂轮	12a		刃磨各种刀具，大型蝶形砂轮可磨削齿轮齿面

第3节 磨削加工

一、磨工常用的工具

磨工常用的工具如图11-1所示。

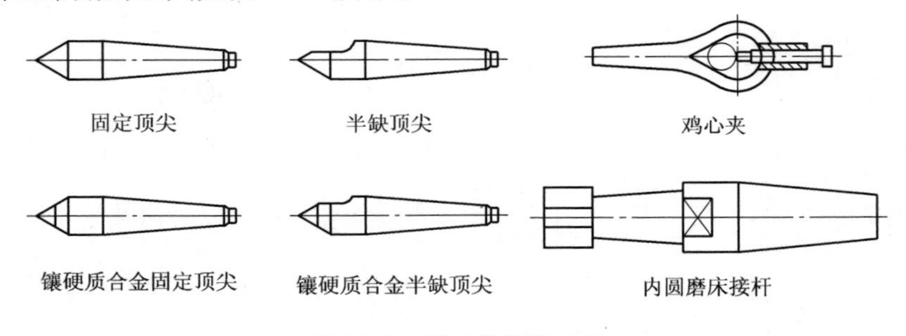

图11-1 磨工常用的工具

磨工常用的工具还有自定心卡盘、单动卡盘、拨盘、回转顶尖、金刚石笔等。

二、砂轮的安装与修整

1. 砂轮的安装

一般砂轮均采用法兰安装。安装步骤为先用法兰安装砂轮，然后在平衡架上调整平衡，再将调整好的砂轮同法兰一起安装到磨床上。安装时注意以下几点：

1）检验砂轮是否有破裂的情况。方法是轻击砂轮，听其声音进行判断。声音应清脆，没有颤音或杂音。

2）两个法兰的直径应相等，而且其直径不小于砂轮的1/3。在没有防护罩的情况下应不小于2/3，如图11-2所示。

3）砂轮和法兰之间，必须放置弹性材料，如石棉垫、橡皮、毛毡等。装夹后，经静平衡校对装入磨床后，砂轮应在最高转速下试转5min才能正式使用。

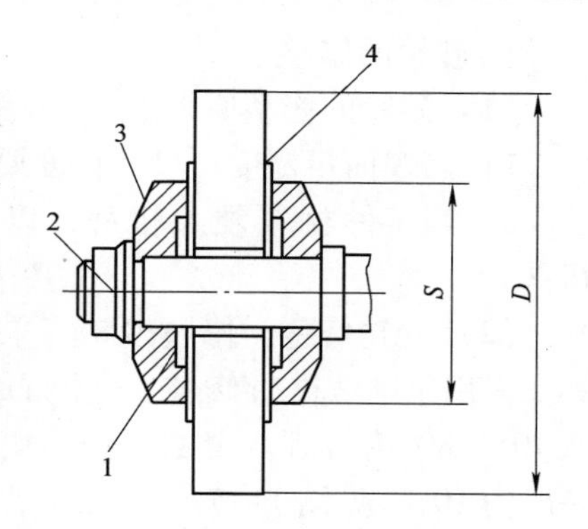

图11-2 砂轮的安装
1—铅衬垫 2—螺母
3—法兰 4—弹性衬垫

2. 砂轮静平衡调整方法

当采用手工操作调整砂轮静平衡时，须使用平衡架、平衡心轴及水平仪等工具，如图11-3所示。

（1）调整方法（见图11-4）

1）找出通过砂轮重心的最下点位置A点。

2）与A点在圆周上的对称点做一记号B。

3）加入平衡块C，使A和B两点位置不变。

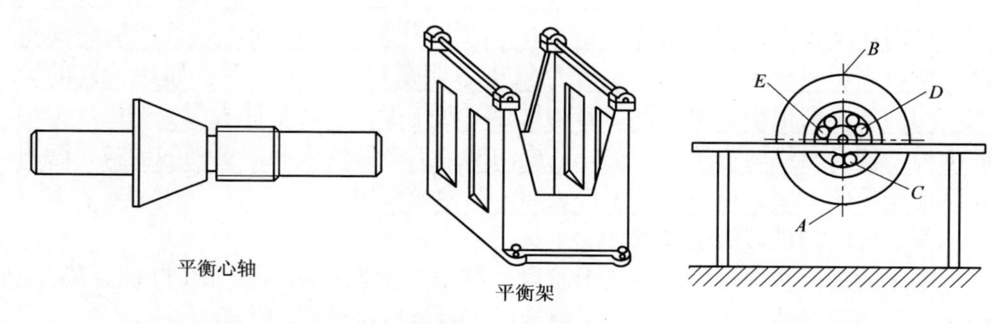

图11-3 砂轮静平衡调整工具

图11-4 砂轮静平衡调整

4）再加入平衡块D、E，并仍使A和B两点位置不变。如有变动，可上下调整D、E，使A、B两点恢复原位，此时砂轮左右已平衡。

5）将砂轮转动90°。如不平衡，将D、E同时向A或B点移动，直到砂轮平衡为止。

（2）注意事项

1）平衡架要放水平，用水平仪找水平，特别是纵向。

2）将砂轮中的水分甩净。

3）砂轮平衡后，平衡块要紧固。

4）平衡架最好采用刀口式，以减少接触面积。

3. 砂轮的修整

（1）砂轮的修整原则

1）当表面粗糙度、尺寸精度要求高时，砂轮要修得平、细。

2）当工件材料硬及粗磨，以及横向、纵向进给量大时，砂轮修整得要粗糙。

（2）砂轮修整　修整砂轮多采用金刚石刀具，采用车削法进行修整。金刚石的顶角一般取70°~80°为合理。金刚石修整块安装的角度一般为10°（见图11-5），其安装高度应低于砂轮中心1~2mm。修整时应充分冷却。

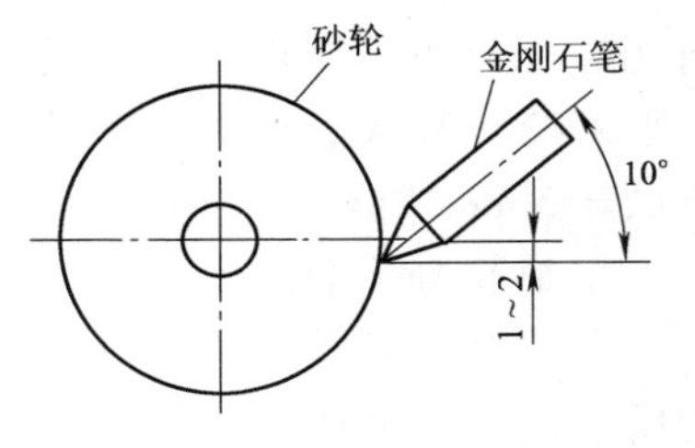

图11-5　砂轮修整

三、磨削时砂轮的特点

砂轮在磨削时，相当于车刀切削。下面介绍磨削时砂轮的特点，砂轮是如何进行切削工作的，它的工作原理如下：

由于砂轮的磨粒是不规则的多面体，与一般刀具相比，其刃口较钝，由磨粒粘接而成的砂轮，在磨削过程中，是由切削作用、刻划作用（挤压作用）和抛光作用三个作用组成的综合的复杂过程。

在磨削过程中，在砂轮上一些比较突出的和比较锋利的磨粒，切入工件较深，切削厚度较大，起切削作用。由于切下的切屑非常微细，而且磨削温度很高，所以当切屑飞出时，马上会在空气中急剧氧化，形成火花。而比较钝的磨粒，切削的厚度很小，切不下切屑，只起刻划作用，就在工件表面上挤压成微细的沟槽，使金属往两边塑性流动，造成沟槽边上微微地隆起。更钝的砂粒，隐附在其他磨粒的下面，稍微擦着工件表面，起抛光作用。

四、磨床的进刀磨削过程

磨床的进刀磨削过程分为三个阶段。这三个阶段提示了磨床工作时，磨床、砂轮、工件三者的关系，是每一个磨床操作者都应该懂得的道理。

1）初磨阶段。当砂轮开始接触工件时，由于工件、夹具、砂轮、机床系统弹性变形，实际磨削深度较径向进给量小（在定量径向进给的磨削中）。

2）稳定阶段。当系统弹性变形达到一定程度后，继续进给时，其实际磨削厚度基本上等于径向进给量。

3）消磨阶段。在磨去主要加工余量后，可以减少径向进给量或完全不进给，再磨几次，这时由于切削力小和系统的弹性变形小，实际磨削厚度大于径向进给量。随着工件被磨去一层又一层，实际磨削深度趋近于零，磨削火花逐渐消失，消磨阶段主要是为了提高磨削精度和表面质量。

五、常用的磨削方法

常用的磨削方法见表11-6。

表11-6 常用的磨削方法

磨削方式	图示	磨削方式	图示
周边磨削	砂轮运动 1）旋转 2）横向进给 工件运动 1）旋转 2）纵向往复	周边磨削	砂轮运动 1）旋转 2）纵向往复 工件运动旋转
周边磨削	砂轮运动 1）旋转 2）横向进给 工件运动旋转	端面磨削	砂轮运动 1）旋转 2）上下运动 工件运动 工作台旋转
周边磨削	砂轮运动 1）旋转 2）横向往复 工件运动纵向往复	成形磨削	砂轮运动旋转 工件运动纵向往复
周边磨削	砂轮运动旋转 工件运动 1）旋转 2）纵向运动	成形磨削	砂轮运动 1）旋转 2）横向运动 工件运动 按螺纹导程作旋转与纵向运动

六、磨削用量

当选择好砂轮，调整了静平衡，安装了砂轮，又修整了砂轮及安装好工件后，就是对磨削用量的选择。磨削用量的选择有四个方面。

1. 磨削速度（v_s）

磨削速度是指砂轮外圆处的最大线速度，其单位为m/s。计算公式为

$$v_s = \pi d_w n_w$$

式中 d_w——工件直径（mm）；

n_w——工件转速（r/min）。

砂轮的磨削速度很高，一般磨外圆和平面的磨削速度为30～35m/s，高速磨外圆则在50m/s以上；磨内圆的磨削速度为20～30m/s。

2. 工件速度（v_w）

工件速度是指工件外圆处的最大线速度，其单位为m/min。工件速度的大小是可以选择的，工件速度对工件表面粗糙度的影响较小，选用较高的工件速度，可以减轻工件表面的烧伤，但会加重工件表面多棱形的深度。工件速度的计算公式为

$$v_w = \pi d_w n_w$$

式中　d_w——工件直径（mm）；

n_w——工件转速（r/min）。

工件速度与砂轮速度有关，其速度比 $q = v_s/v_w$，对加工精度和磨削能力有很大影响，一般磨外圆取 $q = 60 \sim 150$；磨内圆取 $q = 40 \sim 80$。

3. 纵向进给量（f_a）

纵向进给量是指工件每转一转相对砂轮在纵向进给运动方向移动的距离，单位为 mm/r。一般粗磨钢件 $f_a = (0.3 \sim 0.7) b_s$（b_s 为砂轮宽度）；粗磨铸件 $f_a = (0.7 \sim 0.8) b_s$；精磨取 $f_a = (0.1 \sim 0.3) b_s$。

4. 磨削深度（a_p）

磨削深度是指工作台每次纵向往复行程以后，砂轮在横向进给方向所移动的距离，单位为 mm。一般外圆纵磨时，粗磨钢件 $a_p = 0.02 \sim 0.05$mm；粗磨铸件 $a_p = 0.08 \sim 0.15$mm；精磨钢件 $a_p = 0.005 \sim 0.01$mm；精磨铸件 $a_p = 0.02 \sim 0.05$mm。

七、磨削零件实例

1. 圆柱体零件的磨削

圆柱体零件图如图 11-6 所示。

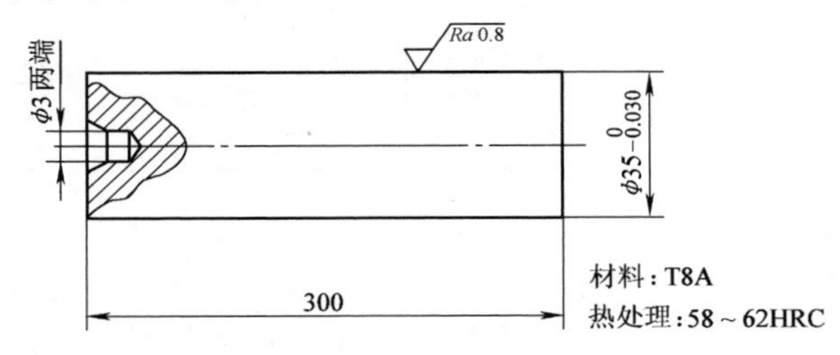

图 11-6　圆柱体零件图

（1）已知条件

1）加工余量为 0.40mm。

2）砂轮为 1—400×50×127—A80K6V—35m/sGB/T 2485—2016。

3）磨削液为水溶性极压乳化液。

4）机床为外圆磨床。

（2）所需工具　活动扳手、固定顶尖两个、拨盘、鸡心夹、外径千分尺、黄油。

（3）加工步骤

1）起动磨床，退回砂轮架。

2）将工件两端的顶尖孔内抹黄油，以减少摩擦，装鸡心夹。

3）装拨盘，装两固定顶尖于磨床上，再将工件放入两顶尖之间，转动工件，直至手感觉力合适为止。

4）慢进砂轮架，在即将磨到工件时，开动冷却泵，调整流量。

5）调整工件转动速度，此工件取20m/min，工件约180r/min。

6）按每次进给0.05mm的磨量磨削，即横向进给0.05mm，纵向为工件的全长。（除鸡心夹头长度）边磨边测量，待只有0.01mm余量时，不再进给，只是在工件的全长上往复3~4次即可。

7）退回砂轮架，卸工件，调头磨鸡心夹头处，与已加工面接平后卸工件。

2. 平面磨削

平面磨削，方板零件如图11-7所示。

（1）已知条件

1）加工余量为0.35mm。

2）砂轮为1—400×50×127—A80K6V—35m/sGB/T 2485—2016。

3）磨削液为水溶性极压乳化液。

4）机床为平面磨床。

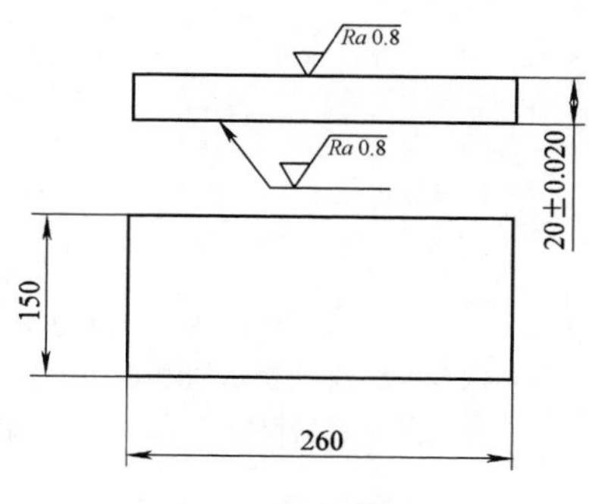

图11-7 方板零件

（2）加工步骤

1）清洗工件、磨床工作台面。

2）退回砂轮架。

3）将工件放在工作台面上，使磨床电磁吸合。

4）慢进砂轮架，在即将磨到工件时，开动冷却泵，调整流量。

5）按每次进给0.05mm的磨量磨削，即磨头下进给0.05mm，纵向为工件的全长。调整纵向行程开关位置，调整砂轮架的横向进给量，按每个纵向往复予以10mm的进给量控制，并以此面见光为止。

6）退回砂轮架，卸工件，调面磨另一面，边磨边测量，直到还有0.01mm余量时，不再进给，在工件的整个平面磨表面粗糙度。卸工件，在去磁器上除磁。

第4节 磨 床

一、平面磨床

液压传动是平面磨床的主要特点，平面磨床工作台的左右移动及磨头的前后移动是液压传动。平面磨床的外形与主要结构如图11-8所示。

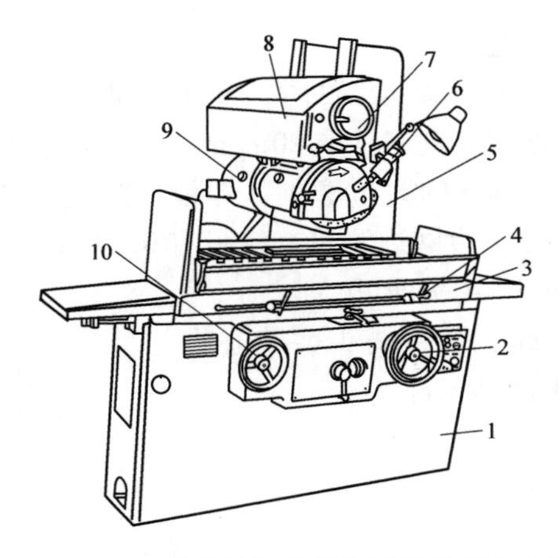

图 11-8 M7162A 型卧轴矩台平面磨床外形与主要结构

1—床身 2—垂直进给控制手动转轮 3—工作台 4—纵向行程开关 5—立柱 6—砂轮修整架 7—横向进给控制手动转轮 8—横向固定拖板 9—磨头 10—纵向进给控制手动转轮

二、外圆磨床

液压传动也是外圆磨床的主要特点，外圆磨床工作台的左右移动及磨头的前后移动是液压传动。外圆磨床的外形与主要结构如图 11-9 所示。

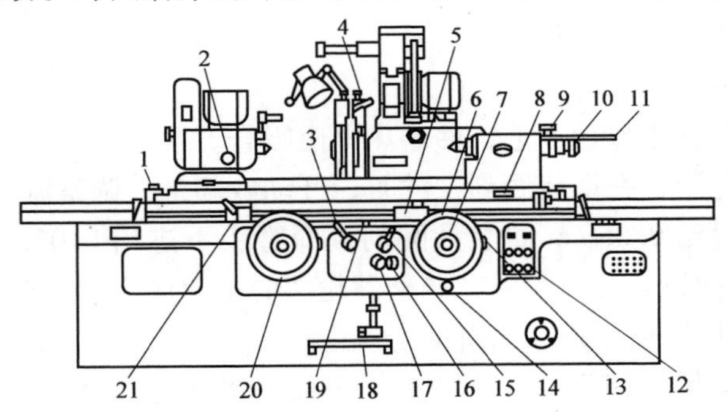

图 11-9 M131W 型外圆磨床外形与主要结构

1—工作台液压缸放气用旋钮 2—头架皮带张力调整旋钮 3—开、停工作台及调速手柄 4—切削液开关柄 5—行程开关换向撞块 6—砂轮架横向进给手轮 7—补偿砂轮磨损用旋钮 8—回转工作台用螺杆 9—紧固尾座套筒旋钮 10—调整后顶尖顶紧压力旋钮 11—移动尾座套筒手柄 12—电器操纵按钮板 13—周期进给量调整旋钮 14—粗、细进给选择手柄 15—砂轮架快速进退手柄 16—工作台换向时，砂轮架横向进给（单或双向）选择旋钮 17—工作台换向时，停留时间调整旋钮 18—操纵尾座套筒进出用踏板 19—工作台换向手柄 20—工作台纵向进给手柄 21—行程换向开关撞块

初学者对于磨床的学习，只掌握一般的使用知识就可以了，结构的知识待以后的深入学习再掌握。

第 12 章　钳工及钣金

第1节　钳 工 杂 谈

俗话说："钳工怕钻眼"。所谓钻眼，就是用麻花钻头去钻孔。为什么钳工怕钻孔？确切来讲，是烦钻孔。在钻孔加工前，首先要磨钻头，钻头的磨削技术性要求比较高，有时又不是一次就能磨好，需磨几次，而且有时还要铰孔。所以说，应该是钳工烦钻孔。

钳工的主要工作是锯、錾、钻、敲、铰。基本上都是手工操作。钳工是以心灵手巧而立足于各个工种。钳工的机械基础知识比较全面，模具知识，机械制图的装配图、零件图知识，工艺知识，粘接知识、金属材料的热处理知识，都是一个钳工所具备的。钳工工种也分很多种，具体的如：模具钳工、装配钳工、产品钳工、修理钳工。这几个工种，从技术难度上说各有千秋。例如，让一个模具钳工去干一下产品钳工经常干的去毛刺的活，模具钳工在短时间内是干不好的，无论是去毛刺的质量，还是时间效率上都不如产品钳工。再如，磨钻头水平，产品钳工磨出的钻头，加工产品时排屑又好又耐用，钻出孔的精度又高。相比之下，模具钳工的钻孔就差一点。但模具钳工也有很多技术优于产品钳工，如模具钳工的研磨、模具的装配技术等。

钳工的技术水平，不在于某一种加工方法干得好，而在于技术全面，在于心灵手巧，各种活只要经他一修、一锉、一敲、一打，就完全没有问题了。机械上的各种难事，他一摸、一看、一用，就大概知道问题在哪里，就知道如何动手去修理。

对于钳工的基本技术，划线要会找基准；锯削就要拉的开弓，锯的直；锉削就要锉的平，锉的光；錾就要錾的平齐；敲就要敲的准；钻孔就要钻的精度高；校正就要校的平平整整。这些工作都是手上的活，看起来简单，实际上，要想干得好，那不是一日之功，没有一段时间的实践与锻炼是不可能干得好的。

钣金工是机械加工制造中唯一的，以改变材料的形状来达到图样要求的工种。它不以切削加工为主要手段，而是以放样划线、弯形折边、敲打钎焊为主要加工手段。它是利用材料的塑性来进行加工的。钣金工使用的工具也很简单，一般就是划规、直尺、木榔头、剪刀。专业一些的厂家配有折边机。钣金工是粗加工工种，加工产品的公差是很大的。

在钣金加工的过程中，最害怕的是材料产生拉伸、延展，所以其敲打的工具为比铁还要软的木榔头，因为木榔头不会在加工敲打的过程中，将材料的局部延展变形。

钣金最难的加工是校平，当零件的局部延展变形产生凸凹不平时，此时是比较难校平的，它需要凸凹不平的周围再产生延展去均衡。这时经过校平加工的平面度，也只是相对而言，很难达到很平的状态。

钣金的基本工作特点是放样划线。具有基本素质的钣金工，在单件生产中，不需要给予放样图样，只给予成品尺寸，他们自己就会放样划线加工。

钣金工是以手工操作加工为主的工种，在大一些的工厂还细分为钣金工种，很多工厂都划为钳工。所以，有的称钣金工为“钣金钳工”，有的工厂干脆就称为钳工，不再列为一个单独的工种。

手工操作加工的工作，其加工产品的质量是以人来划分的，不同的人其加工产品的质量不同。有的人加工产品的质量比较稳定，有的人加工的产品经常出质量问题。相对来讲，钳工由于大部分是手工操作，出现质量问题的频率也较其他工种要高。

钳工主要的设备工具有：高速台钻、台钻、立钻、摇臂钻、台虎钳、机用虎钳、自定心卡盘、分度头、划线平台、方箱、砂轮机、手电钻、高度尺、卡尺、角度尺、钢直尺、锯架、刮刀、锉刀、錾子、铁榔头、木榔头、板牙架、丝攻架、划针、样冲、铁皮剪刀。

第2节　钳工的主要设备与工具

一、虎钳

1. 手虎钳

手虎钳又称手拿钳（见图12-1），是用于夹持轻巧工件进行加工的一种手持工具，其钳口长度有25mm、38mm、50mm等几种。

2. 桌虎钳

桌虎钳的钳体安装方便，适用于小型工件加工，如图12-2所示，其钳口长度有38mm、67mm、75mm等几种。

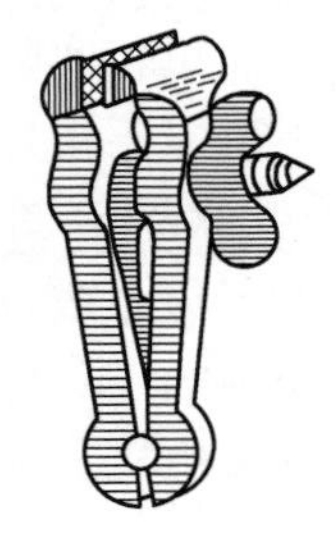

图12-1　手虎钳

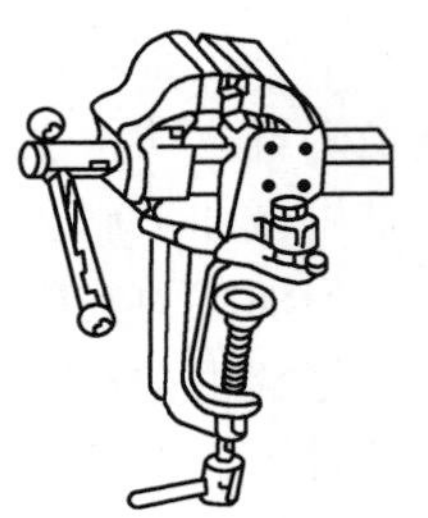

图12-2　桌虎钳

3. 台虎钳

台虎钳可装在钳台上用来夹持工件，如图12-3所示，其钳口长度有75mm、100mm、125mm、150mm、200mm等几种。

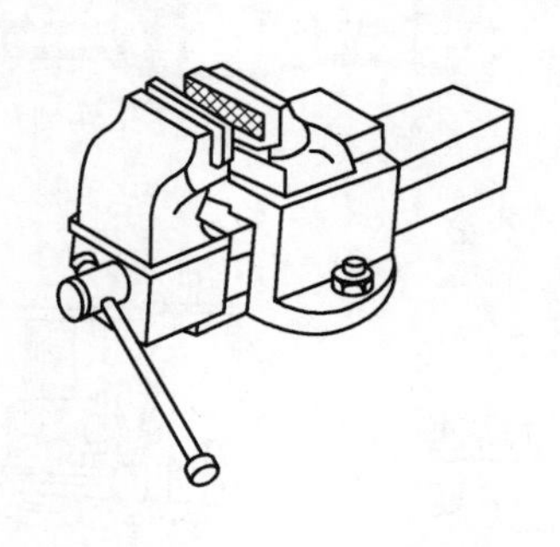
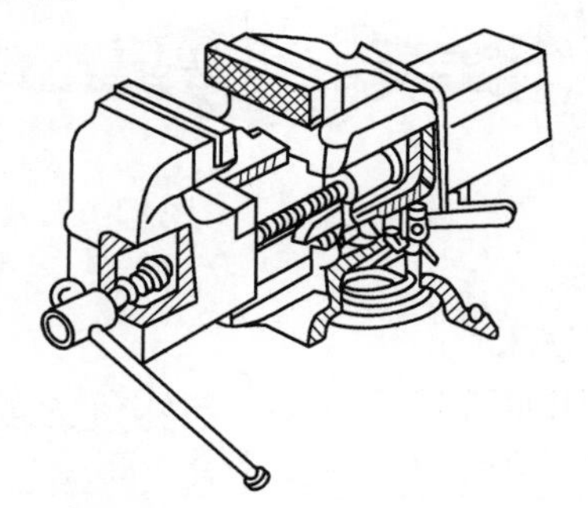

图12-3　台虎钳

二、分度头

分度头如图12-4所示，钳工主要用于划线、钻模板、镗孔，以及进行各种等分测量工作。

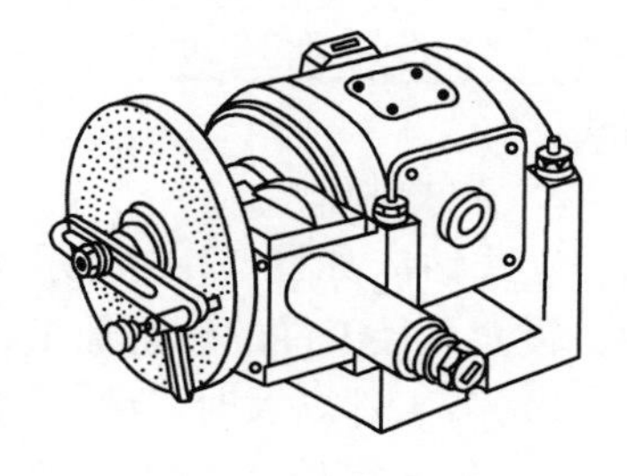

图12-4　分度头

三、砂轮机

砂轮机如图12-5所示。按外形不同，砂轮机分台式砂轮机和立式砂轮机两种。砂轮机主要用于刃磨各种刀具和清理小零件的毛刺等工作。

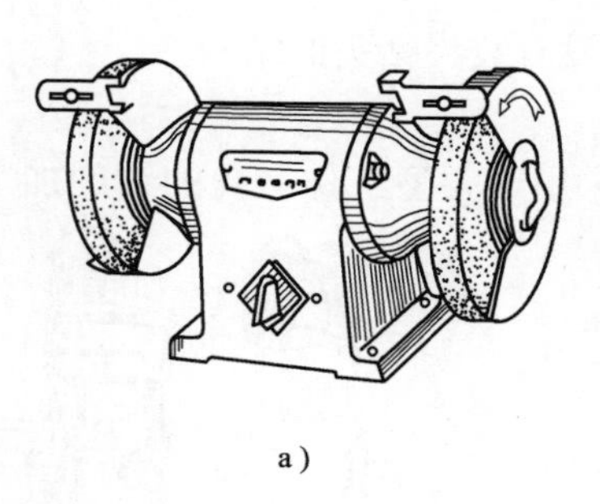

a）

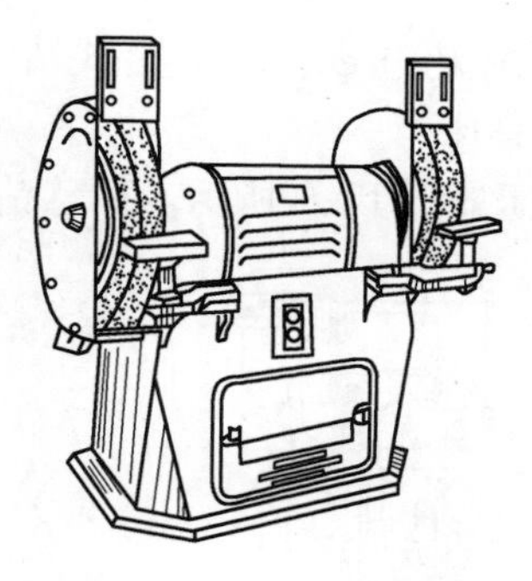

b）

图12-5　砂轮机

a）台式机　b）立式机

四、风动砂轮

风动砂轮如图12-6所示。风动砂轮的规格有多种，主要以高压空气作动力源，其主要特点是柔性用力，它会随着切削力的大小变化其转速。其主要作用是清除铸件毛刺、修光焊缝及各种模具的修整。当用布轮代替砂轮时，还可以对各种模具进行抛光。

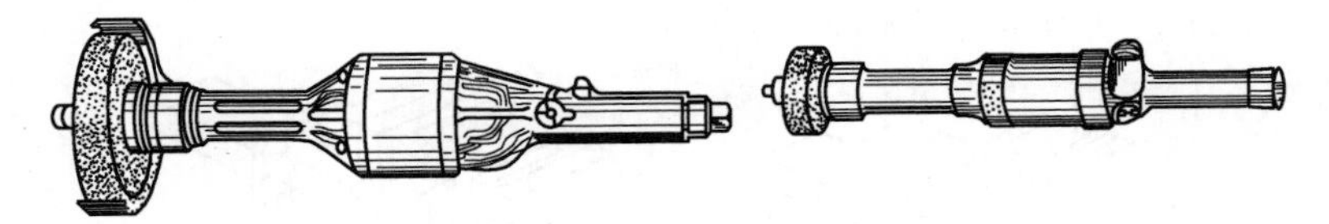

图 12-6　风动砂轮

五、钻床

1. 台式钻床

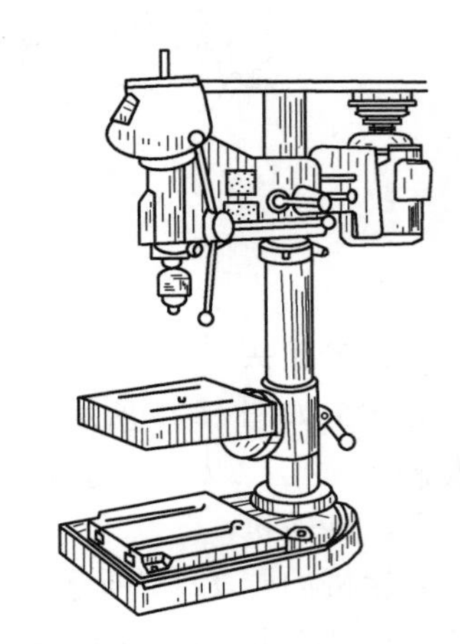

图 12-7　Z512 型台式钻床

台式钻床如图 12-7 所示。台式钻床分为高速台钻与普通台钻两种。一般地说，高速台钻主要钻 ϕ3mm 以下的小孔，高速的原因是为了达到钻头切削时的切削速度。钻床一般用于工件的钻孔。

2. 立式钻床

立式钻床如图 12-8 所示，主要用于较大工件、较大孔径工件的钻削加工，因为：

1）若工件高大时，台式钻床无法装夹钻削。

2）若孔径偏大，会使切削力较大，手持工件非常危险。

3）若孔径超过 ϕ13mm，台式钻床没有装夹钻头的结构。

3. 摇臂钻床

摇臂钻床如图 12-9 所示。摇臂钻床用于大型工件、孔的钻削加工。加工的

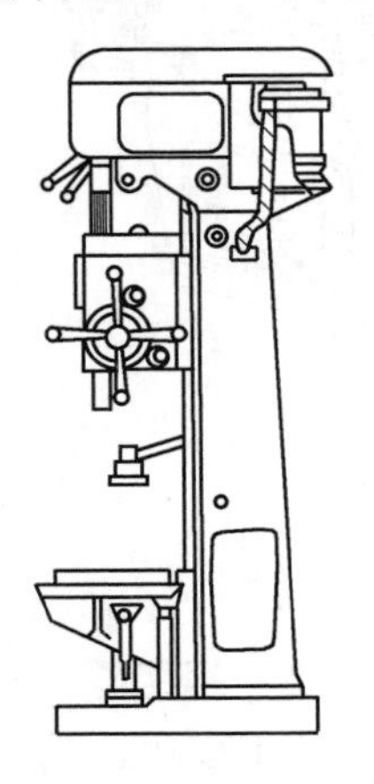

图 12-8　立式钻床

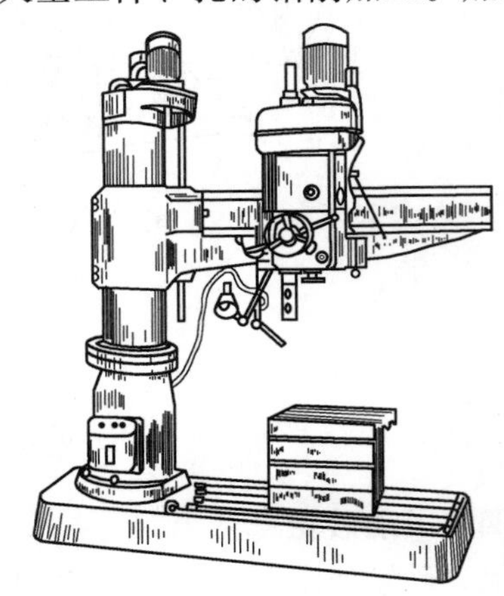

图 12-9　摇臂钻床

最大特点是，工件可以装夹在工作台上固定不动，而摇臂随钻孔位置在一定的范围内作较大的移动，可以一次装夹工件，进行多位置的、不同孔径的钻孔加工。

4. 手电钻

手电钻如图 12-10 所示，它是一种手提式电动工具，主要用于受工件形状或加工部位的限制不能用钻床钻孔时的加工。

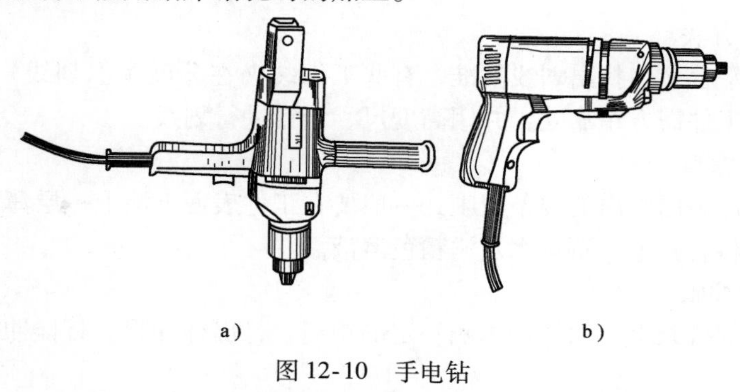

图 12-10　手电钻
a）手提式　b）手枪式

第 3 节　钳工的基本操作技能

一、划线

1. 划线基准

划线过程中采用的基准称为划线基准，划线基准的选择很重要，一般是图样的设计基准。

2. 划线工具

划线工具有划针、高度尺、分度头、钢直尺、划规、方箱、V 形铁、划线平台、分度头。

1）划线平台。划线平台是基准块，其材料一般为灰铸铁，为带有加强肋的平板。灰铸铁为铸造材料，制造容易又耐磨。划线平台是一个平面基准面。当钳工加工平面零件时，研磨加工的对研就在划线平台上进行。划线平台平面不允许用任何物体击打，防止破坏平面基准，在不使用时，平台平面加注防锈油。高级的划线平台，有大理石划线平台，主要是防止温度的变化而产生平面度的基准误差大。划线平台如图 12-11 所示。

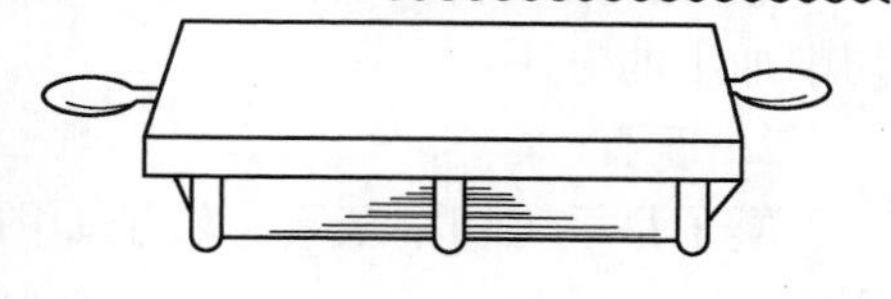

图 12-11　划线平台

2）分度头。主要用于圆柱体工件的划中线，键槽、多边形工件的划线。

3）方箱。方箱是划线平台上的辅助工具，用于工件高大、立站不稳、尺寸超高、圆柱形工件的划线，由于工件在划线过程中抵靠在方箱上，所以在划线过程中，工件稳定，不会产生晃动，是工件立靠的工具。方箱的外形如图12-12所示。

3. 划线

划线就是通过一定的工具，按图样的要求在工件表面画出工件需要去除余量的轮廓线。

4. 划线方法

在划线平台上，找出划线基准，有些工件装夹在分度头上划线，大一些的、站立不稳的工件需方箱靠立，并用高度尺、划针进行划线。

5. 划线涂料

为使工件表面画出的线条清晰，一般要在工件表面上涂上一层薄而均匀的涂料。一般涂料有粉笔、石灰水及酒精色溶液。

6. 打样冲眼

在划线的线条上，用样冲每隔一定的距离，打出样冲眼。打样冲眼的目的有两个：

1）防止线条被磨损掉，无法辨认，而以样冲眼为依据。

2）加工后，剩有半个样冲眼，作为加工、检验依据。样冲眼打法如图12-13所示。

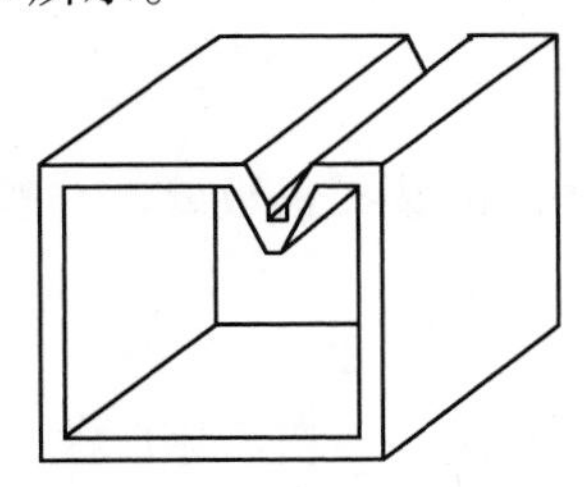

图12-12　方箱的外形

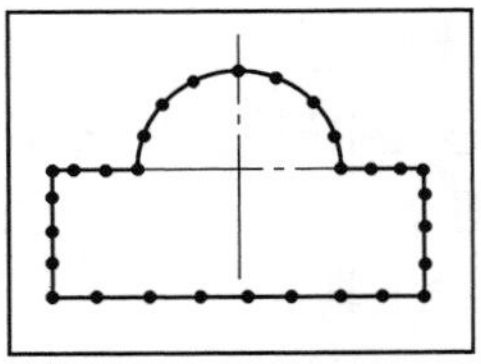

图12-13　样冲眼打法

二、錾切

1. 錾切

錾切就是用榔头打击錾子对金属进行切削加工的方法。

2. 錾子

錾子是手工切割工具，錾子如图12-14所示。

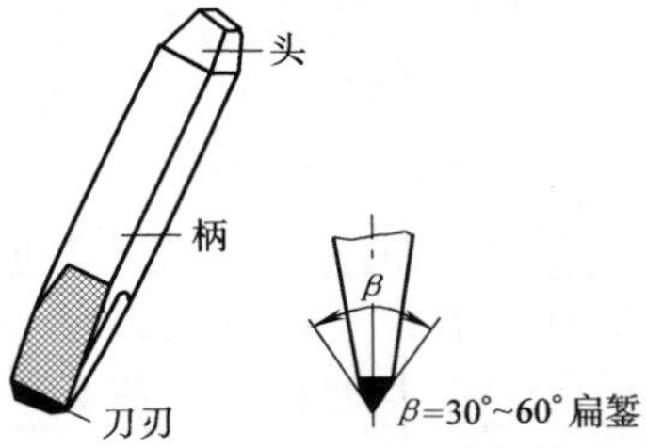

图12-14　錾子

3. 錾子的材料

錾子一般是用碳素工具钢锻造而成的，錾子的錾切部位经淬火及刃磨后方可使用。现在很多工厂钳工的錾子，都是用报废的铰刀、钻头、高速钢刀具改制而成的。

4. 錾子的刀刃楔角

錾子的刀刃楔角如图12-15所示。当錾切不同材料时，錾子的刀刃楔角范围如下：

1）当錾切铝材时为30°~70°。

2）当錾切钢材时为50°~60°。

3）当錾切未经淬火的碳钢、灰铸铁时为65°~70°。

4）当錾切合金钢、冷硬铸铁时为75°~85°。

5. 錾子的种类

（1）扁錾 扁錾是最常用的錾子，用于平面加工、切割和去毛刺，如图12-16a所示。

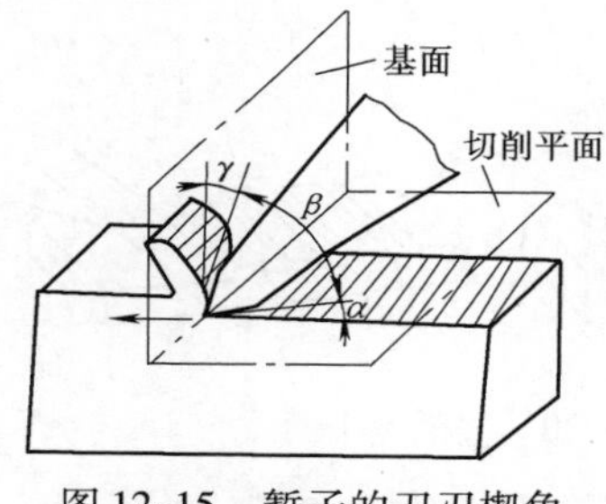

图12-15 錾子的刀刃楔角

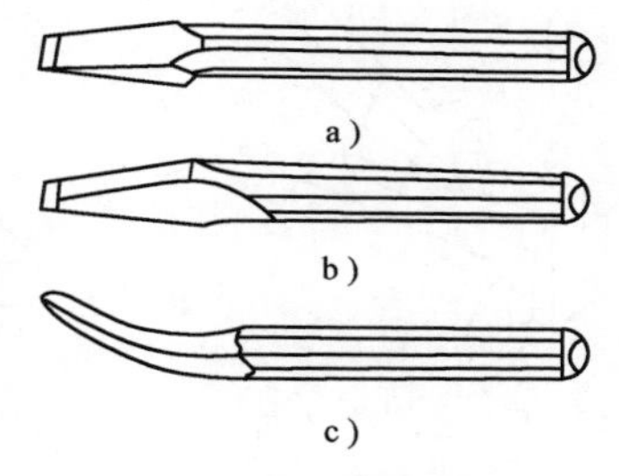

图12-16 錾子的种类
a）扁錾 b）狭錾 c）油槽錾

（2）狭錾 刀刃和刀柄宽度构成十字形，用于挖槽，如图12-16b所示。

（3）油槽錾 用于錾轴瓦的润滑槽，如图12-16c所示。

6. 錾切加工

（1）板料的錾切 在錾切各种板料时，可以夹在台虎钳上进行，如图12-17所示。用扁錾沿台虎钳口并斜对着板面约30°自右向左錾切，工件的切断线应与钳口保持平齐，工件夹持要牢固，以免在錾切过程中出现松动而使切口歪斜。

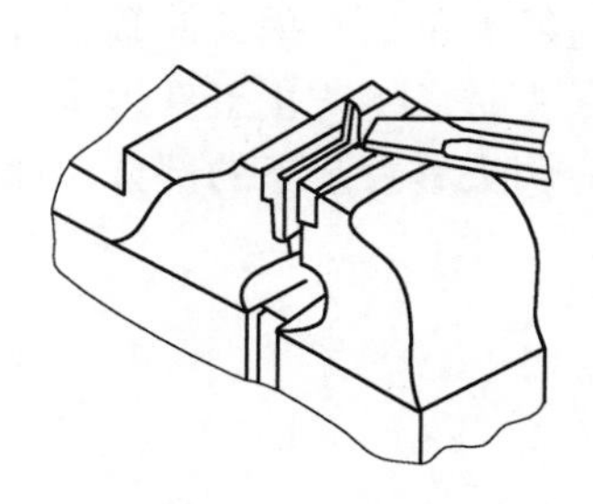

图12-17 薄板錾切

当錾切各种形状较复杂的板材时应先画好轮廓线，然后钻出密集排孔，再用扁錾或狭錾逐步切成，如图12-18所示。

（2）平面錾削

1）狭平面的錾削。当錾削较狭小的平面时，錾子的切削刃应与錾削方向倾斜一个角度，如图12-19所示，使切削刃与工件有较多的接触面，这样錾子容易掌握稳当，錾出的平面较平整。

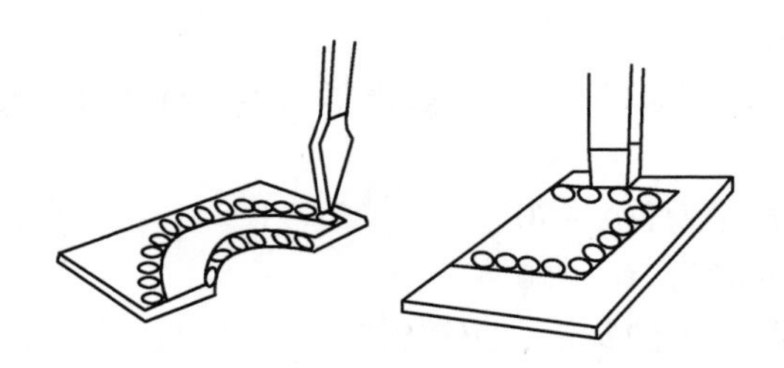

图 12-18 形状复杂的板材錾切

2）宽平面的錾削。当錾削较宽的平面时，一般先用狭錾开槽，如图 12-20 所示，然后再用宽錾錾去剩余部分，这样錾削比较省力。

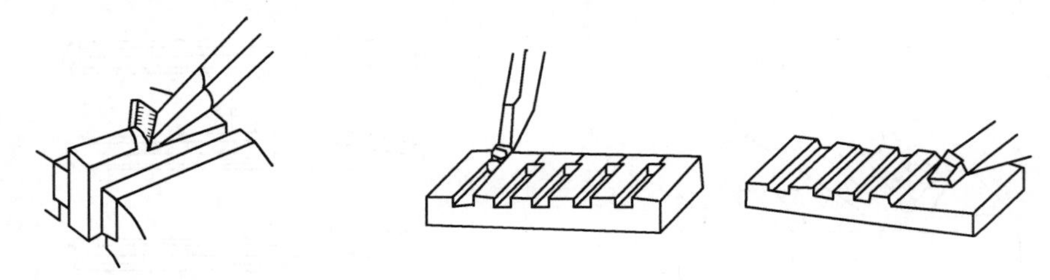

图 12-19 錾削狭平面　　图 12-20 錾削宽平面

当用宽錾錾削平面时，每次錾掉的金属厚度最好控制在 0.5～2mm 内。太少时，錾子容易打滑；太多时，则錾削费力，而且不易錾平。在起錾时，应从工件边缘尖角处着手，使錾子容易切入材料避免产生打滑、弹跳等现象。当錾切快到尽头时，要防止工件边缘的崩裂，在一般情况下，当錾到离尽头 10mm 左右时，应调头錾去余下的部分，如图 12-21 所示。

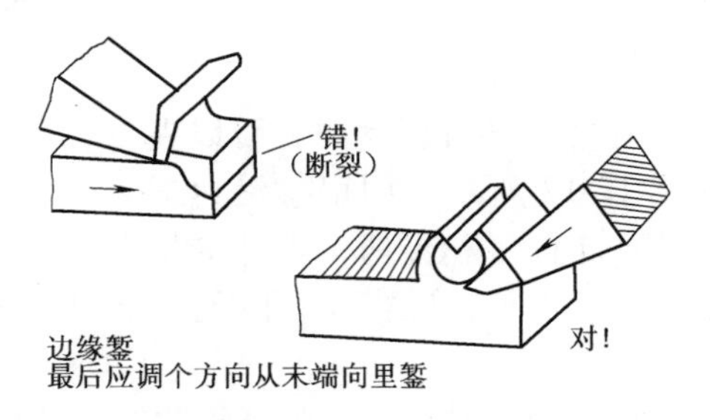

图 12-21 调头錾切

（3）油槽錾削　由于油槽主要起到输油和存油作用，因此必须錾得光滑及深浅均匀。在錾削平面上的油槽时，錾削方法与錾削平面基本一样。在錾削曲面的油槽时，錾削的方向应随着工件的曲面及油槽的圆弧变动，使錾子的后角保持不变，这样才能得到光滑、美观和深浅一致的油槽。油槽錾好后，边上的毛刺应用刮刀或锉刀修除。

7. 錾切加工注意事项

1）錾子刀刃磨钝后应立即去修磨。

2）錾切方向不允许有人，防止铁屑飞出伤人。

3）工作时戴防护眼镜。

三、锯削

钳工的锯削均采用手工锯削的方法切割加工，锯架的结构如图12-22所示。

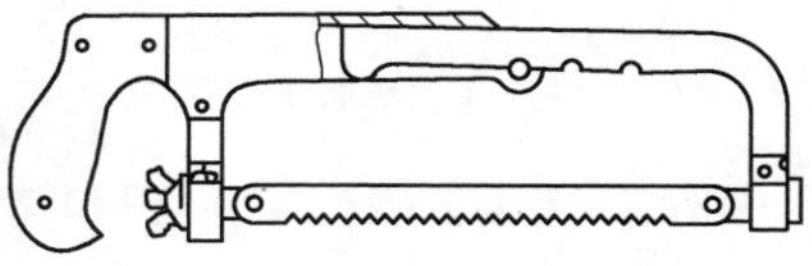

图12-22 锯架的结构

1. 锯条

（1）锯齿的切削角度 锯条的切削部分是由许多锯齿组成的，在锯削时，为了减少锯齿后面与工件之间的摩擦，并使切削部分具有足够的容屑槽，一般后角 $\alpha = 40°$、前角 $\gamma = 0°$，如图12-23所示。

（2）锯路 为了避免锯条锯削时被卡住，当锯条在制造时，往往按一定的规则左右错开，排列成一定的形状，称为锯路，锯路一般有交叉形和波浪形两种，如图12-24所示。交叉锯路用于粗中齿锯条，波浪锯路一般用于细齿锯条。

2. 锯条的材料及一般知识

手用钢锯条一般采用碳素工具钢T8、T10A制造，并经淬火、硬度达55～58HRC。锯齿是前后排列的小楔形刀头，如图12-25所示。齿形的大小根据切削的材料决定，齿隙用于存放锯屑，然后推出锯缝排屑，因此在加工软材料时齿隙要大，切削硬材料时，各齿的切削功率较小，需要更多的锯齿同时加入。齿数要根据锯削的长度来定，每次最少要有一个到两个齿落到工件上，如锯管子就要选用细齿。

一般情况下，粗齿用于软材料的锯削，细齿用于硬材料的锯削。

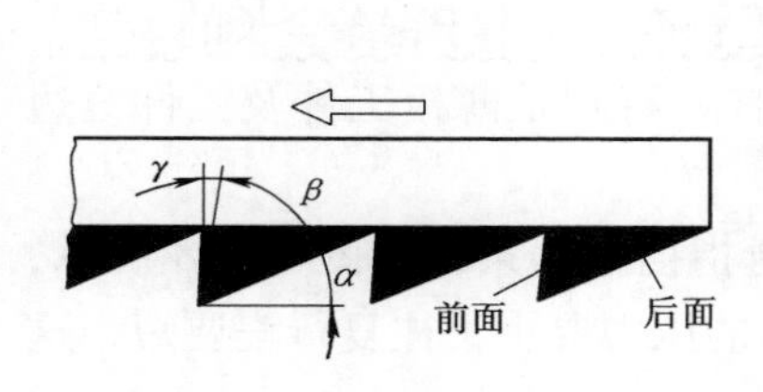

图12-23 锯齿的切削角度

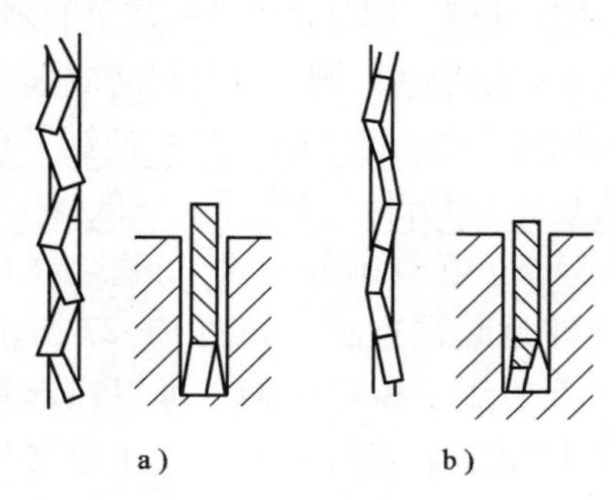

a) b)

图12-24 锯路的形式
a）交叉形 b）波浪形

3. 锯削方法

（1）锯条安装 由于手锯是在向前推进时进行切割的，所以锯条安装时应

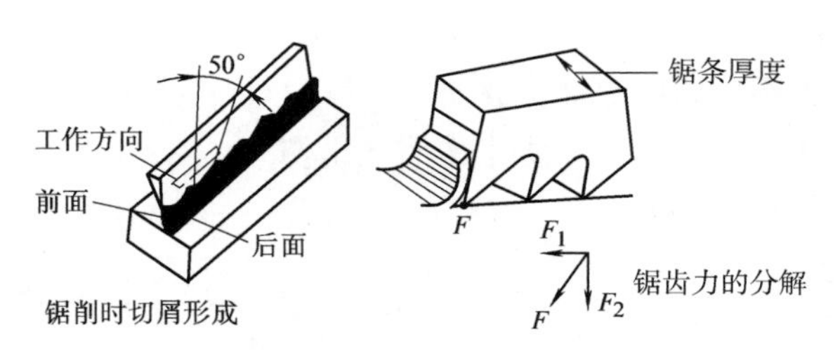

图 12-25　锯条的一般知识

使锯条的齿尖向前。锯条安装的松紧程度要适中，太紧时，锯条会因为受力太大而失去弹性，在锯削中稍有弯折就会崩断；太松时，锯条容易扭曲而折断，而且锯出的锯缝容易偏斜。锯条安装如图 12-26 所示。

注意：前推锯架是在进行切削，后拉锯架只是单纯地回位，不参与切削，不要给予压力，否则锯条会快速磨损。

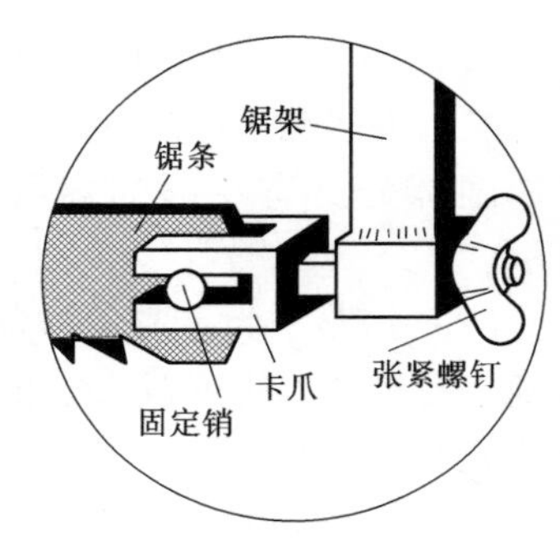

图 12-26　锯条安装

（2）工件装夹　工件在装夹锯削时，一般装夹在台虎钳上，工件伸出钳口不宜过长，锯缝应尽量靠近钳口，避免锯削时工件产生松动或振动，将锯条折断。

（3）锯削方法

1）锯削推力与压力。锯削时应右手握锯架柄，控制推力和压力。左手主要起扶正锯架的作用，其压力不宜过大，应与右手保持平衡，回程时不应施加压力，以免锯齿磨损。

2）锯削速度。锯削速度应视工件材料而定，一般以20～40次/min 为宜。锯削软材料时速度可以快些，锯削硬材料时应慢些，必要时还应加水、油或切削液等。

3）锯削长度。锯削时应尽量使锯条全部长度都利用到，若只使用局部锯齿锯削，则会使锯条局部迅速磨损。一般锯削时的往返长度不应小于锯条全长的2/3。

4）起锯。在锯削开始时，很容易将锯齿卡住，特别是薄板工件及工件棱边处，故要注意起锯方法，如图 12-27 所示。

为了使起锯平稳和准确，可以在起锯时用拇指挡住锯条，如图 12-28 所示，引导锯条起锯，不使锯条滑偏；在起锯时，施加的压力要小，往复行程要短，这样可以提高起锯质量。

四、锉削

（一）锉刀

1. 锉刀的构造

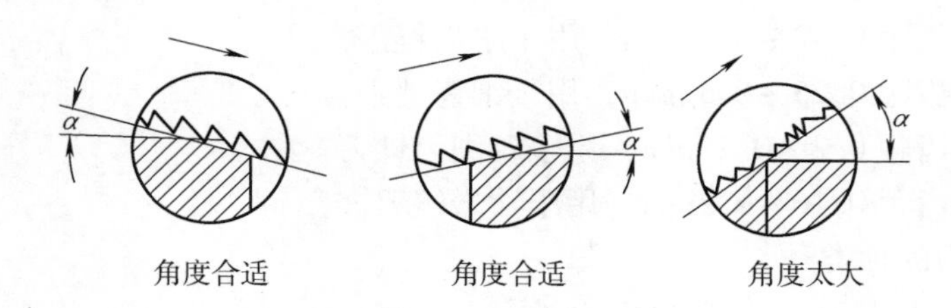

图12-27 起锯方法

锉刀由锉身和锉舌组成，锉身部分有齿纹，用于锉削，锉舌用来安装木柄。锉刀各部分的名称如图12-29所示。

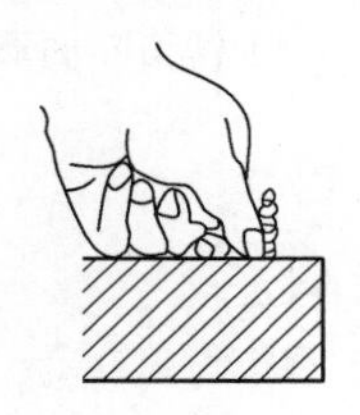

图12-28 起锯方法

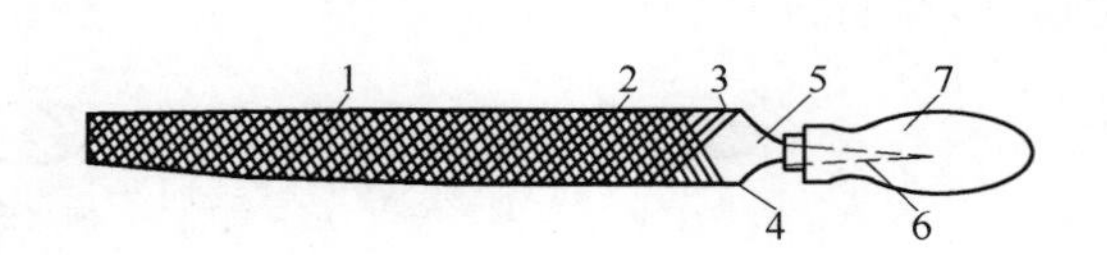

图12-29 锉刀各部分的名称

1—锉刀面 2—锉刀边 3—底齿 4—面齿

5—锉刀尾 6—锉舌 7—木柄

2. 锉刀的材料

锉刀是用碳素工具钢T12或T13经热处理后，再将工作部分淬火而制成的。其特点是硬而脆，非常容易折断。

3. 锉削原理

单独的锉刀刀齿就是一个錾子，而锉刀是由很多刀齿组成的。在锉削时，多个錾子同时进行錾切加工。

4. 锉刀齿纹

（1）单齿纹 锉刀上只有一个方向的齿纹称为单齿纹，如图12-30所示。

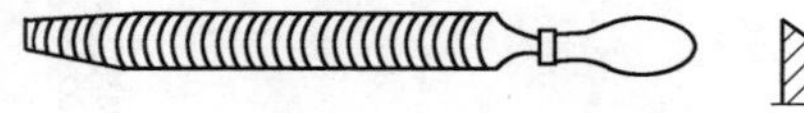

图12-30 单齿纹锉刀

（2）双齿纹 锉刀上有两个方向的齿纹称为双齿纹，如图12-31所示。

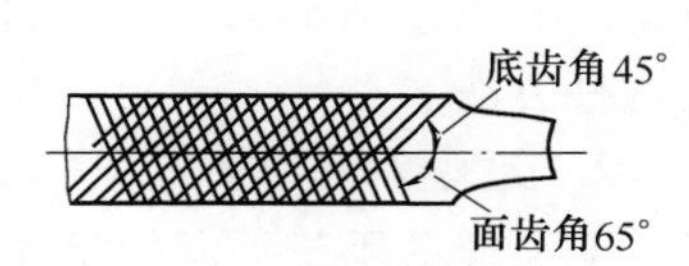

图12-31 双齿纹锉刀

5. 锉刀齿纹粗细

锉刀的粗细是指齿纹的粗细，它是以齿纹的齿距大小来表示的，齿纹的粗细等级分为5种：

1号：齿距0.8～2.3mm，用于粗齿锉刀。

2号：齿距0.42～0.77mm，用于中齿锉刀。

3号：齿距0.25～0.33mm，用于细齿锉刀。

4号：齿距0.2～0.25mm，用于双细齿锉刀。

5号：齿距0.16～0.2mm，用于油岩锉刀。

6. 锉刀的种类

（1）钳工锉刀　一般为板锉、方锉、三角锉、半圆锉、圆锉，断面形状如图12-32所示。

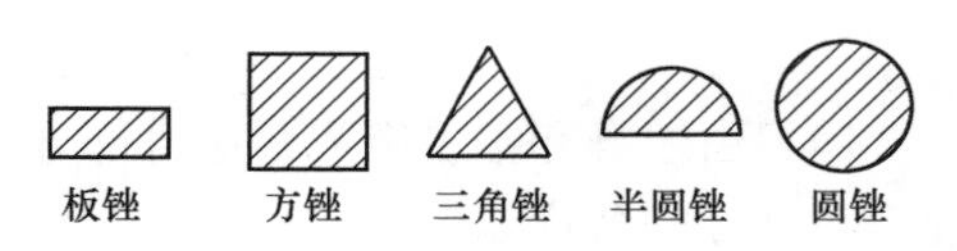

图12-32　钳工锉刀断面形状

（2）特种锉刀　一般为刀口锉、菱形锉、扁三角锉、椭圆形锉、圆肚锉，断面形状如图12-33所示。

图12-33　特种锉刀断面形状

（3）整形锉刀　常用于修整工件的细小部位。常用整形锉的各种形状如图12-34所示。

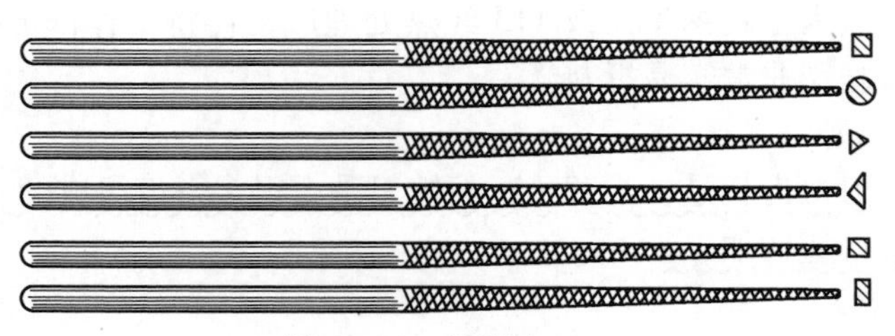
图12-34　整形锉刀

（二）锉削方法

1. 顺向锉

顺向锉是一种常用的锉削法，如图12-35所示。一般锉削不太大的工件和最后精锉都用这种方法。

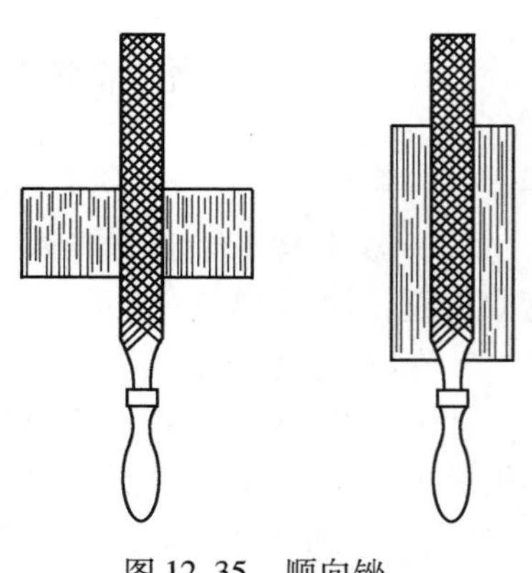
图12-35　顺向锉

2. 交叉锉

交叉锉适用于平面的粗加工，如图12-36所示。交叉锉时锉刀与工件的接触面大，锉刀容易掌握平稳，同时锉削面的高低可以通过锉痕来判断，交叉锉在锉削完成之前，必须改用顺向锉，以改善表面粗糙度。

3. 推锉

推锉一般用于锉削狭长平面，如图12-37所示；或在顺向锉法锉削推进受阻碍时采用。因推锉锉削效率较低，故只适宜在加工较小余量或修正尺寸时应用。

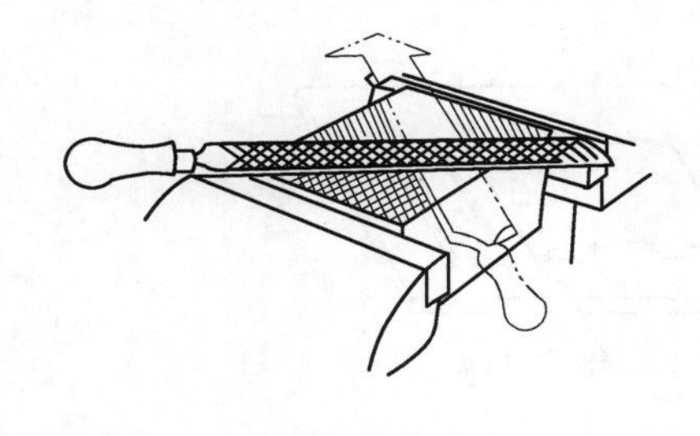

图12-36　交叉锉

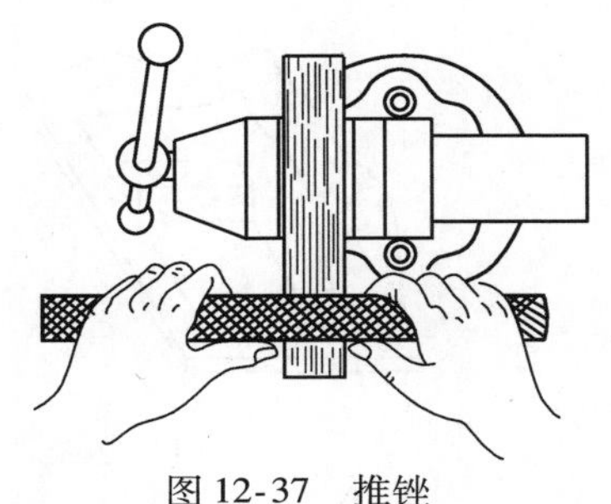

图12-37　推锉

（三）锉刀使用注意事项

1）由于锉刀只在推进时才切削加工，返回时不切削加工，所以返回时不要用力，以免加快锉刀的磨损。

2）锉刀严禁接触油脂和水，防止锉削打滑。

3）锉刀材料硬而脆，不允许当锤子或撬杠使用，以及严禁摔打。

4）锉刀在使用过程中，要经常用铜刷或钢刷，刷出锉纹中的切屑，以免切屑堵塞。

五、矫正

1. 矫正

矫正就是消除材料或工件的弯曲、翘曲、凹凸不平等缺陷的加工方法。

2. 矫正的原理

材料出现弯曲、翘曲、凹凸不平的原因是材料局部出现了塑性变形。矫正就是施以外力，使材料再次在合适的部位出现局部塑性变形，以平衡原有的塑性变形，从而达到矫正的目的。

3. 矫正的种类

矫正的方法多种多样。按材料温度不同有冷矫正、热矫正；按矫正方法分有手工矫正、机械矫正、火焰矫正、高频点矫正。其中手工矫正是钳工常用的方法，后面主要介绍钳工的手工矫正。

4. 矫正工具

矫正工具有平板、铁砧、榔头、软锤（木锤、橡胶锤、塑料锤、铜锤）及手动螺旋压力机。

5. 矫正方法

1）软质薄板的矫正。软质薄板如铜箔、铝箔、锌箔等，其塑性很好，延展性很强。可用平整的木块在旧木板上，从薄板的一端向四周推压材料表面的方法矫正。反复推压几次，薄板就会逐渐达到平整，如图12-38所示。另外可用木锤、橡胶锤锤击，或用抽条沿板材宽度方向依次连续抽打，即可矫正。

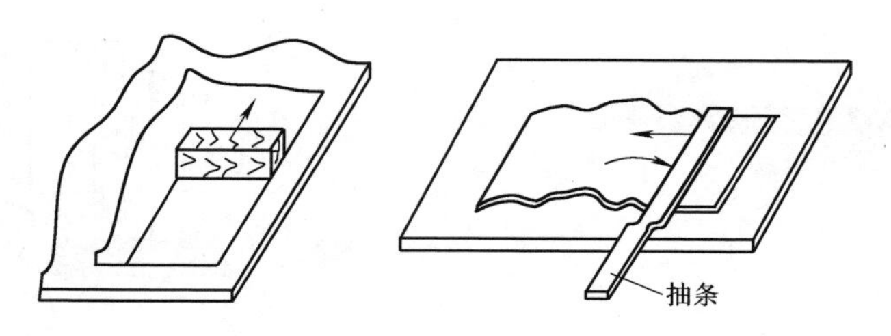

图12-38 软质薄板的矫正

2）硬质薄板的矫正。硬质薄板一般指钢板。硬质薄板中间凸起的矫正：薄板中间凸起是因为薄板中间在外力作用下，厚度变薄。矫正方法采用周边再次产生厚度变薄的变化与其平衡。操作步骤是沿凸起的外缘向四周锤击，接近凸起部位处，锤击点要稀，锤击力要小，伸向周边边缘处锤击点逐渐加密，锤击力逐渐加强。经过多次锤击，即可矫正。对于其他多点凸起、翘曲等，都是采用塑性变形的方法予以平衡，榔头的使用方法要正确。例如，榔头的球面部分就是专门为锤击工件材料进行塑性变形而制造的。球面部分在钳工工作中有两个作用，一是矫正时进行工件的局部塑性变形；二是铆接时进行铆接变形锤击，如图12-39所示。

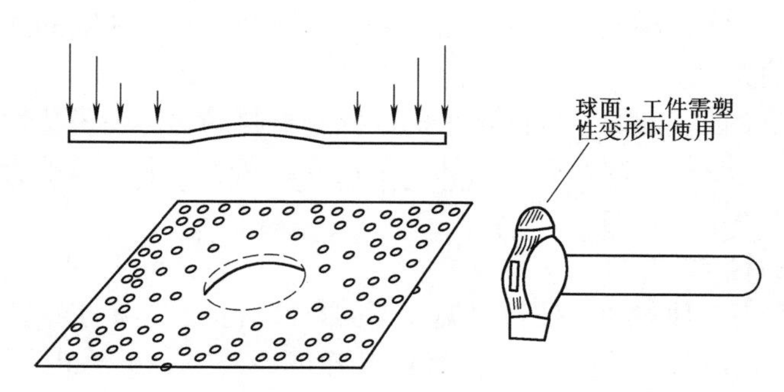

图12-39 硬质薄板中间凸起的矫正方法

六、钻孔

1. 钻床

1）高速台钻。加工范围为直径6mm以下的孔。

2）台钻。加工范围为直径13mm以下的孔。

3）立钻。加工范围为直径 13mm 以上的孔。

4）摇臂钻。加工范围为大型工件的孔、各种直径的孔。

2. 钻头

钻头又称麻花钻，材料为高速钢，钻头的结构如图 12-40 所示。

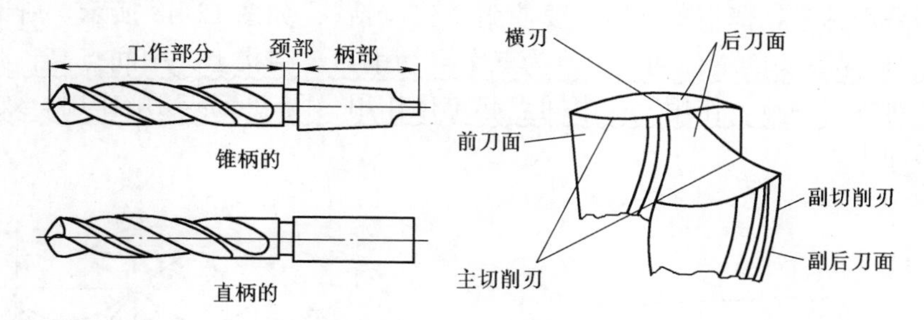

图 12-40 麻花钻

（1）钻头的切削角度（见图 12-41）

1）螺旋角 β。最外螺旋线与钻头轴线之间的夹角。

2）顶角 $2\phi_0$。厂家供货时为 118°。

3）前角 γ_0。厂家供货、制造时已确定。

4）横刃斜角 ψ_0。标准供货为 55°，每次磨削时需重新磨削确定。

5）后角 α_0。厂家供货、制造时已确定。但可由操作者重新磨削确定。

注意：每次磨钻头，主要是为了磨削后角。

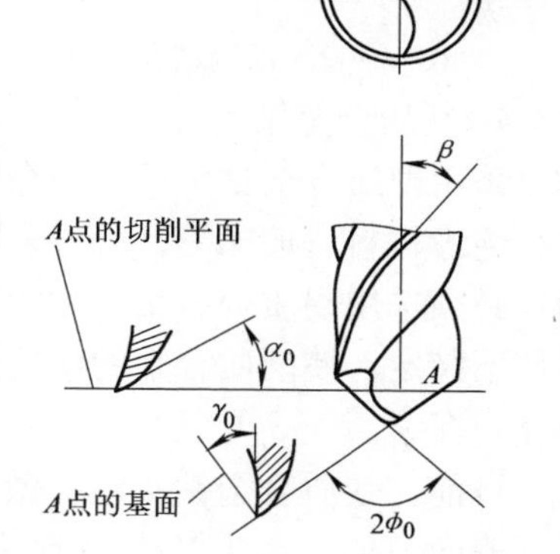

图 12-41 钻头的切削角度

（2）钻头的刃磨　钻头的刃磨就是磨后刀面与横刃及顶角。初学磨削时，主要采取比较的办法。两支钻头，一支作样板，一支练习磨削，相比较去磨削。另外，就是多问一下钳工师傅，取得他们的身教。磨钻头的关键是，实实在在地请教师傅，再脚踏实地地磨几天钻头。

3. 钻孔的方法

当孔的位置尺寸要求较高时，一般钻孔前要在孔的中心处打样冲眼，以防止钻偏斜，然后用中心钻引钻，再装夹钻头钻削加工。在钻孔时，要加注切削液，台钻用毛刷，立钻开动冷却泵。锥柄钻头使用锥柄钻套装夹，卸锥柄钻套，需用斜铁，如图 12-42 所示。

在采用钻头钻孔时，在快要加工完毕，孔要钻通的时候，会出现切削力突然增大的现象。实际上切削力并没有增大，而是工件对钻头端面的切削反力突然失去，而改为切削扭力，这个切削扭力会产生一个将钻头向下拉的拉力，此时一定要控制好钻头钻孔向下的进给速度，否则就会出现钻头突然下窜，切削力突然增大的现象，易将工件带动旋转或使工件产生振动，很容易出事故。

当采用钻头钻薄板工件时，要使用“三点钻”，如图12-43所示。所谓“三点钻”，就是钻头的端面切削刃改为三个点切削刃。结构上：中间点高，其余两点低且对称于中点。作用上：中间点起定位作用，两边点起切削作用。效果上：为划切加工。

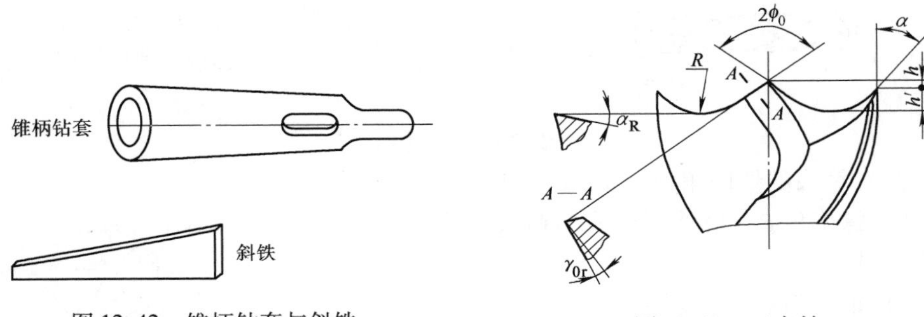

图12-42　锥柄钻套与斜铁　　图12-43　三点钻

4. 硬质合金钻头

采用硬质合金钻头可以提高刀具寿命和切削速度，用于加工脆性硬材，如铸铁、绝缘材料、玻璃等，可显著提高切削效率。特别是对难加工的材料，如高锰钢，必须选用硬质合金钻头才能加工。但在钻一般钢材时，由于钻削过程中的振动与不稳定，使硬质合金的应用受到一定限制，因此在这方面的工作有待进一步研究与探索。

目前，硬质合金钻头主要做成镶刀片的形式，即将扁平的硬质合金刀片焊接在开槽的刀体上。生活中最常见的冲击钻钻头就是这种结构。刀片常用YG8，刀体用9SiCr，热处理后硬度为50～56HRC。图12-44所示为硬质合金锥柄麻花钻。

硬质合金钻头与工具钢麻花钻比较，其主要结构特点是：

1）刀体部分钻心较粗，d_0 =（0.25～0.3）D；导向部分短，以提高钻头的刚度与强度，减少钻孔时的振动，防止刀片崩裂。

2）容屑槽加宽，使钻心加大后不致减少排屑容积。

3）倒锥量增大。刀片全长的倒锥量为0.01～0.08mm，以减少高速钻孔时棱边与孔的摩擦。

4）一般制成双螺旋角。硬质合金刀片部分前角要小，取螺旋角 $\omega_1=6°\sim38°$；为了改善排屑条件，导向部分取 $\omega_2=15°\sim20°$。

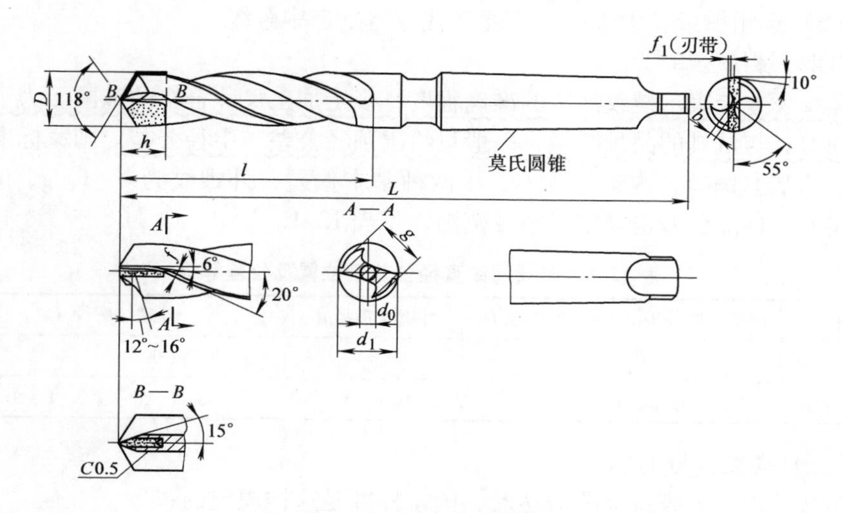

图 12-44　硬质合金锥柄麻花钻

七、螺纹加工

（一）螺纹基本知识

螺纹是最普通的、最普遍的传递运动的结构形式，螺纹的种类如下：

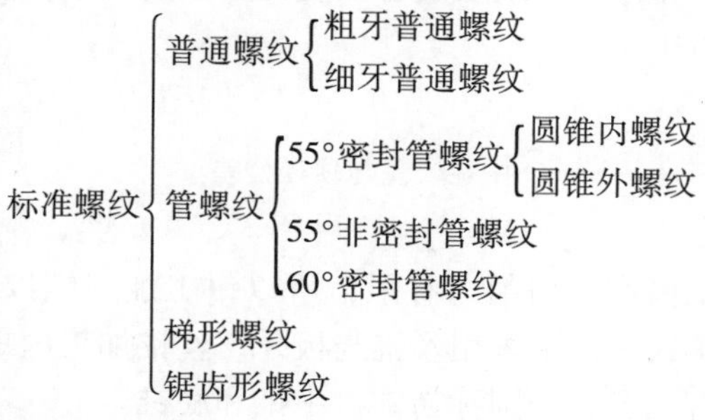

（二）螺纹主要参数名称

1）螺纹顶径。与外螺纹牙顶或内螺纹牙底相切的假想圆柱的直径。

2）螺纹底径。与外螺纹牙底或内螺纹牙顶相切的假想圆柱的直径。

3）螺纹中径。一个假想圆柱的直径。该圆柱的母线通过牙型上沟槽和凸起宽度相等的地方。该假想圆柱称为中径圆柱。

4）螺距。相邻两牙在中径线上对应两点间的轴向距离。

5）旋向。顺时针旋入的螺纹为右旋螺纹，逆时针旋入的螺纹为左旋螺纹。

（三）螺纹公差精度等级

螺纹公差精度等级分为精密、中等、粗糙三个等级，一般是根据设计的结构需要而选择确定的。一般原则是，长旋合长度（代号 L）选精密级，短旋合长度

（代号 S）选粗糙级，中等旋合长度（代号 N）选中等级。

（四）螺纹公差带

螺纹公差带表示螺纹加工的准确程度，规定加工尺寸合格的范围。为了减少螺纹的刀具与量具的品种数量，一般只给出顶径公差与中径公差。国家标准规定了螺纹的基本偏差，内螺纹为 G、H 两种基本偏差；外螺纹为 e、f、g、h 四种基本偏差。标准公差也规定了精度范围，见表 12-1。

表 12-1　普通螺纹直径公差带位置及公差等级

直径	内螺纹底径 D_1	内螺纹中径 D_2	外螺纹顶径 d	外螺纹中径 d_2
公差带位置	G、H		e、f、g、h	
公差等级	4、5、6、7、8		4、6、8	3、4、5、6、7、8、9

（五）螺纹代号的标注

当普通内、外螺纹需要表达时，国家标准是这样规定的：

普通螺纹	公称直径 × 导程	螺距	_	中径公差	顶径公差 - 旋合长度 - 旋向
M	18 × Ph	P		- 6H	7H - L - LH

表示为：M18 -6H7H - L - LH。

注：Ph——导程代号，P——螺距代号，LH——左旋代号。

国家标准规定：粗牙、右旋及旋合长度无要求的，不标注。

简写为：M16 -6H7H

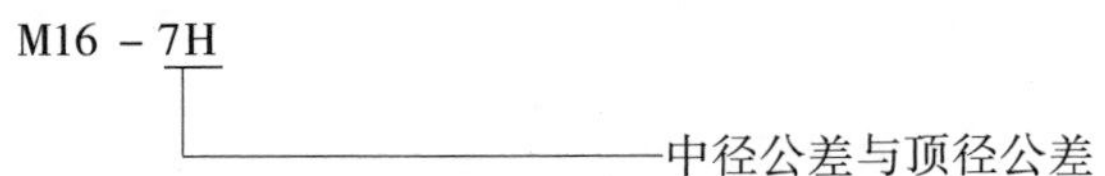

（六）螺纹加工

由于钳工是手工操作，切削力有限，所以钳工加工螺纹一般都是 M16 以下的螺纹。钳工加工螺纹一般都采用丝锥与板牙，丝锥加工内螺纹，板牙加工外螺纹。手用丝锥一般有三支，分别称初锥、中锥和底锥。

1. 内螺纹加工

用丝锥在孔中切削加工内螺纹的方法称为攻螺纹。

（1）丝锥　丝锥的种类较多，按使用方法，可分为手用丝锥和机用丝锥两大类，如图 12-45 所示，这里只介绍手用丝锥。

（2）手用丝锥材料　由于手用丝锥的切削速度较低，一般用合金工具钢 9SiCr、GCr9 制造。

（3）手用丝锥工具　铰杠，一般有固定铰杠和活络铰杠两种，如图 12-46 所示。

（4）丝锥的精度等级

1）机用丝锥。公差带为 H1、H2、H3。

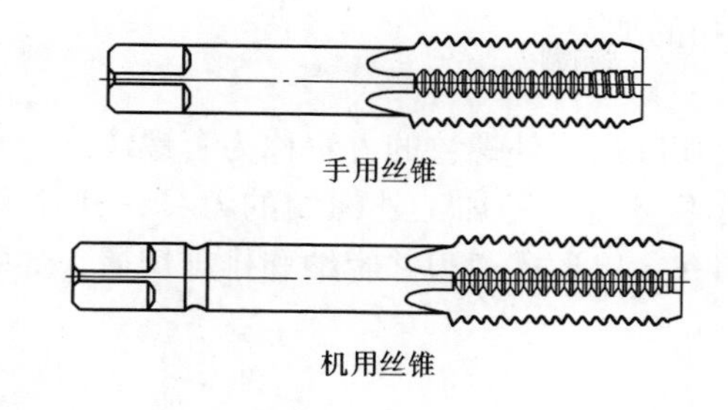

图 12-45　丝锥

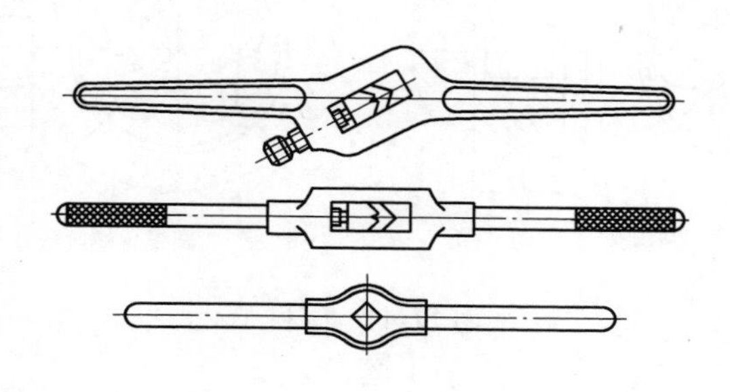

图 12-46　铰杠

2）手用丝锥。公差带为 H4。

新旧丝锥螺纹中径公差带关系及各种公差带丝锥所能加工的内螺纹公差带等级见表 12-2。

表 12-2　新旧丝锥螺纹中径公差带关系及各种公差带丝锥所能加工的内螺纹公差带等级

GB/T 968—2007 丝锥公差带代号	旧标准丝锥公差带代号	适用于内螺纹公差带等级
H1	2 级	4H、5H
H2	2a 级	5G、6H
H3	—	6G、7H、7G
H4	3 级	6H、7H

（5）攻螺纹的方法　先用初锥攻螺纹，初锥攻完后，再用中锥攻螺纹，最后用底锥修整螺纹。采用三次攻螺纹的原因是，进行合理的切削余量分配，初锥去除大部分余量，为粗加工；中锥为切削小部分余量，为细加工；底锥主要是修整加工，为精加工。在攻螺纹时，应注意以下几点：

1）用力要平衡。

2）丝锥要垂直平放加工。

3）加注全损耗系统用油冷却润滑。

4）转半圈，回丝一圈加工。

5）注意前一两扣的加工。

2. 外螺纹加工

用板牙在圆杆上切削加工外螺纹的方法称为套螺纹。

（1）圆板牙　圆板牙是一种加工外螺纹的刀具，其外形像一只圆螺母，在端面上钻有几只排屑孔，以形成刀刃并容纳和排出切屑，如图12-47所示。

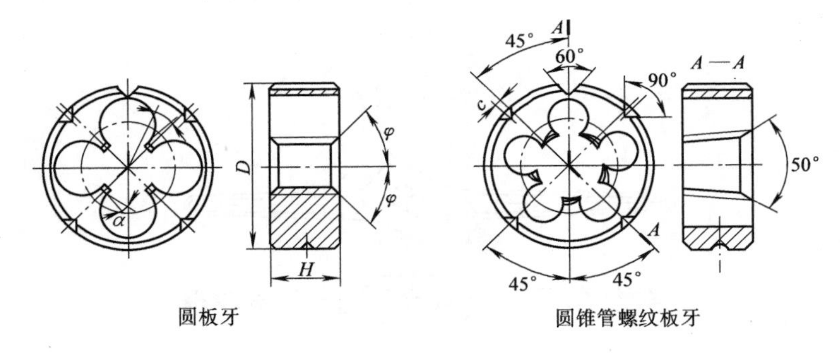

图12-47　圆板牙

（2）板牙铰杠　板牙铰杠是手工套螺纹时用的工具，如图12-48所示。

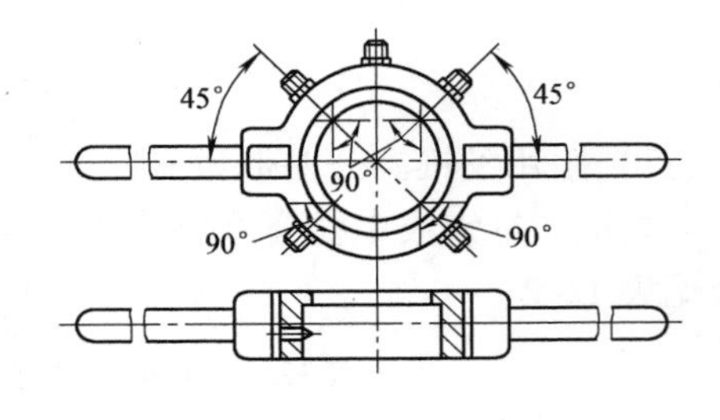

图12-48　板牙铰杠

（3）套螺纹的方法

1）工件装夹牢固可靠。

2）套螺纹时应保持板牙端面与工件轴心线垂直，否则套螺纹的螺纹两面会深浅不一，甚至乱牙。

3）在开始套螺纹时，可用手掌按住板牙中心，适当施加压力并转动铰杠，当板牙切入工件1～2圈时，应目测检查和校正板牙的位置；当板牙切入工件3～4圈时，应停止施加压力，仅平稳地转动铰杠，靠板牙螺纹的自然旋进而进行套螺纹。

4）为避免切屑过长，套螺纹过程中板牙应经常倒转。

3. 螺纹检验

螺纹检验一般采用相应等级的螺纹环规和螺纹塞规，主要检查螺纹的中径误差。大小径的误差采用卡尺检查。

第13章　弹　　簧

弹簧是利用材料本身的变形与施力成正比的这一弹性性能，而成为机械机构中的一个零件。一般来讲，弹簧的结构形式主要是圆柱形式，它的加工制造并不是切削加工，而是利用材料的塑性变形来绕制加工。绕制的结构有拉伸弹簧、压缩弹簧、变径弹簧、圆锥弹簧、扁圆锥弹簧等。弹簧也有其他的一些结构形式，加工也不一定都是绕制加工。

弹簧材料一般是碳素钢、合金钢、高温合金钢、铜合金、橡胶。使用这几种材料的主要条件特点是：一般情况下使用碳素钢；需要耐疲劳性能好、蠕变要求高时，就使用合金钢；高温环境则使用高温合金钢；有防磁要求时，就采用铜合金。弹簧材料的使用，是根据使用的环境、产品性能的要求而确定的。

在绕制弹簧时，当弹簧弹力精度与尺寸精度要求高时，采用有芯绕制；当弹簧批量大时，采用自动绕簧机绕制。弹簧加工的技术要点是对弹簧材料内应力的认识与掌握，也就是残余应力的控制，这是弹簧加工的核心。弹簧的外形结构只是一个加工方法熟练的问题，而掌握了残余应力的分布、方向、产生、消灭，就主动地掌握了弹簧的制造，真正地认识了弹簧。

弹簧结构的主要形式是圆柱形式，现就以圆柱形弹簧的冷绕加工为例来予以讨论。

第1节　弹簧的基本性能

一、弹簧的特性线和弹簧的刚度

1. 弹簧的特性线

载荷 F（T）与变形 λ（φ）之间的关系曲线，称为弹簧的特性线，弹簧的特性线大致分为三种：

1）直线型，如图13-1曲线 a 所示。

2）渐增型，如图13-1曲线 b 所示。

3）渐减型，如图13-1曲线 c 所示。

弹簧特性线告诉大家一个道理，即弹簧变形的大小与施力的大小是呈正比的关系，只差一个比例系数。弹簧秤就是根据此原理制造的。

2. 弹簧的刚度

载荷增量 $\mathrm{d}F$（$\mathrm{d}T$）与变形 $\mathrm{d}\lambda$（$\mathrm{d}\varphi$）之比，即单位变形所需的载荷称为弹簧的刚度。

压缩和拉伸弹簧的刚度为

$$F' = \frac{dF}{d\lambda}$$

扭转弹簧的刚度为

$$T' = \frac{dT}{d\varphi}$$

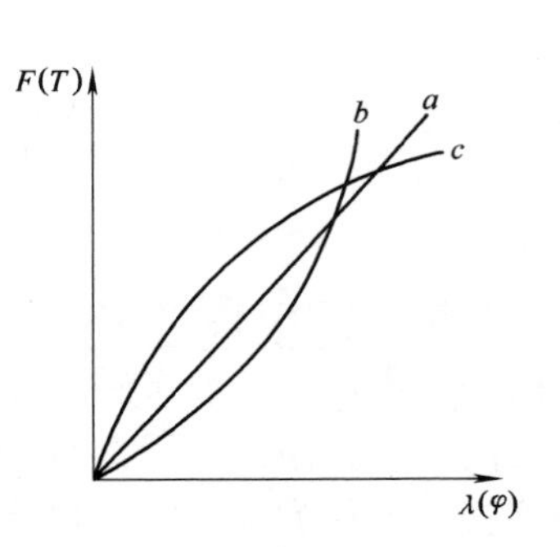

图 13-1　弹簧的特性线

二、弹簧的变形能

弹簧的变形能就是在受载荷后所能吸收和积蓄的能量，其表达公式如下：

拉伸和压缩弹簧为

$$U = K\frac{V\sigma^2}{E}$$

扭转弹簧为

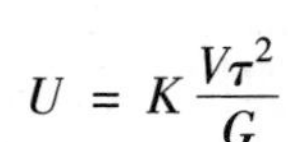

$$U = K\frac{V\tau^2}{G}$$

式中　V——材料体积；

U——变形能；

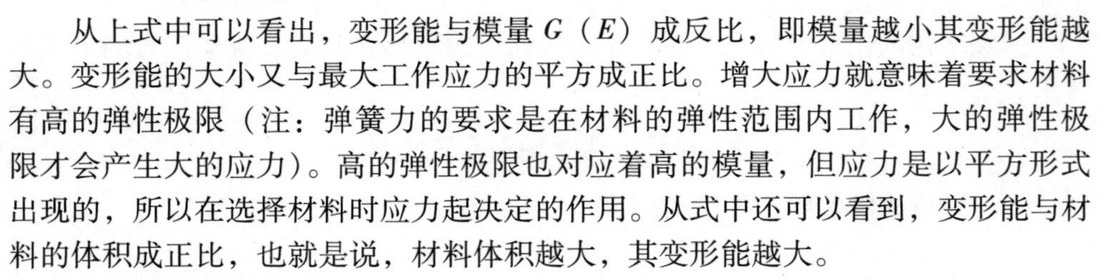

τ、σ——切应力、正应力；

G、E——弹簧材料的切变模量、弹性模量；

K——比例系数。

从上式中可以看出，变形能与模量 G（E）成反比，即模量越小其变形能越大。变形能的大小又与最大工作应力的平方成正比。增大应力就意味着要求材料有高的弹性极限（注：弹簧力的要求是在材料的弹性范围内工作，大的弹性极限才会产生大的应力）。高的弹性极限也对应着高的模量，但应力是以平方形式出现的，所以在选择材料时应力起决定的作用。从式中还可以看到，变形能与材料的体积成正比，也就是说，材料体积越大，其变形能越大。

三、弹性系数旋绕比

弹性系数旋绕比 C 的公式为

$$C = \frac{D}{d}$$

式中　D——弹簧中径；

d——材料直径。

旋绕比 C 一般取值为 4 ~ 6。

第2节　弹簧的类型

弹簧的类型有圆柱螺旋压簧、圆柱螺旋拉簧、螺旋锥簧、螺旋凹簧、螺旋凸簧、扭簧等，其结构如图 13-2 所示。

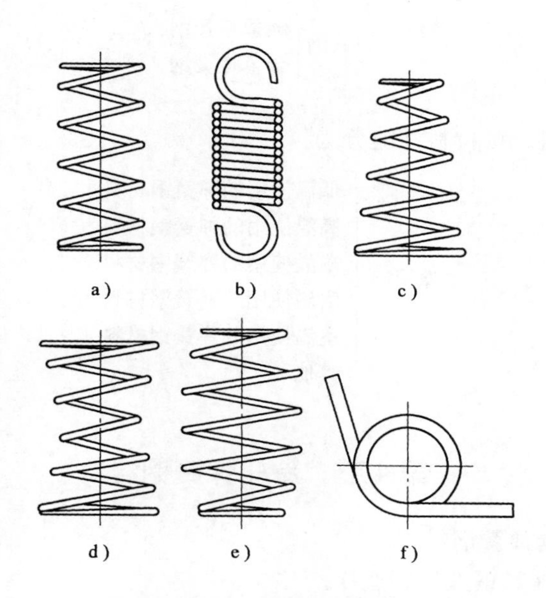

图13-2 常用各类型弹簧结构
a）圆柱螺旋压簧 b）圆柱螺旋拉簧 c）螺旋锥簧
d）螺旋凹簧 e）螺旋凸簧 f）扭簧

第3节 弹簧的材料

弹簧材料的种类繁多，大致如下：

弹簧材料：
- 弹簧钢
- 铜合金
- 橡胶
- 塑料

对弹簧钢材料，按供货状态分为：

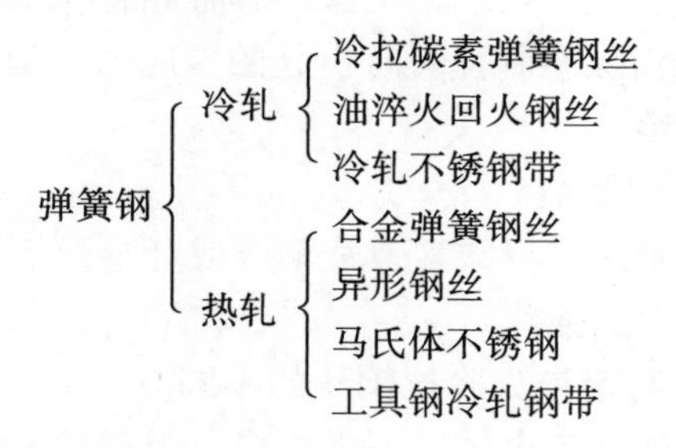

对弹簧钢材料，按化学成分分为：

弹簧钢{碳素弹簧钢
合金弹簧钢

对弹簧钢材料，按材料性能分为：

弹簧钢{
低温使用的弹簧钢材料
高温使用的弹簧钢材料
耐酸使用的弹簧钢材料
耐磁使用的弹簧钢材料
室温使用的弹簧钢材料
其他

第4节　冷轧弹簧钢丝

一、冷拉碳素弹簧钢丝

1. 冷拉碳素弹簧钢丝的制造

冷拉碳素弹簧钢丝又称铅渗高温淬火冷拉钢丝，其材质为优质碳素弹簧钢65、70、65Mn和碳素工具钢7A、T8A、T9A、T10A等。这类钢丝的生产工艺特点是钢丝在冷拉过程中经过一道快速高温淬火工序，然后拉拔到成品尺寸。

2. 冷拉碳素弹簧钢丝的组织

冷拉碳素弹簧钢丝的组织为分散且分布均匀的索氏体组织。钢丝塑性很高，可使后续的拉拔不致发脆，并使拉拔后的钢丝表面粗糙度很低。

3. 冷拉碳素弹簧钢丝的特点

冷拉碳素弹簧钢丝的特点是含碳量高，冷塑性变形程度高，加工性能好，表面质量好，但淬透性较差，所以它适于做中小尺寸的弹簧，或要求不高的大弹簧，其使用温度为－40～120℃。

4. 制造弹簧时的加工特点

用冷拉碳素弹簧钢丝冷卷成弹簧后，不需经淬火回火处理，只进行低温（260℃左右）回火，以消除卷制弹簧时引起的内应力，提高弹性极限。

二、油淬火回火钢丝

1. 油淬火回火钢丝的制造

油淬火回火钢丝的制造是将碳素弹簧钢丝或合金弹簧钢丝冷拉到成品尺寸后再进行热处理，使钢丝得到强化。

2. 油淬火回火钢丝与铅淬火冷拉钢丝的不同点

由于油淬火回火钢丝经淬火之后不再冷拔，粗钢丝与细钢丝的抗拉强度相差不大；而铅淬火冷拉钢丝的抗拉强度取决于拉拔时的减面率，所以粗钢丝与细钢丝的强度相差比较悬殊，当钢丝直径超过5mm时，抗拉强度一般低于油淬火回火钢丝。

3. 油淬火回火钢丝的特点

这类钢丝的特点是挺直性好，没有残余应力，性能比较均匀一致，抗拉强度波动范围小，抗松弛能力比碳素钢丝好。这类钢丝用冷卷成形的加工方法，其尺寸比较容易控制。这类钢丝适于制造尺寸精度要求较高的弹簧和各种动力机械的阀门弹簧。这类钢丝冷卷成弹簧后也只需要进行消除应力回火。

4. 油淬火回火钢丝材料的牌号

油淬火回火钢丝目前供应的材料牌号有：70、65Mn、60Si2Mn和50CrV等。

三、退火状态供应的合金弹簧钢丝

退火状态供应的合金弹簧钢丝一般均为粗大的或特殊用途的弹簧钢丝。粗大的钢丝，若不是退火状态去加工弹簧，会由于其卷制力太大而无法加工，所以必须使其材料为退火状态，才能卷制弹簧。对于小尺寸弹簧，由于弹簧性能要求特殊，其材料性能要求特殊，这种材料也可以采用退火状态的合金弹簧钢丝。这种材料制造的弹簧需进行淬火回火处理，方能达到所需要的力学性能。

第5节　圆柱螺旋压缩弹簧工作图

圆柱螺旋压缩弹簧工作图的两种表示方法如图13-3所示。

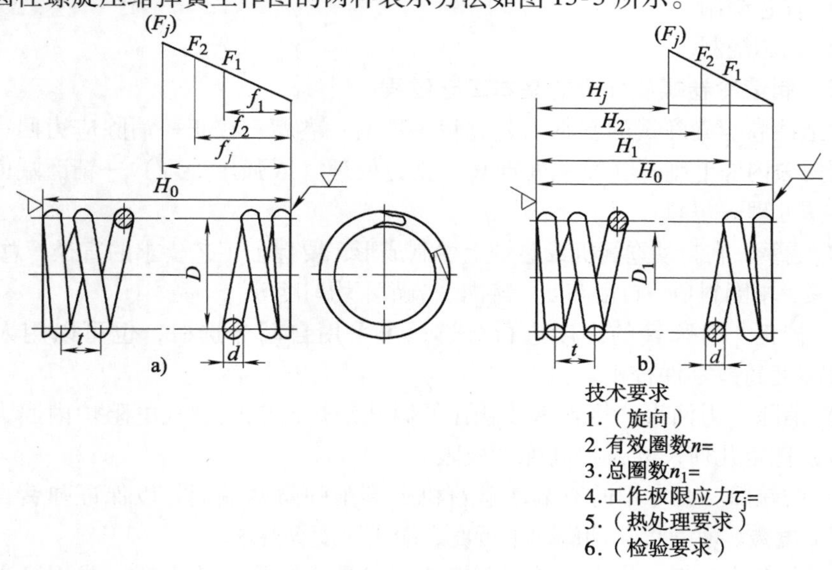

图13-3　圆柱螺旋压缩弹簧工作图的两种表示方法

H_0—弹簧的自由高度　H_1—弹簧的工作高度　F_1—弹簧H_1的工作负荷

F_j—极限负荷　f_1、f_2—变形量　D_1—弹簧内径　D—弹簧中径　t—节距　d—线径

图13-3a、b虽然都是圆柱螺旋压缩弹簧的工作图，但其含义有很大的区别。区别在于载荷与变形的特性关系的表示方法。图13-3a是以载荷和弹簧变形量的关系表示；图13-3b是以载荷和弹簧变形的高度间的关系表示。这两点对于弹簧的测试则是完全不同的，弹簧的工作状态也是不同的。

第6节　冷成形螺旋弹簧制造工艺

一、冷成形螺旋弹簧的材料特性

1. 规格

规格为ϕ0.1～ϕ14mm的钢丝和圆钢，或边长小于10mm的异形钢和方钢或钢带与扁钢。

2. 供货状态

1）硬态。其本身已具有弹簧所需要的力学性能，成形后只需消除应力回火。

2）软态。为退火状态，成形后尚需淬火和回火才能获得需要的力学性能。

3. 使用的钢材牌号

一般使用的钢材牌号有85、70、65、65Mn、60Si2Mn、50CrV。

二、制造冷卷螺旋弹簧的基本工艺方法

制造冷卷螺旋弹簧的基本工艺方法有：

1）有芯绕制。

2）无芯绕制。

三、制造冷卷螺旋弹簧的基本工艺过程

制造冷卷螺旋弹簧的基本工艺过程一般有：卷簧—校正—消除应力回火—粗磨端面—去内外毛刺—（喷丸处理）—立定处理（或强压处理）—精磨端面—检验—防锈处理—包装。

1）卷簧。在自动卷簧机或芯轴上卷制成形，要保证工艺要求的直径、总圈数、端面贴紧、端圈斜角、自由高度、旋向、节距不均匀度等。

2）校正。对弹簧的高度进行分选，可采用自动分选机，也可以用人工分选，将高度超差零件校正合格。

3）消除应力回火。将弹簧放置在低温盐浴炉或低温空气电阻炉内回火，消除应力，稳定几何尺寸，提高弹性极限。

4）磨端面。在专用的双端面磨簧机上磨削弹簧两端面，以保证弹簧自由高度、磨面度数、垂直度、两端面平行度、端头厚度等要求。

5）去内外毛刺。将弹簧两端面尖棱用刀具或锥形砂轮去掉，或用滚光的方法去掉尖棱。

6）喷丸处理。将弹簧放进喷丸机强化处理，以达到提高弹簧疲劳寿命的

目的。

7）立定或强压处理。将弹簧高度压至工作极限高度或各圈并紧数次或停留一段时间，以达到稳定尺寸及提高承载能力等作用。

8）检验。按图样及有关标准对弹簧负荷、几何尺寸和各项技术要求进行全面的检验。

9）防锈处理。对弹簧表面进行氧化、磷化或镀锌、涂漆等防锈处理。

10）包装。为了进一步增加弹簧的防锈能力及便于储存、运输，需将弹簧按标准规定进行包装。

四、弹簧的有芯绕制

1. 有芯绕制定义

有芯绕制就是将钢丝绕在一根圆棒上，按预定的尺寸形成弹簧的方法。一般称圆棒为“芯轴”。芯轴的结构如图13-4所示。

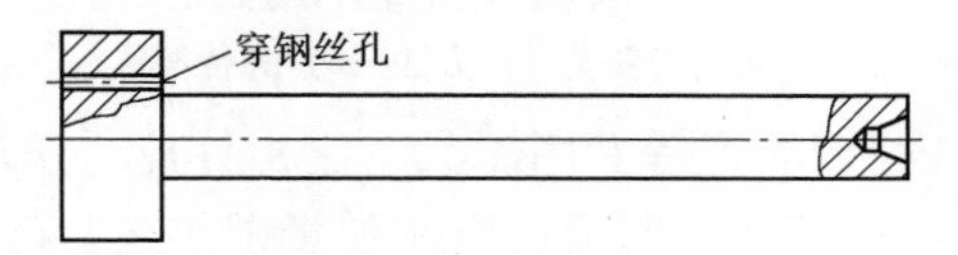

图13-4　芯轴的结构

2. 有芯绕制弹簧的特点

1）单件、小批量的生产。

2）冷卷弹簧回弹较大。

3）芯棒外径尺寸需计算，弹簧需试绕。

3. 有芯绕制弹簧的关键问题

1）芯轴直径的计算。

2）送丝的结构，以及压紧力的调整。

4. 芯轴直径的计算

芯轴直径计算的经验公式如下：

$$D_0 = \frac{D_1}{1 + 1.7C\dfrac{R_m}{E}}$$

式中　D_0——芯轴直径（mm）；

E——材料的弹性模量（MPa）；

D_1——弹簧内径（mm）；

R_m——材料的抗拉强度（MPa）；

C——弹簧的旋绕比。

5. 有芯绕制弹簧的加工

（1）有芯绕制弹簧加工的工具　当盘绕弹簧时，需一夹持钢丝的工具来拉紧和控制钢丝的进给，才能有效地形成螺旋圈。单件生产夹持工具可在刀架上用槽铁夹持，如图13-5所示；若是批量生产，则应采用夹持钢丝的专用工具。

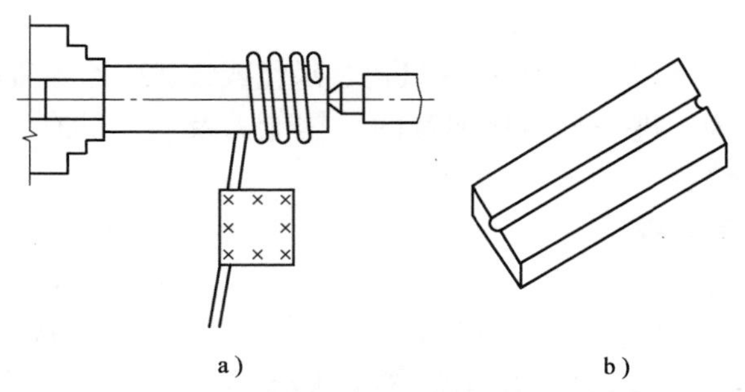

图13-5　圆柱形弹簧盘绕方法及夹持槽铁

a）圆柱形弹簧盘绕方法　b）夹持槽铁

图13-6所示为一种钢丝夹持专用工具，它由体座、滚动轴承及导向板等组成。滚动轴承外圈加工有圆弧形凹槽，以便弹簧钢丝在凹槽间通过，四只滚动轴承呈两对组装在体座上，其中上部的两只安装在基座的腰形槽中，背面用压板，用螺钉将其固紧。滚动轴承的外圈能自由转动。若弹簧钢丝的直径变化，则松开上部轴承体座背面的压板和螺钉，旋转调节螺钉，改变两组滚动轴承之间的通道大小，使其适应钢丝直径。在工具体座两侧设有两个用以引导钢丝的导向板，因它的槽口容易磨损，最好采用耐磨材料。钢丝夹持专用工具一般安装在车床的刀架上。

此外，钢丝应放在专用的放线架上，且能自由转动，如图13-7所示。

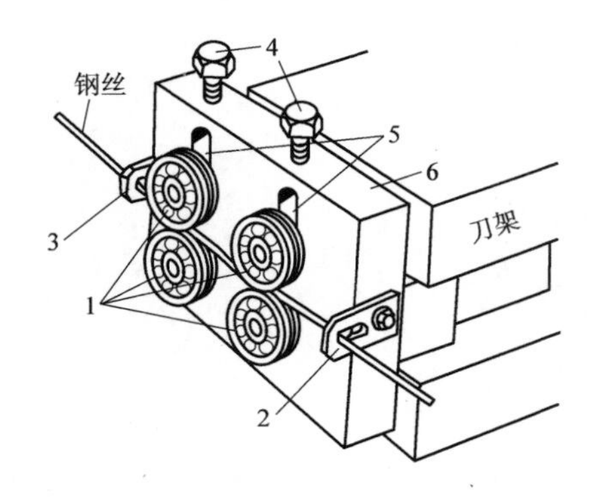

图13-6　钢丝夹持专用工具

1—滚动轴承　2、3—导向板

4—调节螺钉　5—腰形槽　6—体座

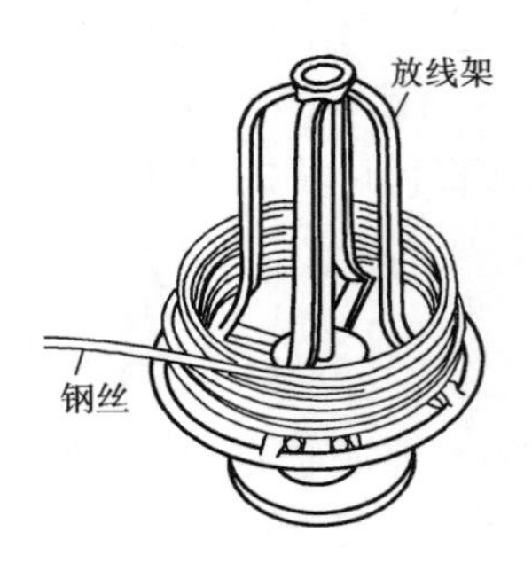

图13-7　钢丝放线架

(2) 盘绕弹簧的方法　若在车床上绕弹簧，以圆柱形弹簧为例：

1）根据弹簧的节距，调整进给箱手柄位置和交换齿轮。

2）装上圆柱形芯轴，将钢丝头插入芯轴的小孔内，并引向刀架的夹持槽铁，如图13-5所示；若是钢丝夹持专用工具，则钢丝经导向板、滚动轴承、导向板（见图13-6）再插入芯轴小孔。注意钢丝不能夹得太紧，以夹紧力能用适当的力拉出来为宜。

3）起动车床进行盘绕，当弹簧盘到接近卡盘时停车反转数转，防止回弹钢丝击伤，用断线钳折断钢丝，取下绕簧工件。

当盘绕锥形弹簧时，需调换一根锥形芯轴，这种轴是锥形的，其几何尺寸也是用上面的公式计算而得。芯轴外圆上车有圆弧形螺旋槽（见图13-8），盘绕方法与上述相同。

当盘绕橄榄形弹簧时，要用一根细长的芯轴和一套大小不同的垫圈，先把直径最大的放在中间，两边分别套入直径逐一减小的垫圈（见图13-9）并用紧圈螺母固定，盘绕方法与前述相同，盘好后切断钢丝，松开紧圈（千万注意钢丝回弹伤人）抽出芯轴并拉长弹簧，这时垫圈会从弹簧缝里落下来。

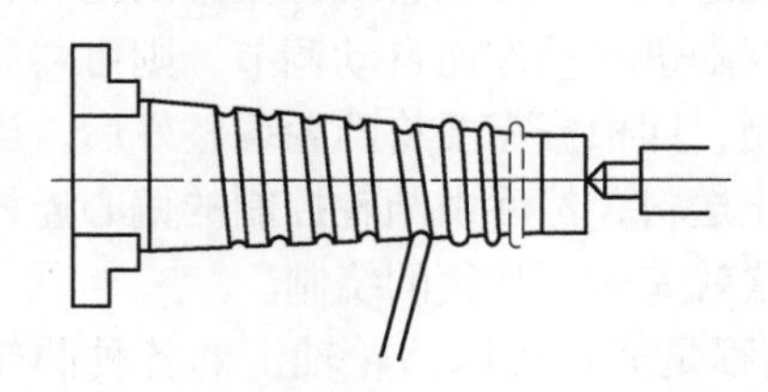

图13-8　锥形弹簧盘绕方法

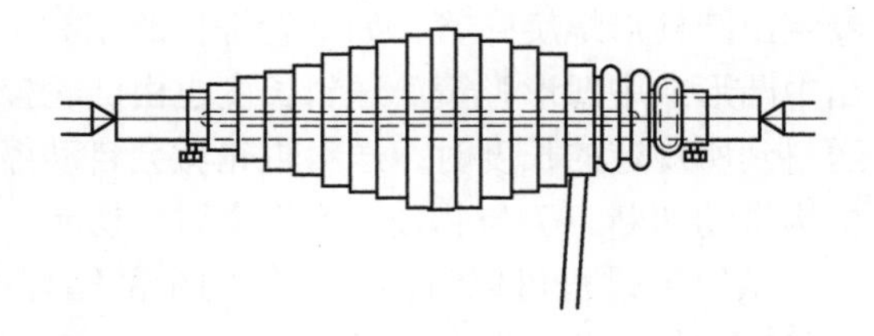

图13-9　橄榄形弹簧盘绕方法

五、弹簧的无芯绕制

1. 自动卷簧机卷簧

自动卷簧机卷簧又称无芯轴卷簧，它是大批量生产设备，能卷制圆柱压缩弹簧；圆锥形、中凸形、中凹形等非圆柱螺旋弹簧；两端并圈和不并圈、左旋或右旋、等节距和不等节距的螺旋弹簧；具有切向直尾的扭转螺旋弹簧等。

2. 自动卷簧机工作原理

图13-10所示为自动卷簧机工作原理示意图。金属丝从料架上引出后，首先经校直器1、送料辊轮2，再经导向板3送入卷簧机构。卷簧机构由卷绕杆4、芯轴刀5和节距爪6组成。金属丝进入卷簧机构后，被卷绕杆4顶住，然后沿两个一般互成60°角的卷绕杆围绕芯轴刀5作螺旋圆周运动，弯曲卷绕成螺旋形弹簧圈。弹簧节距的大小是由节距爪6控制的，它可以轴向运动，按照所设计弹簧节距的尺寸调整位置。如果节距爪在凸轮的控制下后退不起作用时，则可卷绕出密

圈的拉伸和扭转螺旋弹簧毛坯。如果节距爪在凸轮的控制下随进料机构运转而自动调节位置时，则可卷绕成不等节距的螺旋弹簧。

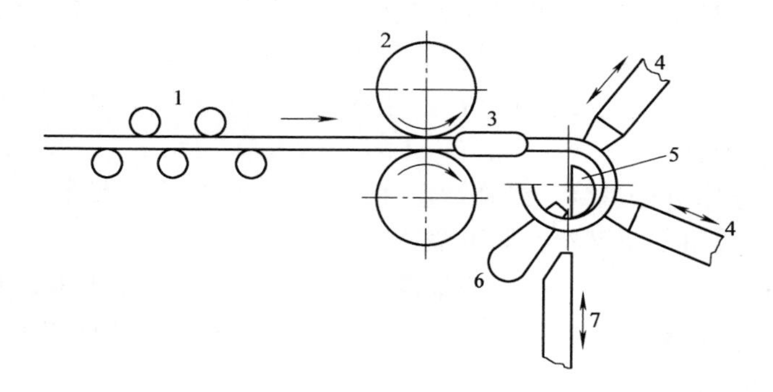

图13-10　自动卷簧机工作原理示意图

1—校直器　2—送料辊轮　3—导向板

4—卷绕杆　5—芯轴刀　6—节距爪　7—切断刀

卷绕杆4在凸轮的控制下可以按箭头方向移动。通过调整卷绕杆4与芯轴刀5之间的距离来控制弹簧直径的大小。在整个卷绕过程中，如果卷绕杆位置固定，就卷绕出圆柱形螺旋弹簧；如果卷绕杆的相对位置随进料动作而自动调节，则可卷制出中凸形或中凹形弹簧。送料长度也由凸轮控制，即根据需要将凸轮调整好后，当送料到所规定的长度时，送料辊轮就会自动停止送料，然后由凸轮控制的偏心连杆机构带动切断刀7与芯轴刀5将金属丝切断。这就完成了弹簧的绕制。

从以上过程可以看出，卷簧的全部循环过程是通过机床凸轮轴上的各种凸轮（送料凸轮、节距凸轮、变径凸轮）的周期联动作用来实现的。凸轮轴每转动一周就完成一个周期，卷制出一个弹簧。如此往复运转就实现了弹簧的自动成形。

在自动卷簧机上加工弹簧，如果尺寸精度要求不高、弹力要求不高，弹簧的加工还是比较容易的。但是要求较高时，就会有很多方面的因素影响其加工精度，同一种规格的材料，若不是一个批次生产的材料，其加工出的弹簧质量就有可能不一样。影响卷簧质量的原因也是多方面的，如弹簧材料的抗拉强度、伸长率、弹性模量、屈强比、材料的尺寸精度等级和表面状况、机床设备的精度、辅助工具与金属丝接触部分的摩擦情况、送料长度的精确度，以及卷绕速度和操作者的技术水平等，这些因素都与自动卷簧机的运转情况有关，所以机床的精细调整很重要，将直接影响卷簧的质量。

无论是国产还是进口的电子自动卷簧机，与人工调整的自动卷簧机相比较，其卷制弹簧的原理是一致的，只不过在控制方面一个是电子调整控制，一个是人工调整控制。这就是手工调整自动卷簧机与电子调整自动卷簧机的区别。

六、弹簧的机械强化处理

弹簧的机械强化，说到底就是消除残余应力，防止尺寸变化，提高疲劳寿命。

残余应力是弹簧绕制过程中弹簧材料内部产生的应力，从使用上看，如果弹簧材料中的残余应力与工作应力方向相反，则可提高弹簧的承载能力；如果残余应力与工作应力方向相同，则会降低弹簧的承载能力。在实际弹簧的制作过程中，卷制和冷加工所产生的残余应力，一般都与工作应力相同，这时的残余应力是有害的，它会降低弹簧的使用寿命，甚至造成弹簧的弹力不符合设计要求。因此，除了采用回火处理来消除这种残余内应力外，还采用强压、强拉、强扭和喷丸处理等机械强化工艺，使弹簧材料内部产生有利的残余内应力，从而提高弹簧的承载能力。

1. 立定处理

立定处理对压缩弹簧而言是把弹簧压缩到工作极限高度或并紧高度的数次，一般是3~6次；对拉伸弹簧而言是把弹簧长度拉至工作极限长度的数次，一般是3~6次；对扭转弹簧而言是把弹簧顺工作方向扭转至工作极限扭转角度的数次，一般是3~6次。

2. 强压、强拉处理

1）强压处理。对压缩弹簧而言是把弹簧高度压缩至工作极限高度或并紧高度的小时数，一般是6~48h。

2）强拉处理。对拉伸弹簧而言是把弹簧拉伸至工作极限长度6~48h。

3. 强扭处理

对扭转弹簧而言是把弹簧顺工作方向扭转至工作极限6~48h，也可以扭转至工作极限扭转角度6次。

4. 立定处理与强压处理

立定处理在某种程度上也起强压处理的作用，但各自的目的不同。立定处理是为了稳定尺寸，而强压处理是为了使弹簧内部产生有利的残余应力，以提高弹簧的承载能力，两者是有区别的。

立定处理和强压处理后，如进行低温回火，弹簧的比例极限和承受载荷的能力将有所提高，尤其是对于精密的弹簧和使用温度稍高的弹簧，在改善弹簧的性能和提高合格率方面有着明显的效果。

立定或强压后的低温回火，回火温度应稍低于去应力回火温度，一般为200~400℃，保温30min左右。

5. 喷丸处理

喷丸处理也称喷丸强化，它是提高弹簧疲劳寿命的加工方法。粗略地讲，就是高速钢球喷射到弹簧表面，使弹簧表面层发生塑性变形而形成一定厚度的表面强化层，在强化层内形成较高的残余压应力，当弹簧在承受载荷时，可以抵消一部分变载荷作用下的最大拉应力，从而提高弹簧的疲劳强度。

小型弹簧或当弹簧钢丝直径和弹簧节距太小时，不适于喷丸处理加工。

第14章　机 床 夹 具

第1节　机床夹具设计杂谈

机械加工的零件，其尺寸、形状、精度是靠机床夹具来保证的。一个产品的加工，其成本的大小，模具费用占了大部分，所以模具设计的质量关系到产品生产的效率、质量、成本，是非常重要的。在夹具设计中，夹具制造的反复，以及不好使用就是浪费大量的钱财。在民营企业中是不容许产生这种现象的。假如一个夹具设计者，连续三次出现不该犯的错误，聪明一点的就会自己提出辞职。但这个现象，在工厂还可以继续地锻炼提高。

从理论上来讲，机床夹具的理论主要是：

1）基准问题。即设计基准、定位基准、工序基准、测量基准、夹紧力的选择问题。

2）六点定位原理。关于限制工件在 X、Y、Z 三个方向上的移动与转动。

其他的都是典型零件的典型结构。机床夹具设计从理论上来看，并没有多么深奥的理论，但是在实际设计工作中却是非常灵活的。夹具设计原则丢掉哪一条，都会带来生产的不便。从现在工厂的实际来看，出现频率最多的问题是工件装夹不方便。究其原因，就是夹具设计者的实践知识太少。

从工厂来看，大部分夹具设计人员没有什么实践知识，出现这么一个现象：让钻头不会磨、孔不会钻、钻床不会开的人去设计钻模；让车刀不会磨、车床不会开、车刀不会装的人去设计成形车刀；让铣刀不会装，掉刀、对刀不知怎么回事，不知道铣床特点结构的人，去设计铣床夹具。这怎么能设计出好的夹具。他们设计的夹具，在一般情况下，大部分都要修改夹具设计图，修改夹具。无论是多么简单的夹具设计，很少有一次设计成功的。机械工业有一个不同于其他工业的特点，就是光有理论还不行，还必须有丰富的实践经验。

从机床夹具的设计与工人的使用来看，设计人员注重零件的定位；加工人员注重零件的装夹。从效果上看，无论是多么正确的定位方法，加工人员认定的是装夹零件是否方便，只要零件装夹不方便，他就会否定设计。

那么，什么是一个成功的、好的夹具呢？标准就是像使用傻瓜机一样，虽然不懂景深、层次、快门，但照样会照相；不懂定位、夹紧的使用者，也能够很好地使用夹具，这就是成功的夹具设计。

第2节　夹具设计理论

一、零件的定位原则

一般地，夹具设计人员需要设计夹具的零件图样，都是工序图样，图中给出了定位基准与夹紧面，这时的定位基准为工艺基准。它有时与设计基准是不重合的。理论上，工艺基准要与设计基准重合，否则会出现基准不重合误差，但是有时若采用基准重合的原则，会使零件无法装夹与加工，或无法定位，或加工非常不方便等。在设计图样允许的情况下，或以后的工艺方法会满足设计图样要求的前提下，就产生了工艺基准与设计基准不重合的现象。那么，什么是设计基准呢？在设计图样中已确定零件位置尺寸的点、线、面就是设计基准。也就是说，设计基准可能是一个点，也可能是一条线，也可能是一个面。

还有一个测量基准的问题，一般的原则是测量基准与设计基准重合。在设计夹具时，最好是设计成使用者不需从夹具上拆卸零件就能完成测量，避免基准不重合误差，同时也不会在生产中出现二次装夹误差。二次装夹误差就是由于第二次装夹使夹紧力及夹紧零件的部位与第一次装夹不同，所产生的位置误差。

对于夹紧的要求，就是方便、可靠。方便就是装卸零件方便。可靠就是夹紧力既不能过大，也不能过小。过大将产生零件表面压伤，或将零件破坏；过小则会在加工过程中，零件产生松动。

二、六点定位

1. 六点定位原理

空间有 X、Y、Z 三个方向，在任何一个方向都会产生物体沿此方向的移动与绕此方向转动的两个运动，即一个方向的两个自由度，也就是有六个自由度。对于六个自由度的限制，就产生了空间布置六个点控制六个自由度。于是就有了六点定位原理。

2. 六点定位原理的形成过程

（1）在一个平面上　大家都知道的原理是：两点定一条直线，三点定一个面。现分析在一个平面上的三点能限制几个自由度，如图 14-1 所示。

1）限制了沿 Z 轴的移动，表示为 $\vec{Z}$。

2）限制了沿 X 轴的转动，表示为 $\widehat{X}$。

3）限制了沿 Y 轴的转动，表示为 $\widehat{Y}$。

（2）在两个平面上　当空间的第二个平面出现，并布置两个点时，看一下又限制了哪几个自由度，如图 14-2 所示。

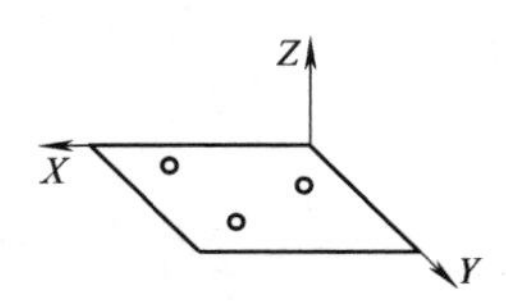

图14-1　三点能限制自由度的情况

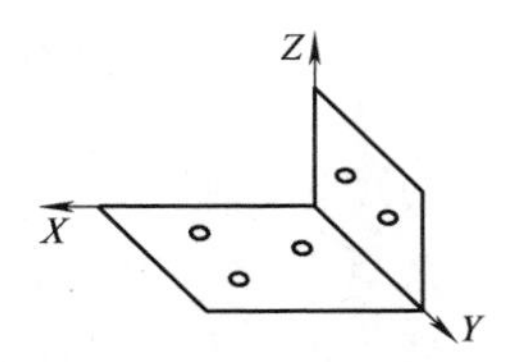

图14-2　五点能限制自由度的情况

1）限制了沿 X 轴的移动，表示为 $\vec{X}$。

2）限制了沿 Z 轴的转动，表示为 $\widehat{Z}$。

（3）在三个平面上　当空间的第三个平面出现，并布置一个点时，看一下又限制了哪几个自由度，如图14-3所示。

限制了沿 Y 轴的移动，表示为 $\vec{Y}$。

当六点定位原理落实到一个具体的零件上的三个互相垂直的面时，如图14-4所示，它就限制了零件的六个自由度，称完全定位。

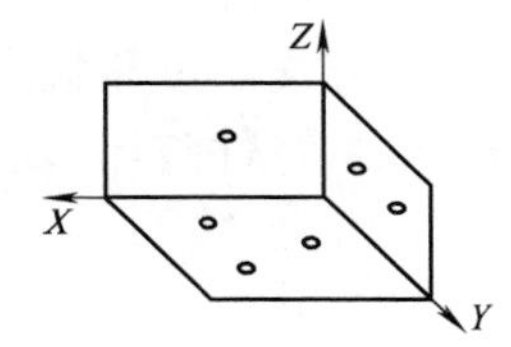

图14-3　六点能限制自由度的情况

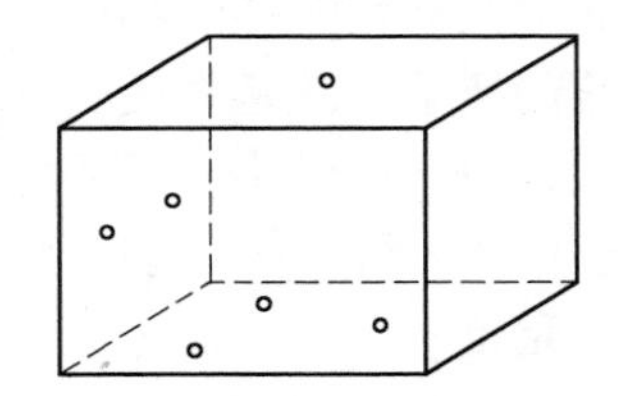

图14-4　六点定位原理在零件上的应用

三、六点定位原理应用举例

1. 在自定心卡盘上的应用

当零件装入自定心卡盘时，对零件限制了 $\vec{Y}$、$\widehat{Y}$、$\vec{Z}$、$\widehat{Z}$ 这四个自由度，如图14-5所示。这时零件可以绕 X 轴转动，也可以沿 X 轴方向移动。

2. 在机用虎钳上的应用

当零件装入机用虎钳时，对零件限制了 $\widehat{X}$、$\widehat{Y}$、$\widehat{Z}$、$\vec{X}$、$\vec{Z}$ 这五个自由度，零件只能沿 $\vec{Y}$ 轴移动，如图14-6所示。

3. 在V形块上的应用

V形块作为外圆定位的主要结构形式，它突出的一个特点是，被定位的零件其外圆直径无论变大或

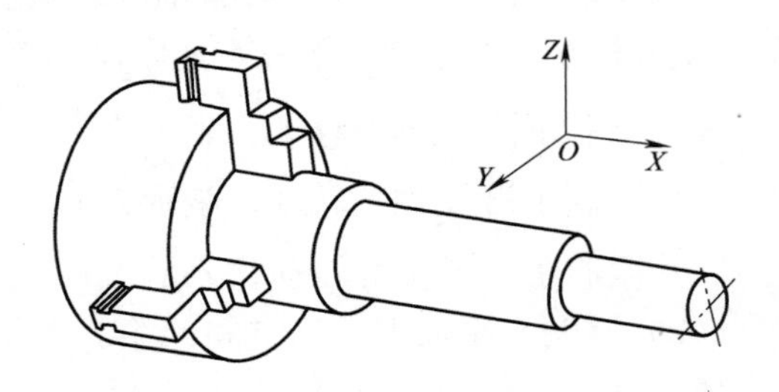

图14-5　自定心卡盘夹持零件时，限制自由度的情况

变小，在V形块内只是沿V形块的V形对称中心进行上下移动。如图14-7所示，长V形块限制$\vec{X}$、$\overset{\frown}{X}$、$\overset{\frown}{Y}$、$\overset{\frown}{Z}$四个自由度。

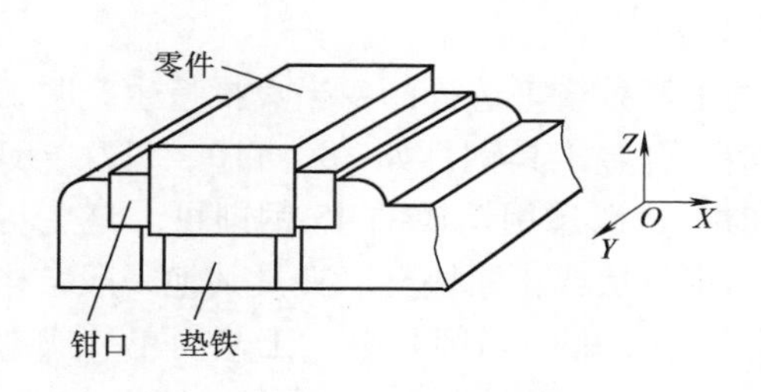

图14-6　机用虎钳夹持零件时，限制自由度的情况

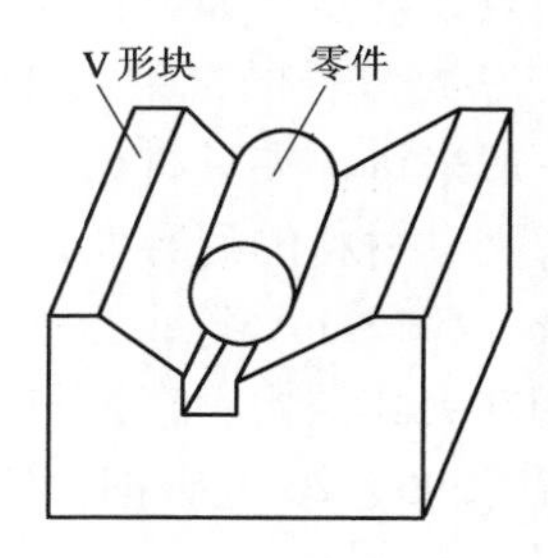

图14-7　V形块上定位

四、重复定位（过定位）

当年轻人听长辈重复叮咛的嘱咐时，就感到老人啰嗦。当你刚吃完饭，别人又请你吃饭，你就感到太饱了，吃不下去了，担心把胃吃坏，而拒之。机械加工的"过定位"与生活中的情况是一样的，定位不能重复。重复定位可能会将工件划伤或夹具损伤，也有可能使工件根本就装不到夹具中去。

那什么是"过定位"呢？零件在一个方向已经进行了定位，而对此方向的再次定位，就是"过定位"。也就是一个方向进行了两次定位。

如图14-8所示的零件，在加工ϕ16mm孔、设计钻模时，若在零件的80mm尺寸的方向出现如图14-9所示的情形，有两个定位销1、2在80mm尺寸的方向进行两次定位，这就是过定位。这时定位销2取消才是正确的。如果在实际生产中出现如图14-9所示的情况，就会发生当定位销1、2的距离一定时：

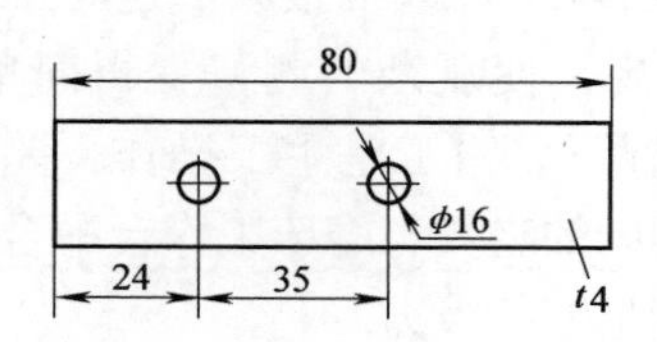

图14-8　零件钻孔简易图

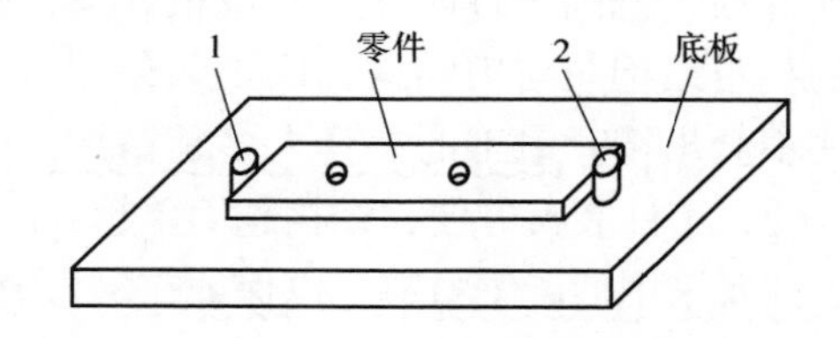

图14-9　零件错误的定位

1）当零件80mm尺寸制造为最小尺寸时，零件在夹具上沿80mm尺寸方向窜动，不定位。

2）当零件80mm尺寸制造为最大尺寸时，零件在夹具上装不进定位处。

在机械机构的设计中，有时也会利用过定位，如四连杆机构就是利用过定位来实现夹紧的。

第3节　夹具设计步骤

夹具设计步骤如下：

1. 根据零件的批量，选用夹具材料

一般来讲，夹具材料是根据零件的生产批量来选择的，当大批量生产时，首先考虑夹具材料的耐磨性，选择高碳钢、合金工具钢，如T8、T10、T12、Cr12、CrWMn、Cr12MoV等；当小批量生产时，一般选用调质的45钢即可。这些材料一般用在夹具结构中直接与工件接触的定位块或压紧块上。夹具其他一般结构材料选择Q295、20低碳钢，低碳钢具有价格低廉、切削容易、工艺简单、成本低的优点。

2. 根据零件图样给出的定位基准及夹紧面，确定夹具对零件的定位与夹紧方案

一般零件的定位基准都是根据零件图样的设计基准作为第一选择，使定位基准与设计基准重合，避免产生基准不重合误差。当定位基准确定后，就考虑夹紧方法。零件的夹紧，要方便、可靠，方便是要求装夹零件简单；可靠是不能将零件压伤，以及在加工的过程中不松动。

3. 根据使用设备的特点，确定夹具在机床上的结构

各种机床使用的夹具各有特点。对于车床、外圆磨床，在设计夹具时首先要考虑的是夹具在旋转过程中的动平衡，动平衡不好的话，每转一圈，就是对机床主轴的一次冲击，很容易将机床主轴的轴承损坏。对于刨床，在设计夹具时要考虑止推结构，因为刨床的刨刀切削是冲击切削，每刨一次就是对加工零件的一次冲击，零件会容易松动，不能单靠夹紧力来防止零件窜动。对于铣床，在设计夹具时首先要考虑找正结构与对刀结构，因为铣工在铣床工作台上装夹夹具时夹具找正很麻烦，铣削工件时的对刀也很麻烦，很容易出现工件成批报废。这时铣床夹具的找正结构与对刀结构如同工人使用的专用量规，使复杂的测量变得简单，这样才不会出错。钳工的夹具大多是钻模，一般情况下，钳工是手工操作，要求钻模轻便，工件装夹方便，结构越简单越好。平面磨床的夹具与磨床工作台配合的底板零件要采用低碳钢材料，以保证在磁力吸合时有足够的吸力。

4. 充分考虑夹具的刚性

夹具的刚性用来保证夹具在使用过程中没有任何弹性变形，应充分考虑夹具上各个零件的刚性及装配后的刚性。在生产中曾用两套一模一样的车工夹具同时使用去车削较大的工件，其结果是一套很好用，一套不好用。经现场检查，夹具为焊接结构，各个零件的刚性足够，但两套的焊接处有区别，一套焊接处堆焊很多，焊接牢靠；一套焊接处堆焊很少，堆焊少得如同两个ϕ50mm的钢棒用ϕ15mm的钢筋连接，明显是夹具焊接整体刚性太差，使焊接不牢靠。由此产生

不好使用的效果，重新焊接便能解决问题。这是装配后夹具刚性差的实例。

5. 应从零件的定位面逐步开始画图设计，尽量使用通用件与标准件

第4节　夹具设计问题举例

一、卡簧零件制造

1. 卡簧零件制造的条件

1）生产类型：批量生产。

2）加工工序：钳工工序。

3）加工内容：工件弯形。

4）上道工序：冲压落料。

5）工件材料：厚0.5mm弹簧钢钢带。

2. 卡簧零件图

图14-10所示为钳工工序图样的尺寸与技术要求。

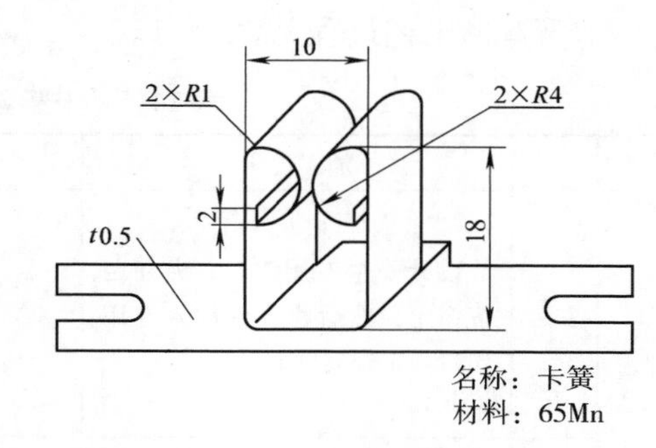

图14-10　卡簧零件图

3. 上工序冲工工序落料图

上工序冲工工序落料后的卡簧零件结构如图14-11所示。

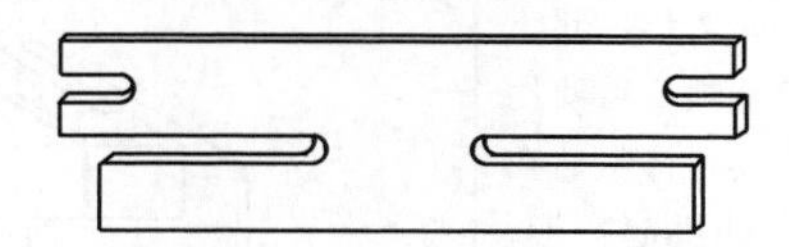

图14-11　上工序冲工工序落料后的卡簧零件结构

4. 钳工工序弯形示意图

钳工工序弯形内容立体示意图如图14-12所示。

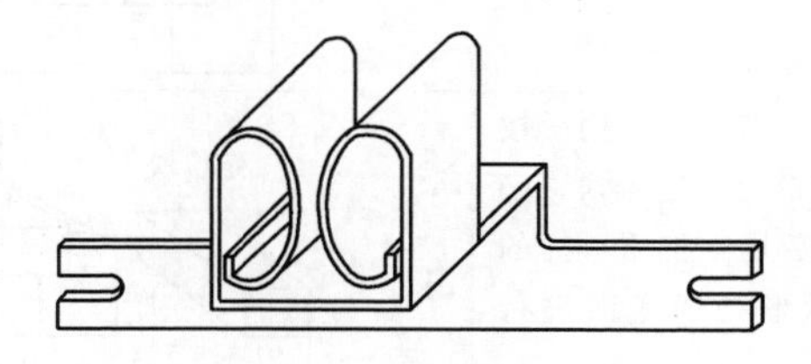

图14-12　钳工工序弯形内容立体示意图

5. 钳工工序弯形加工工步

1）弯90°。

2）弯$2\times R1$、$2\times R4$。

3）弯$2\times R1$，保证尺寸18mm。

4）对折弯形，保证尺寸10mm。

6. 设计者的设计思想与结果

1）设计思想。设计成为一次装夹工件，完成全部弯形工步。其优点是弯形精度高，不会产生二次装夹误差。

2）设计结果。设计成了一次装夹工件，完成全部弯形工步的弯形夹具。

7. 卡簧弯形夹具的弯形过程

卡簧弯形工艺过程见表14-1。

表14-1　卡簧弯形工艺过程

序号	工步	加工说明	示意图
1	安装	设计一个专用钳口，夹在台虎钳上，然后将零件放入专用钳口内定位夹紧弯形	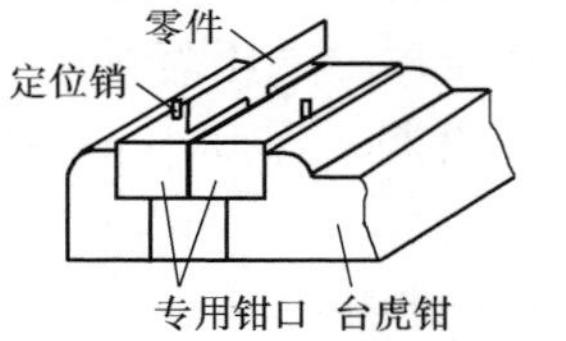 零件 定位销 专用钳口 台虎钳
2	1	第一工步：弯形90°	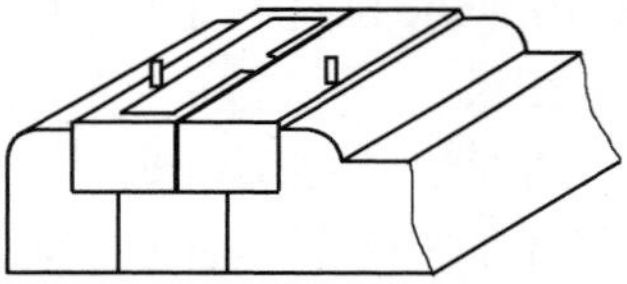
3	2	第二工步：2mm弯形，此工序工人操作比较麻烦，需使用一个刀一样的工具，将紧贴在专用钳口上的零件挑起弯形，再用设计的专用工具弯形	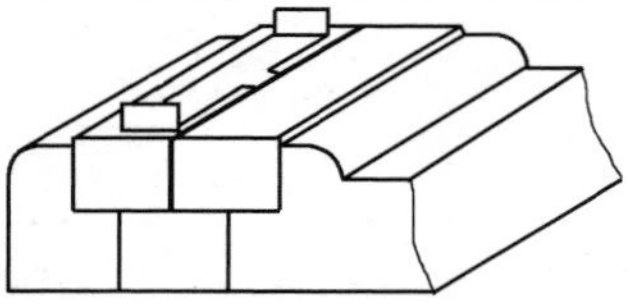
4	3	第三工步：弯形 $R4$mm，使用设计的专用工具弯形	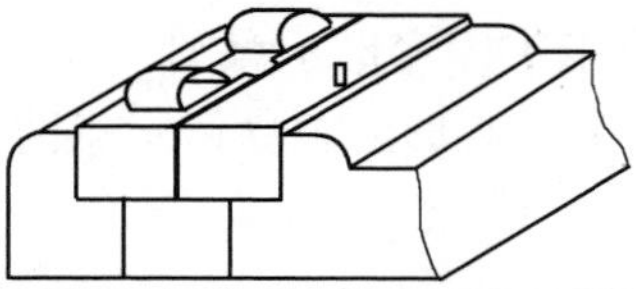
5	4	第四工步：需操作者用手按住靠在定位销上的定位块，必须按紧，然后用一把刀一样的工具插入弯形处的底面进行弯形	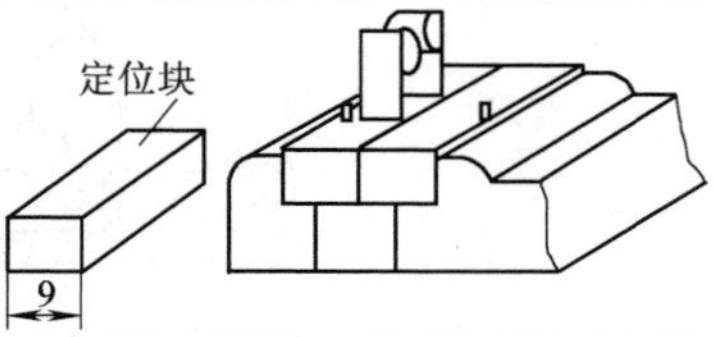 定位块 9
6	结论	在工人实际操作时，否定其加工方法。工人实际操作加工不是一次定位装夹完成全部弯形，而是分工步批量生产，而且只是在第一工步与第四工步两次装夹，其余工步不装夹，只进行弯形加工	
7	夹具设计错误	此夹具违反了“工序集中与分散”的原则。工序集中就是当小批量与单件生产时，工序尽量集中，批量生产时工序分散。此零件是批量生产，不能一次装夹、多工步弯形加工。从此夹具的工序图样看，精度要求并不高，不需要采用高精度的、一次定位的制造方法。在批量生产时，首先考虑的是装夹方便，操作简单	

8. 实际生产卡簧弯形工艺过程

实际生产卡簧弯形工艺过程见表14-2。

表14-2 实际生产卡簧弯形工艺过程

序号	工步	加工说明	示意图
1	1	第一工步：弯形90° 做一专用钳口，因为是软态材料，手工在钳口内弯形	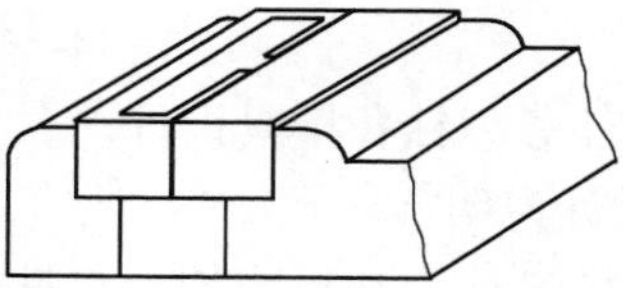
2	2	第二工步：2mm弯形 不需装夹，在一根 ϕ6.5mm×100mm的圆棒上开一卡口插入零件，在一小平面上弯形	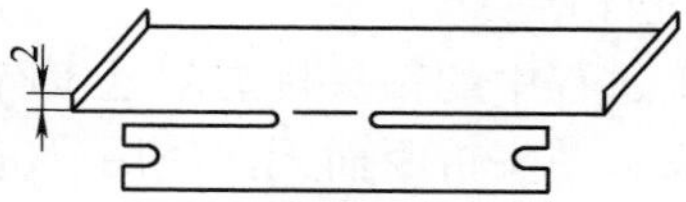 2
3	3	第三工步：弯形 R4mm 不需装夹，在一根 ϕ6.5mm×100mm的圆棒一端做成半圆插入零件，在一小平面上弯形	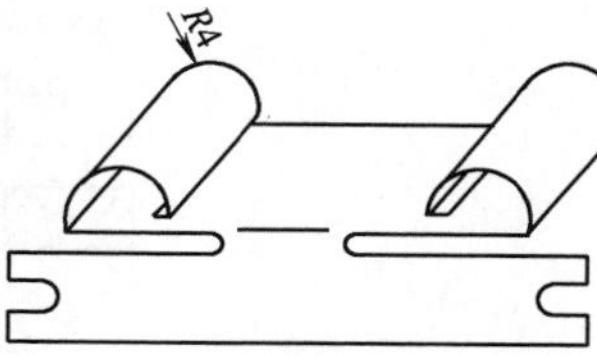 R4
4	4	第四工步：对折弯形 做一专用钳口，因为是软态材料，手工在钳口内弯形	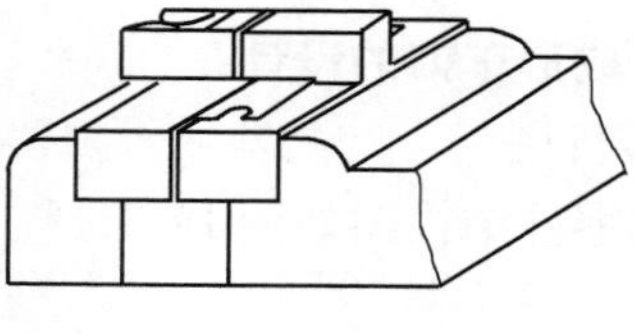
5	工序特点	工序分散，多次装夹，工艺简单，操作方便	

二、插销体零件钳工钻孔模的设计

1. 插销体零件图

插销体零件结构图如图14-13所示。

2. 加工内容

加工内容为钻3个 ϕ2.5mm的孔。

3. 加工工序

加工工序为钳工工序。

4. 设计任务

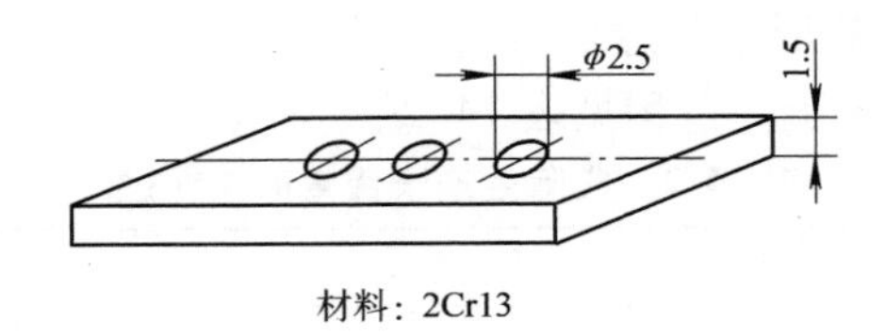

图 14-13　插销体零件结构图

设计任务为钻孔模具设计。

5. 设计说明

此钻模设计为翻板式结构，钻模设计的目的是保证孔的位置尺寸，形状尺寸由钻头保证。

6. 设计错误

加工过程中的钻头排屑问题没有考虑，没有钻头排屑空间，致使加工时，切屑挤钻头，钻头折断而无法使用。究其原因，就是钻模的设计者缺乏实践经验，大家要引以为戒。钻模钻孔示意图如图 14-14 所示。

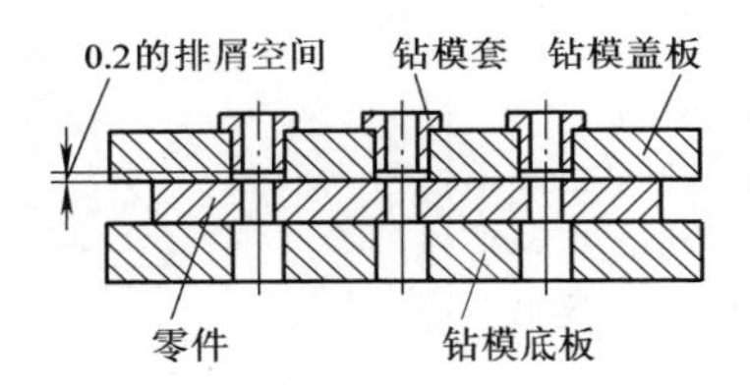

图 14-14　钻模钻孔示意图

三、成形车刀的设计

1. 零件图

圆轴零件结构图如图 14-15 所示。

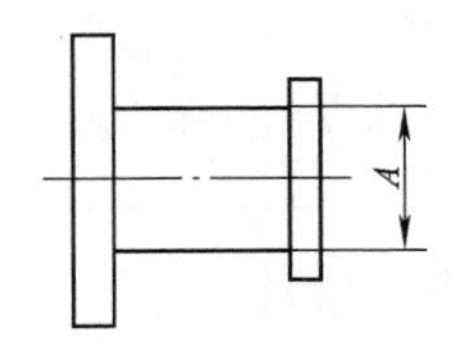

图 14-15　圆轴零件结构图

2. 加工内容

加工内容为车削 3 个台阶外圆。

3. 加工工序

加工工序为车工工序。

4. 设计任务

设计任务为成形车刀设计。

5. 设计说明

一把成形车刀一次车削，同时完成3个台阶的加工。车削3个台阶就有3个主切削刃，3个前角。由于前角的存在，就出现有两个主切削刃低于工件的旋转中心的现象。这个高度差必须计算补偿，这是补偿其一；当两个主切削刃低于工件的旋转中心时，又出现这两个主切削刃的高度计算基准不能以工件的旋转中心为基准，而是以降低了的高度为基准，表现为工件的吃刀高度降低，此时主切削刃相对工件旋转中心的高度差必须计算补偿，这是补偿其二。设计成形车刀时这两个高度差必须计算补偿，即一个是刀具的，一个是工件的，缺一不可。

6. 设计结果

加工此零件的成形车刀如图14-16所示。当设计成形车刀时，由于前角的存在，必须对主切削刃的高度差予以换算，这是成形车刀设计的一个主要方面。一般都是以零件（见图14-15）的A尺寸为计算起始点。注意图14-17中的C点高度差的下点，是计算成形车刀参数的依据。设计者没有忘记这个重要的参数，而且使用的没有错误。但是他们忘了一个不该忘记的工件的吃刀高度变化参数，由于两个主切削刃的吃刀高度出现了变化（吃刀高度低于零件的旋转中心），此时零件不能再以工件旋转中心为计算参数，零件吃刀时的高度差必须予以补偿。缺乏实践经验的设计者往往会忘记这一点，从而造成设计的失败。

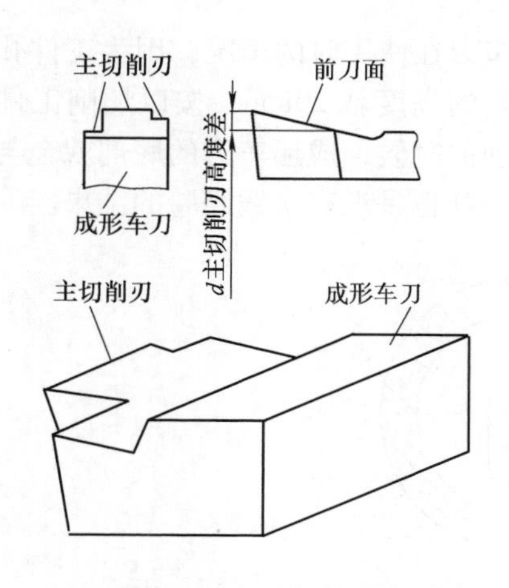

图14-16 成形车刀示意图

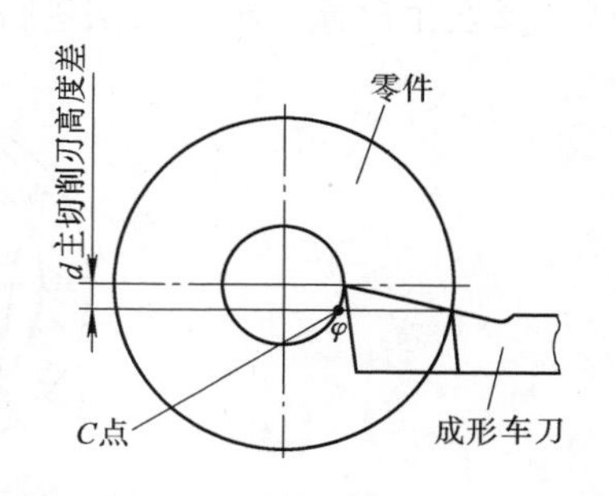

图14-17 成形车刀实际加工示意图

四、内孔成形车刀的设计

1. 阀盖零件图

阀盖零件简图如图14-18所示。

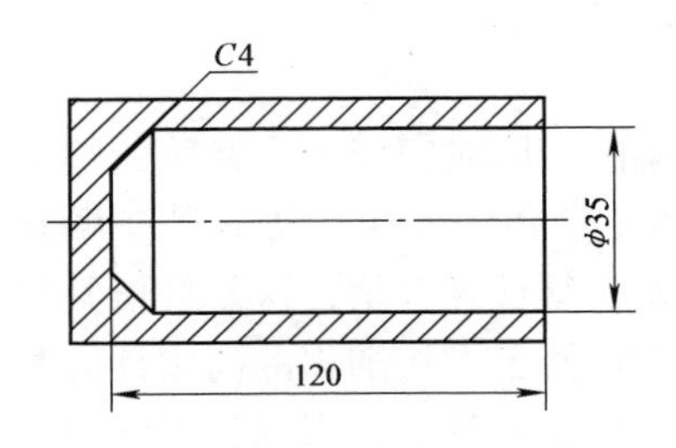

图 14-18　阀盖零件简图

2. 加工内容

加工内容为车内孔 C4 倒角。

3. 加工工序

加工工序为车工工序。

4. 内孔成形车刀设计

内孔成形车刀的设计如图 14-19 所示。

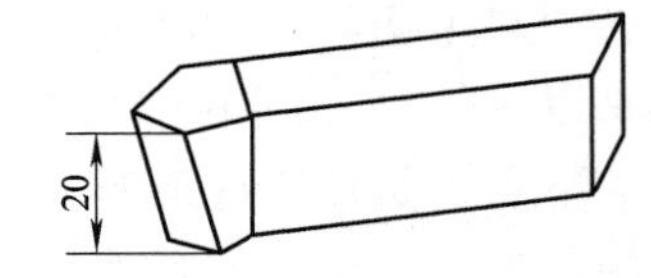

图 14-19　内孔成形车刀的设计

5. 内孔成形车刀的设计结果

现只对设计的错误部分画图表示，如图 14-19所示，其刀具高度为 20mm、宽度为 20mm、前角为 15°、后角为 8°。

6. 内孔成形车刀的设计错误

图 14-20 所示为加工制造出来的成形车刀在使用时的情况，因为工件孔的尺寸只有 ϕ35mm，半径才 17.5mm，可是刀具的高度就 20mm，按以切削工件最大直径处进行加工，当切削刃还没有进行切削的时候，成形车刀的底部就会与工件的内孔孔壁发生碰撞，根本无法进行切削。这也是没有实践经验的结果。

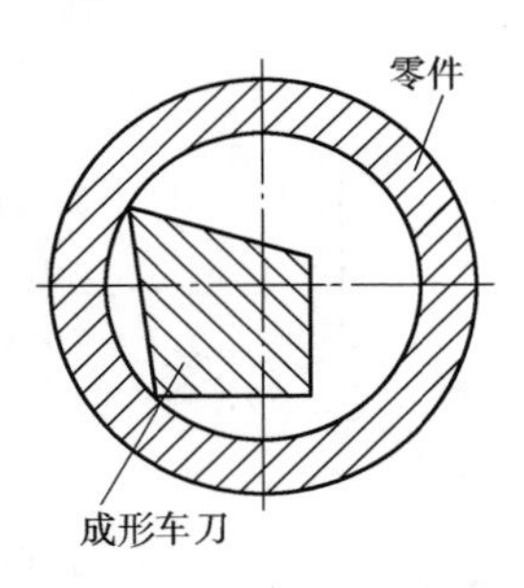

图 14-20　成形车刀切削时的实际情况

五、实际尺寸与设计尺寸

设计尺寸是给出一个公称尺寸与公差，是一个尺寸范围；而实际尺寸是一个确定的值，是设计尺寸允许范围内的一个确定的值。某一企业在仿制一个产品时，有一结构处的45°倒角尺寸实际测量值是0.48mm，测绘后的图样就反映成0.48mm的设计公称尺寸，这时的设计公称尺寸应该为0.5mm，0.48mm是工件经加工后的实际尺寸。这是不懂设计规范及缺乏实践经验的表现，如图14-21所示。

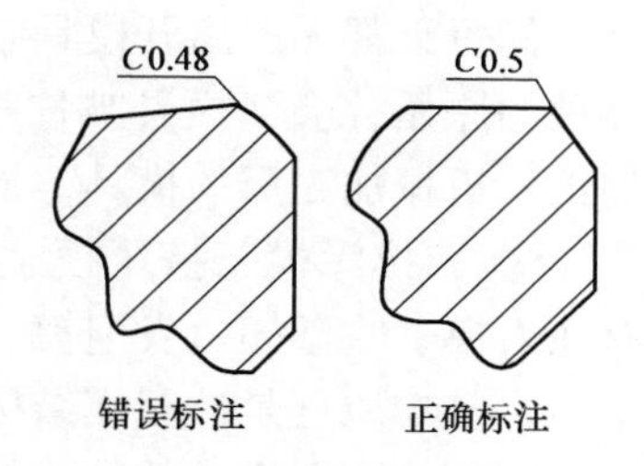

图14-21　公称尺寸的正误标注

实践经验知识对于机械加工行业是非常重要的，以上几个在工厂发生的实例，就已经说明实践知识的重要性，以及它在当今的学生中是多么的缺乏。

第 15 章 模　　具

在现代生产、生活中，我们每天都无法离开模具制品。若不使用模具制造的产品，我们就要回到刀耕火种的原始社会。模具被称呼“工业之母”，现代工业产品的大量零件依靠模具加工。机械加工厂的模具，划分为两大类，五金模与塑料模。五金模有冲裁模、复合模、拉深模、挤压模、成形模、弯曲模、冷挤压模、热挤压模等；塑料模有注射模、吹塑模、发泡模、挤塑模等。产品批量生产时都使用模具，模具种类很多，基本原理是冲裁模结构与吹塑模结构，以冲裁模与吹塑模两个基本模具的结构为例，介绍模具的结构特点、基本设计方法和模具的使用方法。

第1节 冲 裁 模

一、冲裁原理

利用安装在压力机上的模具，对材料施加压力，使其产生分离，从而获得所需零件的一种压力加工方法。

二、曲柄压力机工作原理

曲柄压力机是工厂普遍使用的冲压设备，图 15-1 所示为曲柄压力机的简易结构，曲柄转动带动滑块上下移动，滑块上安装有上模，滑块带动上模上下移动。下模安装在工作台面上，上下模的啮合就实现了冲裁。

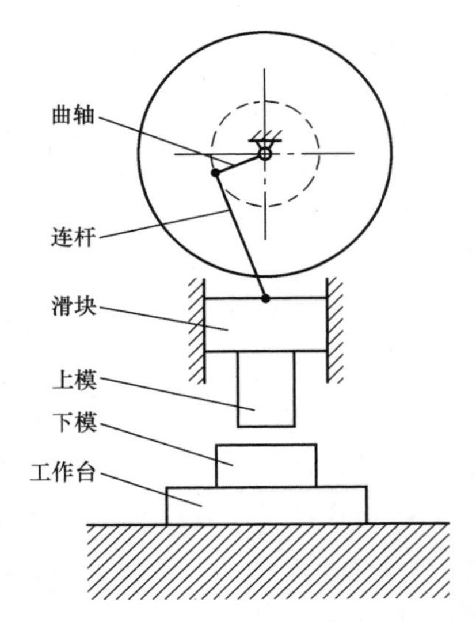

图 15-1　曲柄压力机的简易工作原理示意图

三、冲裁模结构的主要零件

1. 冲裁模八大板

冲裁模的结构俗称八大板结构，八大板结构件称呼如下：①上模座；②上垫板；③上夹板；④脱背板；⑤脱料板；⑥下模板；⑦下垫板；⑧下模座。

2. 八大板的作用

（1）上模座的作用　固定上夹板和上垫板在一起；承载上垫板传递的冲裁力。

（2）上垫板的作用　承载夹板上凸模的作用力；保证弹性元件有足够的压

缩距离。

（3）上夹板的作用　固定凸模；确保凸模的位置。

（4）脱背板的作用　承载压料力，保护脱料板（等同垫板，只是它用于脱料板后面，作用是挡住脱料板镶件）；一般用于复合模。

（5）脱料板的作用　凸模导向；压料/脱料作用。

（6）下模板的作用　固定凹模。

（7）下垫板的作用　承载下模板上凹模被冲切时的冲击力。

（8）下模座的作用　固定下模板和下垫板在一起；承载下垫板传递的冲裁力。

四、冲裁模典型结构

1. 冲裁模结构

图 15-2 所示为一个典型的冲裁模结构装配图，将冲裁模八大板的装配关系表现得很清楚。绘制装配图的人觉得装配图很简单，只要将图中各个零件的装配关系表示清楚，零件配合时名称尺寸相同的结合只绘一条线，能表明装配要求便

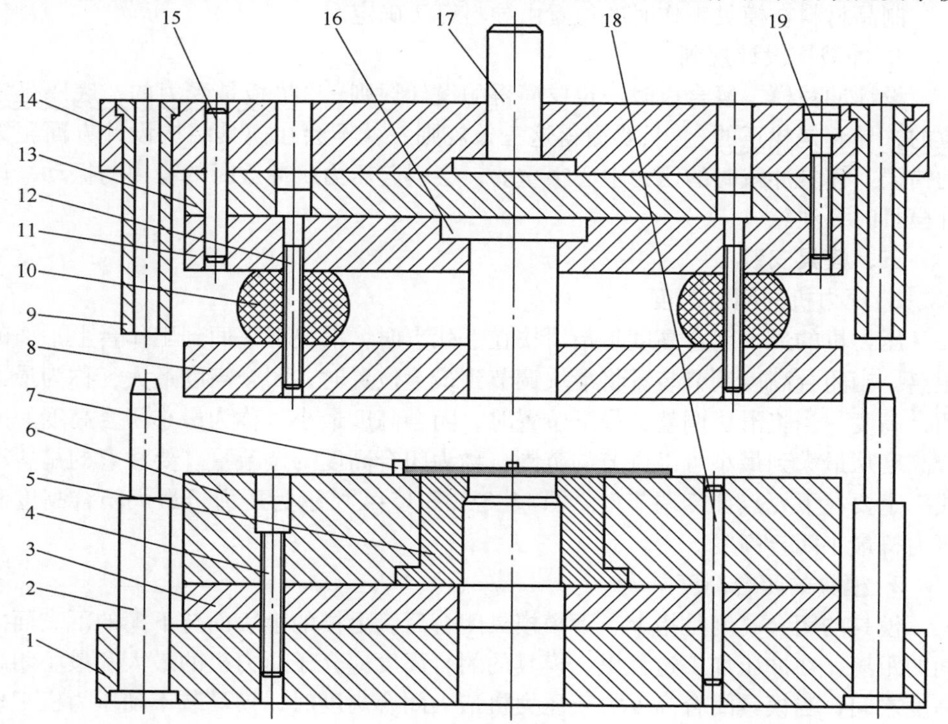

图 15-2　冲裁模结构装配图

1—底座　2—导柱　3—下垫板　4、12、19—螺钉　5—凹模　6—下模板　7—导料钉　8—脱料板　9—导套　10—橡胶块　11—上夹板　13—上垫板　14—上模座　15、18—销钉　16—凸模　17—模柄

可；但识图的人会认为，识装配图很难，装配图上的线条太多，难以识别。对于零件图，绘制图纸的人则会觉得难，因为零件图上有空间形体、材料规格、尺寸公差、表面粗糙度、尺寸基准、热处理要求、标准号、形位公差要求等。此冲裁模是这样排列：底座1，下垫板3，下模板6，脱料板8，上夹板11，上垫板13，上模座14。冲裁加工的制品是一个直径30mm、厚度2mm的圆铁板。

2. 模具零件装配关系及作用

底座1通过销钉18与螺钉4，固定了下垫板3、下模板6的位置；底座1通过导柱2与导套9滑动配合，找正了与上模的相对位置。

上模座14通过销钉15与螺钉19，固定了上垫板13、上夹板11的位置，上模座14与模柄17的过盈配合，也确定了模具工作时的压力中心。

上夹板11通过过盈配合，牢牢地固定了凸模16的位置。

螺钉12把脱料板8、橡胶块10连接在一起，使脱料板压缩橡胶块，形成脱料板在模具工作时对制品材料的压制力，防止制品材料在冲裁时变形。同时又使冲裁完毕后的制品材料脱离上模。

制品材料在模具工作时的位置由导料钉7确定。

3. 冲裁模设计规则

设计冲裁模、复合模时一定要懂得的设计规则：“垫板是受力的，底座是定位的，导套是找正的”。只要懂得这三条规则，就不会在模具结构设计方面犯大的错误。模具冲裁时的压力中心很重要，会引起压力机冲裁时的噪声与振动，设计模具时要注意。

五、模具安装

1. 压力机的闭合高度

压力机的最大闭合高度是指滑块在下死点时，滑块下平面到工作台上平面的距离。当闭合高度调节装置将滑块调节到最上位置时，闭合高度最大，称为最大闭合高度；当将滑块调整到最下位置时，闭合高度最小，称为最小闭合高度。闭合高度从最大到最小可以调节的范围，称为闭合高度的调节量。要注意的是，滑块一定要在下死点计算调节量。图15-3、图15-4所示为压力机最大闭合高度和压力机最小闭合高度。

2. 模具的闭合高度

模具的闭合高度是指上、下模模具闭合后，上模的上表面与下模的下表面之间的距离。在冲压加工过程里，模具的闭合高度应介于压力机的最大和最小闭合高度之间；当模具闭合高度大于压力机最大闭合高度时，模具装不到压力机工作台面；当小于压力机最小闭合高度时，模具可以用垫铁加高模具的闭合高度。

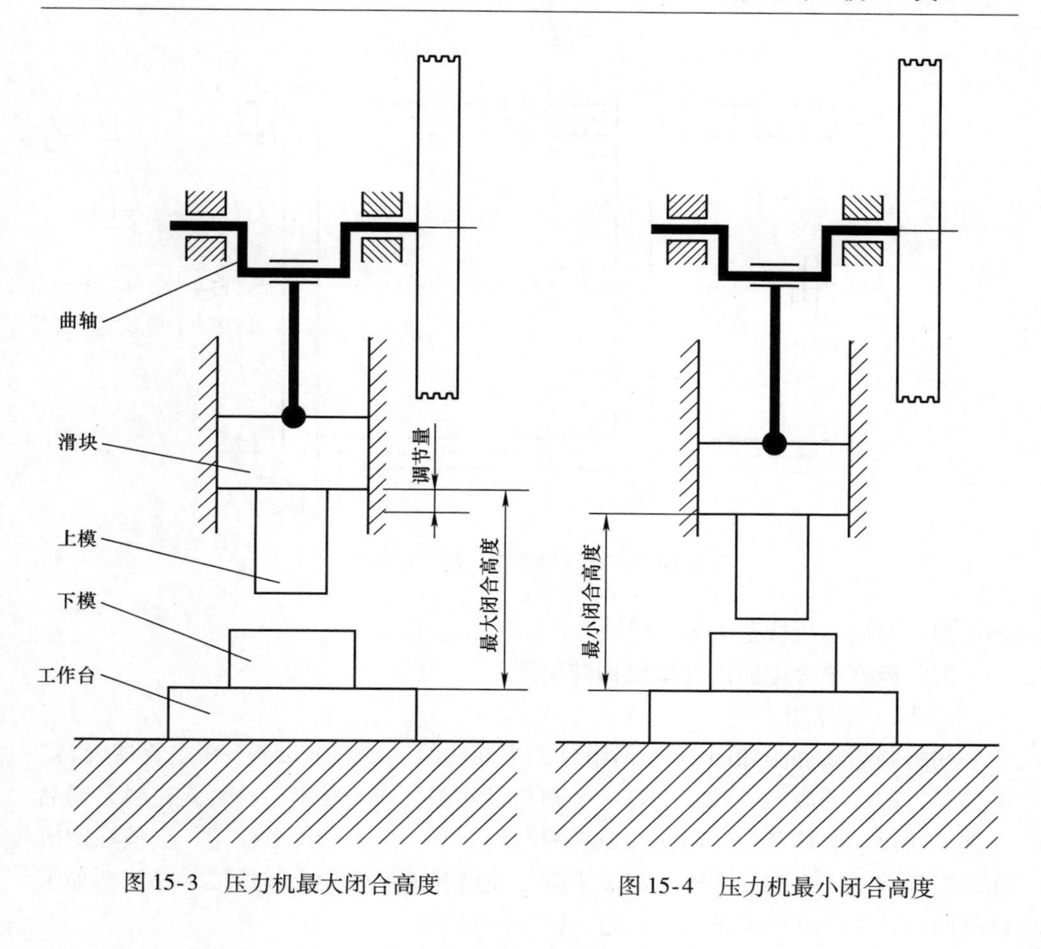

图 15-3 压力机最大闭合高度

图 15-4 压力机最小闭合高度

第2节 注 射 模

注塑机是将固态塑料原料熔化后，加压定量地注射到模具型腔，固化成制品，制品塑件依靠模具成型。注塑机型号很多，但工作原理都是熔化原料，再将熔化的原料送到模具型腔这一基本过程。

一、单分型面注射模

单分型面注射模，只有一个分型面，又叫两板式注射模，两板的原意是指注塑机的动模板与定模板，两板式注射模是指模具的动模与定模两个部分。三板式注射模是指模具的动模、中间模、定模这三个部分。注塑机的动模板与定模板如图 15-5 所示。注塑机的动模板上安装模具的动模，注塑机的定模板上安装模具的定模。

二、注射模结构

注射模结构一般由成型部件、浇注系统、导向部件、推出机构、调温系统、

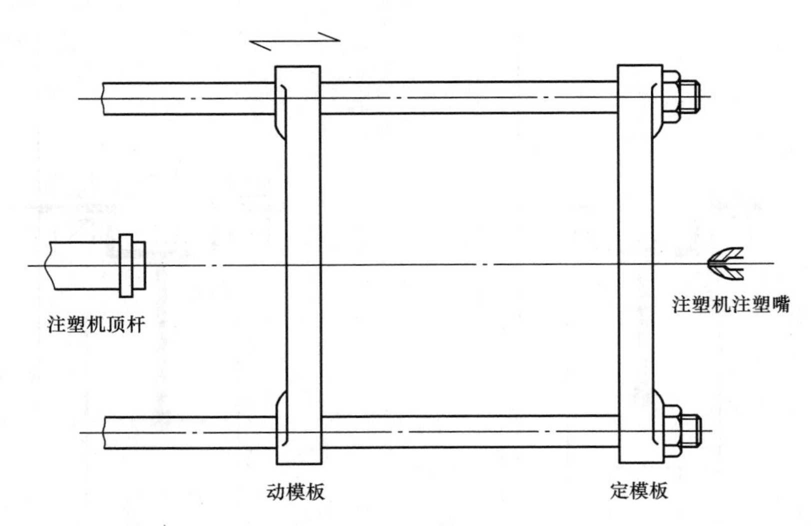

图 15-5　注塑机的动模板与定模板

排气槽、侧抽芯机构七大部分组成。

三、典型单分型面注射模结构装配图

1. 制品零件图

注塑制品零件图如图 15-6 所示，图中标注的“冷料穴废料”“主流道废料”是加工过程中的废料，基本上每一个制品零件都会产生废料，冷料穴废料是制品在加工的每一个循环中，当注塑机在间歇注塑时，短暂的停歇注塑，会使注塑机注塑嘴局部的熔料温度下降，温度下降会使熔料流动性变差，所以，在注塑加工制品时，让流动性变差的熔料先进入冷料穴凝固。

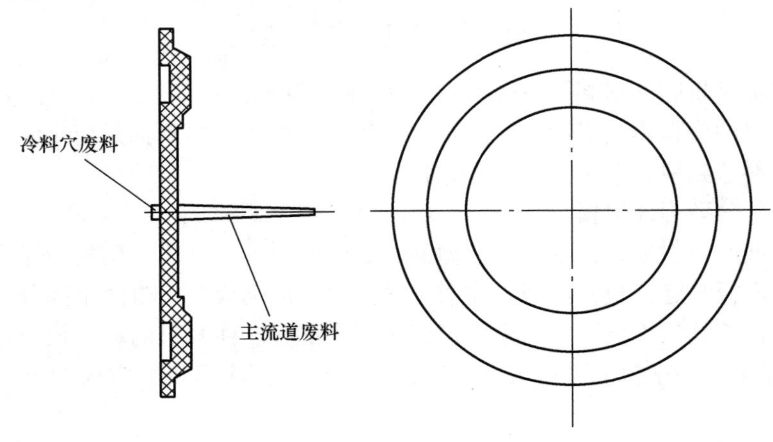

图 15-6　注塑制品零件图

2. 模具装配图

图15-7所示为注塑模具装配图。

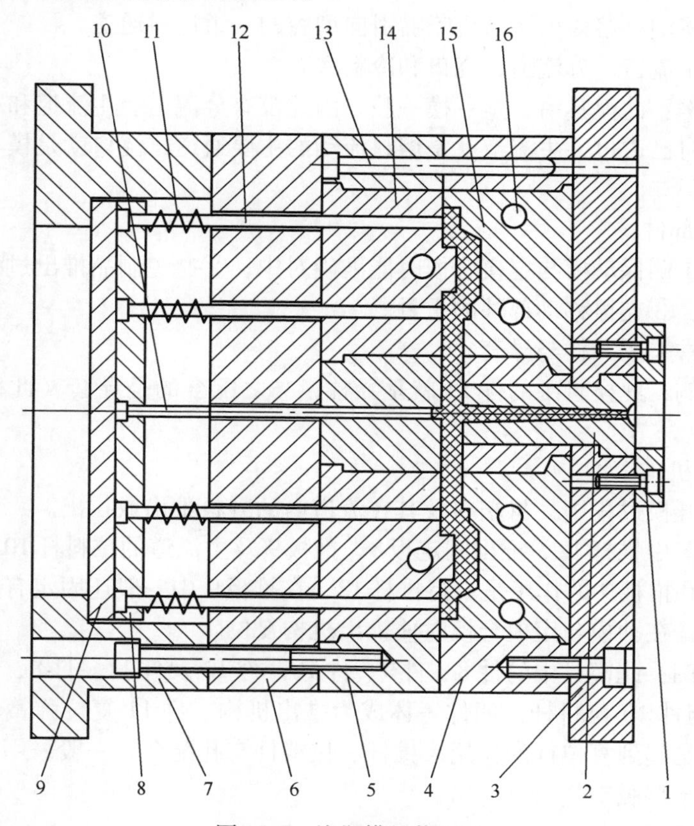

图15-7 注塑模具装配图

1—定位圈 2—主流道衬套 3—定模座板 4—定模板 5—动模板 6—动模垫板 7—动模座 8—推出固定板 9—推板 10—拉料杆 11—复位弹簧 12—推杆 13—导柱 14—型芯 15—凹模 16—冷却水通道

四、七部件的组成、作用、实际举例说明

1. 成型部件

组成：型芯与凹模。为了达到制品的形体要求，型芯或凹模可以由若干拼块组成，也可以做成整体。

作用：型芯形成制品的内表面形状，凹模形成制品的外表面形状。合模后型芯和凹模便形成了模具的型腔。

实际举例：图15-7模具的件14与件15组成型腔。该模具型芯由两个零件组成；凹模由三个零件组成。型腔材料一般是耐热、表面粗糙度易达到要求、易抛光的中碳合金钢材料。

多个零件拼组成模具的型腔，对模具的排气有利。

2. 浇注系统

作用：将塑料熔体由注塑机喷嘴引向型腔的一组进料通道。

组成：主流道、分流道、浇口和冷料穴。

实际举例：此模具由于是一模一腔，因此没有分流道。主流道和冷料穴前面介绍制品图时已讲过，主流道就是熔料流动的主要通道，浇口就是模具让熔料进入型腔的进料口。

3. 导向部件

作用：①确保动模与定模合模时能准确对中；②避免制品推出过程中推板发生歪斜现象；③支撑移动部件的重量。

组成：常采用导柱与导套。

实际举例：此模具中的件13就是导柱，与之配合的是导套（此模具是定模板上的孔）。

4. 推出机构

作用：开模过程中，将塑料及其在流道内的凝料推出或拉出。

组成：图中推杆12、推出固定板8、推板9及主流道的拉料杆10。其中，推出固定板8和推板9的作用是夹持推杆12，在推板9中一般还固定有复位杆，复位杆的作用是在动模与定模合模时使推出机构复位。

实际举例：此模具中的件8、件9、件10、件12及件11。件8、件9夹持了件12推杆与件10拉料杆，四件一体成为推出机构。件11复位弹簧使推出机构复位，也就是起到复位杆的作用。推杆、拉料杆与孔配合，一般采用大一点间隙的配合，利于型腔空气及时排出。

5. 调温系统

作用：满足注射工艺对模具温度的要求。

常用办法：①热塑性塑料用注射模，主要是在模具内开设冷却水通道，利用循环流动的冷却水带走模具的热量；②模具的加热除可用冷却水通道热水或蒸汽外，还可在模具内部和周围安装电加热元件。

实际举例：此模具中的冷却水通道16是为了对凹模材料降温，对型芯材料也钻有调节温度的孔，同样是为了调节材料的温度。对模具的凹模、型芯材料一定要保持恒温，否则当凹模、型芯材料温度过高时，熔料会不按调定的时间凝固；当凹模、型芯材料温度过低时，熔料还未到达所需位置就已凝固。

6. 排气槽

作用：将成型过程中型腔的气体充分排除。

常用办法：①在分型面处开设排气沟槽；②分型面之间存在有微小的间隙，对较小的塑件，因排气量不大，可直接利用分型面排气，不必开设排气沟槽；

③一些模具的推杆或型芯与模具的配合间隙均可起排气作用，有时不必另外开设排气沟槽。

实际举例：此模具的型腔是由五个零件拼组成的，型腔零件之间的结合面存在微小的间隙；推杆、拉杆与孔之间存在微小的间隙；分型面存在微小的间隙，这些间隙足以在注塑时，及时排尽型腔内的空气。所以当这些零件配合时，表面粗糙度与配合关系不必要求很高。

7. 侧抽芯机构

有些带有侧凹或侧孔的塑件，被推出前须先进行侧向分型，抽出侧向型芯后方能顺利脱模，此时需要在模具中设置侧抽芯机构。

五、标准模架

为了减少模具设计与制造的工作量，注射模的大多数零件采用了标准模架结构，标准模架结构的零件，市场上有专门的工厂加工制造。图15-7所示的模具中的定位圈1、定模座板3、定模板4、动模板5、动模垫板6、动模座7、推出固定板8、推板9、推杆12、导柱13等都属于标准模架中的零部件，它们都可以从有关厂家订购。此模具的16个零件中有10个零件是标准件。

六、注射模脱料

向注塑型腔完成注塑，在制品在型腔中冷却硬化后，注塑机会进行动模板退后的动作，当退到一定位置时，注塑机的顶杆会顶住注射模的推板，迫使推板推动推杆，使注塑件脱模，如图15-8所示。

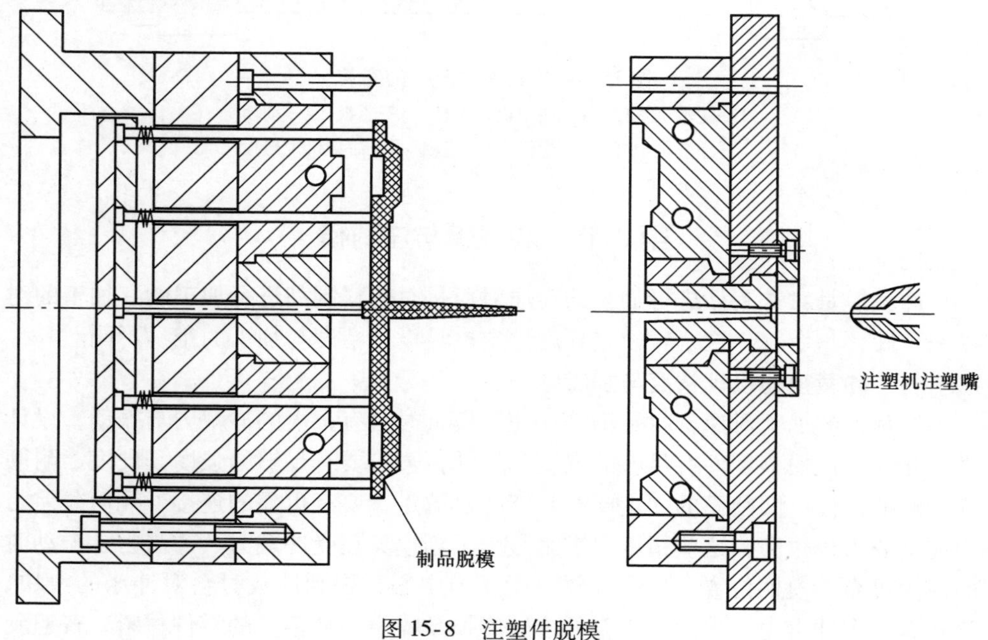

图15-8　注塑件脱模

七、模具在注塑机上的安装

图15-9所示为模具安装在注塑机定模板8、注塑机动模板2上的状态，从图中可以清楚地看到，注塑机顶杆1推动模具推板，模具推杆顶出制件的情形。

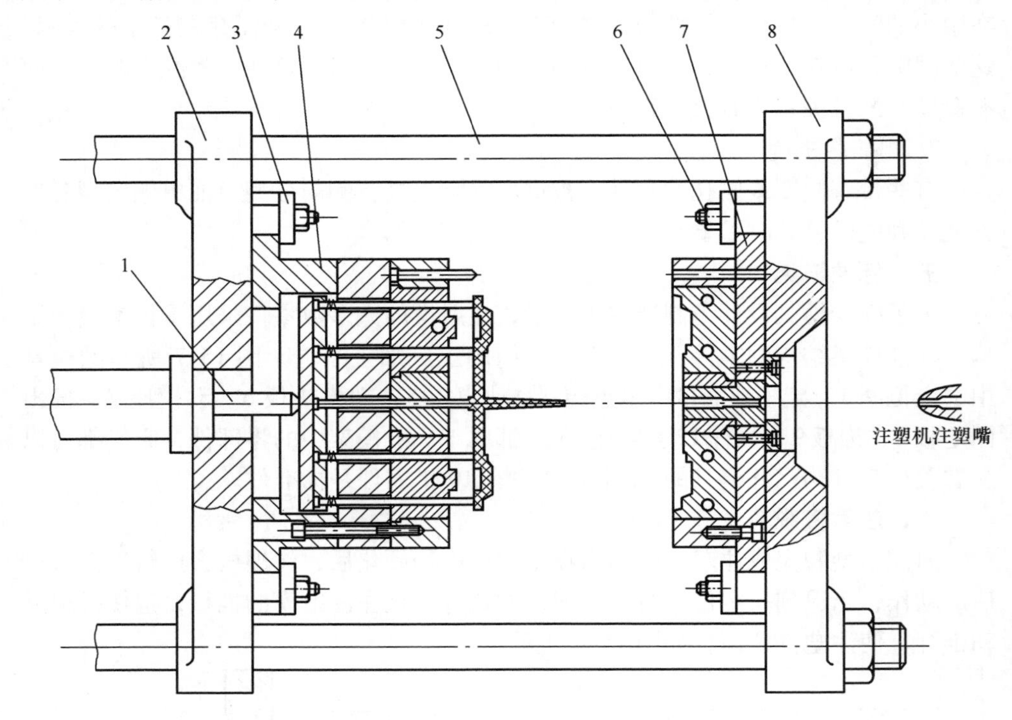

图15-9　模具在注塑机的安装

1—注塑机顶杆　2—注塑机动模板　3—压板　4—动模
5—注塑机拉杆　6—螺钉　7—定模　8—注塑机定模板

第3节　冲裁模与注射模

冲裁模是对铁制品进行加工的；注射模是对塑料制品进行加工的，加工的对象一个硬，一个软，这个软硬差异就导致模具设计精度与加工的难易不同。

一、冲裁模的设计精度与加工

冲裁模的加工对象材料是钢铁，使用模具时会有很大的冲裁力与振动，设计模具时就要使模具零件有足够的强度和韧性，刃口要有足够的强度、硬度、耐磨性、耐冲击性，凹凸模的固定要有足够的过盈量，要有可靠的连接，几何公差与粗糙度要求也很高，这些精度要求都是为了当模具在受冲裁力、冲击力、振动时的使用可靠。模柄位置布局设计要位于压力中心，否则冲裁时会对冲床的滑块、滑轨有一个冲击力，出现不正常的滑轨磨损及噪声。冲裁模的零件材料，普遍硬度高，机械加工难度就大。例如，凹凸模刃口间隙，不但精度要求高，而且要求刃口处材料硬度够高，耐磨性较好。模具刃口处尺寸多是线切割加工的，而线切割加工有一个缺点，那就是线切割加工时材料局部是熔化态，熔化会使模具材料局部退火，刃口处材料的硬度与耐磨性就失去了需要的性能。所以在模具刃口处尺寸被线切割加工后，还要进行补充加工，以消除线切割产生的熔化层。

二、注射模的设计精度与加工

注射模的加工对象是塑料，模具在使用中没有大的加工力和冲击力，模具零件的强度、硬度、耐磨性就要求不高，只是型腔表面粗糙度要求高与型腔材料耐热性要好，对精度要求并不高。注塑材料熔化温度最高的是PC（聚碳酸酯）材料，但也只是在270～320℃调节注塑温度，中碳耐热合金钢便可以满足。所以，注射模的设计精度与加工难度比冲裁模要低。

三、加工效率

注射模可以一模多穴，多个注塑嘴一次注塑，可用热流道先进技术提高生产率，但也要有注塑、冷却、开模等基本环节，基本环节限制了生产率。目前，普通的300kN高速压力机可实现冲压200～1000次/min；级进模是多个工位，一个冲程完成多个工序的加工，生产率很高。

第 16 章　液　　压

第1节　液压技术

对于液压机构，最常见的是液压千斤顶、抽水机。儿时多数人玩过的喷水枪，农村地区见到的水磨坊，这些都是利用液压传动的实例。

液压传动一般是将机械能转化为液压能，或液压能转化为机械能的力的形式的转换。如儿时玩耍的喷水枪，如图 16-1 所示。

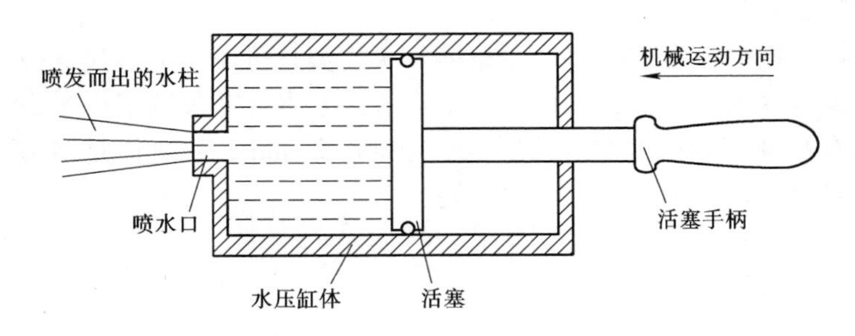

图 16-1　喷水枪示意图

在喷水枪的结构中，手柄通过水压缸体、活塞，将其机械能转换为液体的压力，液体的压力通过喷水口以液体动力能的形式释放，形成强有力的水柱喷发而出。

当喷水枪从喷水口注入一定压力的水液后，会推动活塞运动，使液压能转化为机械能，完成力的形式的转换。这时的水压缸体相当于现在液压回路中的液压缸，而水相当于液压回路中的液压油。一般液压回路中不使用水作为力的转换介质，而采用油，其根本原因是油能防锈及润滑。

液压传动的理论是伯努利方程，这个方程告诉人们，连续流动的理想液体，在理想情况下符合质量守恒定律，在管道中任何一截面处的动能、位能、压力能的能量总和为一常数，即任一截面能量守恒。

在实际的液压控制回路中，有一定的压力损失。但相对总压力来讲，这个压力损失很小，可忽略不计。液压传动有一个很大的、突出的特点是力很大。这个力最终的表现可能是机械能，也可能是液压能。

在液压回路中，最易出现、最常出现的问题是泄漏，也就是密封问题。制造控制元件的突出特点是制造精度高。

液压回路看起来很复杂，但实际无非就是对压力、方向、流量这三个方面的控制。只要从这三个方面去看液压回路结构会容易看懂，也就不难了。

第2节　液压传动特点

液压传动与机械、电气传动相比有以下优点：

1）液压传动容易获得很大的力或力矩。

2）体积小、重量轻、反应快。

3）比较容易实现较大范围的无级变速。

4）传递运动平稳。

液压传动的缺点：

1）液压设备和元件存在内、外泄漏。

2）对液压元件的加工精度要求高。

3）对液压油的污染较敏感，要求有较高的过滤设施。

第3节　液压传动原理

1. 伯努利方程

在理想的液体中，在同一管道的任一截面上，其液体的位能 Gh、动能 $Gv^2/2g$、压力能 GP/r 的能量总和为一常数，即

$$Gh+\frac{v^2}{2g}G+\frac{P}{r}G=\text{常数}$$

两边同除 G，即为

$$h+\frac{v^2}{2g}+\frac{P}{r}=\text{常数}$$

此为伯努利方程。这个方程式最重要的一点是单位质量流体所具有的能量符合能量守恒定律，即虽然能量的形式改变，但总的能量不变。

2. 力的变换

如图16-2所示，在一个面积 $A_1=2\text{cm}^2$ 的活塞上施加一 $F_1=200\text{N}$ 的力，则该力均匀分布在整个面积上。于是在液体内产生一压力 P_1，即

$$P_1=\frac{F_1}{A_1}=\frac{200\text{N}}{2\text{cm}^2}=100\text{N/cm}^2$$

这个压力作用在面积 $A_2=8\text{cm}^2$ 的活塞上，在其上产生的力为 $F_2=P_1A_2=100\text{N/cm}^2\cdot8\text{cm}^2=800\text{N}$。

由此得出，$200\text{N}:800\text{N}=2\text{cm}^2:8\text{cm}^2$，力和作用面积成正比，即

$$F_1:F_2=A_1:A_2。$$

这个原理告诉我们，液体内的压力处处相等。在液体内压力相等的情况下，

面积越大，产生的力越大，这时传递力的介质是液体，如千斤顶内的液压油推动活塞的运动。

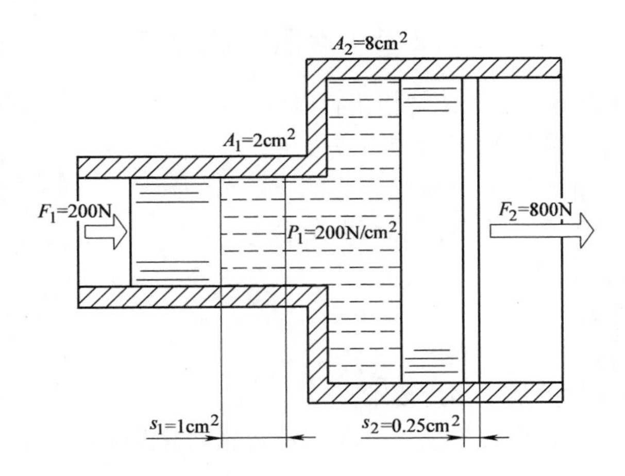

图 16-2　用于改变力的液压变换（水压机）

3. 压力变换

将两个充满液体的空间用一个阶梯活塞隔开，如图 16-3 所示。活塞左侧面积为 $A_1=2\text{cm}^2$，若作用一 $P_1=10\text{N/cm}^2$ 的压力，则在活塞上产生一 $F=P_1A_1=10\text{N/cm}^2\cdot 2\text{cm}^2=20\text{N}$ 的力。这个力就在面积 $A_2=5\text{cm}^2$ 的活塞面上产生 $P_2=\dfrac{F}{A_2}=\dfrac{20\text{N}}{5\text{cm}^2}=4\text{N/cm}^2$ 的压力。

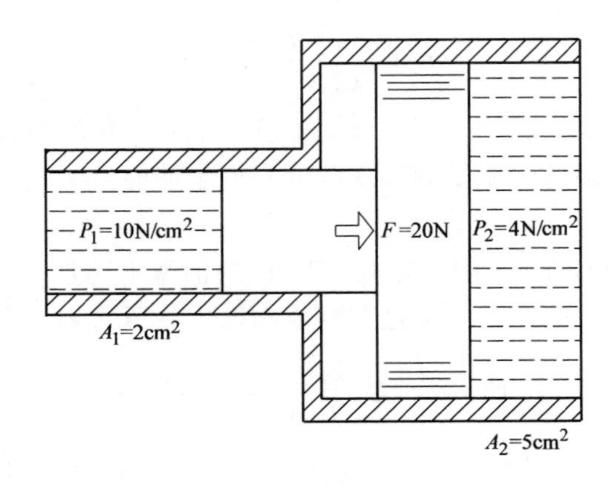

图 16-3　压力变换器作用原理

因此，这个装置称为压力变换器。在这种压力变换器中压力和阶梯活塞相应的面积成反比，即 $10\text{N/cm}^2:4\text{N/cm}^2=5\text{N/cm}^2:2\text{N/cm}^2$。

$$P_1:P_2=A_2:A_1$$

这个原理告诉我们，活塞两端面积的改变，将影响液体压力的改变，这时传递力的介质是活塞，如液压千斤顶的卸载。

4. 连续性原理

$Q=0.0016m^3$ 的液体在1s内流过变截面管道中$A_1=4cm^2=0.0004m^2$这一较大截面（见图16-4），流速为

$$v_1 = \frac{Q}{A_1} = \frac{0.0016m^3/s}{0.0004m^2} = 4m/s$$

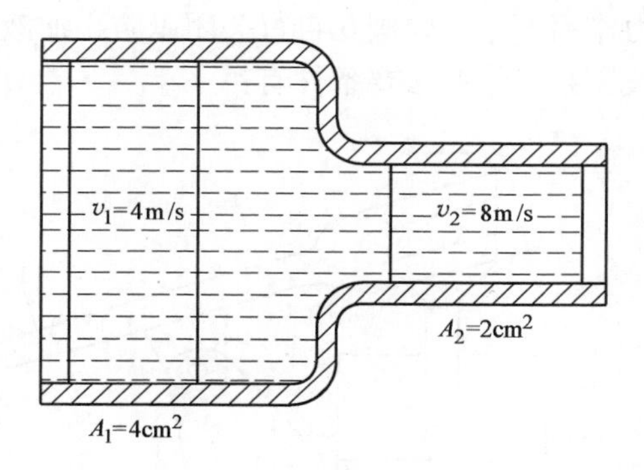

图16-4　连续性原理

由于总量为Q的液体也必定要在同样时间内流过较小截面$A_2=0.0002m^2$（$2cm^2$），因此在管道中这一截面处的流速为

$$v_2 = \frac{Q}{A_2} = \frac{0.0016m^3/s}{0.0002m^2} = 8m/s$$

因此

$$8m/s : 4m/s = 4cm^2 : 2cm^2$$

$$v_2 : v_1 = A_1 : A_2$$

流速和相应的流通截面成反比。

这个原理告诉我们，同一管道内流动的液体，若管道截面发生改变，液体的流动速度也会改变。如消防队员用的灭火喷水枪。

第4节　液压泵和液压马达

1. 液压泵和液压马达的区别

液压泵是液压系统的动力源，它是将电动机输入的机械能转换为液压能，用以驱动液压系统的执行元件。液压马达是机械系统的动力源，它是将输入的液压能转换为机械能输出，从而执行机械动作。

从原理上看，液压泵与液压马达都是利用容积的变化完成其使用功能，但是会根据液压效率与机械效率方面的要求不同而有所不同。例如，液压泵要求有较

高的容积效率，这就要求泵的泄漏要小；而液压马达则要求有较高的机械效率，以获得最大的输出转矩与较低的均匀转速，因此要求液压马达内部的机械摩擦损失为最小。因而在实际使用与结构设计上，两者是不同的。

2. 液压泵的工作原理

图16-5所示为一台最简单的手动泵的工作原理。当杠杆1向下运动时，活塞2上行，使泵腔体积扩大，形成真空，阀3在弹簧作用下关闭，单向阀6打开，经进油管5吸入油液。当杠杆1向上运动时，活塞2使油液通过阀3，由排油管4排出，在压力作用下，单向阀6自行关闭以防止油液倒流。由手动泵的工作原理，可以得出液压泵工作的必要条件有：

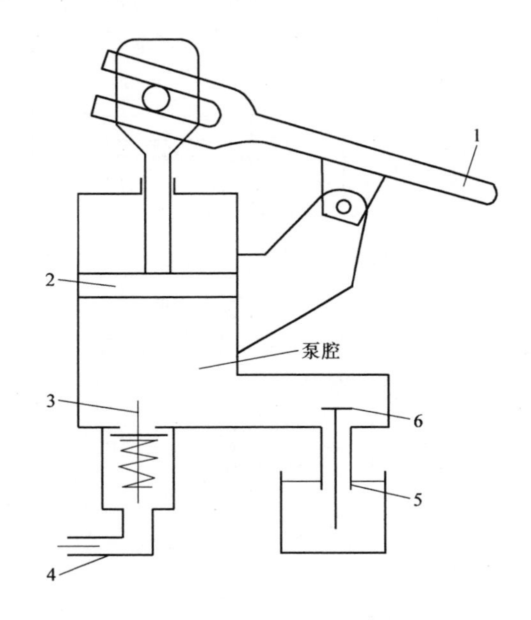

图16-5　液压泵的工作原理

1—杠杆　2—活塞　3—阀　4—排油管　5—进油管　6—单向阀

1）吸油腔和压油腔互相隔开并密封良好。

2）靠吸油腔体积增大而吸油，靠压油腔体积缩小而压油。

3）吸油腔吸满后，先切断吸油阀，再打开压油阀，通过吸油阀和压油阀的顺序动作，进行油液分配。

3. 液压泵和液压马达的分类

一般来讲，按液压泵与液压马达的结构主要有：齿轮式、叶片式、柱塞式三大类。图16-6所示为叶片泵的结构示意图。

在一个转鼓圆周上沿径向开若干个槽，槽中有可滑动的封闭滑板。转鼓在一个圆筒状壳体中旋转，壳体的轴线可以调整而偏离转鼓轴线。封闭滑板端部有滑块，该滑块沿着端盖上开的环形槽和壳体同心转动。这样它们的圆形轨道就会对转鼓轴线偏心。环形槽和滑块的作用是防止封闭滑板由于离心力作用压到壳体上而磨损太快。用一个抵住转鼓轴的调节螺杆就可调整壳体位置，从而改变输送量。这种泵输送量大，但压力低。

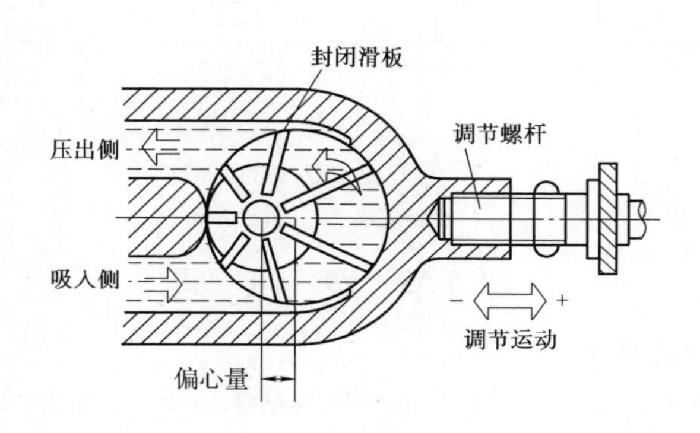

图 16-6　叶片泵的结构示意图

4. 液压油的性质

液压传动采用矿物油为力的传动介质，其主要目的是防锈与润滑，如果用水作为传动介质，一是易生锈；二是润滑性差；三是黏度太小，不易密封。所以采用有一定黏度的矿物油作为传递力的介质，液压油具有老化慢，润滑性好，脱水不起泡沫和黏度稳定的特点。

第5节　液压缸和活塞

1. 液压缸和活塞的作用

液压缸和活塞的作用是将油的压力转换为力和直线运动。

2. 液压缸和活塞的典型结构

大多数的液压缸和活塞的结构形式是活塞运动，液压缸固定，而活塞固定，液压缸运动的结构形式很少。图 16-7a 所示为活塞运动，液压缸固定的典型结构；图 16-7b 所示为活塞固定，液压缸运动的典型结构。

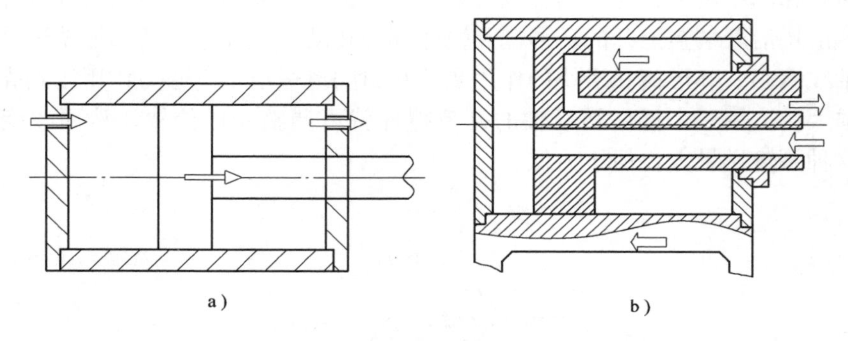

图 16-7　液压缸和活塞的典型结构
a）差动活塞　b）固定活塞

第6节　液　压　阀

1. 液压阀的分类

在液压系统中，液压阀用来调节和控制系统的压力、流量和液流方向。液压阀的种类很多，如图 16-8 所示。

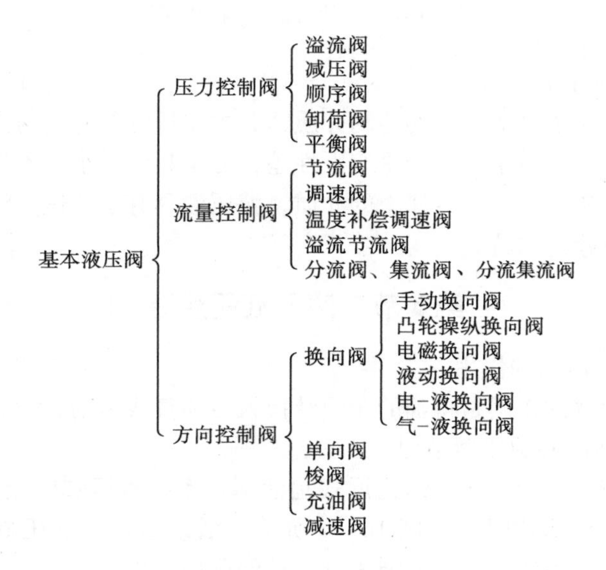

图 16-8　基本液压阀

2. 各类阀的作用

1）压力控制阀。用来控制或调节液压泵的供油压力，或保持回路中的工作压力，实现泵的卸荷及回路中阀类的顺序动作。这类阀如溢流阀、顺序阀、平衡阀等。

2）流量控制阀。这类阀用来控制或调节油路中的流量，从而改变液压马达或液压缸的运动速度。这类阀如节流阀、调速阀、分流阀、集流阀等。

3）方向控制阀。这类阀用来控制和改变液压系统中液流的方向，以实现工作机构运动方向的改变。这类阀如换向阀、单向阀等。

第7节 液压回路的基本构成

图16-9所示为液压回路的基本构成，液压泵将电动机的机械能转变为液压能，然后借助溢流阀、节流阀和换向阀，按系统要求控制液体的压力、流量和方向，最后由执行元件——液压缸将液体的压力能重新转变为机械能，推动负载做功。

一个正常工作的液压系统，一般都应具有以下四个部分。

1）动力源——液压泵。它将电动机输出的机械能转变为液压能。

2）执行元件——包括液压缸和液压马达，它把液压能转变为机械能，推动负载运动。

3）控制元件——包括压力阀、流量阀、方向阀等各种控制阀。通过它们控制和调节液压系统中液体的压力、流量（速度）和方向，实现液压系统的工作循环。

4）辅助元件——包括管路、管接头、过滤器、油箱、蓄能器、冷却器及各种指示和控制仪表等。

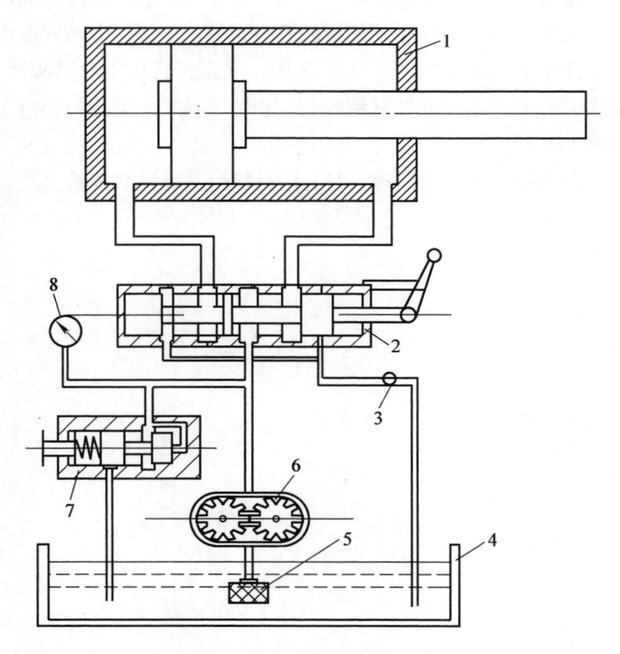

图16-9 液压回路的基本构成

1—液压缸 2—换向阀 3—节流阀 4—油箱

5—过滤器 6—液压泵 7—溢流阀 8—压力表

参考文献

［1］机械工业职业技能鉴定指导中心．钳工常识［M］．北京：机械工业出版社，1999.
［2］陈正福，马登山．机械原理与机械零件［M］．北京：高等教育出版社，1994.
［3］周柄章，侯慧人．铣工工艺学［M］．北京：中国劳动出版社，1987.
［4］徐洲，姚寿山．材料加工原理［M］．北京：科学出版社，2003.
［5］陈望．车工实用手册［M］．北京：中国劳动社会保障出版社，2002.
［6］王幼龙．机械制图［M］．北京：国防工业出版社，1991.
［7］国家机械工业委员会．中级钳工工艺学［M］．北京：机械工业出版社，1988.
［8］国家机械工业委员会．高级镗铣工工艺学［M］．北京：机械工业出版社，1988.
［9］国家机械工业委员会．高级刨工工艺学［M］．北京：机械工业出版社，1988.
［10］国家机械工业委员会．高级磨工工艺学［M］．北京：机械工业出版社，1988.
［11］国家机械工业委员会．高级车工工艺学［M］．北京：机械工业出版社，1988.
［12］姬文芳．机床夹具设计［M］．北京：航空工业出版社，1994.
［13］张伯霖．高级切削技术及应用［M］．北京：机械工业出版社，2003.
［14］金锡志．机器磨损及对策［M］．北京：机械工业出版社，1996.
［15］金光辉，葛叶红．袖珍钣金冷作工手册［M］．北京：机械工业出版社，2004.
［16］陈宝田，屈波．金属材料基础知识问答［M］．北京：中国铁道出版社，1990.
［17］许纪倩．机械工人速成识图［M］．2版．北京：机械工业出版社，2003.
［18］双元制培训机械专业理论教材编委会．机械工人专业制图［M］．北京：机械工业出版社，2000.
［19］侯增寿，卢光熙．金属学原理［M］．上海：上海科学技术出版社，1990.